思科网络技术学院教程（第7版）
交换+路由+无线基础

CCNAv7: Switching, Routing, and Wireless Essentials
Companion Guide

[加] 鲍勃·瓦钦（Bob Vachon）
[美] 艾伦·约翰逊（Allan Johnson）　著

思科系统公司　译

人民邮电出版社
北　京

图书在版编目（ＣＩＰ）数据

思科网络技术学院教程：第7版：交换+路由+无线基础／（加）鲍勃·瓦钦（Bob Vachon），（美）艾伦·约翰逊（Allan Johnson）著；思科系统公司译. -- 北京：人民邮电出版社，2022.7（2023.1重印）
ISBN 978-7-115-59235-4

Ⅰ. ①思… Ⅱ. ①鲍… ②艾… ③思… Ⅲ. ①计算机网络—教材 Ⅳ. ①TP393

中国版本图书馆CIP数据核字(2022)第073673号

版 权 声 明

◆ 著　　　[加] 鲍勃·瓦钦（Bob Vachon）
　　　　　[美] 艾伦·约翰逊（Allan Johnson）
　　译　　　思科系统公司
　　责任编辑　傅道坤
　　责任印制　王　郁　胡　南

◆ 人民邮电出版社出版发行　　北京市丰台区成寿寺路 11 号
　　邮编　100164　电子邮件　315@ptpress.com.cn
　　网址　https://www.ptpress.com.cn
　　涿州市京南印刷厂印刷

◆ 开本：787×1092　1/16
　　印张：24　　　　　　　　　2022 年 7 月第 1 版
　　字数：700 千字　　　　　　2023 年 1 月河北第 2 次印刷
　　著作权合同登记号　图字：01-2021 -0901 号

定价：85.00 元
读者服务热线：(010)81055410　印装质量热线：(010)81055316
反盗版热线：(010)81055315
广告经营许可证：京东市监广登字 20170147 号

内容提要

  思科网络技术学院项目是思科公司在全球范围内推出的一个主要面向初级网络工程技术人员的培训项目，旨在让更多的年轻人学习先进的网络技术知识，为互联网时代做好准备。

  本书是思科网络技术学院全新版本的配套书面教材，主要内容包括：基本设备配置、交换的概念、VLAN、VLAN 间路由、STP 的概念、以太通道、DHCPv4、SLAAC 和 DHCPv6、FHRP 的概念、LAN 安全的概念、交换机安全配置、WLAN 的概念、WLAN 的配置、路由的概念、IP 静态路由、排除静态路由和默认路由故障。本书每章末尾还提供了复习题，并在附录中给出了答案和注释，以检验读者对每章知识的掌握情况。

  本书适合准备参加 CCNA 认证考试的读者以及各类网络技术初学人员参考阅读。

推荐序

　　思科网络技术学院（Cisco Networking Academy）项目是思科公司规模最大和持续时间最长的企业社会责任项目，自 1997 年成立以来一直致力于帮助人们提高职业技能，获得更多职业发展机会。迄今，全球已有超过 1000 万学生学习过思科网络技术学院系列课程。

　　本系列教材是思科网络技术学院核心课程 CCNA 的指定教材，自 1.0 版本发布以来，一直是计算机网络入门的经典教材，受到广大师生的推崇和喜爱。

　　同时，计算机网络技术作为数字经济"新基建"的一项基础技术，在当今显得越来越重要。由于云计算、虚拟化、5G、边缘计算等技术的出现，计算机网络技术也处于有史以来最大的变革和转型之中。计算机网络从传统的中心化、固定接入、固定安全策略的模式，向去中心化、随时随地移动接入、自动安全策略的模式转化。以思科为代表的计算机网络企业也推出了面向未来的基于人工智能和机器学习的智能化网络：Intent-Based SDN（基于意图的软件定义网络）。这些变革对计算机网络互连技术的人才培养提出了新的要求。

　　本次出版的 7.0 版本教材是一次重大的更新，顺应了技术的变革，在以前 6.0 版本的基础上，增加了无线、安全、云和虚拟化、自动化、网络可编程方面的基础知识，可谓一部集大成之作。学生通过本版教材的学习，可以为理论学习和职业发展打下坚实的基础。

　　在本次中文版教材顺利出版之时，我谨代表思科网络技术学院，对负责本次教材本土化工作的田果、刘丹宁、王修元三位老师，负责审校工作的长沙民政职业技术学院的邓文达老师和烟台职业技术学院的刘彩凤老师表示衷心的感谢！

　　预祝本书的每一位读者开卷有益，预祝更多的学生能够通过对本教材的学习，投身到数字化变革的浪潮之中！

思科网络技术学院

熊露颖

关于特约作者

  鲍勃·瓦钦（Bob Vachon）是寒武纪学院（位于加拿大安大略省萨德伯里）和亚岗昆学院（位于加拿大安大略省渥太华）的教授。他在计算机网络和信息技术方面有 30 多年的教学经验。他还以团队负责人、主要作者和主题专家的身份参与了许多思科网络学院课程，包括 CCNA、CCNA 安全、CCNP 和网络安全。Bob 热爱家庭，喜欢交友，喜欢在户外围着篝火弹吉他。

  艾伦·约翰逊（Allan Johnson）于 1999 年进入学术界，将所有的精力投入教学中。在此之前，他做了 10 年的企业主和运营人。他拥有 MBA 和职业培训与发展专业的教育硕士学位。他曾在高中教授过 7 年的 CCNA 课程，并且一直在得克萨斯州科帕斯市的 Del Mar 学院教授 CCNA 和 CCNP 课程。2003 年，他开始将大部分时间和精力投入 CCNA 教学支持小组，为全球各地的网络学院的教师提供服务以及开发培训材料。当前，他在思科网络学院担任全职的课程负责人。

前言

本书是思科网络学院 CCNA Switching, Routing, and Wireless Essentials v7（CCNA 路由、交换和无线基础第 7 版）课程的官方补充教材。思科网络技术学院是在全球范围内面向学生传授信息技术技能的综合性项目。本课程强调现实世界的实践性应用，同时为您在中小型企业、大型集团公司以及服务提供商环境中设计、安装、运行和维护网络提供所需技能和实践经验的机会。

作为教材，本书为解释与在线课程完全相同的网络概念、技术、协议，以及设备提供了现成的参考资料。本书强调关键主题、术语和练习，而且与在线课程相比，本书还提供了一些可选的解释和示例。您可以在老师的指导下使用在线课程，然后使用本书来巩固对所有主题的理解。

本书的读者

本书与在线课程一样，均是对数据网络技术的介绍，主要面向旨在成为网络专家的人，以及为职业提升而需要了解网络技术的人。本书简明地呈现主题，从最基本的概念开始，逐步进入对网络通信的全面介绍。本书的内容是其他思科网络技术学院课程的基础，还可以作为备考 CCNA 认证的资料。

本书的特点

本书的教学特色是将重点放在支持主题范围、可读性和课程材料实践几个方面，以便读者充分理解课程材料。

主题范围

通过下述方式全面概述每章所介绍的主题，帮助读者科学分配学习时间。
- **目标**：在每章的开头列出，指明本章所包含的核心概念。该目标与在线课程中相应章节的目标相匹配；然而，本书中的问题形式是为了鼓励读者在阅读本章时勤于思考，发现答案。
- **注意**：这些简短的补充内容指出了有趣的事实、节约时间的方法以及重要的安全问题。
- **本章总结**：每章最后是对本章关键概念的总结，它提供了本章的摘要，以帮助学习。

实践

实践铸就完美。本书为您提供了充足的机会将所学知识应用于实践。您将发现下面这有价值且有效的方法，可以用来帮助您有效巩固所掌握的内容。
- **复习题**：每章末尾都有复习题，可作为自我评估的工具。这些问题的风格与在线课程中看到的问题相同。附录提供了所有问题的答案及其解释。

本书组织结构

本书分为 16 章和 1 个附录。
- **第 1 章，"基本设备配置"**：本章介绍了如何使用安全最佳做法来配置设备，内容包括初始的交换机和路由器配置、交换机端口配置、远程访问配置以及如何验证两个网络之间的连接。
- **第 2 章，"交换的概念"**：本章介绍了交换机如何转发数据，内容包括帧转发方法、冲突和广播域比较。

- **第 3 章，"VLAN"**：本章介绍了如何在交换网络中实施 VLAN 和中继，内容包括 VLAN 的用途、VLAN 在多交换环境中转发帧的方法、VLAN 端口分配、中继配置和 DTP 配置。

- **第 4 章，"VLAN 间路由"**：本章介绍了实施 VLAN 间路由的方法，内容包括 VLAN 间路由选项的描述、单臂路由器的配置、第 3 层交换机的 VLAN 间路由，以及常见的 VLAN 间路由配置问题的故障排除。

- **第 5 章，"STP 的概念"**：本章讲解了 STP 如何在第 3 层网络中启用冗余，内容包括对第 2 层网络冗余、STP 操作和快速 PVST+操作中常见问题的解释。

- **第 6 章，"以太通道"**：本章介绍了如何在交换链路上实施以太通道（EtherChannel），内容包括对以太通道技术、以太通道配置和以太通道故障排除的描述。

- **第 7 章，"DHCPv4"**：本章介绍了如何为多个 LAN 实现 DHCPv4，内容包括对 DHCPv4 操作的解释，以及如何将路由器配置为 DHCPv4 服务器或 DHCPv4 客户端。

- **第 8 章，"SLAAC 和 DHCPv6"**：本章介绍了如何在 IPv6 网络中实现动态地址分配，内容包括 IPv6 主机如何获取其编址、SLAAC 操作、DHCPv6 操作以及将路由器配置为有状态或无状态 DHCPv6 服务器。

- **第 9 章，"FHRP 的概念"**：本章介绍了 FHRP 如何在冗余网络中提供默认网关服务，内容包括 FHRP 和 HSRP 操作的用途。

- **第 10 章，"LAN 安全的概念"**：本章介绍了漏洞如何危害 LAN 的安全，内容包括端点安全的使用方式、使用 AAA 和 802.1X 进行身份验证的方式、第 2 层漏洞、MAC 地址表攻击和 LAN 攻击。

- **第 11 章，"交换机安全配置"**：本章介绍了如何配置交换机安全以缓解 LAN 攻击，内容包括端口安全的实施以及缓解 VLAN、DHCP、ARP 和 STP 攻击。

- **第 12 章，"WLAN 的概念"**：本章介绍了 WLAN 如何为无线设备启用网络连接，内容包括 WLAN 技术、WLAN 组件和 WLAN 操作的解释。此外，本章还介绍了如何使用 CAPWAP 来管理 WLC 的多个 AP，以及 WLAN 信道的管理。本章最后介绍了 WLAN 面临的威胁以及如何保护 WLAN。

- **第 13 章，"WLAN 的配置"**：本章介绍了如何使用无线路由器和 WLC 实施 WLAN，内容包括无线路由器的配置，以及针对 WPA2 PSK 和 WPA2 企业身份验证来配置 WLC WLAN。本章最后介绍了如何对常见的无线配置问题进行故障排除。

- **第 14 章，"路由的概念"**：本章介绍了路由器如何利用数据包中的信息做出转发决策，内容包括路径确定、数据包转发、基本路由器配置、路由表结构以及静态和动态路由的概念。

- **第 15 章，"IP 静态路由"**：本章介绍了如何实施 IPv4 和 IPv6 静态路由，内容包括静态路由语法、静态和默认路由配置、浮动静态路由配置和静态主机路由配置。

- **第 16 章，"排除静态路由和默认路由故障"**：本章介绍了如何对实施的静态和默认路由进行故障排除，内容包括配置静态路由时路由器如何处理数据包，以及如何对静态和默认路由配置中的问题进行故障排除。

- **附录，"复习题答案"**：列出了每章末尾出现的复习题的答案。

资源与支持

本书由异步社区出品，社区（https://www.epubit.com/）为您提供相关资源和后续服务。

提交勘误

作者和编辑尽最大努力来确保书中内容的准确性，但难免会存在疏漏。欢迎您将发现的问题反馈给我们，帮助我们提升图书的质量。

当您发现错误时，请登录异步社区，按书名搜索，进入本书页面，单击"提交勘误"，输入勘误信息，单击"提交"按钮即可。本书的作者和编辑会对您提交的勘误进行审核，确认并接受后，您将获赠异步社区的 100 积分。积分可用于在异步社区兑换优惠券、样书或奖品。

扫码关注本书

扫描下方二维码，您将会在异步社区微信服务号中看到本书信息及相关的服务提示。

与我们联系

我们的联系邮箱是 contact@epubit.com.cn。

如果您对本书有任何疑问或建议，请您发邮件给我们，并请在邮件标题中注明本书书名，以便我们更高效地做出反馈。

如果您有兴趣出版图书、录制教学视频，或者参与图书技术审校等工作，可以发邮件给本书的责任编辑（fudaokun@ptpress.com.cn）。

如果您来自学校、培训机构或企业，想批量购买本书或异步社区出版的其他图书，也可以发邮件给我们。

如果您在网上发现有针对异步社区出品图书的各种形式的盗版行为，包括对图书全部或部分内容的非授权传播，请您将怀疑有侵权行为的链接通过邮件发给我们。您的这一举动是对作者权益的保护，也是我们持续为您提供有价值的内容的动力之源。

关于异步社区和异步图书

　　"异步社区"是人民邮电出版社旗下 IT 专业图书社区，致力于出版精品 IT 技术图书和相关学习产品，为作译者提供优质出版服务。异步社区创办于 2015 年 8 月，提供大量精品 IT 技术图书和电子书，以及高品质技术文章和视频课程。更多详情请访问异步社区官网 https://www.epubit.com。

　　"异步图书"是由异步社区编辑团队策划出版的精品 IT 专业图书的品牌，依托于人民邮电出版社的计算机图书出版积累和专业编辑团队，相关图书在封面上印有异步图书的 LOGO。异步图书的出版领域包括软件开发、大数据、AI、测试、前端、网络技术等。

异步社区

微信服务号

目　　录

第 1 章

基本设备配置

学习目标

通过完成本章的学习，您将能够回答下列问题：

- 如何在交换机上配置初始的设置；
- 如何配置交换机端口以满足网络需求；
- 如何在交换机上配置安全管理访问；

- 如何使用 CLI 在路由器上配置基本设置以在两个直连网络之间进行路由；
- 如何验证直连到路由器的两个网络之间的连通性？

欢迎来到本课程的第 1 章！我们已经知道，交换机和路由器都包含了一些自带的配置，那么为什么还需要学习如何进一步配置交换机和路由器呢？

假设您购买了一套火车模型。安装好之后，您发现模型的轨道只是一个简单的椭圆形，而火车也只能顺时针运行。而您可能希望轨道是一个阿拉伯数字 8 的形状，其中交叉的地方还是立交桥结构。另外，您可能希望有两辆独立运行的火车，而且这两辆火车还可以相向而行。您怎么才能实现这个目标呢？您需要重新装配轨道和控制系统。网络设备也是一样的道理。身为网络管理员，您需要能够对网络中的设备进行详细的控制。这也就是说，您需要能够精确地配置交换机和路由器，让网络按照您希望的方式运转。

1.1 使用初始设置来配置交换机

交换机将设备互连起来。路由器要想在网络中运行，必须在最开始时先进行配置。交换机与之不同，交换机可以开箱即用地部署，而无须初始配置。但是，出于管理和安全方面的原因，应该始终手动配置交换机，以更好地满足网络的需求。

本节介绍如何在思科交换机上配置初始的设置。

1.1.1 交换机启动顺序

在配置交换机之前，需要首先启动交换机，让它完成一个 5 步的启动过程。本节会介绍配置交换机的基础知识。

在一台思科交换机开机之后，它会经过下面这 5 步启动顺序。

步骤 1. 交换机会加载一个存储在 ROM 中的开机自检（POST）程序。POST 会校验 CPU 子系统。它会测试 CPU、DRAM 以及构成闪存文件系统的闪存设备部分。

步骤 2. 交换机加载启动加载程序软件。启动加载程序是存储在 ROM 中并在 POST 成功完成后立即运行的小程序。

步骤 3. 启动加载程序执行低级的 CPU 初始化。它将初始化 CPU 寄存器，这些寄存器会控制物理内存的映射位置、内存量以及内存速度。

步骤 4. 启动加载程序初始化系统主板上的闪存文件系统。

步骤 5. 最后，启动加载程序找到并将默认的 IOS 操作系统软件镜像加载到内存，然后将交换机的控制权转交给 IOS。

1.1.2 系统启动命令

交换机会尝试使用 BOOT 环境变量中的信息自动启动。如果没有设置这个变量，交换机就会尝试加载并执行它能找到的第一个可执行文件。在 Catalyst 2960 系列交换机上，镜像文件通常包含在与镜像文件名称相同的目录中（不包括.bin 文件扩展名）。

然后，IOS 操作系统就会使用在 startup-config（启动配置）文件中找到的思科 IOS 命令对接口进行初始化。启动配置文件被称为 config.text 并保存在闪存中。

下面的代码示例会使用 **boot system** 全局配置模式命令来设置 BOOT 环境变量。请注意，IOS 保存在一个不同的文件夹中，这个文件夹的路径已经指定。使用命令 **show boot** 可以查看当前 IOS 启动文件的设置。

```
S1(config)# boot system flash:/c2960-lanbasek9-mz.150-2.SE/c2960-lanbasek9-mz.150-2.
  SE.bin
```

表 1-1 定义了 **boot system** 命令的各个参数。

表 1-1   **boot system 命令的语法**

命令	定义
boot system	主命令
flash:	存储设备
c2960-lanbasek9-mz.150-2.SE/	文件系统的路径
c2960-lanbasek9-mz.150-2.SE.bin	IOS 文件名称

1.1.3 交换机 LED 指示灯

思科 Catalyst 交换机有多个状态 LED 指示灯。可使用交换机的 LED 来快速监控交换机的活动及其性能。不同型号和功能集的交换机，其装配的 LED 和它们在交换机前面板上的位置也可能会有所区别。

图 1-1 所示为思科 Catalyst 2960 交换机的 LED 和 MODE 按钮。

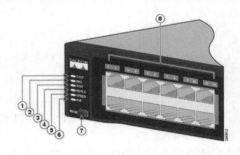

图 1-1 思科 Catalyst 2960 交换机的 LED 和 MODE 按钮

MODE 按钮（见图 1-1 中的 7）用于切换端口状态、端口双工、端口速度，以及端口 LED（见图 1-1 中的 8）的 PoE（Power over Ethernet，以太网供电）状态（如果支持的话）。

表 1-2 所示为 LED 指示灯（见图 1-1 中 1～6）的用途和颜色含义。

表 1-2   LED 指示灯

LED 标签	名称	说明
1 SYST	系统 LED	■ 显示系统是否通电及工作是否正常 ■ 如果指示灯不亮，表示系统未上电 ■ 如果指示灯为绿色，表示系统工作正常 ■ 如果 LED 为琥珀色，则表示系统已经通电，但没有正常工作
2 RPS	RPS（Redundant Power System，冗余电源系统）LED	■ 显示 RPS 的状态 ■ 如果 LED 灯不亮，说明 RPS 没打开，或者没有正确连接 ■ 如果 LED 为绿色，则表示 RPS 已连接并准备提供备用电源 ■ 如果 LED 为闪烁的绿色，则 RPS 已连接但不可用，因为它正在为另一台设备供电 ■ 如果 LED 为琥珀色，则 RPS 处于备用模式或故障状态 ■ 如果 LED 为闪烁的琥珀色，则表示交换机的内部电源发生故障，RPS 正在为交换机供电
3 STAT	端口状态 LED	■ LED 为绿色时，表示选择了端口状态模式（这是默认模式） ■ 选择后，端口 LED 的不同颜色会表示不同的含义 ■ 如果 LED 关闭，表示没有连接链路，或该端口出于管理目的而被关闭 ■ 如果 LED 显示为绿色，则表示该端口连接了一条链路 ■ 如果指示灯为闪烁的绿色，表示该端口是活动的，它正在发送或接收数据 ■ 如果 LED 交替出现绿色和琥珀色，则表示该端口存在链路故障 ■ 如果 LED 为琥珀色，则端口受到阻塞，以确保在转发域中不存在环路而且没有转发数据（通常，端口在被激活后的前 30 s 内将保持此状态） ■ 如果 LED 为闪烁的琥珀色，表示该端口受到了阻塞，以防止转发域中出现环路
4 DUPLX	端口双工模式 LED	■ 当 LED 为绿色时，表示选择了端口双工模式 ■ 选择后，若端口 LED 关闭，则端口处于半双工模式 ■ 如果端口 LED 为绿色，则端口处于全双工模式
5 SPEED	端口速率 LED	■ 选择端口速率模式 ■ 选择后，端口 LED 的不同颜色会表示不同的含义 ■ 如果 LED 不亮，则端口运行速率为 10Mbit/s ■ 如果 LED 为绿色，则端口运行速率为 100Mbit/s ■ 如果 LED 为闪烁的绿色，则端口运行速率为 1000Mbit/s
6 PoE	PoE 模式 LED	■ 如果支持 PoE，会存在 PoE 模式 LED ■ 如果 LED 不亮，表示没有选择 PoE 模式，而且没有任何端口处于断电或者故障状态 ■ 如果 LED 为闪烁的琥珀色，表示没有选择 PoE 模式，但至少有一个端口处于断电或者 PoE 故障状态 ■ 如果 LED 为绿色，表示选择了 PoE 模式，而且端口 LED 的不同颜色会表示不同的含义

续表

LED 标签	名称	说明
6 PoE	PoE 模式 LED	■ 如果端口 LED 关闭，则表示 PoE 关闭 ■ 如果端口 LED 为绿色，则表示 PoE 处于打开状态 ■ 如果端口 LED 交替出现绿色和琥珀色，则表示 PoE 被拒绝，因为向受电设备供电会超出这台交换机的功率 ■ 如果 LED 为闪烁的琥珀色，表示 PoE 因故障而关闭 ■ 如果 LED 为琥珀色，表示这个端口的 PoE 已经被禁用

1.1.4 从系统崩溃中恢复

如果由于系统文件丢失或损坏而使操作系统无法使用，则启动加载程序将提供对交换机的访问。启动加载程序有一个命令行，可用于访问闪存中存储的文件。

可通过控制台连接按照以下步骤来访问启动加载程序。

步骤 1. 通过控制台线缆将 PC 连接到交换机的控制台端口。配置终端仿真软件，以连接到交换机。

步骤 2. 拔下交换机电源线。

步骤 3. 重新连接交换机的电源线，并在 15 s 内按住 MODE 按钮，同时系统 LED 仍呈绿色闪烁。

步骤 4. 继续按住 MODE 按钮，直到系统 LED 短暂出现琥珀色，然后停留在绿色，这时松开 MODE 按钮。

步骤 5. 启动程序的 "switch:" 提示符会显示在 PC 上的终端仿真软件中。

在启动加载程序的提示符位置输入 **help** 或**?**可以查看可用的命令列表。

在默认情况下，交换机会尝试使用 BOOT 环境变量中的信息自动启动。要查看交换机 BOOT 环境变量的路径，可以输入 **set** 命令。然后，使用 **flash_init** 命令初始化闪存文件系统，以查看闪存中的当前文件，如例 1-1 所示。

例 1-1 初始化闪存文件系统

```
switch: set
BOOT = flash:/c2960-lanbasek9-mz.122-55.SE7/c2960-lanbasek9-mz.122-55.SE7.bin
(output omitted)
switch: flash_init
Initializing Flash...
flashfs[0]: 2 files, 1 directories
flashfs[0]: 0 orphaned files, 0 orphaned directories
flashfs[0]: Total bytes: 32514048
flashfs[0]: Bytes used: 11838464
flashfs[0]: Bytes available: 20675584
flashfs[0]: flashfs fsck took 10 seconds.
...done Initializing Flash.
```

在闪存完成初始化后，可以输入 **dir flash**：命令来查看闪存中的目录和文件，如例 1-2 所示。

例 1-2 显示闪存目录

```
switch: dir flash:
Directory of flash:/
    2  -rwx  11834846            c2960-lanbasek9-mz.150-2.SE8.bin
    3  -rwx  2072                multiple-fs
```

输入 **BOOT = flash** 命令来修改交换机在闪存中加载新 IOS 时使用的 BOOT 环境变量路径。要验证新的 BOOT 环境变量路径，需要再次输入 **set** 命令。最后，要加载新的 IOS，需要输入没有任何参数的 **boot** 命令，如例 1-3 中所示。

例 1-3　配置启动镜像

```
switch: BOOT = flash:c2960-lanbasek9-mz.150-2.SE8.bin
switch: set
BOOT = flash:c2960-lanbasek9-mz.150-2.SE8.bin
(output omitted)
switch: boot
```

启动加载程序的命令可以初始化闪存、格式化闪存、安装新的 IOS、修改 BOOT 环境变量和恢复丢失或忘记的密码。

1.1.5　交换机管理访问

要为远程管理访问而准备交换机，交换机必须具有一个 SVI（Switch Virtual Interface，交换机虚拟接口），且该 SVI 使用 IPv4 地址和子网掩码进行了配置，或使用 IPv6 地址和 IPv6 的前缀长度进行了配置。SVI 是一个虚拟接口，而不是交换机上的物理端口。请记住，要通过远程网络来管理交换机，则交换机必须配置有默认网关。这与在主机设备上配置 IP 地址信息非常相似。

在图 1-2 中，应该给 S1 上的 SVI 分配一个 IP 地址。控制台线缆的作用是连接 PC，以便对交换机进行初始化配置。图中的 IP 地址为 PC1 和 S1 的默认网关的地址。

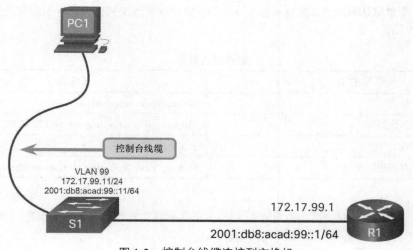

图 1-2　控制台线缆连接到交换机

1.1.6　交换机 SVI 配置示例

默认情况下，交换机被配置为通过 VLAN 1 来控制交换机的管理。默认情况下，所有端口都会划分到 VLAN 1 中。为安全起见，最佳做法是使用除 VLAN 1 之外的一个 VLAN 作为管理 VLAN，比如使用 VLAN 99。

步骤 1.　在 S1 上配置管理接口。在 VLAN 接口配置模式中，为交换机的管理 SVI 配置 IPv4 地址和子网掩码。具体来说，SVI VLAN 99 将被分配 IPv4 地址 172.17.99.11/24 和 IPv6 地址 2001:db8:acad:

99::11/64，如表 1-3 所示。

表 1-3 配置管理接口的 IPv4 地址和 IPv6 地址

任务	IOS 命令
进入全局配置模式	S1#**configure terminal**
进入 SVI 的接口配置模式	S1(config)#**interface vlan 99**
配置管理接口的 IPv4 地址	S1(config-if)#**ip address 172.17.99.11 255.255.255.0**
配置管理接口的 IPv6 地址	S1(config-if)#**ipv6 address2001:db8:acad:99::11/64**
启用管理接口	S1(config-if)#**no shutdown**
返回到特权 EXEC 模式	S1(config-if)#**end**
将运行配置保存到启动配置中	S1#**copy running-config startup-config**

> **注 意** 在创建出 VLAN 99 并且把一台设备连接到与 VLAN 99 关联的某个交换机端口之前，VLAN 99 的 SVI 不会显示为 up/up。

> **注 意** 交换机上可能需要配置 IPv6。例如，在运行 IOS 15.0 版本的思科 Catalyst 2960 上，需要首先在交换机上进入全局配置命令 **sdm prefer dual-ipv4-and-ipv6 default**，然后输入 **reload**，才能开始配置 IPv6 地址信息。

步骤 2. 配置默认网关。如果要通过未直连的网络远程管理交换机，则应当为交换机配置默认网关，如表 1-4 所示。

表 1-4 配置默认网关

任务	IOS 命令
进入全局配置模式	S1#**configure terminal**
配置交换机的默认网关	S1(config)# **ip default-gateway 172.17.99.1**
返回到特权 EXEC 模式	S1(config-if)#**end**
将运行配置保存到启动配置中	S1#**copy running-config startup-config**

> **注 意** 因为交换机会从路由器通告（RA）消息中接收自己的默认网关信息，所以交换机不需要 IPv6 默认网关。

步骤 3. 验证配置。**show ip interface brief** 和 **show ipv6 interface brief** 命令可以用来查看物理接口和虚拟接口的状态。例 1-4 中的输出说明接口 VLAN 99 上已经配置了 IPv4 和 IPv6 地址。

> **注 意** SVI 上配置的 IP 地址纯粹是为了对外提供远程管理访问；交换机不会因此开始路由第 3 层数据包。

例 1-4 验证 IP 配置

```
S1# show ip interface brief
Interface  IP-Address  OK? Method  Status  Protocol
```

```
Vlan99  172.17.99.11  YES manual  down  down
(output omitted)
S1#
S1# show ipv6 interface brief
Vlan99                      [down/down]
    FE80::C27B:BCFF:FEC4:A9C1
    2001:DB8:ACAD:99::11
(output omitted)
```

1.2 配置交换机端口

本节介绍如何配置交换机端口，以满足网络需求。

1.2.1 双工通信

交换机的端口可以根据不同需求分别进行配置。本节会介绍如何配置交换机端口、如何验证配置和常见错误，以及如何排除交换机的配置故障。

全双工通信通过让连接的两端同时发送和接收数据，提高了带宽的效率。这也称为双向通信，而且需要进行微分段。当一个交换机端口只连接了一台设备并且这个端口工作在全双工模式下时，就创建了一个微分段的LAN。当一个交换机端口工作在全双工模式下时，这个端口也就没有相关的冲突域。

与全双工通信不同，半双工通信是单向的。半双工通信会导致性能问题，因为数据每次都只能沿一个方向传输，这常常会引发冲突。半双工连接常见于一些老式硬件（如集线器）中。半双工集线器默认已经被使用全双工通信的交换机所取代。

全双工和半双工通信如图1-3所示。

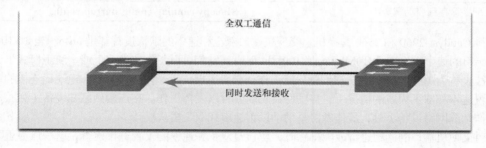

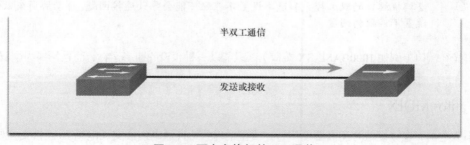

图1-3　两台交换机的双工通信

吉比特以太网和 10 吉比特以太网网卡需要使用全双工连接才能运行。在全双工模式下，网卡上的冲突检测电路处于禁用状态。全双工可以在两个方向（发送和接收）上提供 100%的效率。这将导致带宽得到加倍利用。

1.2.2 在物理层配置交换机端口

交换机端口可以手动配置为某个特定的双工模式和速率。使用 **duplex** 接口配置模式命令可以手动指定一个交换机端口的双工模式。使用 **speed** 接口配置模式命令可以手动指定速率。例如，图 1-4 中的两台交换机都应该始终以 100Mbit/s 的全双工速率运行。

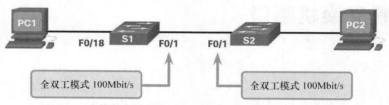

图 1-4 连接的交换机工作以 100Mbit/s 的全双工速率运行

表 1-5 所示为 S1 的命令。同样的命令也可以应用在 S2 上。

表 1-5 双工和速率命令

任务	IOS 命令
进入全局配置模式	S1#**configure terminal**
进入接口配置模式	S1(config)#**interface FastEthernet 0/1**
配置接口双工模式	S1(config-if)#**duplex full**
配置接口速率	S1(config-if)#**speed 100**
返回到特权 EXEC 模式	S1(config-if)#**end**
将运行配置保存到启动配置中	S1#**copy running-config startup-config**

思科 Catalyst 2960 和 3560 交换机上交换机端口双工和速率的默认设置都是 **auto**。当 10/100/1000 Mbit/s 端口的速率被设置为 10Mbit/s 或 100Mbit/s 时，它们可以工作在半双工或全双工模式下，而当其速率被设置为 1000Mbit/s 时，它们就只能工作在全双工模式下。在管理员不知道端口连接的设备是如何设置速率和双工模式的情况下，自动协商功能就可以发挥工作。在连接到已知设备（如服务器、专用工作站或网络设备）时，最佳做法是手动设置速率和双工模式。

在对交换机端口的问题进行故障排除时，应该对双工和速率的设置进行检查，这一点很重要。

注 意 交换机端口的双工模式和速率设置不匹配可能会导致连接问题。自动协商失败会导致设置不匹配的问题。

所有光纤端口（例如 1000BASE-SX 端口）都只能以一种预设的速率运行，而且始终为全双工模式。

1.2.3 auto-MDIX

在不久之前，连接设备时还需要使用特定类型的电缆（直通电缆或交叉电缆）。连接交换机与交换机、交换机与路由器时，需要使用不同的以太网电缆。如今，在接口上使用自动介质相关接口交叉（ auto-

MDIX）功能就可解决这个问题。在启用了 auto-MDIX 时，接口会自动检测所需电缆连接的类型（直通或交叉）并配置相应的连接。在连接无 auto-MDIX 功能的交换机时，必须使用直通电缆连接到如服务器、工作站或路由器等设备，而且还必须使用交叉电缆连接到其他交换机或中继器。

当启用 auto-MDIX 时，可以使用任意一种类型的电缆连接其他设备，而且接口会自动调整以成功通信。在比较新的思科交换机上，使用接口配置模式命令 **mdix auto** 就可以启用这项功能。在接口上使用 auto-MDIX 时，必须将接口速率和双工模式设置为 auto，这样这项功能才能正常工作。

启用 auto-MDIX 的命令需要在交换机的接口配置模式下输入，如下所示：

```
S1(config-if)#mdix auto
```

> **注　意**　Catalyst 2960 和 Catalyst 3560 交换机上默认即会启用 auto-MDIX 功能，但在更早的 Catalyst 2950 和 Catalyst 3550 交换机上，则没有这项功能。

要想查看某个特定接口的 auto-MDIX 设置，可以将 **show controllers ethernet-controller** 命令和 **phy** 关键字一起使用。要想把输出限制为与 auto-MDIX 有关的行，可以使用 **include Auto-MDIX** 过滤器。在例 1-5 中可以看到，Auto-MDIX 目前是 On。

例 1-5　验证 auto-MDIX 的设置

```
S1# show controllers ethernet-controller fa0/1 phy | include MDIX
  Auto-MDIX           : On      [AdminState = 1   Flags = 0x00052248]
```

1.2.4　交换机验证命令

表 1-6 总结了一些非常有用的交换机验证命令。

表 1-6　　　　　　　　　　　　　交换机验证命令

任务	IOS 命令
显示接口状态和配置	S1#**show interfaces** [*interface-id*]
显示当前启动配置	S1#**show startup-config**
显示当前运行配置	S1#**show running-config**
显示有关闪存文件系统的信息	S1#**show flash**
显示系统硬件和软件状态	S1#**show version**
显示输入的命令历史记录	S1#**show history**
显示接口的 IP 信息	S1#**show ip interface** [*interface-id*] 或 S1#**show ipv6 interface** [*interface-id*]
显示 MAC 地址表	S1#**show mac-address-table** 或 S1#**show mac address-table**

1.2.5　验证交换机端口配置

show running-config 命令可以验证交换机是否已配置正确。例 1-6 中显示了一些重要的信息：

- FastEthernet 0/18 接口配置了管理 VLAN 99；
- VLAN 99 上配置了 IPv4 地址 172.17.99.11 255.255.255.0；
- 默认网关被设置为 172.17.99.1。

例 1-6　验证交换机端口配置

```
S1# show running-config
Building configuration...
Current configuration : 1466 bytes
!
interface FastEthernet0/18
 switchport access vlan 99
 switchport mode access
!
(output omitted)
!
interface Vlan99
 ip address 172.17.99.11 255.255.255.0
 ipv6 address 2001:DB8:ACAD:99::1/64
!
ip default-gateway 172.17.99.1
```

show interfaces 命令是另一条常用的命令，它可以显示出交换机网络接口的状态和统计信息。在配置和监控网络设备时，会经常用到 **show interfaces** 命令。

在例 1-7 中，**show interfaces fastEthernet 0/18** 命令的第一行输出信息显示，FastEthernet 0/18 接口目前处于 up/up 状态，表示这个接口目前工作正常。接下来几行输出信息显示，这个接口的双工设置是全双工，速率为 100Mbit/s。

例 1-7　接口验证

```
S1# show interfaces fastEthernet 0/18
FastEthernet0/18 is up, line protocol is up (connected)
  Hardware is Fast Ethernet, address is 0025.83e6.9092 (bia 0025.83e6.9092)
  MTU 1500 bytes, BW 100000 Kbit/sec, DLY 100 usec,
      reliability 255/255, txload 1/255, rxload 1/255
  Encapsulation ARPA, loopback not set
  Keepalive set (10 sec)
  Full-duplex, 100Mb/s, media type is 10/100BaseTX
```

1.2.6　网络接入层问题

show interfaces 命令的输出对于检测常见的介质问题非常有用。这个输出信息中最重要的一部分是线路和数据链路协议的状态，如例 1-8 所示。

例 1-8　检查协议状态

```
S1# show interfaces fastEthernet 0/18
FastEthernet0/18 is up, line protocol is up (connected)
Hardware is Fast Ethernet, address is 0025.83e6.9092 (bia 0025.83e6.9092)MTU 1500
  bytes, BW 100000 Kbit/sec, DLY 100 usec,
```

第一个参数（FastEthernet0/18 is up）指的是硬件层，表示这个接口是否在接收载波检测信号。第二个参数（line protocol is up）指的是数据链路层，表示是否收到数据链路层协议 keepalive 数据包。

根据 **show interfaces** 命令的输出信息，可以通过如下方式解决可能存在的问题。

- 接口（interface）处于 up 状态但线路协议（line protocol）状态为 down：表示存在问题。出现这种情况的问题可能是封装类型不匹配，另一端的接口处于 error-disabled（错误禁用）状态，或者硬件出现了问题。
- 接口（interface）和线路协议（line protocol）状态皆为 down：表示没有连接电缆，或者存在其他问题。例如，在背对背连接中，连接的另一端可能处于 administratively down（管理性关闭）状态。
- 接口处于管理性关闭状态：表示该接口在活动的配置中被手动禁用（执行了 **shutdown** 命令）。

show interfaces 命令的输出信息显示了 FastEthernet 0/18 接口的计数器和统计信息，如例 1-9 中的阴影部分所示。

例 1-9 接口计数器和统计信息

```
S1# show interfaces fastEthernet 0/18
FastEthernet0/18 is up, line protocol is up (connected)
  Hardware is Fast Ethernet, address is 0025.83e6.9092 (bia 0025.83e6.9092)
  MTU 1500 bytes, BW 100000 Kbit/sec, DLY 100 usec,
     reliability 255/255, txload 1/255, rxload 1/255
  Encapsulation ARPA, loopback not set
  Keepalive set (10 sec)
 Full-duplex, 100Mb/s, media type is 10/100BaseTX
  input flow-control is off, output flow-control is unsupported
  ARP type: ARPA, ARP Timeout 04:00:00
  Last input never, output 00:00:01, output hang never
  Last clearing of "show interface" counters never
  Input queue: 0/75/0/0 (size/max/drops/flushes); Total output drops: 0
  Queueing strategy: fifo
  Output queue: 0/40 (size/max)
  5 minute input rate 0 bits/sec, 0 packets/sec
  5 minute output rate 0 bits/sec, 0 packets/sec
  2295197 packets input, 305539992 bytes, 0 no buffer
  Received 1925500 broadcasts (74 multicasts)
  0 runts, 0 giants, 0 throttles
  3 input errors, 3 CRC, 0 frame, 0 overrun, 0 ignored
  0 watchdog, 74 multicast, 0 pause input
  0 input packets with dribble condition detected
  3594664 packets output, 436549843 bytes, 0 underruns
  8 output errors, 1790 collisions, 10 interface resets
  0 unknown protocol drops
  0 babbles, 235 late collision, 0 deferred
```

有些介质问题的严重程度不足以导致电路出现故障，但却可以导致网络性能出现问题。表 1-7 列出了一些可以使用命令 **show interfaces** 检测出来的常见错误。

表 1-7	show interfaces 命令检测到的常见错误
错误类型	描述
输入错误	错误的总和，包括残帧、小巨人帧、无缓冲区、CRC、帧、溢出和被忽略的计数
残帧	该帧会被丢弃，因为它们小于这个介质允许的最小数据包大小。例如，任何以太网帧只要小于 64 字节，就会被认为是一个残帧
小巨人帧	该帧可能会被转发，也可能被丢弃，具体取决于交换机的型号。小巨人帧是其长度大于 1518 字节的以太网帧
CRC	当计算出来的校验和与接收到的校验和不相同时，将生成 CRC 错误
输出错误	阻止数据报从（正在检查的）接口传输出去的所有错误的总和
冲突	因以太网冲突而重新发送的消息的数量
延迟冲突	在帧已经传输 512 位之后才发生的冲突

1.2.7   接口输入与输出错误

输入错误是指在正在检查的接口上接收到的数据报中所有错误的总和。这包括残帧、小巨人帧、无缓冲区、循环冗余校验（CRC）、帧、溢出和被忽略的计数。通过 **show interfaces** 命令可以查看到的输入错误有下面这些。

- **残帧**：小于 64 字节（这是允许的最小长度）的以太网帧称为残帧。网卡故障是导致残帧过多的常见原因，但残帧也可能是由冲突导致的。
- **小巨人帧**：大于最大允许长度的以太网帧称为小巨人帧。小巨人帧可能会被转发，也可能被丢弃，具体取决于交换机的型号。
- **CRC 错误**：在以太网接口和串行接口上，CRC 错误通常说明存在介质错误或电缆错误。常见的原因包括电气干扰、连接松动或损坏、电缆接线不正确。如果看到许多 CRC 错误，且链路上噪声过多，则应该检查电缆。还应搜索并消除噪声源。

输出错误是阻止数据报从正在检查的接口传输出去的所有错误的总数。通过 **show interfaces** 命令可以查看到的输出错误有下面这些。

- **冲突**：在半双工模式下发生冲突是正常的。但是，永远不应该在全双工模式的接口上看到冲突。
- **延迟冲突**：延迟冲突是指帧已经传输了 512 位之后才发生冲突。电缆过长是造成延迟冲突的最常见原因。另一个常见原因是双工模式配置错误。比如，一条连接的一端配置的是全双工，另一端配置的却是半双工。这时，在配置为半双工模式的接口上就有可能看到延迟冲突。在这种情况下，必须在两端配置相同的双工模式。设计无误且配置无误的网络绝不应该出现延迟冲突。

1.2.8   排除网络接入层问题

影响交换网络的大部分问题都是在最初的实施期间遇到的。从理论上讲，在网络安装完成之后，这个网络就应该能够无故障地连续运行。不过，电缆可能会损坏，配置可能需要更改，还可能会有新设备连接到交换机上，这些都要求对交换机的配置进行变更。因此，需要对网络基础设施进行持续维护和故障排除。

要对交换机和其他设备之间没有连接或连接不佳的情况进行故障排除，应该遵循图 1-5 中所示的一般流程。

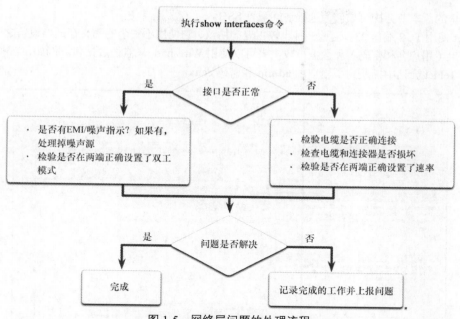

图 1-5 网络层问题的处理流程

可以使用 **show interfaces** 命令检查接口状态。

如果接口状态为 down，可进行如下操作。

■ 检查并确保使用了正确的电缆。另外，检查电缆和连接器是否出现损坏。如果怀疑电缆损坏或不正确，则应该更换电缆。

■ 如果接口仍然处于 down 状态，问题可能是速率设置不匹配。接口的速率通常是自动协商的；因此，即使在一个接口上是手动完成的配置，相连的接口也会按照那个设置进行自动协商。如果由于配置错误、硬件或软件问题确实造成速率不匹配，则可能导致接口关闭。如果怀疑存在问题，就应该在连接的两端手动设置相同的速率。

如果接口已经处于启动（up）状态，但连接问题仍然存在，可进行如下操作。

■ 使用 **show interfaces** 命令，检查是否存在噪声过多的迹象。这些迹象包括残帧、小巨人帧和 CRC 错误的计数器值不断增加。如果噪声过多，则尽可能找到并移除噪声源。另外，应该确认电缆没有超出最大的电缆长度，并且检查所使用的电缆类型。

■ 如果噪声不是症结，则检查是否存在大量的冲突。如果存在冲突或延迟冲突，请验证连接两端的双工设置。双工设置和速率设置类似，往往也是自动协商的。如果显示双工不匹配，则在连接的两端手动将双工模式设置为全双工。

1.3 安全远程访问

本节会介绍如何配置交换机的管理虚拟接口。

1.3.1 Telnet 工作原理

在需要配置交换机时，您可能未必能直接访问它。所以，您需要能够远程访问交换机，而且访问必须是安全的。本节会探讨如何为远程访问配置 SSH。

Telnet 使用 TCP 端口 23。这是一种比较古老的协议，它使用不安全的明文在通信设备之间传输登录验证信息（用户名和密码）和数据。攻击者可以使用 Wireshark 来监控数据包。例如，在图 1-6 中，攻击者从 Telnet 会话中捕获到了用户名 **admin** 和密码 **ccna**。

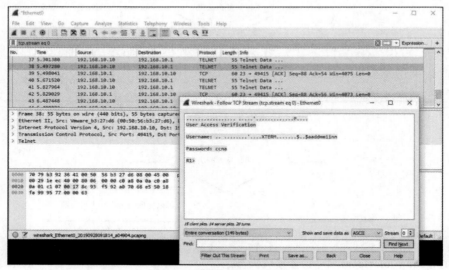

图 1-6　捕获的 Telnet 会话

1.3.2　SSH 工作原理

SSH 是一种使用 TCP 端口 22 的安全协议。它可以提供到远程设备的安全（加密）管理连接。SSH 应替代 Telnet 进行管理连接。在对一台设备（使用用户名和密码）进行验证时，SSH 可以提供强大的加密功能，从而为远程连接提供安全性保护，同时也会为通信设备之间传输的数据提供安全性保护。

例如，图 1-7 所示为 Wireshark 捕获的一个 SSH 会话。攻击者可以使用管理员设备的 IP 地址来跟踪会话。但是，与 Telnet 不同的是，使用 SSH 时会对用户名和密码进行加密。

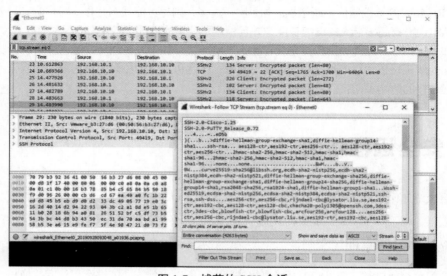

图 1-7　捕获的 SSH 会话

1.3.3 验证交换机是否支持 SSH

要在 Catalyst 2960 交换机上启用 SSH，这台交换机需要使用包含密码（加密）特性和功能的 IOS 软件版本。在交换机上使用 **show version** 命令可以查看交换机当前正在运行的 IOS。IOS 文件名中如果包含 "k9"，则该版本支持密码（加密）特性和功能。例 1-10 所示为 **show version** 命令的输出信息。

例 1-10　检查 IOS 是否支持 SSH

```
S1# show version
Cisco IOS Software, C2960 Software (C2960-LANBASEK9-M), Version 15.0(2)SE7,
  RELEASE SOFTWARE (fc1)
```

1.3.4 配置 SSH

在配置 SSH 之前，必须至少为交换机配置了唯一的主机名并设置了正确的网络连接。

步骤 1. 验证是否支持 SSH。使用 **show ip ssh** 命令来验证交换机是否支持 SSH，如例 1-11 所示。如果交换机运行的 IOS 不支持密码功能，那么这个版本就无法识别这条命令。

例 1-11　验证是否支持 SSH

```
S1# show ip ssh
```

步骤 2. 配置 IP 域名。使用全局配置命令 **ip domain-name** *domain-name* 配置网络的 IP 域名。在例 1-12 中，*domain-name* 值为 epubit.com。

例 1-12　配置 IP 域

```
S1(config)# ip domain-name epubit.com
```

步骤 3. 生成 RSA 密钥对。尽管 SSH 版本 1 存在一些已知的安全漏洞，但并不是所有的 IOS 版本默认都会使用 SSH 版本 2。要配置 SSH 版本 2，需要输入全局配置模式命令 **ip ssh version 2**。在生成 RSA 密钥对后会自动启用 SSH。使用全局配置模式命令 **crypto key generate rsa** 在交换机上启用 SSH 服务器功能并生成 RSA 密钥对。在生成 RSA 密钥时，系统会提示管理员输入模数长度。例 1-13 中配置使用的模数长度为 1024 位。模数长度越长，安全性越高，但生成和使用密钥需要的时间也就越长。

> **注　意**　要删除 RSA 密钥对，可使用全局配置模式命令 **crypto key zeroize rsa**。在删除 RSA 密钥对之后，SSH 服务器将自动禁用。

例 1-13　生成 RSA 密钥对

```
S1(config)# crypto key generate rsa
How many bits in the modulus [512]: 1024
```

步骤 4. 配置用户身份验证。SSH 服务器可以在本地验证用户，也可以使用身份验证服务器来验证用户。要使用本地身份验证方法，需要使用全局配置模式命令 **username** *username* **secret** *password* 来创建用户名和密码对。在例 1-14 中，用户 **admin** 分配的密码是 **ccna**。

例 1-14　配置用户身份验证

```
S1(config)# username admin secret ccna
```

步骤 5. 配置 VTY 线路。使用线路配置模式命令 **transport input ssh** 在 VTY 线路上启用 SSH 协议，如例 1-15 所示。Catalyst 2960 拥有的 VTY 线路范围为 0～15。该配置可以阻止非 SSH（如 Telnet）

连接，并让交换机只接受 SSH 连接。使用全局配置模式命令 **line vty**，然后再使用线路配置模式命令 **login local** 可要求交换机从本地用户名数据库中对 SSH 连接进行本地验证。

例 1-15 配置 VTY 线路

```
S1(config)# line vty 0 15
S1(config-line)# transport input ssh
S1(config-line)# login local
S1(config-line)# exit
```

步骤 6. 启用 SSH 版本 2。 默认情况下，SSH 支持版本 1 和版本 2。当支持这两个版本时，这会在 **show ip ssh** 的输出中显示支持版本 2。使用全局配置命令 **ip ssh version 2** 启用 SSH 版本，如例 1-16 所示。

例 1-16 启用 SSH 版本 2

```
S1(config)# ip ssh version 2
```

1.3.5 验证 SSH 是否工作正常

在 PC 上，SSH 客户端（例如 PuTTY）用于连接 SSH 服务器。例如，假设下面的配置已经完成：

■ 交换机 S1 上已经启用了 SSH；
■ 交换机 S1 上接口 VLAN 99（SVI）的 IPv4 地址已配置为 172.17.99.11；
■ 为 PC1 配置了 IPv4 地址 172.17.99.21。

图 1-8 所示为 PC1 通过 SSH 连接 S1 的 SVI VLAN IPv4 地址时，PuTTY 的设置。

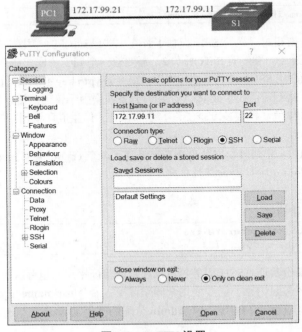

图 1-8 PuTTY 设置

在连接时，系统会提示用户输入用户名和密码，如例 1-17 所示。使用例 1-14 中的配置，输入用户名 **admin** 和密码 **ccna**。输入正确的（用户名/密码）组合后，用户就通过 SSH 连接到了 Catalyst 2960 交换机的命令行界面（CLI）。

例 1-17　SSH 登录

```
Login as: admin
Using keyboard-interactive
Authentication.
Password:
S1> enable
Password:
S1#
```

要在已配置为 SSH 服务器的设备上显示 SSH 的版本和配置数据，可使用 **show ip ssh** 命令。在例 1-18 中，启用了 SSH 版本 2。

例 1-18　验证 SSH

```
S1# show ip ssh
SSH Enabled - version 2.0
Authentication timeout: 120 secs; Authentication retries: 3
To check the SSH connections to the device, use the show ssh command as shown.
S1# show ssh
%No SSHv1 server connections running.
Connection Version Mode Encryption Hmac              State            Username
0          2.0     IN   aes256-cbc hmac-sha1 Session started  admin
0          2.0     OUT  aes256-cbc hmac-sha1 Session started  admin
S1#
```

1.4　路由器的基本配置

每个网络都有必须配置在路由器上的唯一设置。本节介绍配置路由器时需要用到的 IOS 基本命令。

1.4.1　配置路由器的基本设置

到目前为止，我们只讨论了交换机。如果您希望设备可以向本地网络之外发送和接收数据，就必须配置路由器。本节会介绍基本的路由器配置方法。

思科路由器和思科交换机有许多相似之处。它们都支持相似的模态（modal）操作系统、相似的命令结构以及许多相同的命令。此外，这两种设备具有相似的初始配置步骤。例如，应该始终执行以下配置任务。

命名设备，以把这台设备和其他路由器区分开，并且配置密码，如例 1-19 所示。

例 1-19　路由器的基本配置

```
Router# configure terminal
Enter configuration commands, one per line. End with CNTL/Z.
Router(config)# hostname R1
R1(config)# enable secret class
R1(config)# line console 0
R1(config-line)# password cisco
R1(config-line)# login
R1(config-line)# exit
```

```
R1(config)# line vty 0 4
R1(config-line)# password cisco
R1(config-line)# login
R1(config-line)# exit
R1(config)# service password-encryption
R1(config)#
```

配置旗标，对未经授权的访问提供法律告示，如例 1-20 所示。

例 1-20   配置旗标

```
R1(config)# banner motd $ Authorized Access Only! $
R1(config)#
```

将更改保存在路由器上，如例 1-21 所示。

例 1-21   保存配置

```
R1# copy running-config startup-config
Destination filename [startup-config]?
Building configuration...
[OK]
```

1.4.2   双栈拓扑

交换机与路由器之间一个明显的区别是其各自所支持的接口类型。例如，第 2 层交换机支持 LAN，因此它们带有多个快速以太网或吉比特以太网端口。图 1-9 中的双栈拓扑用于演示路由器 IPv4 和 IPv6 接口的配置。

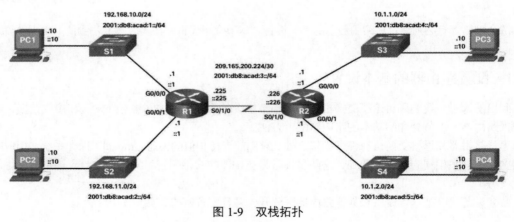

图 1-9   双栈拓扑

1.4.3   配置路由器接口

路由器支持 LAN 和 WAN，而且可以互连不同类型的网络，因此，它们支持许多类型的接口。例如，G2 ISR 带有一个或两个集成的吉比特以太网接口和高速广域网接口卡（HWIC）插槽，以便支持其他类型的网络接口，包括串行、DSL 和电缆接口。

要使接口可用，必须执行以下操作。

- **配置至少一个 IP 地址**：使用 **ip address** *ip-address subnet-mask* 和 **the ipv6 address** *ipv6-address/ prefix* 接口配置命令。
- **激活**：默认情况下，LAN 和 WAN 接口未激活（**shutdown**）。要启用接口，必须使用 **no shutdown** 命令激活它（这与接口通电类似）。接口还必须连接到另一个设备（例如集线器、交换机或其他路由器），才能使物理层处于活动状态。
- **描述**：可以根据需要为接口配置最多 240 个字符的简短描述。建议为每个接口配置描述。在生产网络中，给接口添加描述信息的好处显而易见，这样做既便于排除故障，也便于确定第三方连接信息和联系信息。

例 1-22 所示为 R1 接口上的配置。

例 1-22　R1 双栈配置

```
R1(config)# interface gigabitethernet 0/0/0
R1(config-if)# ip address 192.168.10.1 255.255.255.0
R1(config-if)# ipv6 address 2001:db8:acad:1::1/64
R1(config-if)# description Link to LAN 1
R1(config-if)# no shutdown
R1(config-if)# exit
R1(config)# interface gigabitethernet 0/0/1
R1(config-if)# ip address 192.168.11.1 255.255.255.0
R1(config-if)# ipv6 address 2001:db8:acad:2::1/64
R1(config-if)# description Link to LAN 2
R1(config-if)# no shutdown
R1(config-if)# exit
R1(config)# interface serial 0/0/0
R1(config-if)# ip address 209.165.200.225 255.255.255.252
R1(config-if)# ipv6 address 2001:db8:acad:3::225/64
R1(config-if)# description Link to R2
R1(config-if)# no shutdown
R1(config-if)# exit
R1(config)#
```

1.4.4　IPv4 环回接口

思科 IOS 路由器的另一个常用配置就是启用环回接口。

环回接口是路由器内部的一种逻辑接口。它不会划分给一个物理端口，而且也永远不会连接到其他设备。可以将它视为一个软件接口，只要路由器运行正常，该接口就会自动处于 up 状态。

在测试和管理思科 IOS 设备时，环回接口非常有用，因为它可确保至少有一个接口始终可用。它可以用于测试目的，比如通过模拟路由器后面的网络来测试内部的路由过程。

环回接口在实验室环境中也常用于创建额外的接口。例如，我们可以在一台路由器上创建多个环回接口来模拟多个不同的网络以兹配置练习与测试之用。在本书中，我们会经常使用环回接口来模拟通往互联网的链路。

环回地址的启用和分配很简单：

```
Router(config)# interface loopback number
Router(config-if)# ip address ip-address subnet-mask
```

可以在一个路由器上启用多个环回接口。每个环回接口的 IPv4 地址必须是唯一的，并且没有被任何其他接口使用，如例 1-23 中 R1 上的 loopback 0 的配置所示。

例 1-23　配置环回接口

```
R1(config)# interface loopback 0
R1(config-if)# ip address 10.0.0.1 255.255.255.0
R1(config-if)# exit
R1(config)#
%LINEPROTO-5-UPDOWN: Line protocol on Interface Loopback0, changed state to up
```

1.5　验证直连网络

了解如何进行故障排除和验证设备配置的正确性总是很重要的。本节的重点是如何验证直连到路由器的两个网络之间的连通性。

1.5.1　接口验证命令

在配置路由器时，如果不去验证配置和连通性，则没有任何意义。本节会介绍一系列用来验证直连网络的命令。

有几条 **show** 命令可以用来验证接口的工作状态和配置。图 1-9 中的拓扑用于演示路由器接口设置的验证。

以下几条命令在快速判断接口的状态时格外有用。

- **show ip interface brief** 和 **show ipv6 interface brief**：显示所有接口的汇总信息，包括接口的 IPv4 或 IPv6 地址和接口的当前运行状态。
- **show running-config interface** *interface-id*：显示应用在指定接口上的命令。
- **show ip route** 和 **show ipv6 route**：显示存储在 RAM 中的 IPv4 或 IPv6 路由表中的内容。在思科 IOS 15 中，活动接口应出现在路由表中，而且具有两个相关的条目，这两个条目由代码 "C"（已连接）或 "L"（本地）来标识。在以前的 IOS 版本中，只会出现带有代码 "C" 的一个条目。

1.5.2　验证接口状态

show ip interface brief 和 **show ipv6 interface brief** 命令的输出信息可以用来迅速揭示路由器上所有接口的状态。您可以根据这个接口的 Status（状态）是否为 up，以及 Protocol（协议）是否为 up，来验证这个接口是否处于活动状态，以及这个接口目前的运行状态，如例 1-24 所示。如果显示其他输出信息，则说明存在配置或布线问题。

例 1-24　验证接口状态

```
R1# show ip interface brief
Interface            IP-Address       OK? Method Status                Protocol
GigabitEthernet0/0/0 192.168.10.1     YES manual up                    up
GigabitEthernet0/0/1 192.168.11.1     YES manual up                    up
Serial0/1/0          209.165.200.225  YES manual up                    up
Serial0/1/1          unassigned       YES unset  administratively down down
R1# show ipv6 interface brief
```

```
GigabitEthernet0/0/0    [up/up]
    FE80::7279:B3FF:FE92:3130
    2001:DB8:ACAD:1::1
GigabitEthernet0/0/1    [up/up]
    FE80::7279:B3FF:FE92:3131
    2001:DB8:ACAD:2::1
Serial0/1/0             [up/up]
    FE80::7279:B3FF:FE92:3130
    2001:DB8:ACAD:3::1
Serial0/1/1             [down/down]      Unassigned
```

1.5.3 验证 IPv6 链路本地和组播地址

show ipv6 interface brief 命令的输出信息会显示出每个接口上配置的两个 IPv6 地址。其中一个地址是手动输入的 IPv6 全局单播地址。另一个地址以 FE80 开头，是接口的链路本地单播地址。每当分配一个全局单播地址时，都会将一个链路本地地址自动添加到接口上。IPv6 网络接口必须具有链路本地地址，但不一定要有全局单播地址。

show ipv6 interface gigabitethernet 0/0/0 命令会显示这个接口的状态，以及属于这个接口的所有 IPv6 地址。除了链路本地地址和全局单播地址外，输出信息中还包含了分配给这个接口的组播地址，该组播地址以前缀 FF02 开头，如例 1-25 所示。

例 1-25　验证 IPv6 的链路本地地址和组播地址

```
R1# show ipv6 interface gigabitethernet 0/0/0
GigabitEthernet0/0/0 is up, line protocol is up
  IPv6 is enabled, link-local address is FE80::7279:B3FF:FE92:3130
  No Virtual link-local address(es):
  Global unicast address(es):
    2001:DB8:ACAD:1::1, subnet is 2001:DB8:ACAD:1::/64
  Joined group address(es):
    FF02::1
    FF02::1:FF00:1
    FF02::1:FF92:3130
  MTU is 1500 bytes
  ICMP error messages limited to one every 100 milliseconds
  ICMP redirects are enabled
  ICMP unreachables are sent
  ND DAD is enabled, number of DAD attempts: 1
  ND reachable time is 30000 milliseconds (using 30000)
  ND advertised reachable time is 0 (unspecified)
  ND advertised retransmit interval is 0 (unspecified)
  ND router advertisements are sent every 200 seconds
  ND router advertisements live for 1800 seconds
  ND advertised default router preference is Medium
```

1.5.4 验证接口配置

show running-config interface 命令的输出信息显示了应用到指定接口上的当前命令，如例 1-26 所示。

例 1-26　验证接口配置

```
R1# show running-config interface gigabitethernet 0/0/0
Building configuration...
Current configuration : 158 bytes
!
interface GigabitEthernet0/0/0
 description Link to LAN 1
 ip address 192.168.10.1 255.255.255.0
 negotiation auto
 ipv6 address 2001:DB8:ACAD:1::1/64
end
R1#
```

下面这两个命令用于收集接口的更多细节。

■ **show interfaces**：显示这台设备上所有接口的接口信息和数据包流量的计数。

■ **show ip interface** 和 **show ipv6 interface**：显示路由器上所有接口的 IPv4 和 IPv6 相关的信息。

1.5.5　验证路由

在 **show ip route** 和 **show ipv6 route** 命令的输出信息中可以看到，有 3 个直连网络的条目和 3 个本地主机路由接口的条目，如例 1-27 所示。

例 1-27　验证路由

```
R1# show ip route
Codes: L - local, C - connected, S - static, R - RIP, M - mobile, B - BGP

Gateway of last resort is not set
        192.168.10.0/24 is variably subnetted, 2 subnets, 2 masks
C          192.168.10.0/24 is directly connected, GigabitEthernet0/0/0
L          192.168.10.1/32 is directly connected, GigabitEthernet0/0/0
        192.168.11.0/24 is variably subnetted, 2 subnets, 2 masks
C          192.168.11.0/24 is directly connected, GigabitEthernet0/0/1
L          192.168.11.1/32 is directly connected, GigabitEthernet0/0/1
        209.165.200.0/24 is variably subnetted, 2 subnets, 2 masks
C          209.165.200.224/30 is directly connected, Serial0/1/0
L          209.165.200.225/32 is directly connected, Serial0/1/0
R1#
R1# show ipv6 route
IPv6 Routing Table - default - 7 entries
Codes: C - Connected, L - Local, S - Static, U - Per-user Static route

C   2001:DB8:ACAD:1::/64 [0/0]
     via GigabitEthernet0/0/0, directly connected
L   2001:DB8:ACAD:1::1/128 [0/0]
     via GigabitEthernet0/0/0, receive
C   2001:DB8:ACAD:2::/64 [0/0]
     via GigabitEthernet0/0/1, directly connected
L   2001:DB8:ACAD:2::1/128 [0/0]
     via GigabitEthernet0/0/1, receive
C   2001:DB8:ACAD:3::/64 [0/0]
```

```
          via Serial0/1/0, directly connected
L    2001:DB8:ACAD:3::1/128 [0/0]
          via Serial0/1/0, receive
L    FF00::/8 [0/0]
          via Null0, receive
R1#
```

本地主机路由的管理距离为 0。它还具有 IPv4 的/32 掩码和 IPv6 的/128 掩码。本地主机路由是指路由器拥有这个 IP 地址，它让路由器能够处理发往该 IP 地址的数据包。

接口上配置的 IPv6 全局单播地址也会作为本地路由添加到路由表中。本地路由具有/128 前缀。路由表使用本地路由来有效处理将路由器接口地址作为目的地址的数据包。

在路由表中，路由条目旁边的"**C**"表示这是一个直连网络。当路由器接口配置了全局单播地址并处于 up/up 状态时，IPv6 前缀和前缀长度会作为直连路由添加至 IPv6 路由表。直连网络的管理距离为 0。

IPv6 的 **ping** 命令和 IPv4 中的用法相同，只不过使用的是 IPv6 地址。在例 1-28 中可以看到，**ping** 命令的作用是验证 R1 和 PC1 之间的第 3 层连通性。

例 1-28　ping 一个 IPv6 地址

```
R1# ping 2001:db8:acad:1::10
Type escape sequence to abort.
Sending 5, 100-byte ICMP Echos to 2001:DB8:ACAD:1::10, timeout is 2 seconds:
!!!!!
Success rate is 100 percent (5/5), round-trip min/avg/max = 1/1/1 ms
```

1.5.6　过滤 show 命令输出

默认情况下，生成多页输出的命令在显示出 24 行后会暂停。在暂停输出的结尾处，将会显示"--More--"字样。按 Enter 键会显示下一行信息，而按空格键显示下一屏信息。使用 **terminal length** 命令可以指定要显示的命令行的数量。零值（0）可以防止路由器在输出屏幕之间暂停。

另一个能改善 CLI 用户体验的功能是对 **show** 命令的输出信息进行过滤。过滤命令可用于显示输出的特定部分。要启用过滤命令，需要在 **show** 命令后面输入管道（|）符，然后输入一个过滤参数和一个过滤表达式。

有 4 个过滤参数可以配置在管道符后面。

section 过滤器

section 过滤器显示以过滤表达式开始的整段输出信息，如例 1-29 所示。

例 1-29　section 过滤器

```
R1# show running-config | section line vty
line vty 0 4
 password 7 110A1016141D
 login
 transport input all
```

注　意　所有 **show** 命令都可以和输出过滤器结合起来使用。

include 过滤器

include 过滤器会包含与过滤表达式相匹配的所有输出行，如例 1-30 所示。

例 1-30　**include 过滤器**

```
R1# show ip interface brief
Interface              IP-Address      OK? Method Status            Protocol
GigabitEthernet0/0/0   192.168.10.1    YES manual up                up
GigabitEthernet0/0/1   192.168.11.1    YES manual up                up
Serial0/1/0            209.165.200.225 YES manual up                up
Serial0/1/1            unassigned      NO  unset  down              down
R1#
R1# show ip interface brief | include up
GigabitEthernet0/0/0   192.168.10.1    YES manual up                up
GigabitEthernet0/0/1   192.168.11.1    YES manual up                up
Serial0/1/0            209.165.200.225 YES manual up                up
```

exclude 筛选器

exclude 过滤器会排除与过滤表达式相匹配的所有输出行，如例 1-31 所示。

例 1-31　**exclude 筛选器**

```
R1# show ip interface brief
Interface              IP-Address      OK? Method Status            Protocol
GigabitEthernet0/0/0   192.168.10.1    YES manual up                up
GigabitEthernet0/0/1   192.168.11.1    YES manual up                up
Serial0/1/0            209.165.200.225 YES manual up                up
Serial0/1/1            unassigned      NO  unset  down              down
R1#
R1# show ip interface brief | exclude unassigned
Interface              IP-Address      OK? Method Status            Protocol
GigabitEthernet0/0/0   192.168.10.1    YES manual up                up
GigabitEthernet0/0/1   192.168.11.1    YES manual up                up
Serial0/1/0            209.165.200.225 YES manual up                up
```

begin 筛选器

begin 筛选器从匹配筛选表达式的那一行开始，显示所有的输出行，如例 1-32 所示。

例 1-32　**begin 筛选器**

```
R1# show ip route | begin Gateway
Gateway of last resort is not set
      192.168.10.0/24 is variably subnetted, 2 subnets, 2 masks
C        192.168.10.0/24 is directly connected, GigabitEthernet0/0/0
L        192.168.10.1/32 is directly connected, GigabitEthernet0/0/0
      192.168.11.0/24 is variably subnetted, 2 subnets, 2 masks
C        192.168.11.0/24 is directly connected, GigabitEthernet0/0/1
L        192.168.11.1/32 is directly connected, GigabitEthernet0/0/1
      209.165.200.0/24 is variably subnetted, 2 subnets, 2 masks
C        209.165.200.224/30 is directly connected, Serial0/1/0
L        209.165.200.225/32 is directly connected, Serial0/1/0
```

1.5.7 命令历史记录功能

命令历史记录功能非常有用，因为它可以临时存储要调用的已执行命令的列表。

要调出历史记录缓冲区中的命令，需要按 **Ctrl+P** 组合键或向上的箭头键。命令输出从最近输入的命令开始。重复按下该组合键或向上的箭头键可以依次调用较旧的命令。要返回历史记录缓冲区中比较新的命令，可以按 **Ctrl+N** 组合键或向下的箭头键键。重复按下该组合键或向下的箭头键可以依次调用较新的命令。

默认情况下，命令历史记录是启用的，而且系统会获取其历史记录缓冲区中最近输入的 10 条命令。使用特权 EXEC 命令 **show history** 可查看缓冲区的内容。

并且，在当前终端会话中增加历史缓冲区记录的命令行的数量是比较实用的一个功能。使用用户 EXEC 命令 **terminal history size** 可以增加或减小该缓冲区的大小。

例 1-33 所示为 **terminal history size** 和 **show history** 命令的示例。

例 1-33 设置和显示命令历史记录

```
R1# terminal history size 200
R1# show history
  show ip int brief
  show interface g0/0/0
  show ip route
  show running-config
  show history
  terminal history size 200
```

1.6 总结

使用初始设置来配置交换机

在一台思科交换机开机之后，它会经过一个 5 步的启动顺序。BOOT 环境变量是使用 **boot system** 全局配置模式命令设置的。IOS 位于在一个不同的文件夹中，这个文件夹的路径已经指定。可使用交换机的 LED 来快速监控交换机的活动及其性能：SYST、RPS、STAT、DUPLX、SPEED 和 PoE。如果由于系统文件丢失或损坏而使操作系统无法使用，则启动加载程序将提供对交换机的访问。启动加载程序有一个命令行，可用于访问闪存中存储的文件。要为远程管理访问而准备交换机，交换机必须配置有 IP 地址和子网掩码。要通过远程网络来管理交换机，则交换机必须配置有默认网关。要配置交换机的 SVI，首先必须配置管理接口，然后配置默认网关，最后对配置进行验证。

配置交换机端口

全双工通信通过让连接的两端同时发送和接收数据，提高了带宽的效率。半双工通信是单向的。交换机端口可以手动配置为某个特定的双工模式和速率。当不知道端口连接的设备的速率和双工设置，或它们可能会发生更改的情况下，将使用自动协商功能。当启用了 auto-MDIX 时，接口会自动检测所需电缆连接的类型（直通或交叉）并配置相应的连接。在验证交换机的配置时，可以使用多个 **show** 命令。**show running-config** 和 **show interfaces** 命令可验证交换机的端口配置。**show interfaces** 命令的输出对于检测常见的网络接入层问题非常有用，因为它会显示线路和数据链路协议的状态。**show interfaces** 命令中报告的输入错误包括残帧、小巨人帧、CRC 错误以及冲突和延迟冲突。使用 **show interfaces** 命令可以确定交换机和其他设备之间没有连接或连接不佳的情况。

安全远程访问

Telnet（使用 TCP 端口 23）是一种比较古老的协议，它使用不安全的明文在通信设备之间传输登录验证信息（用户名和密码）和数据。SSH（使用 TCP 端口 22）是一种安全协议，它可以提供到远程设备的加密管理连接。在对一台设备（使用用户名和密码）进行验证时，SSH 可以提供强大的加密功能，从而为远程连接提供安全性保护，同时也会为通信设备之间传输的数据提供安全性保护。在交换机上使用 **show version** 命令可以查看交换机当前正在运行的 IOS。IOS 文件名中如果包含 "k9"，则该版本支持密码（加密）特性和功能。要配置 SSH，必须先验证交换机是否支持它，然后配置 IP 域名、生成 RSA 密钥对、配置用户身份验证、配置 VTY 线路、启用 SSH 版本 2。要验证 SSH 是否正常运行，可在设备上执行 **show ip ssh** 命令，显示 SSH 的版本和配置数据。

路由器的基本配置

应该始终执行以下配置任务：命名设备，以把这台设备和其他路由器区分开，并且配置密码；配置旗标，对未经授权的访问提供法律告示；将更改保存在路由器上。交换机与路由器之间一个明显的区别是其各自所支持的接口类型。例如，第 2 层交换机支持 LAN，因此它们带有多个快速以太网或吉比特以太网端口。双栈拓扑用于演示路由器 IPv4 和 IPv6 接口的配置。路由器支持 LAN 和 WAN，而且可以互连不同类型的网络，因此，它们支持许多类型的接口。例如，G2 ISR 带有一个或两个集成的吉比特以太网接口和高速广域网接口卡（HWIC）插槽，以便支持其他类型的网络接口，包括串行、DSL 和电缆接口。环回接口是路由器内部的一种逻辑接口。它不会划分给一个物理端口，而且也永远不会连接到其他设备。

验证直连网络

使用下列命令可以快速查看接口的状态。**show ip interface brief** 和 **show ipv6 interface brief** 命令可以显示所有接口的汇总信息，包括接口的 IPv4 或 IPv6 地址和接口的当前运行状态。**show running-config interface** *interface-id* 可以显示应用在指定接口上的命令，**show ip route** 和 **show ipv6 route** 可以显示存储在 RAM 中的 IPv4 或 IPv6 路由表中的内容。**show ip interface brief** 和 **show ipv6 interface brief** 命令的输出信息可以用来迅速揭示路由器上所有接口的状态。**show ipv6 interface** *interface-id* 命令会显示接口的状态，以及属于这个接口的所有 IPv6 地址。除了链路本地地址和全局单播地址外，输出信息中还包含了分配给这个接口的组播地址。**show running-config interface** 命令的输出信息显示了应用到指定接口上的当前命令。**show interfaces** 命令显示了设备上所有接口的接口信息和数据包流量的计数。使用 **show ip interface** 和 **show ipv6 interface** 命令可验证接口的配置，这两条命令将显示路由器上所有接口的 IPv4 和 IPv6 相关的信息。使用 **show ip route** 和 **show ipv6 route** 命令可验证路由。可以使用管道符来筛选 **show** 命令的输出。使用的筛选表达式有 **section**、**include**、**exclude** 和 **begin**。默认情况下，命令历史记录是启用的，而且系统会获取其历史记录缓冲区中最近输入的 10 条命令。使用特权 EXEC 命令 **show history** 可查看缓冲区的内容。

复习题

完成这里列出的所有复习题，可以测试您对本章内容的理解。附录列出了答案。

1. 思科 Catalyst 2960 交换机默认使用哪个接口进行管理?
   A.　FastEthernet 0/1 接口
   B.　GigabitEthernet 0/1 接口
   C.　VLAN 1 接口
   D.　VLAN 99 接口

2. 一台生产交换机在重新加载后最终出现 Switch>提示符。这可以确定哪两个事实?（选择两项）
   A. 已经找到并加载了思科 IOS 系统的完整版本
   B. POST 正常发生
   C. 启动进程被中断
   D. 交换机上没有足够的内存或闪存。
   E. 交换机没有在闪存中找到思科 IOS，所以它默认为 ROM

3. 关于使用全双工快速以太网，下面哪两项是正确的?（选择两项）
   A. 全双工快速以太网在两个方向上都提供了 100%的效率
   B. 由于网卡可以更快地处理帧，因此延迟减少
   C. 节点以全双工方式运行，且具有单向数据流
   D. 因为网卡能够检测冲突，所以性能得以提升
   E. 双向数据流提升了性能

4. 下面哪一项描述了思科 Catalyst 2960 交换机上的端口速率 LED?
   A. 如果 LED 为琥珀色，表示端口工作在 1000Mbit/s
   B. 如果 LED 为闪烁的绿色，表示端口工作在 10Mbit/s
   C. 如果 LED 为绿色，表示端口工作在 100Mbit/s
   D. 如果 LED 不亮，表示端口没有工作

5. 交换机的启动加载程序的功能是什么?
   A. 在启动过程中，控制有多少内存可供交换机使用
   B. 当无法找到交换机操作系统时，提供一个运行环境
   C. 在交换机启动时，为脆弱的状态提供安全保护
   D. 加速启动过程

6. 在哪种情况下技术人员会使用 **show interfaces** 命令?
   A. 决定是否启用远程访问
   B. 确定特定接口上直连的网络设备的 MAC 地址
   C. 将数据包从特定的直连主机上丢弃时
   D. 当终端设备可以达到当地设备，但无法到达远程设备时

7. 出于管理目的，使用 Telnet 连接网络设备和使用 SSH 连接网络设备有什么区别?
   A. Telnet 不提供身份验证，而 SSH 提供身份验证
   B. Telnet 以明文方式发送用户名和密码，而 SSH 会对用户名和密码进行加密
   C. Telnet 支持主机 GUI，而 SSH 只支持主机 CLI
   D. Telnet 使用 UDP 作为传输协议，而 SSH 使用 TCP 作为传输协议

8. 思科 IOS 路由器上的 IPv4 环回接口的一个特征是什么?
   A. 它是路由器内部的一个逻辑接口
   B. 它被分配到一个物理端口，可以与其他设备连接
   C. 一台路由器上只能使能一个环回接口
   D. 需要使用 **no shutdown** 命令使该接口处于 up 状态

9. **show ip interface brief** 命令的输出中显示哪两段信息?（选择两项）
   A. 接口描述   B. IPv4 地址
   C. 第 1 层的状态   D. MAC 地址
   E. 下一跳地址   F. 速率和双工设置

10. 当路由器和交换机都不支持 auto-MDIX 功能时，使用什么类型的电缆来连接两者?
    A. 同轴电缆   B. 交叉电缆

　　C．翻转电缆　　　　　　　　　　　　　　D．直通电缆

11．关于环回接口的描述，下面哪一项是正确的？

　　A．它是一个用于测试目的的内部虚拟接口

　　B．用于将流量环回到一个接口

　　C．必须使用 **no shutdown** 命令启用

　　D．一台设备上只能创建一个环回接口

12．您正在使用 SSH 和 **login local** 线路 VTY 命令远程访问交换机的 VTY 线路。为了避免被锁定在交换机之外，还必须输入哪条命令？

　　A．**enable secret** *password*

　　B．**password** *password*

　　C．**service-password encryption**

　　D．**username** *username* **secret** *password*

第 2 章

交换的概念

学习目标

通过完成本章的学习，您将能够回答下列问题：

- 在交换网络中如何转发帧；
- 什么是冲突域和广播域。

您可以连接到交换机并且进行配置，太棒了！不过，即使部署了最新技术的网络，迟早也会出现自己的问题。如果您不得不对网络进行故障排除，那就需要了解交换机的工作原理。本章会介绍交换机的基础知识和工作方式。好在交换机的工作方式很容易理解！

2.1 帧转发

在本节中，您将了解在交换网络中如何转发帧。

2.1.1 网络中的交换概念

交换和转发帧的概念在网络与电信中是通用的。各类交换机广泛地用在 LAN、WAN 和公共交换电话网络（PSTN）中。

交换机基于数据流自身做出流量转发决策。有两个术语与帧进入/离开一个接口相关。

- **入向**：用来描述帧进入设备的端口。
- **出向**：用来描述帧离开设备的端口。

LAN 交换机会维护一张表，当交换机转发流量时就会参考这张表。LAN 交换机唯一的智能是它能够使用自己的表来转发流量。LAN 交换机会根据以太网帧的入向端口和目的 MAC 地址来转发流量，如图 2-1 所示。

在图 2-1 中，交换机在端口 1 上接收到一个以 EA 为目的地址的帧。交换机查找 EA 的端口并将帧从端口 4 转发出去。

使用 LAN 交换机时，只有一个主交换表来描述 MAC 地址和端口之间的严格对应关系。因此，某个特定目的地址的以太网帧无论从哪个入向端口进入交换机，始终都会从同一个出向端口离开这台交换机。

注 意　以太网帧永远不会通过接收到它的端口转发出去。

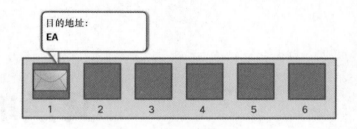

目的地址	端口
EE	1
AA	2
BA	3
EA	4
AC	5
AB	6

图 2-1 交换机接收到入向帧

2.1.2 交换机的 MAC 地址表

交换机是由集成电路以及相应的软件组成的，这些软件控制着交换机的数据通道。交换机会使用目的 MAC 地址把穿越交换机的通信指向相应端口，转发给目的设备。

交换机为了知道使用哪个端口来传送帧，必须首先知道每个端口上存在哪些设备。在交换机学习到端口与设备的关系之后，它就会构建称为 MAC 地址表的表。这张表存储在 CAM（Content Addressable Memory，内容可寻址存储器）中，CAM 是高速搜索应用中使用的一种特殊类型的存储器。因此，MAC 地址表有时也称为 CAM 表。

LAN 交换机通过维护 MAC 地址表来决定如何处理传入的数据帧。交换机通过记录与其每个端口相连的每个设备的 MAC 地址来填充自己的 MAC 地址表。交换机会根据 MAC 地址表中的信息把去往特定设备的帧从这台设备对应的那个端口发送出去。

2.1.3 交换机的学习和转发方式

下面的这两个步骤将在进入交换机的每一个以太网帧上执行。

步骤 1. 学习：检查源 MAC 地址。对进入交换机的每个帧进行检查，以学习新信息。这个过程会检查帧的源 MAC 地址和接收到这个帧的交换机的端口号。

- 如果源 MAC 地址没有保存在 MAC 地址表中，那么这个地址和入向端口号都会添加到 MAC 地址表中。
- 如果源 MAC 地址在表中，则交换机会更新该条目的刷新计时器。默认情况下，表中的条目在大多数以太网交换机中保留 5 min。如果源 MAC 地址已经保存在表中，但是对应的是不同的端口，那么交换机会将其视为一个新的条目，然后使用相同的 MAC 地址和最新的端口号来替换该条目。

步骤 2. 转发：检查目的 MAC 地址。 如果目的 MAC 地址为单播地址，该交换机会查看帧的目的 MAC 地址与 MAC 地址表中的条目是否匹配。

- 如果目的 MAC 地址在表中，交换机会把帧从指定端口转发出去。
- 如果目的 MAC 地址不在表中，交换机会通过除入向端口外的所有端口转发帧。这称为未知单播。
- 如果目的 MAC 地址为广播或组播，该帧也被泛洪到除入向端口外的所有端口。

2.1.4 交换转发方法

交换机会迅速地做出第 2 层转发决策，因为它使用了专用集成电路（ASIC）。ASIC 减少了设备内帧的处理时间，并允许设备在不降低性能的情况下管理更多的帧。

第 2 层交换机会使用以下两种方式来交换帧。

- **存储转发交换**：这种方式会在交换机收到整个帧，并使用名为循环冗余校验（CRC）的错误检查机制检查这个帧是否存在错误后，再对帧做出转发决策。存储转发交换是思科主要的 LAN 交换方式。
- **直通交换**：这种方式会在确定了入向帧的目的 MAC 地址和出向端口之后开始转发过程。

2.1.5 存储转发交换

存储转发交换和直通交换不同，前者有以下两个主要特征。

- **错误检查**：当在入向端口接收到整个帧之后，交换机会用自己计算出来的 FCS（Frame Check Sequence，帧校验序列）结果，与收到的数据报中最后一个字段中保存的 FCS 值进行比较。FCS 是一个错误检查过程，有助于确保帧中没有物理错误和数据链路错误。如果帧中没有错误，则交换机会转发帧。否则，这个帧就会被丢弃。
- **自动缓冲**：存储转发交换机采用的入向端口缓冲进程可以灵活支持任意组合的以太网速率。例如，要想处理从 100Mbit/s 的以太网端口进入，而必须从 1Gbit/s 的接口发送出去的入站帧，就需要使用存储转发方式。如果入向端口和出向端口的速率不匹配，则交换机会将整个帧存储在缓冲区，计算 FCS 值，将其转发到出口端口缓冲区，然后再发送出去。

图 2-2 所示为存储转发是如何根据以太网帧来做出决策的。

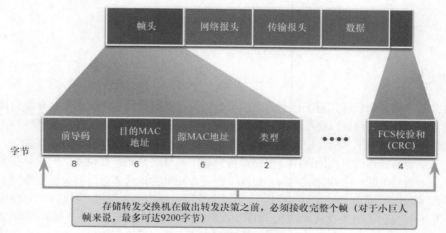

图 2-2 存储转发方式

2.1.6 直通交换

存储转发交换方式会丢弃那些没有通过 FCS 校验的帧。因此,它不会转发无效的帧。

相反,直通交换方式有可能会转发无效帧,因为它并不会执行 FCS 校验。但是,直通交换具有执行快速帧交换的能力。这意味着交换机只要在自己的 MAC 地址表中查找了这个帧的目的 MAC 地址,就可以立刻做出转发决策,如图 2-3 所示。

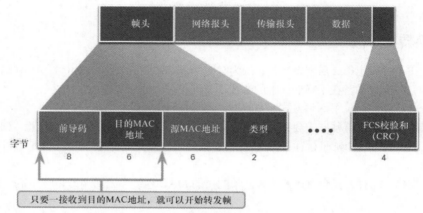

图 2-3　直通方式

交换机在执行转发决策前不必等待帧的其余部分全部进入入站端口。

免分片交换是对直通交换的一种修正形式,即交换机只有在读取了数据帧的类型(Type)字段之后,才会开始转发这个帧。相较于直通交换,免分片交换能够提供更好的错误检查,而且几乎不会增加延迟。

直通交换的延迟较低,因此更适合要求极高的高性能计算(HPC)应用程序,这些应用程序需要求进程间的延迟不大于 10 μs。

直通交换可能转发有错误的帧。如果网络中的错误率(无效帧)很高,那么直通交换会给带宽带来负面影响,因为它会让损坏和无效的帧阻塞带宽。

2.2　冲突域和广播域

在本节中,您将学习冲突域和广播域。

2.2.1　冲突域

通过前文的介绍,您已经知道了什么是交换机,以及交换机如何工作。本节会介绍交换机如何相互协作以及与其他设备协作,以消除冲突并减少网络拥塞。这里的"冲突"和"拥塞"与街道交通中的同类概念是同一个意思。

在传统的基于集线器的以太网段中,网络设备会争用共享的介质。在设备之间共享相同带宽的网段称为冲突域。当位于同一个冲突域内的两台或多台设备同时尝试通信时,就会发生冲突。

如果以太网交换机端口工作在半双工模式下,那么每个网段都处于自己的冲突域中。当交换机端口工作在全双工模式下时,就不存在冲突域。但是,如果交换机端口工作在半双工模式下,就可能存在冲突域。

在默认情况下,当相邻设备也可以工作在全双工模式下时,以太网交换机端口会自动协商为全双工。如果交换机端口连接到了工作在半双工模式下的设备，比如一台传统的集线器，那么这个交换机端口也会工作在半双工模式下。如果是半双工，那么这个交换机端口也会成为冲突域的一部分。

如图 2-4 所示，如果两台设备都能够使用其最高的通用带宽，则选择全双工。

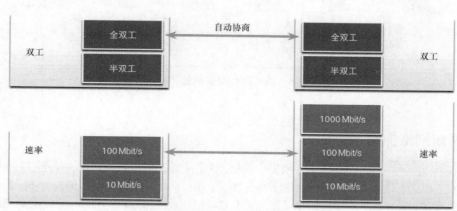

图 2-4　交换机端口自动协商双工和速率

2.2.2　广播域

相连交换机的集合构成了一个广播域。只有网络层设备（例如路由器）可以分隔第 2 层广播域。路由器用于分隔广播域，也可以分隔冲突域。

当设备发出第 2 层广播时，帧中的目的 MAC 地址将全部为 1（二进制形式）。

第 2 层广播域称为 MAC 广播域。MAC 广播域由 LAN 上从主机接收广播帧的所有设备组成。

当交换机接收到广播帧时，它将从自己的每一个端口转发该帧（接收该广播帧的入向端口除外）。与交换机连接的每个设备都会收到广播帧的副本并对其进行处理。如图 2-5 所示，服务器向 S1 发送广播帧。S1 然后将帧从所有其他端口转发出去。

在最初定位其他设备和网络服务时，广播有时是必要的，但是它们也会降低网络效率。网络带宽用于传播广播流量。网络上过多的广播和繁重的流量负载可能会导致拥塞，从而降低网络性能。

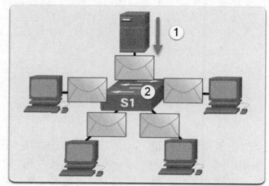

图 2-5　具有一台交换机的广播域

当两台交换机连接时，广播域增加，如图 2-6 所示。在本例中，广播帧从服务器转发到交换机 S1 上所有的已连接端口。交换机 S1 将广播帧发送到交换机 S2。该帧随后会传播到与交换机 S2 相连的所有设备。

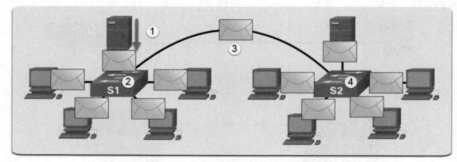

图 2-6　具有两台交换机的广播域

2.2.3　缓解网络拥塞

LAN 交换机具有一些特殊的特征，有助于缓解网络的拥塞。在默认情况下，互连的交换机端口会尝试在全双工模式下建立链路，因此会消除冲突域。交换机的每个全双工端口都会为连接到这个端口的设备提供所有的带宽。全双工连接显著提高了 LAN 网络的性能，对于 1Gbit/s 以及更高速的以太网连接是必需的。

交换机互连各个 LAN 网段，并使用 MAC 地址表来判断出向端口，而且可以减轻或者彻底消除冲突。有助于缓解拥塞的交换机特征如下所示。

- **高端口速率**：以太网交换机的端口速率取决于型号和用途。例如，大多数接入层交换机支持 100Mbit/s 和 1Gbit/s 的端口速率。分布层交换机支持 100Mbit/s、1Gbit/s 和 10Gbit/s 的端口速率，核心层和数据中心交换机则可以支持 100Gbit/s、40Gbit/s 和 10Gbit/s 的端口速率。端口速率越高，交换机的价格也越高，但可以减轻拥堵。
- **快速内部交换**：交换机会使用快速内部总线或共享内存来提供高性能。
- **较大的帧缓冲区**：交换机会使用较大的内存缓冲区来临时存储接收到的更多帧，而且在缓冲区满之后才开始丢弃收到的帧。这可以让来自高速端口（例如，1Gbit/s）的入向流量被转发给低速（例如，100Mbit/s）的出向端口，而不会丢帧。
- **高端口密度**：高端口密度的交换机可以降低总体成本，因为它可以减少所需的交换机数量。例如，如果需要 96 个接入端口，则购买两台 48 端口的交换机比购买 4 台 24 端口交换机要更便宜。高端口密度的交换机也有助于把流量保持在本地，这样也可以缓解拥塞。

2.3　总结

帧转发

交换机基于数据流的流动做出流量转发决策。术语"入向"描述的是帧进入设备的端口。术语"出向"描述的是帧离开设备时使用的端口。以太网帧永远不会通过接收到它的端口转发出去。交换机为了知道使用哪个端口来传送帧，必须首先知道每个端口上存在哪些设备。在交换机学习到端口与设备的关系之后，它就会构建称为 MAC 地址表的表。进入交换机的每个帧都将被检查，以学习新信息。

这个过程会检查帧的源 MAC 地址和接收到这个帧的交换机的端口号。如果目的 MAC 地址为单播地址，该交换机会查看帧的目的 MAC 地址与 MAC 地址表中的条目是否匹配。交换转发方式包含存储转发交换和直通交换。存储转发交换使用错误检查和自动缓冲功能。直通交换不进行错误检查，它执行的是快速帧交换。这意味着交换机只要在自己的 MAC 地址表中查找了这个帧的目的 MAC 地址，就可以立刻做出转发决策。

冲突域和广播域

如果以太网交换机端口工作在半双工模式下，那么每个网段都处于自己的冲突域中。当交换机端口工作在全双工模式下时，就不存在冲突域。在默认情况下，当相邻设备也可以工作在全双工模式下时，以太网交换机端口会自动协商为全双工。相连交换机的集合构成了一个广播域。只有网络层设备（例如路由器）可以分隔第 2 层广播域。第 2 层广播域称为 MAC 广播域。MAC 广播域由 LAN 上从主机接收广播帧的所有设备组成。当交换机接收到广播帧时，它将从自己的每一个端口转发该帧（接收该广播帧的入向端口除外）。与交换机连接的每个设备都会收到广播帧的副本并对其进行处理。交换机可以执行如下功能：互连 LAN 网段；使用 MAC 地址表来确定出向端口；可以减轻或者彻底消除冲突。有助于缓解拥塞的交换机特征是高端口速率、快速内部交换、较大的帧缓冲区和高端口密度。

复习题

完成这里列出的所有复习题，可以测试您对本章内容的理解。附录列出了答案。

1. 第 2 层交换机的一个功能是什么？
   A. 根据目的 MAC 地址来决定使用哪个接口转发帧
   B. 将每一帧的电信号复制到每个端口
   C. 根据逻辑编址转发数据
   D. 通过检查目的 MAC 地址来学习分配给主机的端口

2. 思科 LAN 交换机使用什么标准来决定如何转发以太网帧？
   A. 目的 IP 地址   B. 目的 MAC 地址
   C. 出向端口   D. 路径开销

3. 交换机使用哪种地址类型来建立 MAC 地址表？
   A. 目的 IP 地址   B. 目的 MAC 地址
   C. 源 IP 地址   D. 源 MAC 地址

4. 网络管理员使用第 2 层交换机分割网络的两个原因是什么？（选择两项）
   A. 减少冲突域   B. 增加广播域
   C. 消除虚拟电路   D. 增加用户带宽
   E. 隔离 ARP 请求消息和网络的其他部分   F. 隔离网段之间的流量

5. 交换机在入向端口上接收到一个帧。如果单播目的 MAC 地址在 MAC 地址表中，交换机会做什么？
   A. 会丢弃帧
   B. 会把帧从所有端口转发出去
   C. 会把帧从入向端口之外的其他所有端口转发出去
   D. 会从 MAC 地址表中指定的端口转发帧

6. 交换机在入向端口上接收到一个帧。如果单播目的 MAC 地址不在 MAC 地址表中，交换机会怎么做？

  A. 会丢弃帧

  B. 会把帧从所有端口转发出去

  C. 会把帧从入向端口之外的其他所有端口转发出去

  D. 会从 MAC 地址表中指定的端口转发帧

7. 交换机在入向端口上接收到一个帧。如果目的 MAC 地址是广播地址，交换器会怎么做?

  A. 会丢弃帧

  B. 会把帧从所有端口转发出去

  C. 会把帧从入向端口之外的其他所有端口转发出去

  D. 会从 MAC 地址表中指定的端口转发帧

8. 哪一种交换方法使用了 FCS 值?

  A. 广播   B. 直通

  C. 较大的帧缓冲区   D. 存储转发

9. 哪一种交换方法会在检查目的 MAC 地址后立即转发帧?

  A. 广播   B. 直通

  C. 较大的帧缓冲区   D. 存储转发

10. 关于半双工和全双工通信的描述，下面哪项是正确的?

  A. 吉比特以太网和 10Gbit/s 的网卡可以在全双工和半双工下运行

  B. 全双工通信是双向的

  C. 半双工通信允许两端同时发送和接收

  D. 半双工通信是单向的，也就是每次只有一个方向

学习目标

通过完成本章的学习，您将能够回答下列问题：

- 在交换网络中，VLAN 的用途是什么；
- 在多交换机环境中，交换机如何根据 VLAN 配置转发帧；
- 如何根据需求将交换机端口分配到 VLAN 中；

- 如何在 LAN 交换机上配置中继端口；
- 如何配置动态中继协议。

假设您负责一场规模非常大的会议。那些拥有共同兴趣的人和具有特殊专业技能的人济济一堂。想象一下，如果希望向一部分听众展示信息的每一位专家，都只能在同一间巨大的房间里和其他专家及他们的听众同处一室，那么大家什么都听不到。您必须给所有专家和他们的听众分别找到单独的房间。虚拟局域网（VLAN）在网络中的作用就与之类似。VLAN 是在第 2 层创建的，其目的是消除广播流量。VLAN 可以让您把网络分隔为较小的网络，让同一个 VLAN 中的设备和人员可以彼此通信，而不必管理来自其他网络的流量。网络管理员可以根据位置、人员、设备类型或者其他分类方式来划分 VLAN。

3.1 VLAN 概述

本节介绍了 VLAN 在交换网络中的用途。

3.1.1 VLAN 定义

要把您的网络分隔成比较小的网络，这可不像把螺丝分类收纳那么简单。但这样做可以简化网络的管理。虚拟局域网（VLAN）可以在一个交换网络中实现网络分隔，让组织网络的方式更加灵活。VLAN 中的一组设备在通信时就如同这些设备连接到同一条电缆一样。VLAN 基于逻辑连接，而不是物理连接。

在图 3-1 中可以看到，交换网络中的 VLAN 可以让不同部门（比如 IT、人力资源和销售部门）的用户能够连接到同一网络中，而且与园区 LAN 中使用的物理交换机或这些部门的位置无关。

VLAN 允许管理员根据功能、团队或应用等因素划分网络，而不考虑用户或设备的物理位置。每个 VLAN 都被视为一个独立的逻辑网络。虽然 VLAN 中的设备与其他 VLAN 共享通用基础设施，但它们的运行与在自己的独立网络上运行一样。任何交换机端口都可以属于某个 VLAN。

单播、广播和组播数据包将只被转发或泛洪到与数据包的源处于相同 VLAN 的终端设备。去往其他 VLAN 内的设备的数据包必须通过支持路由功能的设备转发。

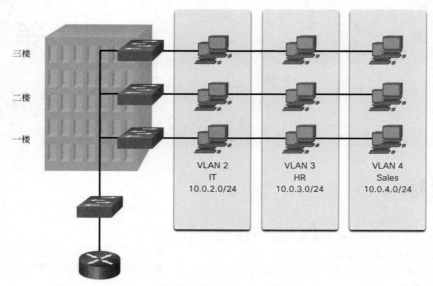

图 3-1 定义 VLAN 组

交换网络上可存在多个 IP 子网，而不需要使用多个 VLAN。但是，设备将位于同一个第 2 层广播域中。这意味着任何第 2 层广播（如 ARP 请求）将由交换网络上的所有设备接收，即使是那些并不想接收广播的设备也会收到。

VLAN 能创建可以跨越多个物理 LAN 网段的逻辑广播域。VLAN 通过将大型广播域分隔为多个较小的广播域来提高网络性能。如果一个 VLAN 中的设备发送以太网广播帧，该 VLAN 中的所有设备都会收到该帧，但是其他 VLAN 中的设备将不会收到。

VLAN 让管理员可以根据特定的用户分组来实施访问策略和安全策略。每个交换机端口只能分配给一个 VLAN（连接到 IP 电话或另一台交换机的端口除外）。

3.1.2 VLAN 设计的优势

交换网络中的每个 VLAN 都对应一个 IP 网络。因此，VLAN 的设计必须考虑到分层网络编址方案的实施。分层的网络编址意味着在把 IP 网络号分配给某个网段或 VLAN 时，是把网络作为一个整体来考虑的。连续的网络地址块是给网络中某个特定区域内的设备保留和配置的，如图 3-2 所示。

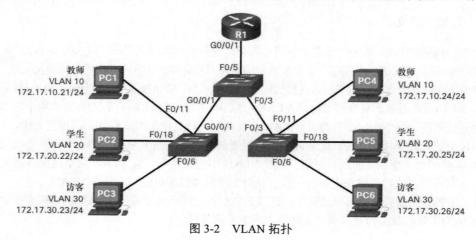

图 3-2 VLAN 拓扑

表 3-1 列出了使用 VLAN 设计网络的优势。

表 3-1   VLAN 优势

优势	描述
广播域更小	■ 将网络划分为 VLAN 可以减少广播域内的设备数量 ■ 在图 3-1 中，网络中有 6 台计算机，但只有 3 个广播域（教师、学生和访客）
安全性提升	■ 只有在同一 VLAN 内的用户才能通信 ■ 对于 VLAN 间通信，需要一台路由器或第 3 层交换机 ■ 可以使用访问控制列表来限制 VLAN 间的流量，从而提供额外的安全性 ■ 在图 3-2 中，VLAN 10 上的教师网络流量与其他 VLAN 上的用户完全分离并受到保护
IT 效率提升	■ VLAN 可以简化网络管理，因此具有相似网络需求的用户可以配置在同一个 VLAN 中 ■ 可以命名 VLAN，以便于识别 ■ 在图 3-2 中，VLAN 10 被命名为"教师"，VLAN 20 被命名为"学生"，VLAN 30 被命名为"访客"
成本降低	■ VLAN 减少了昂贵的网络升级需求，并更有效地使用现有带宽和上行链路，从而节约了成本
性能更好	■ 较小的广播域减少了网络上不必要的流量，提高了性能
项目和应用程序管理更简单	■ VLAN 聚合用户和网络设备以支持业务需求或地理位置需求 ■ 使用独立的功能可更轻松地管理项目或应用程序。这类应用的一个例子是面向教师的电子学习开发平台

3.1.3 VLAN 的类型

在现代网络中，VLAN 的使用有不同的原因。有些 VLAN 的类型是由流量类型定义的。另一些类型的 VLAN 则是根据它们所服务的特定功能定义的。

默认 VLAN

思科交换机上的默认 VLAN 是 VLAN 1。因此，所有交换机端口都会划分到 VLAN 1 中，除非它们被明确配置在另一个 VLAN 中。默认情况下，所有的第 2 层控制流量都与 VLAN 1 相关。

关于 VLAN 1，需要记住的重要事实包括：

■ 默认情况下，所有端口都会划分到 VLAN 1 中；
■ 默认情况下，本征（native）VLAN 为 VLAN 1；
■ 默认情况下，管理 VLAN 是 VLAN 1；
■ VLAN 1 不能重命名或删除。

例如，在例 3-1 中 **show vlan brief** 命令的输出中，所有端口当前都分配给了默认的 VLAN 1。本征 VLAN 没有明确指定，其他 VLAN 都是不活动的，因此网络的本征 VLAN 与管理 VLAN 相同。这隐含着安全性风险。

例 3-1 VLAN 1 默认端口分配

```
Switch# show vlan brief
VLAN Name                     Status  Ports
---- ----------------         ------- --------------------
1    default                  active  Fa0/1, Fa0/2, Fa0/3, Fa0/4
                                      Fa0/5, Fa0/6, Fa0/7, Fa0/8
                                      Fa0/9, Fa0/10, Fa0/11, Fa0/12
                                      Fa0/13, Fa0/14, Fa0/15, Fa0/16
                                      Fa0/17, Fa0/18, Fa0/19, Fa0/20
                                      Fa0/21, Fa0/22, Fa0/23, Fa0/24
                                      Gi0/1, Gi0/2
1002 fddi-default                     act/unsup
1003 token-ring-default               act/unsup
1004 fddinet-default                  act/unsup
1005 trnet-default                    act/unsup
```

数据 VLAN

数据 VLAN 是为了分隔用户生成的流量而配置的 VLAN。它们也称为用户 VLAN，因为它们会把网络分成多组用户或设备。现代网络可以根据组织机构的要求而具有多个数据 VLAN。请注意，数据 VLAN 上不应该出现语音流量和网络管理流量。

本征 VLAN

当一个 VLAN 中的用户流量被发送到另一台交换机时，必须使用 VLAN ID 对流量进行标记。交换机之间使用的中继端口就是为了支持打标流量（tagged traffic）的传输。具体而言，802.1Q 中继端口会在以太网帧报头中插入一个 4 字节的标记，来标识这个帧所属的 VLAN。

交换机可能还需要通过中继链路来发送未打标的流量。未打标的流量由交换机生成，也可能来自一些传统的设备。802.1Q 中继端口会将未打标的流量放入本征 VLAN 中。思科交换机上的本征 VLAN 是 VLAN 1（即默认 VLAN）。

最佳做法是将本征 VLAN 配置为未使用的 VLAN，让本征 VLAN 不同于 VLAN 1 和其他 VLAN。事实上，用一个固定的 VLAN 作为交换域中所有中继端口的本征 VLAN，这种做法并不罕见。

管理 VLAN

管理 VLAN 是专为网络管理流量（包括 SSH、Telnet、HTTPS、HTTP 和 SNMP 流量）而配置的数据 VLAN。在默认情况下，VLAN 1 会配置为第 2 层交换机上的管理 VLAN。

语音 VLAN

需要一个名为语音 VLAN 的独立 VLAN 来支持 VoIP。VoIP 流量有以下需求：

- 足够的带宽来保证语音质量；
- 高于其他网络流量类型的传输优先级；
- 可以绕过网络中的拥塞区域进行路由；
- 跨网络的延迟小于 150ms。

要满足这些要求，整个网络都必须支持 VoIP。

在图 3-3 中，VLAN 150 用于承载语音流量。学生计算机 PC5 连接到思科 IP 电话，而电话又连接到交换机 S3。PC5 位于 VLAN 20 这个主要用于传输学生数据的 VLAN 中。

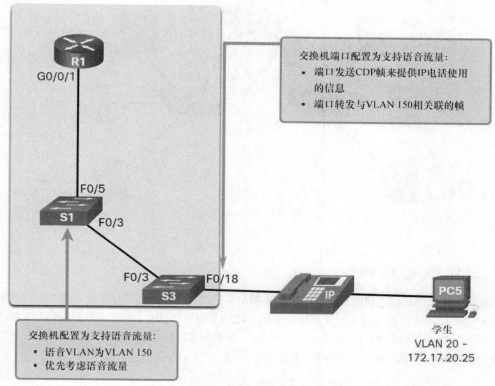

图 3-3 语音 VLAN

3.2 多交换机环境下的 VLAN

本节介绍多交换机环境下的交换机如何基于 VLAN 配置来转发帧。

3.2.1 定义 VLAN 中继

如果没有 VLAN 中继（VLAN trunk），VLAN 的用处也不会如此之大。VLAN 中继允许所有 VLAN 流量在交换机之间进行传输。这让连接到不同交换机但处于同一 VLAN 中的设备不需要借助路由器即可进行通信。

中继是两台网络设备之间的点对点链路，可以承载多个 VLAN 的流量。VLAN 中继将 VLAN 扩展到整个网络。思科支持 IEEE 802.1Q 标准，用于协调快速以太网、吉比特以太网和 10 吉比特以太网接口上的中继。

VLAN 中继不属于某个特定的 VLAN。相反，它是多个 VLAN 在交换机和路由器之间进行通信的管道。中继也可用在网络设备和服务器或其他（安装了支持 802.1Q 的网卡的）设备之间。默认情况下，在思科 Catalyst 交换机上，中继端口（trunk port）支持所有 VLAN。

在图 3-4 中，交换机 S1 和 S2 之间以及 S1 和 S3 之间的链路均配置为在网络中传输来自 VLAN 10、20、30 和 99（即本征 VLAN）的流量。如果没有 VLAN 中继，这个网络就无法运行。

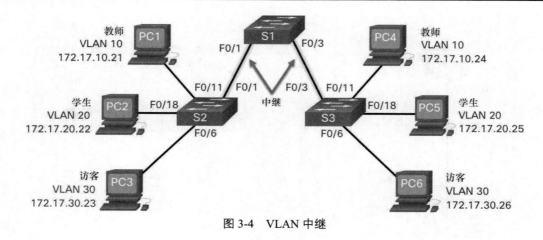

图 3-4　VLAN 中继

3.2.2　没有 VLAN 的网络

当交换机在一个端口上接收到广播帧时，它将从自己的每一个端口转发该帧（接收该广播帧的端口除外）。在图 3-5 中，整个网络配置在同一子网（172.17.40.0/24）中，并且没有配置任何 VLAN。这样一来，当教师的计算机（PC1）发出一个广播帧时，交换机 S2 会从自己所有的端口外发这个广播帧。由于整个网络是广播域，因此该网络最终都会收到广播。

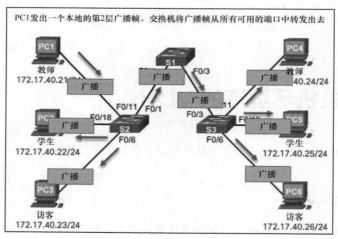

图 3-5　无 VLAN 的广播域

3.2.3　有 VLAN 的网络

VLAN 与各个交换机端口相关联并在其上配置。与这些端口相连的设备没有 VLAN 的概念。然而，这些设备配置了 IP 地址，并且是特定 IP 网络的成员。这就是 VLAN 和 IP 网络之间的明显联系。VLAN 相当于 IP 网络（或子网）。VLAN 在交换机上配置，而 IP 地址在设备上配置。

在图 3-6 中，网络已经用两个 VLAN 进行了分段。教师设备被划分给 VLAN 10，学生设备则被划分给 VLAN 20。当广播帧从教师计算机 PC1 发送到交换机 S2 时，这台交换机只会把这个广播帧转发到划分给 VLAN 10 的交换机端口。

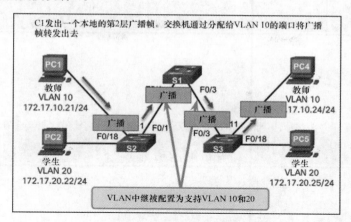

图 3-6 VLAN 分段广播域

构成交换机 S2 和 S1（端口 F0/1）之间以及 S1 和 S3（端口 F0/3）之间的连接的端口是中继端口，这些端口已经被配置为支持网络中的所有 VLAN。

当 S1 在端口 F0/1 上接收到广播帧时，它会将这个广播帧通过划分给 VLAN 10 的另一个端口转发出去，这个端口就是 F0/3。当 S3 在端口 F0/3 上接收到广播帧时，它会将这个广播帧通过划分给 VLAN 10 的另一个端口转发出去，即端口 F0/11。广播帧到达网络中配置在 VLAN 10 中的另外一台唯一的计算机，也就是教师计算机 PC4。

在交换机上实施 VLAN 时，从一个特定 VLAN 中的主机发送出来的单播、组播和广播流量只能被这个 VLAN 中的设备接收到。

3.2.4 用标记来标识 VLAN

标准的以太网帧报头中不包含关于这个帧所属 VLAN 的信息。因此当以太网帧进入中继后，必须要添加关于这个以太网帧属于哪个 VLAN 的信息。这个过程称为打标（tagging），是使用 IEEE 802.1Q 标准中指定的 IEEE 802.1Q 报头来完成的。802.1Q 报头包含了一个插入到原始以太网帧报头中的 4 字节标记，用来指定这个帧所属的 VLAN。

当交换机在已配置为接入模式且分配了 VLAN 的端口上收到帧时，交换机会在帧头中插入 VLAN 标记，并重新计算帧校验序列（FCS），然后将打标后的帧通过中继端口转发出去。

VLAN 标记字段细节

VLAN 标记字段如图 3-7 所示。

VLAN 标记控制信息字段由类型（Type）字段、优先级（Priority）字段、规范格式标识符（Canonical Format Identifier，CFI）字段和 VLAN ID（VID）字段组成。

- **类型**：这个 2 字节的值称为标记协议 ID（TPID）值。对于以太网来说，该字段被设置为十六进制 0x8100。
- **用户优先级**：这是一个 3 位的值，支持级别或服务实施。
- **CFI**：1 位的标识符，允许在以太网链路上传输令牌环帧。
- **VLAN ID（VID）**：一个 12 位的 VLAN 识别号，可以支持多达 4096 个 VLAN ID。

在交换机插入标记控制信息字段后，它会重新计算 FCS 值并将新的 FCS 插入到这个帧中。

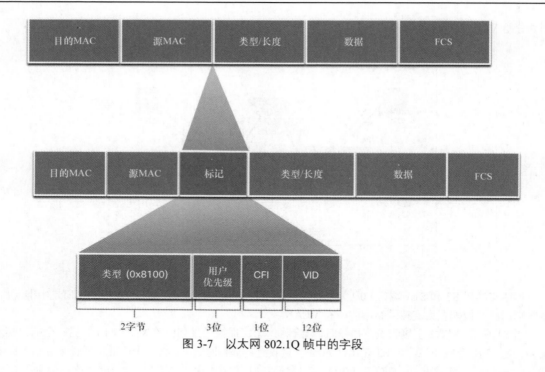

图 3-7　以太网 802.1Q 帧中的字段

3.2.5　本征 VLAN 和 802.1Q 标记

IEEE 802.1Q 标准为中继链路指定了一个本征 VLAN，这个 VLAN 默认为 VLAN 1。当一个未打标的帧到达一个中继端口时，它会被分配给本征 VLAN。在交换机之间发送的管理帧通常就是一个未打标的流量。如果两台交换机之间的链路是中继链路，那么交换机就会在本征 VLAN 中发送未打标的流量。

本征 VLAN 中的有标记帧

支持中继的某些设备会给本征 VLAN 流量添加一个 VLAN 标记。发送到本征 VLAN 中的控制流量不应该被打上标记。如果 802.1Q 中继端口收到的打标帧的 VLAN ID 与本征 VLAN 相同，则会丢弃该帧。所以，在思科交换机上配置交换机端口时，要对设备进行配置，让它不在本征 VLAN 中发送有标记的帧。厂商提供的在本征 VLAN 中支持打标帧的设备包括 IP 电话、服务器、路由器和非思科交换机。

本征 VLAN 中的无标记帧

当思科交换机的中继端口接收到未打标的帧时（在设计良好的网络中很罕见），它会把这些帧转发到本征 VLAN。如果本征 VLAN 中并没有划分任何设备（这并不罕见），而且也没有其他中继端口（这也不罕见），那么这个帧就会被丢弃。默认的本征 VLAN 为 VLAN 1。在配置 802.1Q 中继端口时，默认的端口 VLAN ID（PVID）分配的是本征 VLAN 的 ID 值。所有出入 802.1Q 端口的未打标的流量都会按照 PVID 值进行转发。例如，如果将 VLAN 99 配置为本征 VLAN，那么 PVID 为 99 和所有未打标的流量都会转发到 VLAN 99 中。如果没有重新配置本征 VLAN，那么 PVID 值就会被设置为 VLAN 1。

在图 3-8 中，PC1 通过一个集线器连接到了一条 802.1Q 中继链路。

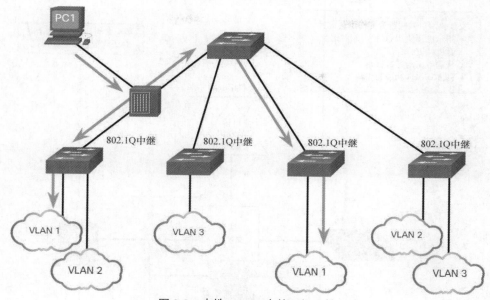

图 3-8　本地 VLAN 中的无标记帧

PC1 发送未打标的流量，交换机将未打标的流量与中继端口上配置的本证 VLAN 关联起来，并进行相应的转发。PC1 收到的中继上的打标流量会被丢弃。这种情况说明网络设计不佳，原因有几个：这个网络使用了集线器；网络中有一台主机连接到中继链路；这台交换机有接入端口被分配到了本征 VLAN 中。它还说明了 IEEE 802.1Q 规范使用本征 VLAN 来处理传统场景的动机。

3.2.6　语音 VLAN 标记

需要单独的语音 VLAN 来支持 VoIP。这样可以将服务质量（QoS）和安全策略应用于语音流量。

思科 IP 电话直连到了一个交换机端口。IP 主机也可以连接到 IP 电话来获得网络连接。连接思科 IP 电话的接入端口可以配置为使用两个不同的 VLAN：一个 VLAN 用于语音流量通信；另一个是数据 VLAN，用于支持主机流量。交换机和 IP 电话之间的链路模拟了一条中继链路，以同时承载语音 VLAN 流量和数据 VLAN 流量。

具体来说，思科 IP 电话中包含了一个集成的三端口 10/100 交换机。这些端口为以下设备提供了专用的连接：

- 端口 1 连接到交换机或其他 VoIP 设备；
- 端口 2 是内部 10/100 接口，用于承载 IP 电话流量；
- 端口 3（接入端口）连接到 PC 或其他设备。

交换机接入端口会发送 CDP 数据包，指示连接的 IP 电话以三种方式中的一种发送语音流量，具体使用哪种方法因流量类型而异：

- 语音 VLAN 流量必须使用合适的第 2 层服务类型（CoS）优先级值进行标记；
- 接入 VLAN 的流量也可以使用第 2 层 CoS 优先级值进行标记；
- 接入 VLAN 未打标（没有第 2 层 CoS 优先级值）。

在图 3-9 中，学生计算机 PC5 连接到思科 IP 电话，而电话又连接到交换机 S3。VLAN 150 的作用是承载语音流量，而 PC5 则在 VLAN 20 中，这个 VLAN 的作用是传输学生数据。

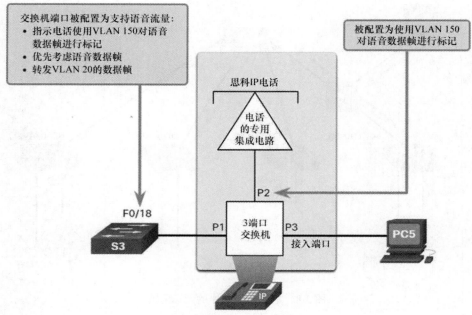

图 3-9　语音 VLAN 标记

3.2.7　语音 VLAN 验证示例

例 3-2 所示为 **show interface fa0/18 switchport** 命令的输出。例中的阴影部分显示 F0/18 接口已配置了一个数据 VLAN（VLAN 20）和一个语音 VLAN（VLAN 150）。

例 3-2　验证语音 VLAN 配置

```
S1# show interfaces fa0/18 switchport
Name: Fa0/18
Switchport: Enabled
Administrative Mode: static access
Operational Mode: static access
Administrative Trunking Encapsulation: negotiate
Operational Trunking Encapsulation: native
Negotiation of Trunking: Off
Access Mode VLAN: 20 (student)
Trunking Native Mode VLAN: 1 (default)
Administrative Native VLAN tagging: enabled
Voice VLAN: 150 (voice)
```

3.3　VLAN 配置

本节将根据需求来配置要分配给 VLAN 的交换机端口。

3.3.1 Catalyst 交换机上的 VLAN 范围

与网络的大多数其他方面一样，创建 VLAN 只需要输入适当的命令即可。本节会详细介绍如何配置和验证不同类型的 VLAN。

不同的思科 Catalyst 交换机支持不同数量的 VLAN。支持的 VLAN 数量足以满足大多数组织的需求。比如，Catalyst 2960 和 3650 系列交换机支持 4000 多个 VLAN。这些交换机上的正常范围的 VLAN 编号为 1～1005，扩展范围的 VLAN 编号为 1006～4094。例 3-3 显示了一台运行思科 IOS 15.x 版本的 Catalyst 2960 交换机上的默认 VLAN。

例 3-3 正常范围的 VLAN

```
Switch# show vlan brief

VLAN Name             Status Ports
---- ---------------- ------- --------------------
1    default          active Fa0/1, Fa0/2, Fa0/3, Fa0/4
                             Fa0/5, Fa0/6, Fa0/7, Fa0/8
                             Fa0/9, Fa0/10, Fa0/11, Fa0/12
                             Fa0/13, Fa0/14, Fa0/15, Fa0/16
                             Fa0/17, Fa0/18, Fa0/19, Fa0/20
                             Fa0/21, Fa0/22, Fa0/23, Fa0/24
                             Gi0/1, Gi0/2
1002 fddi-default            act/unsup
1003 token-ring-default      act/unsup
1004 fddinet-default         act/unsup
1005 trnet-default           act/unsup
```

正常范围的 VLAN

以下是正常范围的 VLAN 的特征：

- 它们主要用于所有的中小型企业网络；
- 它们由范围为 1～1005 的 VLAN ID 来识别；
- 1002～1005 的 VLAN ID 是为传统网络技术（如令牌环和光纤分布式数据接口）保留的；
- VLAN ID 1 和 VLAN ID 1002～1005 是自动创建的，不能删除；
- VLAN 配置存储在交换机闪存内一个名为 vlan.dat 的 VLAN 数据库文件中；
- 配置时，VLAN 中继协议（VTP）有助于在交换机之间同步 VLAN 数据库。

扩展范围的 VLAN

以下是扩展范围的 VLAN 的特征：

- 服务提供商会用这些 VLAN 来给不同的客户提供服务，一些规模很大的跨国企业也有可能需要扩展范围的 VLAN ID；
- 它们由范围为 1006～4094 的 VLAN ID 来识别；
- 配置默认保存在运行配置文件中；
- 它们支持的 VLAN 功能比正常范围的 VLAN 要少；
- 要支持扩展范围的 VLAN，需要配置 VTP 透明模式。

注 意 由于 IEEE 802.1Q 报头的 VLAN ID 字段有 12 位，因此 4096 是 Catalyst 交换机上可用 VLAN 数量的上限。

3.3.2 VLAN 创建命令

在配置正常范围的 VLAN 时，配置细节会存储在交换机闪存中名为 vlan.dat 的文件中。闪存是不易失的，不需要 **copy running-config startup-config** 命令。但是，由于在创建 VLAN 的同时，人们往往也要在思科交换机上配置其他细节，所以比较好的做法是把运行配置文件的变更保存到启动配置文件中。

表 3-2 所示为把一个 VLAN 添加到交换机上并对其进行命名的思科 IOS 命令语法。在交换机配置中，最好为每个 VLAN 命名。

表 3-2　　　　　　　　　　　　　　　创建 VLAN 的命令格式

任务	IOS 命令
进入全局配置模式	Switch# **configure terminal**
使用有效的 ID 号创建 VLAN	Switch(config)# **vlan** *vlan-id*
指定标识 VLAN 的唯一名称	Switch(config-vlan)# **name** *vlan-name*
返回到特权 EXEC 模式	Switch(config-vlan)# **end**

3.3.3 VLAN 创建示例

在图 3-10 所示的拓扑中，学生计算机（PC2）还没有划分到一个 VLAN 中，但它配置了一个 IP 地址 172.17.20.22，该地址属于 VLAN 20。

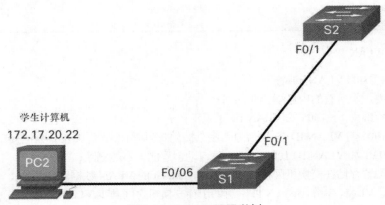

图 3-10　VLAN 配置举例

例 3-4 所示为如何在交换机 S1 上配置学生 VLAN（VLAN 20）。

例 3-4　配置 VLAN　20

```
S1# configure terminal
S1(config)# vlan 20
S1(config-vlan)# name student
S1(config-vlan)# end
```

注　意　　在使用 **vlan** *vlan-id* 命令时，除了输入单个的 VLAN ID，还可以使用逗号输入多个 VLAN ID，或者使用连字符来输入一个 VLAN ID 的范围。例如，输入 **vlan 100,102,105-107** 全局配置命令可以创建出 VLAN 100、102、105、106 和 107。

3.3.4 VLAN 端口分配命令

在创建 VLAN 后，下一步是为 VLAN 分配端口。

表 3-3 所示为把一个端口定义为接入端口并将其分配给 VLAN 的语法。**switchport mode access** 命令是可选的，但是强烈建议将其作为安全最佳做法。使用该命令后，接口变为严格接入模式。接入模式表示端口属于单个 VLAN，不会协商成为中继链路。

表 3-3   VLAN 接口分配命令格式

任务	IOS 命令
进入全局配置模式	Switch# **configure terminal**
进入接口配置模式	Switch(config)# **interface** *interface-id*
将端口设置为接入模式	Switch(config-if)# **switchport mode access**
将端口分配给 VLAN	Switch(config-if)# **switchport access vlan** *vlan-id*
返回到特权 EXEC 模式	Switch(config-if)# **end**

注　意　　使用 **interface range** 命令可同时配置多个接口。

3.3.5 VLAN 端口分配示例

在图 3-11 中，交换机 S1 上的端口 F0/6 被配置为接入端口并分配给了 VLAN 20。连接到该端口的任何设备都会关联到 VLAN 20 中。因此在示例中，PC2 在 VLAN 20 中。

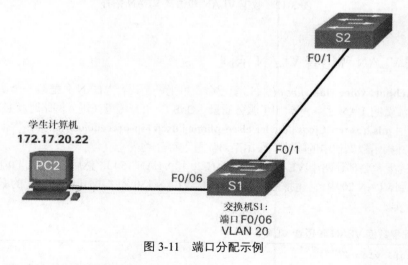

图 3-11　端口分配示例

例 3-5 所示为 S1 将 F0/6 分配给 VLAN 20 的配置。

例 3-5　将端口分配到 VLAN

```
S1# configure terminal
S1(config)# interface fa0/6
S1(config-if)# switchport mode access
S1(config-if)# switchport access vlan 20
S1(config-if)# end
```

VLAN是在交换机端口上配置的,而不是在终端设备上配置的。PC2上配置了与VLAN关联的IPv4地址和子网掩码,而该VLAN是在交换机端口上配置的,在本例中为VLAN 20。当VLAN 20配置在其他交换机上时,网络管理员必须把其他学生计算机配置到与PC2(172.17.20.0/24)相同的子网中。

3.3.6 数据VLAN和语音VLAN

接入端口只能一次划分给一个数据VLAN。但是,端口也可以与语音VLAN关联。例如,一个连接到IP电话和终端设备的端口可以与两个VLAN关联:一个语音VLAN、一个数据VLAN。

请思考图3-12中显示的拓扑。PC5连接到思科IP电话,而思科IP电话又连接到S3上的F0/18接口。要实现这个配置,需要创建一个数据VLAN和一个语音VLAN。

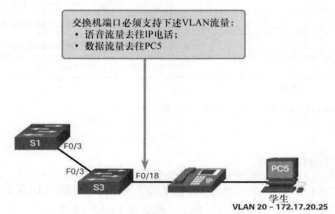

图3-12 数据VLAN和语音VLAN拓扑

3.3.7 数据VLAN和语音VLAN示例

使用 **switchport voice vlan** *vlan-id* 接口配置命令可把一个语音VLAN分配给一个端口。

支持语音流量的LAN通常都启用了服务质量(QoS)。语音流量在进入网络时就必须标记为可信任的流量。使用 **mls qos trust [cos | device cisco-phone | dscp | ip-precedence]**接口配置命令可设置接口的可信状态,并指示数据包中的哪些字段用来对流量进行分类。

例3-6中的配置会创建两个VLAN(即VLAN 20和VLAN 150),然后将S3的F0/18接口作为交换机端口划分到VLAN 20中。它还将语音流量分配给VLAN 150,并根据IP电话分配的服务类别(CoS)启用了QoS分类。

例3-6 配置数据VLAN和语音VLAN

```
S3(config)# vlan 20
S3(config-vlan)# name student
S3(config-vlan)# vlan 150
S3(config-vlan)# name VOICE
S3(config-vlan)# exit
S3(config)#
S3(config)# interface fa0/18
S3(config-if)# switchport mode access
S3(config-if)# switchport access vlan 20
```

```
S3(config-if)# mls qos trust cos
S3(config-if)# switchport voice vlan 150
S3(config-if)# end
S3#
```

注 意　QoS 的实施超出了本书的范围。

如果交换机上不存在 VLAN，**switchport access vlan** 命令会强制创建一个 VLAN。例如，交换机的 **show vlan brief** 输出中没有显示 VLAN 30。如果在此前没有进行配置的任何接口上输入 **switchport access vlan 30** 命令，交换机都会显示以下内容：

```
% Access VLAN does not exist. Creating vlan 30
```

3.3.8　验证 VLAN 信息

在配置 VLAN 后，可以使用思科 IOS **show** 命令来验证 VLAN 的配置。

show vlan 命令会显示所有已配置的 VLAN。**show vlan** 命令也可以添加一些可选项。该命令的完整语法是 **show vlan [brief | id** *vlan-id* **| name** *vlan-name* **| summary]**。

表 3-4 所示为 **show vlan** 命令的可选项。

表 3-4　　　　　　　　　　　　　　**show vlan** 命令的可选项

任务	可选项
逐行显示 VLAN 名称、状态及其端口	**brief**
显示有关标识的 VLAN ID 号的信息。对于 *vlan-id*，范围是 1～4094	**id** *vlan-id*
显示有关标识的 VLAN 名称的信息。*vlan-name* 是一个由 1～32 字符组成的 ASCII 字符串	**name** *vlan-name*
显示 VLAN 汇总信息	**summary**

show vlan summary 命令会显示所有配置的 VLAN 的数量，如例 3-7 所示。

例 3-7　show vlan summary 命令

```
S1# show vlan summary
Number of existing VLANs        : 7
Number of existing VTP VLANs    : 7
Number of existing extended VLANS : 0
```

其他有用的命令还有 **show interfaces** *interface-id* **switchport** 和 **show interfaces vlan** *vlan-id* 命令。例如，**show interfaces fa0/18 switchport** 命令可用于确认 FastEthernet 0/18 端口已经被正确划分给了数据 VLAN 和语音 VLAN，如例 3-8 所示。

例 3-8　验证接口分配的 VLAN 是否正确

```
S1# show interfaces fa0/18 switchport
Name: Fa0/18
Switchport: Enabled
Administrative Mode: static access
Operational Mode: static access
Administrative Trunking Encapsulation: dot1q
```

```
Operational Trunking Encapsulation: native
Negotiation of Trunking: Off
Access Mode VLAN: 20 (student)
Trunking Native Mode VLAN: 1 (default)
Voice VLAN: 150
Administrative private-vlan host-association: none
(Output omitted)
```

3.3.9　更改 VLAN 端口的成员身份

有多种方法可以更改 VLAN 端口的成员身份。

如果交换机接入端口被错误地划分给某个 VLAN，那么只需要重新输入包含正确 VLAN ID 的 **switchport access vlan** *vlan-id* 接口配置命令即可。例如，假设 F0/18 被错误地划分给默认的 VLAN 1，而不是 VLAN 20。要把端口更改为 VLAN 20，只需输入 **switchport access vlan 20**。

要把端口的成员身份更改回默认的 VLAN 1，可使用 **no switchport access vlan** 接口配置模式命令。

在例 3-9 中，通过 **show vlan brief** 命令可知，F0/18 被配置到默认的 VLAN 1 中。

例 3-9　删除 VLAN 的分配

```
S1(config)# interface fa0/18
S1(config-if)# no switchport access vlan
S1(config-if)# end
S1#
S1# show vlan brief
VLAN Name Status Ports
---- ----------------- --------- -------------------------------
1    default           active    Fa0/1, Fa0/2, Fa0/3, Fa0/4
                                  Fa0/5, Fa0/6, Fa0/7, Fa0/8
                                  Fa0/9, Fa0/10, Fa0/11, Fa0/12
                                  Fa0/13, Fa0/14, Fa0/15, Fa0/16
                                  Fa0/17, Fa0/18, Fa0/19, Fa0/20
                                  Fa0/21, Fa0/22, Fa0/23, Fa0/24
                                  Gi0/1, Gi0/2
20   student           active
1002 fddi-default      act/unsup
1003 token-ring-default act/unsup
1004 fddinet-default   act/unsup
1005 trnet-default     act/unsup
```

注意，尽管没有为 VLAN 20 分配端口，但 VLAN 20 仍处于活动状态。

show interfaces f0/18 switchport 的输出信息也可以用来验证接口 F0/18 的接入 VLAN 是否已经重置为 VLAN 1，如例 3-10 所示。

例 3-10　验证 VLAN 是否已删除

```
S1# show interfaces fa0/18 switchport
Name: Fa0/18
Switchport: Enabled
Administrative Mode: static access
Operational Mode: static access
Administrative Trunking Encapsulation: negotiate
```

```
Operational Trunking Encapsulation: native
Negotiation of Trunking: Off
Access Mode VLAN: 1 (default)
Trunking Native Mode VLAN: 1 (default)
```

3.3.10 删除 VLAN

全局配置模式命令 **no vlan** *vlan-id* 用于从交换机的 vlan.dat 文件中删除一个 VLAN。

警 告 在删除一个 VLAN 之前，请先将所有成员端口重新分配到另一个 VLAN 中。在删除 VLAN 后，所有没有划分到活动 VLAN 中的端口将无法与其他主机通信，直到它们被划分到活动的 VLAN 中为止。

可以使用特权 EXEC 模式命令 **delete flash:vlan.dat** 删除整个 vlan.dat 文件。如果 vlan.dat 文件没有从默认位置移开，则可使用缩写的命令版本（**delete vlan.dat**）。在执行这条命令并重新启动交换机之后，之前配置的 VLAN 不再显示。这种方法能有效地将交换机的 VLAN 配置恢复为出厂默认状态。

注 意 要将 Catalyst 交换机恢复到出厂的默认状态，请从交换机上拔下除控制台电缆和电源线之外的所有电缆。然后输入 **erase startup-config** 特权 EXEC 模式命令，接下来再输入 **delete vlan.dat** 命令。

3.4 VLAN 中继

本节介绍如何在 LAN 交换机上配置中继端口。

3.4.1 中继配置命令

在配置并验证过 VLAN 之后，接下来应该开始配置并验证 VLAN 中继了。VLAN 中继是两台交换机之间的第 2 层链路，用于承载所有 VLAN 的流量（除非对允许的 VLAN 列表通过手动或动态方式进行了限制）。

要启用中继链路，需要使用一组接口配置命令（将表 3-5）来配置互连端口。

表 3-5　　　　　　　　　　　　**用于中继配置命令的语法格式**

任务	IOS 命令
进入全局配置模式	Switch# **configure terminal**
进入接口配置模式	Switch(config)# **interface** *interface-id*
将端口设置为永久中继模式	Switch(config-if)# **switchport mode trunk**
将本征 VLAN 设置为 VLAN 1 之外的 VLAN	Switch(config-if)# **switchport trunk native vlan** *vlan-id*
指定中继链路上允许的 VLAN 列表	Switch(config-if)# **switchport trunk allowed vlan** *vlan-list*
返回特权 EXEC 模式	Switch(config-if)# **end**

3.4.2 中继配置示例

在图 3-13 中，VLAN 10、20 和 30 分别支持教师、学生和访客的计算机（PC1、PC2 和 PC3）。交换机 S1 上的 F0/1 端口被配置为中继端口，并为 VLAN 10、20 和 30 转发流量。VLAN 99 配置为本征 VLAN。

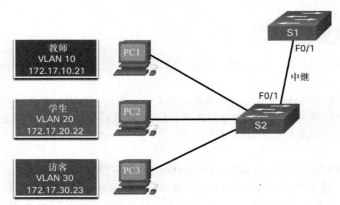

与每个VLAN相关的子网：
· VLAN 10（教师）——172.17.10.0/24
· VLAN 20（学生）——172.17.20.0/24
· VLAN 30（访客）——172.17.30.0/24
· VLAN 99（本征）——172.17.99.0/24

图 3-13　中继配置拓扑

例 3-11 所示为已将交换机 S1 上的 F0/1 配置为中继端口。本征 VLAN 被更改为 VLAN 99，并且允许的 VLAN 列表被限制为 10、20、30 和 99。

例 3-11　中继配置示例

```
S1(config)# interface fastEthernet 0/1
S1(config-if)# switchport mode trunk
S1(config-if)# switchport trunk native vlan 99
S1(config-if)# switchport trunk allowed vlan 10,20,30,99
S1(config-if)# end
```

> **注　意** 这里的配置假定使用的是思科 Catalyst 2960 交换机，该交换机会自动在中继链路上使用 802.1Q 封装。其他交换机有可能需要手动配置进行封装。一定要在中继链路的两端配置相同的本征 VLAN。如果两端的 802.1Q 中继配置不同，思科 IOS 软件将报告错误。

3.4.3 验证中继配置

交换机的输出信息会显示交换机 S1 上端口 F0/1 的配置。配置可以使用 **show interfaces** *interface-ID* **switchport** 命令进行验证，如例 3-12 所示。

例 3-12　验证 S1 上 F0/1 的中继配置

```
S1# show interfaces fa0/1 switchport
Name: Fa0/1
Switchport: Enabled
Administrative Mode: trunk
```

```
Operational Mode: trunk
Administrative Trunking Encapsulation: dot1q
Operational Trunking Encapsulation: dot1q
Negotiation of Trunking: On
Access Mode VLAN: 1 (default)
Trunking Native Mode VLAN: 99 (VLAN0099)
Administrative Native VLAN tagging: enabled
Voice VLAN: none
Administrative private-vlan host-association: none
Administrative private-vlan mapping: none
Administrative private-vlan trunk native VLAN: none
Administrative private-vlan trunk Native VLAN tagging: enabled
Administrative private-vlan trunk encapsulation: dot1q
Administrative private-vlan trunk normal VLANs: none
Administrative private-vlan trunk associations: none
Administrative private-vlan trunk mappings: none
Operational private-vlan: none
Trunking VLANs Enabled: ALL
Pruning VLANs Enabled: 2-1001
(output omitted)
```

在最上面的阴影部分可以看到，端口 **F0/1** 的管理模式被设置为 **trunk**。该端口处于中继模式。下一个阴影部分验证了本征 VLAN 为 VLAN 99。输出信息中底部的阴影部分显示 VLAN 10、20、30 和 99 都已经在中继上启用。

注 意 另一条用于验证中继接口的命令是 **show interface trunk**。

3.4.4 将中继重置为默认状态

使用 **no switchport trunk allowed vlan** 和 **no switchport trunk native vlan** 命令可删除允许的 VLAN 并重置中继的本征 VLAN。当被重置为默认状态时，该中继会允许所有的 VLAN，并使用 VLAN 1 作为本征 VLAN。例 3-13 所示为用来把中继接口的所有中继特性重置为默认设置的命令。

例 3-13 移除允许的 VLAN 并重置本征 VLAN

```
S1(config)# interface fa0/1
S1(config-if)# no switchport trunk allowed vlan
S1(config-if)# no switchport trunk native vlan
S1(config-if)# end
```

例 3-14 中的 **show interfaces f0/1 switchport** 命令显示中继已经被重新配置为默认状态。

例 3-14 验证中继现在处于默认状态

```
S1# show interfaces fa0/1 switchport
Name: Fa0/1
Switchport: Enabled
Administrative Mode: trunk
Operational Mode: trunk
Administrative Trunking Encapsulation: dot1q
Operational Trunking Encapsulation: dot1q
Negotiation of Trunking: On
Access Mode VLAN: 1 (default)
```

```
Trunking Native Mode VLAN: 1 (default)
Administrative Native VLAN tagging: enabled
Voice VLAN: none
Administrative private-vlan host-association: none
Administrative private-vlan mapping: none
Administrative private-vlan trunk native VLAN: none
Administrative private-vlan trunk Native VLAN tagging: enabled
Administrative private-vlan trunk encapsulation: dot1q
Administrative private-vlan trunk normal VLANs: none
Administrative private-vlan trunk associations: none
Administrative private-vlan trunk mappings: none
Operational private-vlan: none
Trunking VLANs Enabled: ALL
Pruning VLANs Enabled: 2-1001
(output omitted)
```

例 3-15 所示为用于在交换机 S1 上的端口 F0/1 移除中继特性的命令。**show interfaces f0/1 switchport** 命令显示 F0/1 接口现在处于静态接入模式。

例 3-15 将端口重置为接入模式

```
S1(config)# interface fa0/1
S1(config-if)# switchport mode access
S1(config-if)# end
S1# show interfaces fa0/1 switchport
Name: Fa0/1
Switchport: Enabled
Administrative Mode: static access
Operational Mode: static access
Administrative Trunking Encapsulation: dot1q
Operational Trunking Encapsulation: native
Negotiation of Trunking: Off
Access Mode VLAN: 1 (default)
Trunking Native Mode VLAN: 1 (default)
Administrative Native VLAN tagging: enabled
(output omitted)
```

3.5 动态中继协议

本节将介绍如何在交换机 LAN 上配置 DTP （Dynamic Trunking Protocol，动态中继协议）。

3.5.1 DTP 简介

一些思科交换机具有一个专有协议，允许它们自动与相邻设备协商中继。这个协议称为 DTP。DTP 可以加速网络管理员的配置过程。以太网中继接口支持不同的中继模式。可以将一个接口设置为中继或非中继模式，或者将其设置为与相邻接口协商中继。中继的协商由 DTP 进行管理，它仅在网络设备之间进行点对点操作。

DTP 是思科专有的协议，Catalyst 2960 和 Catalyst 3560 系列交换机上会自动启用 DTP。只有当相邻交换机的端口被配置为支持DTP的中继模式时,DTP才可管理中继协商。其他厂商的交换机不支持DTP。

| 注 意 | 某些网络互连设备可能会错误地转发 DTP 帧,这样会导致配置错误。为了避免这个问题,如果思科交换机的接口上连接的设备不支持DTP,则需要在该接口上关闭DTP。 |

思科 Catalyst 2960 和 3650 交换机的默认 DTP 配置是 **dynamic auto**(动态自动)。

要在思科交换机与不支持DTP的设备之间启用中继,需要使用接口配置模式命令 **switchport mode trunk** 和 **switchport nonegotiate**。这可以让接口成为中继接口,但是不会生成 DTP 帧。

```
S1(config-if)# switchport mode trunk
S1(config-if)# switchport nonegotiate
```

要重新启用动态中继协议,可使用 **switchport mode dynamic auto** 命令。

```
S1(config-if)# switchport mode dynamic auto
```

如果使用 **switchport mode trunk** 和 **switchport nonegotiate** 命令来配置连接两台交换机的端口,让它忽略所有 DTP 通告,那么这些端口就会保持中继端口模式。如果连接的端口被设置为 **dynamic auto**,它们就不会协商中继,并且会保持接入模式的状态,从而创建出一条非活动的(inactive)中继链路。

在把一个端口配置为中继模式时,应该使用 **switchport mode trunk** 命令。这样一来,中继所处的状态会非常明确,即始终为开启状态。

3.5.2 协商接口模式

switchport mode 命令还有一些用于协商接口模式的其他可选项。命令的完整语法为:

```
Switch(config)# switchport mode { access | dynamic { auto | desirable } | trunk }
```

这些可选项如表 3-6 所示。

表 3-6   **switchport mode 命令的可选项**

选项	描述
access	■ 将接口(接入端口)设置为永久非中继模式,并且通过协商把链路转换为非中继链路 ■ 无论相邻接口是否为中继接口,该接口都会成为一个非中继接口
dynamic auto	■ 让这个接口能够把链路转换为中继链路 ■ 如果相邻接口设置为中继或者 **dynamic desirable** 模式,该接口就会成为一个中继接口 ■ 所有以太网接口的默认交换机端口模式都是 **dynamic auto**
dynamic desirable	■ 让该接口主动尝试把链路切换为中继链路 ■ 如果相邻接口被设置为 **trunk**、**dynamic desirable** 或者 **dynamic auto** 模式,该接口也会成为中继接口
trunk	■ 将接口配置为永久中继模式,并协商将相邻链接转换为中继链路 ■ 即使相邻接口不是中继接口,该接口也会成为中继接口

使用接口配置命令 **switchport nonegotiate** 可停止 DTP 协商。交换机不参与该接口上的 DTP 协商。只有在交换机端口模式为 **access** 或 **trunk** 时,才能使用该命令。必须手动将相邻接口配置为中继接口,才能建立中继链路。

3.5.3 DTP 配置的结果

表 3-7 所示为在 Catalyst 2960 交换机端口的中继链路两端，配置不同 DTP 可选项的结果。最佳做法是只要有可能，就静态配置中继链路。

表 3-7   **DTP 配置结果**

	dynamic auto	dynamic desirable	trunk	access
dynamic auto	access	trunk	trunk	access
dynamic desirable	trunk	trunk	trunk	access
trunk	trunk	trunk	trunk	有限的连接
access	access	access	有限的连接	access

3.5.4 验证 DTP 模式

默认的 DTP 模式依赖于思科 IOS 软件版本和平台。要确定当前的 DTP 模式，可以输入 **show dtp interface** 命令，如例 3-16 所示。

例 3-16　验证 DTP 模式

```
S1# show dtp interface fa0/1
DTP information for FastEthernet0/1:
TOS/TAS/TNS: ACCESS/AUTO/ACCESS
TOT/TAT/TNT: NATIVE/NEGOTIATE/NATIVE
Neighbor address 1: C80084AEF101
Neighbor address 2: 000000000000
Hello timer expiration (sec/state): 11/RUNNING
Access timer expiration (sec/state): never/STOPPED
Negotiation timer expiration (sec/state): never/STOPPED
Multidrop timer expiration (sec/state): never/STOPPED
FSM state: S2:ACCESS
# times multi & trunk 0
Enabled: yes
In STP: no
```

注　意   在需要中继链路时，最佳做法一般是把接口设置为 **trunk** 和 **nonegotiate**。在不需要中继的链路上，应关闭 DTP。

3.6　总结

VLAN 概述

VLAN 中的一组设备在通信时就如同这些设备连接到同一条电缆一样。VLAN 基于逻辑连接，而不是物理连接。VLAN 允许管理员根据功能、团队或应用等因素划分网络。每个 VLAN

都被视为一个独立的逻辑网络。任何交换机端口都可以属于某个 VLAN。VLAN 能创建可以跨越多个物理 LAN 网段的逻辑广播域。VLAN 通过将大型广播域分隔为多个较小的广播域来提高网络性能。交换网络中的每个 VLAN 都对应一个 IP 网络。因此，VLAN 的设计必须考虑到分层网络编址方案的实施。VLAN 的类型包括默认 VLAN、数据 VLAN、本征 VLAN、管理 VLAN 和语音 VLAN。

多交换机环境下的 VLAN

VLAN 中继不属于某个特定的 VLAN。相反，它是多个 VLAN 在交换机和路由器之间进行通信的管道。VLAN 中继是两台网络设备之间的点对点链路，可以承载多个 VLAN 的流量。VLAN 中继将 VLAN 扩展到整个网络。在交换机上实施 VLAN 时，从一个特定 VLAN 中的主机发送出来的单播、组播和广播流量只能被这个 VLAN 中的设备接收到。VLAN 标记控制信息字段由类型、用户优先级、CFI 和 VID 字段组成。某些设备会给本征 VLAN 流量添加一个 VLAN 标记。如果 802.1Q 中继端口收到的打标帧的 VLAN ID 与本征 VLAN 相同，则会丢弃该帧。需要单独的语音 VLAN 来支持 VoIP。这样可以将服务质量（QoS）和安全策略应用于语音流量。语音 VLAN 流量必须使用合适的第 2 层 CoS 优先级值进行标记。

VLAN 配置

不同的思科 Catalyst 交换机支持不同数量的 VLAN，其中包括正常范围的 VLAN 和扩展范围的 VLAN。在配置正常范围的 VLAN 时，配置细节会存储在交换机闪存中名为 vlan.dat 的文件中。尽管不是必需的，但是一个比较好的做法是把运行配置文件的变更保存到启动配置文件中。在创建 VLAN 后，下一步是为 VLAN 分配端口。有多个命令可以把一个端口定义为接入端口并将其分配给 VLAN。VLAN 是在交换机端口上配置的，而不是在终端设备上配置的。接入端口只能一次划分给一个数据 VLAN。但是，端口也可以与语音 VL AN 关联。例如，一个连接到 IP 电话和终端设备的端口可以与两个 VLAN 关联：一个语音 VLAN、一个数据 VLAN。在配置 VLAN 后，可以使用思科 IOS **show** 命令来验证 VLAN 的配置。如果交换机接入端口被错误地划分给某个 VLAN，那么只需要重新输入包含正确 VLAN ID 的 **switchport access vlan** *vlan-id* 接口配置命令即可。全局配置模式命令 **no vlan** *vlan-id* 用于从交换机的 vlan.dat 文件中删除一个 VLAN。

VLAN 中继

VLAN 中继是两台交换机之间的第 2 层链路，用于承载所有 VLAN 的流量。有多个命令可用于配置互连端口。要验证 VLAN 中继配置，可使用 **show interfaces** *interface-ID* **switchport** 命令。使用 **no switchport trunk allowed vlan** 和 **no switchport trunk native vlan** 命令可删除允许的 VLAN 并重置中继的本征 VLAN。

动态中继协议

可以将一个接口设置为中继或非中继模式，或者将其设置为与相邻接口协商中继。中继的协商由 DTP 进行管理，它仅在网络设备之间进行点对点操作。DTP 是思科专有的协议，只有当相邻交换机的端口被配置为支持 DTP 的中继模式时，DTP 才可管理中继协商。要在思科交换机与不支持 DTP 的设备之间启用中继，需要使用接口配置模式命令 **switchport mode trunk** 和 **switchport nonegotiate**。**switchport mode** 命令还有一些用于协商接口模式的其他可选项，包括 access、dynamic auto、dynamic desirable 和 trunk。要验证当前的 DTP 模式，可执行 **show dtp interface** 命令。

复习题

完成这里列出的所有复习题，可以测试您对本章内容的理解。附录列出了答案。

1. 下面哪 3 项准确地描述了 VLAN 类型？（选择 3 项）

    A. 数据 VLAN 用于承载 VLAN 管理数据和用户生成的流量

    B. 管理 VLAN 是配置为访问交换机管理功能的任何 VLAN

    C. 未配置的交换机在初始启动后，所有端口都是默认 VLAN 的成员

    D. 分配了本征 VLAN 的 VLAN 802.1Q 中继端口，同时支持打标的流量和不打标的流量

    E. 语音 VLAN 用于支持网络上的用户电话和邮件流量

    F. VLAN 1 被始终用作管理 VLAN

2. 在穿越中继端口时，哪一种 VLAN 类型用来指派未打标记的流量？

    A. 数据 VLAN
    B. 默认 VLAN
    C. 本征 VLAN
    D. 管理 VLAN

    E. VLAN 1

3. 使用 VLAN 的两个主要好处是什么？（选择两项）

    A. 减少中继链路的数量
    B. 降低成本

    C. 提高 IT 人员的效率
    D. 不需要配置

    E. 降低安全性

4. 哪个命令显示 Fa0/1 接口的封装类型、语音 VLAN 和 VLAN 的接入模式？

    A. **show interface Fa0/1 switchport**

    B. **show interface trunk**

    C. **show mac address-table interface Fa0/1**

    D. **show vlan brief 5. show vlan brief**

5. 网络管理员必须做什么才能将 F0/1 从 VLAN 2 中移除，并将其分配到 VLAN 3 中？

    A. 在 F0/1 上输入 **no shutdown** 接口配置命令

    B. 输入 **no vlan 2** 和 **vlan 3** 全局配置命令

    C. 在 F0/1 上输入 **switchport access vlan 3** 接口配置命令

    D. 在 F0/1 上输入 **switchport trunk native vlan 3** 接口配置命令

6. 已经添加了一台思科 Catalyst 交换机，以支持将多个 VLAN 作为企业网络的一部分。网络技术人员发现有必要清除交换机上的所有 VLAN 信息，以便纳入新的网络设计。技术人员应该做什么来完成这项任务？

    A. 删除分配给管理 VLAN 的 IP 地址，然后重启交换机

    B. 删除交换机的启动配置和闪存中的 vlan.dat 文件，重启交换机

    C. 擦除运行配置，然后重启交换机

    D. 擦除启动配置，然后重启交换机

7. 下面哪两个特征符合扩展范围的 VLAN？（选择两项）

    A. CDP 可以用于学习和存储这些 VLAN

    B. 它们通常用于小型网络

    C. 它们默认保存在运行配置文件中

    D. VLAN ID 的范围为 1006 ～ 4094

E．VLAN 是从闪存中初始化的

8．交换机端口所属的 VLAN 被删除后，会发生什么情况?

A．端口被划分到 VLAN 1（即默认的 VLAN）中

B．端口被禁用，必须使用 **no shutdown** 命令重新启用

C．端口被设置为中继模式

D．端口停止与连接设备进行通信

9．您必须在思科 2960 交换机与其他厂商的第 2 层交换机之间配置中继链路。应该配置哪两条命令才能启用中继链路?（选择两项）

A．**switchport mode access**

B．**switchport mode dynamic auto**

C．**switchport mode dynamic desired**

D．**switchport mode trunk**

E．**switchport nonegotiate**

第 4 章

VLAN 间路由

学习目标

通过完成本章的学习，您将能够回答下列问题：

- 配置 VLAN 间路由的选项有哪些；
- 如何配置单臂路由器 VLAN 间路由；
- 如何使用第 3 层交换配置 VLAN 间路由；
- 如何排除常见的 VLAN 间配置问题。

现在您已经知道了如何把自己的网络分隔并且组织为多个 VLAN。主机只可以和同一个 VLAN 中的其他主机进行通信，而不能再向网络中的其他每一台设备发送广播消息，占据所有所需带宽。但是，如果某个 VLAN 中的主机需要与另一个 VLAN 中的主机进行通信，那又该怎么办呢？如果您是网络管理员，就会发现人们总会想要和网络之外的人进行通信。VLAN 间路由在这里就可以派上用场了。VLAN 间路由需要使用第 3 层设备，比如路由器或者第 3 层交换机。下面我们把关于 VLAN 的专业知识和网络层的技能结合起来，进行一番尝试。

4.1 VLAN 间路由操作

本节介绍两种配置 VLAN 间路由的方法。

4.1.1 什么是 VLAN 间路由

出于各种原因，VLAN 用于对第 2 层交换网络进行分隔。无论出于什么原因，一个 VLAN 中的主机都无法与另一个 VLAN 中的主机通信，除非有路由器或第 3 层交换机来提供路由服务。

VLAN 间路由是一个把网络流量从一个 VLAN 转发到另一个 VLAN 的过程。

VLAN 间路由有 3 个选项。

- **传统的 VLAN 间路由**：这是一个传统的解决方案。它的扩展性乏善可陈。
- **单臂路由器**：对于中小型网络来说，这是一种可以接受的解决方案。
- **使用交换虚拟接口（SVI）的第 3 层交换机**：这种解决方案最具可扩展性，适用于中型到大型组织机构。

4.1.2 传统的 VLAN 间路由

第一种 VLAN 间路由解决方案需要使用一台配备了多个以太网接口的路由器。每一个路由器接口都连接到了不同 VLAN 中的交换机端口。这台路由器的接口充当这个 VLAN 子网中各个本地主机的默认网关。

例如，在图 4-1 中的拓扑中，R1 通过两个接口连接到交换机 S1。

注　意　PC1、PC2 和 R1 的 IPv4 地址都有一个 /24 子网掩码。

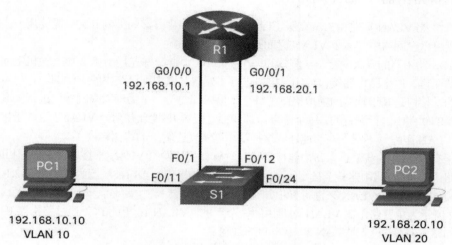

图 4-1　传统 VLAN 间路由示例

在表 4-1 中可以看到，S1 的 MAC 地址表示例使用如下信息进行填充。

- F0/1 端口分配给 VLAN 10，并且连接到 R1 的 G0/0/0 接口。
- F0/11 端口分配给 VLAN 10，并且连接到 PC1。
- F0/12 端口分配给 VLAN 20，并且连接到 R1 的 G0/0/1 接口。
- F0/24 端口分配给了 VLAN 20，并且连接到 PC2。

表 4-1   S1 的 MAC 地址表

端口	MAC 地址	VLAN
F0/1	R1 G0/0/0 MAC	10
F0/11	PC1 MAC	10
F0/12	R1 G0/0/1 MAC	20
F0/24	PC2 MAC	20

当 PC1 向另一个网络中的 PC2 发送数据包时，它就会把这个数据包发到自己的默认网关 192.168.10.1。R1 在自己的 G0/0/0 接口上接收到这个数据包，然后检查数据包的目的地址。然后 R1 会把数据包通过自己的 G0/0/1 接口路由出去，发送给 S1 上 VLAN 20 中的 F0/12 端口。最后，S1 会把这个帧转发给 PC2。

使用物理接口的传统 VLAN 间方案固然可以工作，但是存在明显的限制。由于路由器的物理接口数量有限，因此这种设计方案无法进行足够的扩展。如果每个 VLAN 都需要占用一个物理的路由器接口，那么路由器上物理接口很快就会被耗尽。

在我们的示例中，R1 需要具备两个独立的以太网接口才能在 VLAN 10 和 VLAN 20 之间路由流量。如果有 6 个（或更多的）VLAN 需要互连，那该怎么办呢？每个 VLAN 都需要一个单独的接口。显然，这种解决方案扩展性不佳。

注　意　这种 VLAN 间路由方案在交换网络中已经不再使用，这里提到它仅作为解释之用。

4.1.3　单臂路由器 VLAN 间路由

单臂路由器 VLAN 间路由方案克服了传统 VLAN 间路由方案的限制。它只需要用一个物理以太网接口，就可以在网络中的多个 VLAN 之间路由流量。

思科 IOS 路由器的以太网接口被配置为一个 802.1Q 中继，并连接到第 2 层交换机上的一个中继端口。具体而言，这个路由器接口使用子接口进行了配置，以识别可路由的 VLAN。

配置的子接口是基于软件的虚拟接口。每个子接口都要与一个物理以太网接口进行关联。子接口是在路由器的软件中进行配置的。每个子接口都要独立配置 IP 地址并划分 VLAN。这些子接口需要按照划分的 VLAN 来配置不同子网的地址。这样就可以实现逻辑上的路由转发了。

当标记有 VLAN 的流量进入路由器接口时，它就会被转发给 VLAN 子接口。在根据目的 IP 网络地址做出路由决策后，路由器就会确定流量的出站接口。如果出站接口被配置为了一个 802.1Q 子接口，那么数据帧就会用新的 VLAN 来进行标记并且发回给物理接口。

图 4-2 所示为单臂路由器 VLAN 间路由的一个示例。VLAN 10 上的 PC1 通过路由器 R1（使用了单个物理的路由器接口）与 VLAN 30 上的 PC3 通信。

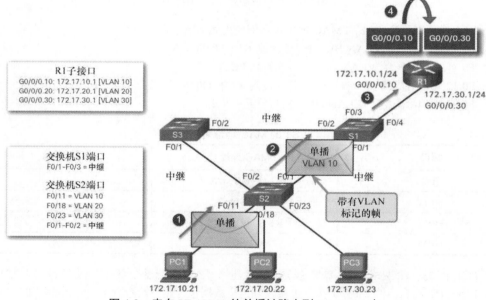

图 4-2　来自 VLAN 10 的单播被路由到 VLAN 30 中

图 4-2 对下述步骤进行了说明。

步骤 1. PC1 将其单播流量发送到交换机 S2。

步骤 2. 交换机 S2 将单播流量标记为源自 VLAN 10，并将单播流量从其中继链路转发给交换机 S1。

步骤 3. 交换机 S1 将带有标记的流量从 F0/3 端口的另一个中继接口转发到路由器 R1 的接口。

步骤 4. 路由器 R1 接受 VLAN 10 上带有标记的单播流量，并使用其配置的子接口将其路由到 VLAN 30。

图 4-3 中，R1 将流量路由到正确的 VLAN。

图 4-3 对下述步骤进行了说明。

步骤 5. 单播流量在从路由器接口发送到交换机 S1 时，被标记为 VLAN 30。

步骤 6. 交换机 S1 将带有标记的单播流量从另一条中继链路转发给交换机 S2。

步骤 7. 交换机 S2 去掉单播帧的 VLAN 标记，然后转发给 F0/23 接口上的 PC3。

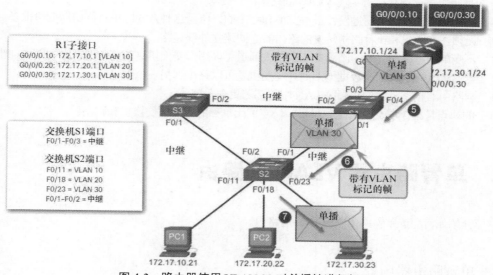

图 4-3　路由器使用 VLAN 30 对单播帧进行标记

注　意　用单臂路由器实现 VLAN 间路由的方法，不能扩展到 50 个以上的 VLAN。

4.1.4　第 3 层交换机上的 VLAN 间路由

当今，执行 VLAN 间路由的方法是使用第 3 层交换机和交换虚拟接口（SVI）。SVI 是配置在第 3 层交换机上的一种虚拟接口，如图 4-4 所示。

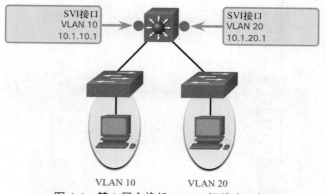

图 4-4　第 3 层交换机 VLAN 间路由示例

注　意　第 3 层交换机也称为多层交换机，因为它工作在第 2 层和第 3 层。但是，本书中会使用第 3 层交换机这个术语。

VLAN 间 SVI 的创建方式与管理 VLAN 接口的配置方式相同。SVI 是给交换机上的一个 VLAN 创建的。虽然是虚拟的，但是 SVI 可以为 VLAN 执行与路由器接口相同的功能。具体来说，它可以为往返于这个 VLAN 中所有交换机端口的数据包提供第 3 层处理功能。

下面是使用第 3 层交换机实现 VLAN 间路由的好处。

- 因为所有操作都是通过硬件进行交换和路由的，所以这种方式比单臂路由器要快很多。
- 无须在交换机和执行路由转发的路由器之间建立外部链路。
- 不受单一链路的限制，因为第 2 层以太通道可以用作交换机之间的中继链路，以增加带宽。
- 延迟更低，这是因为数据无须离开交换机就可以路由到另一个网络中。
- 与路由器相比，它们在园区 LAN 中的部署更加普遍。

唯一的缺点是第 3 层交换机比较昂贵，但它们比单独的第 2 层交换机和路由器便宜。

4.2 单臂路由器 VLAN 间路由

本节介绍如何配置单臂路由器 VLAN 间路由。

4.2.1 单臂路由器场景

前文介绍了创建 VLAN 间路由的 3 种不同的方法，并详细介绍了传统的 VLAN 间路由。本节会详细介绍如何配置单臂路由器的 VLAN 间路由。在图 4-5 中可以看到，路由器并没有位于拓扑的中心，而是出现在靠近边界的一支，形似手臂，单臂路由由此得名。

在图 4-5 中，R1 的 G0/0/1 接口连接到 S1 的 F0/5 端口。S1 的 F0/1 端口连接到 S2 的 F0/1 端口。这些是在 VLAN 之间和 VLAN 内部转发流量时需要使用的中继链路。

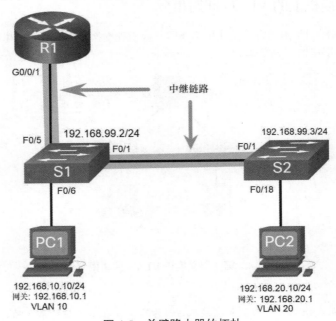

图 4-5 单臂路由器的拓扑

要在 VLAN 之间路由流量，R1 的 G0/0/1 接口在逻辑上被分为 3 个子接口，如表 4-2 所示。该表也显示了将要在交换机上配置的 3 个 VLAN。

表 4-2   路由器 R1 的子接口

子接口	VLAN	IP 地址
G0/0/1.10	10	192.168.10.1/24
G0/0/1.20	20	192.168.20.1/24
G0/0/1.30	99	192.168.99.1/24

假设 R1、S1 和 S2 都已经完成了初始的基本配置。目前，PC1 和 PC2 无法相互 **ping** 通，因为它们位于不同的网络中。只有 S1 和 S2 可以相互 **ping** 通，但它们无法从 PC1 或 PC2 进行访问，因为它们也在不同的网络中。

要使设备能够相互 **ping** 通，必须在交换机上配置 VLAN 和中继，同时必须在路由器上配置 VLAN 间路由。

4.2.2   S1 VLAN 和中继配置

要在 S1 上配置 VLAN 和中继，可执行如下步骤。

步骤 1. 创建并命名 VLAN。首先，创建并命名 VLAN，如例 4-1 所示。只有在退出 VLAN 子配置模式之后，VLAN 才会创建出来。

例 4-1   创建并命名 VLAN

```
S1(config)# vlan 10
S1(config-vlan)# name LAN10
S1(config-vlan)# exit
S1(config)# vlan 20
S1(config-vlan)# name LAN20
S1(config-vlan)# exit
S1(config)# vlan 99
S1(config-vlan)# name Management
S1(config-vlan)# exit
S1(config)#
```

步骤 2. 创建管理接口。接下来，在 VLAN 99 上创建管理接口和默认网关 R1，如例 4-2 所示。

例 4-2   创建管理界面

```
S1(config)# interface vlan 99
S1(config-if)# ip add 192.168.99.2 255.255.255.0
S1(config-if)# no shut
S1(config-if)# exit
S1(config)# ip default-gateway 192.168.99.1
S1(config)#
```

步骤 3. 配置接入端口。接下来，将连接 PC1 的接口 F0/6 配置为 VLAN 10 中的接入接口，如例 4-3 所示。假设 PC1 已经配置了正确的 IP 地址和默认网关。

例 4-3   配置接入端口

```
S1(config)# interface fa0/6
S1(config-if)# switchport mode access
```

```
S1(config-if)# switchport access vlan 10
S1(config-if)# no shut
S1(config-if)# exit
S1(config)#
```

步骤 4. 配置中继端口。最后，将连接 S2 的端口 F0/1 和连接 R1 的端口 F0/5 配置为中继端口，如例 4-4 所示。

例 4-4 配置中继端口

```
S1(config)# interface fa0/1
S1(config-if)# switchport mode trunk
S1(config-if)# no shut
S1(config-if)# exit
S1(config)# interface fa0/5
S1(config-if)# switchport mode trunk
S1(config-if)# no shut
S1(config-if)# end
*Mar  1 00:23:43.093: %LINEPROTO-5-UPDOWN: Line protocol on Interface
  FastEthernet0/1, changed state to up
*Mar  1 00:23:44.511: %LINEPROTO-5-UPDOWN: Line protocol on Interface
  FastEthernet0/5, changed state to up
```

4.2.3 S2 的 VLAN 和中继配置

S2 的配置与 S1 类似，如例 4-5 所示。

例 4-5 S2 的配置

```
S2(config)# vlan 10
S2(config-vlan)# name LAN10
S2(config-vlan)# exit
S2(config)# vlan 20
S2(config-vlan)# name LAN20
S2(config-vlan)# exit
S2(config)# vlan 99
S2(config-vlan)# name Management
S2(config-vlan)# exit
S2(config)#
S2(config)# interface vlan 99
S2(config-if)# ip add 192.168.99.3 255.255.255.0
S2(config-if)# no shut
S2(config-if)# exit
S2(config)# ip default-gateway 192.168.99.1
S2(config)# interface fa0/18
S2(config-if)# switchport mode access
S2(config-if)# switchport access vlan 20
S2(config-if)# no shut
S2(config-if)# exit
S2(config)# interface fa0/1
S2(config-if)# switchport mode trunk
S2(config-if)# no shut
```

```
S2(config-if)# exit
S2(config-if)# end
*Mar  1 00:23:52.137: %LINEPROTO-5-UPDOWN: Line protocol on Interface
  FastEthernet0/1, changed state to up
```

4.2.4　R1 的子接口配置

单臂路由器方法要求为每个需要路由流量的 VLAN 都创建一个子接口。

子接口是使用全局配置模式命令 **interface** *interface_id.subinterface_id* 创建的。子接口的语法是在物理接口后面加上一个点，然后再加上子接口的编号。习惯上，子接口号往往应该与 VLAN 号相互匹配，不过这并不是必需的。

然后使用下面两条命令对每个子接口进行配置。

- **encapsulation dot1q** *vlan_id* [**native**]：该命令对子接口进行配置，使其响应来自指定 *vlan-id* 的 802.1Q 封装流量。**native** 关键字可选项只有在需要把本征 VLAN 设置为非 VLAN 1 的 VLAN 时才会用到。
- **ip address** *ip-address subnet-mask*：该命令用于配置子接口的 IPv4 地址。这个地址通常会充当相应 VLAN 的默认网关。

为每个要路由流量的 VLAN 重复上面的配置过程。每个路由器子接口必须在唯一的子网上分配一个 IP 地址，以便进行路由。

在创建好所有子接口后，使用接口配置命令 **no shutdown** 启用这个物理接口。如果物理接口被禁用，则所有子接口都会被禁用。

在例 4-6 所示的配置中，R1 的 G0/0/1 子接口是为 VLAN 10、20 和 99 配置的。

例 4-6　R1 的子接口配置

```
R1(config)# interface G0/0/1.10
R1(config-subif)# description Default Gateway for VLAN 10
R1(config-subif)# encapsulation dot1Q 10
R1(config-subif)# ip add 192.168.10.1 255.255.255.0
R1(config-subif)# exit
R1(config)#
R1(config)# interface G0/0/1.20
R1(config-subif)# description Default Gateway for VLAN 20
R1(config-subif)# encapsulation dot1Q 20
R1(config-subif)# ip add 192.168.20.1 255.255.255.0
R1(config-subif)# exit
R1(config)#
R1(config)# interface G0/0/1.99
R1(config-subif)# description Default Gateway for VLAN 99
R1(config-subif)# encapsulation dot1Q 99
R1(config-subif)# ip add 192.168.99.1 255.255.255.0
R1(config-subif)# exit
R1(config)#
R1(config)# interface G0/0/1
R1(config-if)# description Trunk link to S1
R1(config-if)# no shut
R1(config-if)# end
R1#
```

```
*Sep 15 19:08:47.015: %LINK-3-UPDOWN: Interface GigabitEthernet0/0/1, changed
  state to down
*Sep 15 19:08:50.071: %LINK-3-UPDOWN: Interface GigabitEthernet0/0/1, changed
  state to up
*Sep 15 19:08:51.071: %LINEPROTO-5-UPDOWN: Line protocol on Interface
  GigabitEthernet0/0/1, changed state to up
R1#
```

4.2.5 验证 PC1 和 PC2 之间的连接

在配置了交换机的中继和路由器的子接口后，单臂路由的配置也就完成了。该配置可以从主机、路由器和交换机上进行验证。

在一台主机上使用命令 **ping** 命令来验证与另一个 VLAN 中的主机的连接。最好先使用 Windows 主机命令 **ipconfig** 来验证当前主机的 IP 配置，如例 4-7 所示。

例 4-7　验证 Windows 主机配置

```
C:\Users\PC1> ipconfig
Windows IP Configuration
Ethernet adapter Ethernet0:
  Connection-specific DNS Suffix . :
  Link-local IPv6 Address          : fe80::5c43:ee7c:2959:da68%6
  IPv4 Address                     : 192.168.10.10
  Subnet Mask                      : 255.255.255.0
  Default Gateway                  : 192.168.10.1
C:\Users\PC1>
```

输出证实了 PC1 的 IPv4 地址和默认网关。接下来，使用 **ping** 来验证 PC2 和 S1 之间的连接，如例 4-8 所示。**ping** 的输出信息成功确认 VLAN 间路由工作正常，如例 4-8 所示。

例 4-8　通过在 PC1 上执行 ping 命令来验证 VLAN 间路由

```
C:\Users\PC1> ping 192.168.20.10
Pinging 192.168.20.10 with 32 bytes of data:
Reply from 192.168.20.10: bytes = 32 time<1ms TTL = 127
Reply from 192.168.20.10: bytes = 32 time<1ms TTL = 127
Reply from 192.168.20.10: bytes = 32 time<1ms TTL = 127
Reply from 192.168.20.10: bytes = 32 time<1ms TTL = 127
Ping statistics for 192.168.20.10:
    Packets: Sent = 4, Received = 4, Lost = 0 (0% loss).
Approximate round trip times in milli-seconds:
    Minimum = 0ms, Maximum = 0ms, Average = 0ms
C:\Users\PC1>
C:\Users\PC1> ping 192.168.99.2
Pinging 192.168.99.2 with 32 bytes of data:
Request timed out.
Request timed out.
Reply from 192.168.99.2: bytes = 32 time = 2ms TTL = 254
Reply from 192.168.99.2: bytes = 32 time = 1ms TTL = 254 |
Ping statistics for 192.168.99.2:
    Packets: Sent = 4, Received = 2, Lost = 2 (50% loss).
```

```
Approximate round trip times in milli-seconds:
    Minimum = 1ms, Maximum = 2ms, Average = 1ms
C:\Users\PC1>
```

4.2.6 单臂路由器 VLAN 间路由的验证

除了在设备之间使用 **ping** ，还可以使用下列 **show** 命令来验证单臂路由器的配置并进行故障排除。

- **show ip route**
- **show ip interface brief**
- **show interfaces**
- **show interfaces trunk**

如例 4-9 所示，使用 **show ip route** 命令可查看子接口是否出现在 R1 的路由表中。注意，每个可路由的 VLAN 有 3 条相连的路由（C）及其各自的出向接口。输出确认了正确的子网、VLAN，以及子接口处于活动状态。

例 4-9　验证子接口是否在路由表中

```
R1# show ip route | begin Gateway
Gateway of last resort is not set
       192.168.10.0/24 is variably subnetted, 2 subnets, 2 masks
C         192.168.10.0/24 is directly connected, GigabitEthernet0/0/1.10
L         192.168.10.1/32 is directly connected, GigabitEthernet0/0/1.10
       192.168.20.0/24 is variably subnetted, 2 subnets, 2 masks
C         192.168.20.0/24 is directly connected, GigabitEthernet0/0/1.20
L         192.168.20.1/32 is directly connected, GigabitEthernet0/0/1.20
       192.168.99.0/24 is variably subnetted, 2 subnets, 2 masks
C         192.168.99.0/24 is directly connected, GigabitEthernet0/0/1.99
L         192.168.99.1/32 is directly connected, GigabitEthernet0/0/1.99
R1#
```

另一个有用的路由器命令是 **show ip interface brief**，如例 4-10 所示。该输出信息确认子接口配置了正确的 IPv4 地址，并且可以正常工作。

例 4-10　验证子接口的 IP 地址和状态

```
R1# show ip interface brief | include up
GigabitEthernet0/0/1    unassigned     YES unset  up       up
Gi0/0/1.10              192.168.10.1   YES manual up       up
Gi0/0/1.20              192.168.20.1   YES manual up       up
Gi0/0/1.99              192.168.99.1   YES manual up       up
R1#
```

可以使用 **show interfaces** *subinterface-id* 命令验证子接口，如例 4-11 所示。

例 4-11　验证子接口的细节

```
R1# show interfaces g0/0/1.10
GigabitEthernet0/0/1.10 is up, line protocol is up
  Hardware is ISR4221-2x1GE, address is 10b3.d605.0301 (bia 10b3.d605.0301)
  Description: Default Gateway for VLAN 10
```

```
      Internet address is 192.168.10.1/24
      MTU 1500 bytes, BW 100000 Kbit/sec, DLY 100 usec,
        reliability 255/255, txload 1/255, rxload 1/255
      Encapsulation 802.1Q Virtual LAN, Vlan ID 10.
      ARP type: ARPA, ARP Timeout 04:00:00
      Keepalive not supported
      Last clearing of "show interface" counters never
  R1#
```

配置错误也可能发生在交换机的中继端口上，因此，使用 **show interfaces trunk** 命令验证第 2 层交换机上的活动中继链路是否正常也是很有用的，如例 4-12 所示。输出确认去往 R1 的链路是所需 VLAN 的中继。

注　意　　虽然没有显式配置 VLAN 1，但由于中继链路上的控制流量总是通过 VLAN 1 转发，所以 VLAN 1 自动被包含在内。

例 4-12　验证中继链路的状态

```
S1# show interfaces trunk
Port          Mode              Encapsulation   Status        Native vlan
Fa0/1         on                802.1q          trunking      1
Fa0/5         on                802.1q          trunking      1
Port          Vlans allowed on trunk
Fa0/1         1-4094
Fa0/5         1-4094
Port          Vlans allowed and active in management domain
Fa0/1         1,10,20,99
Fa0/5         1,10,20,99
Port          Vlans in spanning tree forwarding state and not pruned
Fa0/1         1,10,20,99
Fa0/5         1,10,20,99
S1#
```

4.3　使用第 3 层交换机的 VLAN 间路由

本节将介绍使用第 3 层交换机来配置 VLAN 间路由。

4.3.1　第 3 层交换机 VLAN 间路由

现代的企业网络很少使用单臂路由器，因为这种设计方案的可扩展性很难满足需求。在这些规模非常大的网络中，网络管理员会使用第 3 层交换机来配置 VLAN 间路由。

对于中小型组织机构来说，使用单臂路由器方法也不失为一种简单的 VLAN 间路由实施方案。但大型企业需要一种更快、更具扩展性的方法来提供 VLAN 间路由。

企业园区 LAN 会使用第 3 层交换机来提供 VLAN 间路由。第 3 层交换机使用基于硬件的交换来实现高于路由器的数据包处理速率。第 3 层交换机也常常部署在企业分布层接线柜中。

第 3 层交换机包括以下功能：
- 使用多个 SVI 把流量从一个 VLAN 路由到另一个 VLAN；
- 把第 2 层交换机端口转换为第 3 层接口（即路由端口），路由端口类似于思科 IOS 路由器上的物理接口。

要提供 VLAN 间路由，第 3 层交换机需要使用 SVI。在配置 SVI 时，需要使用在第 2 层交换机上创建管理 SVI 时使用的 **interface vlan** *vlan-id* 命令进行配置。必须给每个可路由的 VLAN 创建一个第 3 层 SVI。

4.3.2 第 3 层交换场景

在图 4-6 中，第 3 层交换机 D1 连接到了不同 VLAN 中的两台主机。可以看到，PC1 位于 VLAN 10 中，而 PC2 位于 VLAN 20 中。第 3 层交换机会为两台主机提供 VLAN 间路由服务。

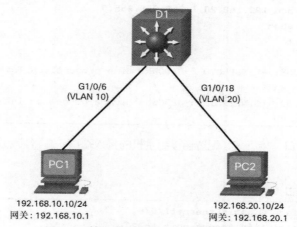

图 4-6 第 3 层交换机 VLAN 间路由拓扑

表 4-3 所示为每个 VLAN 的 IP 地址。

表 4-3   D1 VLAN IP 地址

VLAN 接口	IP 地址
10	192.168.10.1/24
20	192.168.20.1/24

4.3.3 第 3 层交换机的配置

要使用 VLAN 和中继配置 S1，可执行如下步骤。

步骤 1. 创建 VLAN。 首先，创建两个 VLAN，如例 4-13 所示。

例 4-13 创建 VLAN

```
D1(config)# vlan 10
D1(config-vlan)# name LAN10
D1(config-vlan)# vlan 20
D1(config-vlan)# name LAN20
D1(config-vlan)# exit
D1(config)#
```

步骤 2. 创建 SVI VLAN 接口。配置 VLAN 10 和 VLAN 20 的 SVI，如例 4-14 所示。所配置的 IP
地址将充当对应 VLAN 内主机的默认网关。注意，例 4-14 中的信息性消息显示"两个 SVI 上的线路
协议都更改为 up"。

例 4-14 创建 SVI VLAN 接口

```
D1(config)# interface vlan 10
D1(config-if)# description Default Gateway SVI for 192.168.10.0/24
D1(config-if)# ip add 192.168.10.1 255.255.255.0
D1(config-if)# no shut
D1(config-if)# exit
D1(config)#
D1(config)# int vlan 20
D1(config-if)# description Default Gateway SVI for 192.168.20.0/24
D1(config-if)# ip add 192.168.20.1 255.255.255.0
D1(config-if)# no shut
D1(config-if)# exit
D1(config)#
*Sep 17 13:52:16.053: %LINEPROTO-5-UPDOWN: Line protocol on Interface Vlan10,
   changed state to up
*Sep 17 13:52:16.160: %LINEPROTO-5-UPDOWN: Line protocol on Interface Vlan20,
   changed state to up
```

步骤 3. 配置接入端口。接下来，配置连接到主机的接入端口，并将其划分到对应的 VLAN 中，
如例 4-15 所示。

例 4-15 配置接入端口

```
D1(config)# interface GigabitEthernet1/0/6
D1(config-if)# description Access port to PC1
D1(config-if)# switchport mode access
D1(config-if)# switchport access vlan 10
D1(config-if)# exit
D1(config)#
D1(config)# interface GigabitEthernet1/0/18
D1(config-if)# description Access port to PC2
D1(config-if)# switchport mode access
D1(config-if)# switchport access vlan 20
D1(config-if)# exit
```

步骤 4. 启用 IP 路由。最后，使用 **ip routing** 全局配置命令开启 IPv4 路由，以允许在 VLAN 10 和 VLAN
20 之间交换流量，如例 4-16 所示。该命令必须被配置为在 IPv4 的第 3 层交换机上启用 VLAN 间路由。

例 4-16 启用 IP 路由

```
D1(config)# ip routing
D1(config)#
```

4.3.4 验证第 3 层交换机 VLAN 间路由

使用第 3 层交换机的 VLAN 间路由比单臂路由器的方式更容易配置。在配置完成之后，可以通过
测试主机之间的连接来验证配置效果。

在一台主机上使用命令 **ping** 命令验证与另一个 VLAN 中的主机的连接。最好先使用 Windows 主机命令 **ipconfig** 来检查当前主机的 IP 配置。例 4-17 中的输出确认了 PC1 的 IPv4 地址和默认网关。

例 4-17　验证 Windows 主机配置

```
C:\Users\PC1> ipconfig
Windows IP Configuration
Ethernet adapter Ethernet0:
  Connection-specific DNS Suffix . :
  Link-local IPv6 Address          : fe80::5c43:ee7c:2959:da68%6
  IPv4 Address                     : 192.168.10.10
  Subnet Mask                      : 255.255.255.0
  Default Gateway                  : 192.168.10.1
C:\Users\PC1>
```

接下来，使用 Windows 主机命令 **ping** 来验证与 PC2 的连接，如例 4-18 所示。**ping** 的输出信息成功确认 VLAN 间路由工作正常。

例 4-18　在 PC1 上执行 ping 命令来验证 VLAN 间路由

```
C:\Users\PC1> ping 192.168.20.10
Pinging 192.168.20.10 with 32 bytes of data:
Reply from 192.168.20.10: bytes = 32 time<1ms TTL = 127
Reply from 192.168.20.10: bytes = 32 time<1ms TTL = 127
Reply from 192.168.20.10: bytes = 32 time<1ms TTL = 127
Reply from 192.168.20.10: bytes = 32 time<1ms TTL = 127
Ping statistics for 192.168.20.10:
    Packets: Sent = 4, Received = 4, Lost = 0 (0% loss),
Approximate round trip times in milli-seconds:
    Minimum = 0ms, Maximum = 0ms, Average = 0ms
C:\Users\PC1>
```

4.3.5　第 3 层交换机上的路由

如果要让 VLAN 可以被其他第 3 层设备访问到，这些 VLAN 必须使用静态或动态路由进行通告。要在第 3 层交换机上启用路由，必须配置一个路由端口。

要在第 3 层交换机上创建路由端口，需要禁用连接第 3 层设备的那个第 2 层端口的交换机端口特性。具体而言，就是需要在第 2 层端口上配置 **no switchport** 接口配置命令，以把它转换为第 3 层接口。接下来，就可以在这个接口上使用 IPv4 进行配置，将其连接到一台路由器或者另一台第 3 层交换机。

4.3.6　第 3 层交换机上的路由场景

在图 4-7 中，之前配置的第 3 层交换机 D1 现在已经连接到 R1。R1 和 D1 都位于开放最短路径优先（OSPF）路由协议域中。假设 D1 上已经成功实施了 VLAN 间路由。R1 的 G0/0/1 接口也已经完成了配置并且启用。此外，R1 正在利用 OSPF 通告自己的两个网络，即 10.10.10.0/24 和 10.20.20.0/24。

注　意　　OSPF 路由配置将另一门课程中进行介绍。您无须理解这些配置即可在第 3 层交换机上启用 OSPF 路由。

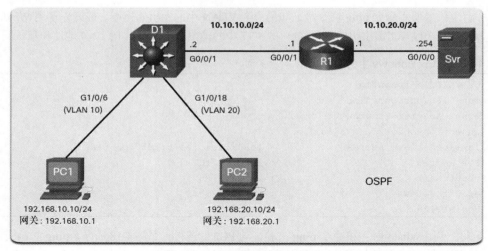

图 4-7　第 3 层交换机拓扑上的路由场景

4.3.7　第 3 层交换机上的路由配置

要让 D1 与 R1 进行路由，需要完成下述步骤。

步骤 1. 配置路由端口。将 G1/0/1 配置为路由端口，并为其分配一个 IPv4 地址然后将其启用，如例 4-19 所示。

例 4-19　配置路由端口

```
D1(config)# interface GigabitEthernet1/0/1
D1(config-if)# description routed Port Link to R1
D1(config-if)# no switchport
D1(config-if)# ip address 10.10.10.2 255.255.255.0
D1(config-if)# no shut
D1(config-if)# exit
D1(config)#
```

步骤 2. 启用路由。如例 4-20 所示，请使用 **ip routing** 全局配置命令来启用 IPv4 路由。

例 4-20　启用路由

```
D1(config)# ip routing
D1(config)#
```

步骤 3. 配置路由。配置 OSPF 路由协议，以通告 VLAN 10 和 VLAN 20 网络以及与 R1 相连的网络，如例 4-21 所示。注意，有一条消息通知您 "已经与 R1 建立了邻接关系"。

例 4-21　配置路由

```
D1(config)# router ospf 10
D1(config-router)# network 192.168.10.0 0.0.0.255 area 0
D1(config-router)# network 192.168.20.0 0.0.0.255 area 0
D1(config-router)# network 10.10.10.0 0.0.0.3 area 0
D1(config-router)# ^Z
D1#
*Sep 17 13:52:51.163: %OSPF-5-ADJCHG: Process 10, Nbr 10.20.20.1 on
```

```
GigabitEthernet1/0/1 from LOADING to FULL, Loading Done
D1#
```

步骤 4. 验证路由。验证 D1 上的路由表，如例 4-22 所示。注意，D1 现在有一条去往 10.20.20.0/24 网络的路由。

例 4-22   验证路由

```
D1# show ip route | begin Gateway
Gateway of last resort is not set
        10.0.0.0/8 is variably subnetted, 3 subnets, 3 masks
C         10.10.10.0/30 is directly connected, GigabitEthernet1/0/1
L         10.10.10.2/32 is directly connected, GigabitEthernet1/0/1
O         10.20.20.0/24 [110/2] via 10.10.10.1, 00:00:06, GigabitEthernet1/0/1
        192.168.10.0/24 is variably subnetted, 2 subnets, 2 masks
C         192.168.10.0/24 is directly connected, Vlan10
L         192.168.10.1/32 is directly connected, Vlan10
        192.168.20.0/24 is variably subnetted, 2 subnets, 2 masks
C         192.168.20.0/24 is directly connected, Vlan20
L         192.168.20.1/32 is directly connected, Vlan20
D1#
```

步骤 5. 验证连接。此时，PC1 和 PC2 能够 **ping** 通与 R1 相连的服务器，如例 4-23 所示。

例 4-23   验证连接

```
C:\Users\PC1> ping 10.20.20.254
Pinging 10.20.20.254 with 32 bytes of data:
Request timed out.
Reply from 10.20.20.254: bytes = 32 time<1ms TTL = 127
Reply from 10.20.20.254: bytes = 32 time<1ms TTL = 127
Reply from 10.20.20.254: bytes = 32 time<1ms TTL = 127
Ping statistics for 10.20.20.254:
    Packets: Sent = 4, Received = 3, Lost = 1 (25% loss).
Approximate round trip times in milli-seconds:
    Minimum = 1ms, Maximum = 2ms, Average = 1ms
C:\Users\PC1>
! = == = == = == = == = == = == = == = == = == = == = == = == = == = == = == = == = == = = =
C:\Users\PC2> ping 10.20.20.254
Pinging 10.20.20.254 with 32 bytes of data:
Reply from 10.20.20.254: bytes = 32 time<1ms TTL = 127
Reply from 10.20.20.254: bytes = 32 time<1ms TTL = 127
Reply from 10.20.20.254: bytes = 32 time<1ms TTL = 127
Reply from 10.20.20.254: bytes = 32 time<1ms TTL = 127
Ping statistics for 10.20.20.254:
    Packets: Sent = 4, Received = 4, Lost = 0 (0% loss).
Approximate round trip times in milli-seconds:
    Minimum = 1ms, Maximum = 2ms, Average = 1ms
C:\Users\PC2>
```

4.4   排除 VLAN 间路由故障

本节介绍如何在 VLAN 间路由环境下进行故障排查。

4.4.1 常见的 VLAN 间路由问题

到现在为止，我们知道在配置和验证的时候，必须能够进行故障排除。本节将讨论一些与 VLAN 间路由相关的常见网络问题。

VLAN 间的配置无法正常工作的原因有很多。所有这些都与连接问题有关。首先，检查物理层以确定电缆可能连接到错误端口的任何问题。如果连接正确，可使用表 4-4 来了解 VLAN 间连接可能失败的其他常见原因。

表 4-4 常见的 VLAN 间问题

问题类型	如何修复	如何验证
缺失 VLAN	■ 如果 VLAN 不存在则创建（或重新创建）VLAN ■ 确保将主机端口划分到了正确的 VLAN	show vlan [brief] show interfaces switchport ping
交换机中继端口存在问题	■ 确保中继配置正确 ■ 确保端口是中继端口并且已经启用	show interfaces trunk show running-config
交换机接入端口存在问题	■ 给接入端口分配正确的 VLAN ■ 确保端口是一个接入端口并且已经启用 ■ 主机配置了错误的子网	show interfaces switchport show running-config interface ipconfig
路由器配置存在问题	■ 路由器子接口的 IPv4 地址配置错误 ■ 为路由器子接口分配正确的 VLAN ID	show ip interface brief show interfaces

4.4.2 排除 VLAN 间路由故障的场景

接下来，将更详细地介绍一些 VLAN 间路由问题的示例。

图 4-8 中的拓扑可用于所有这些问题。

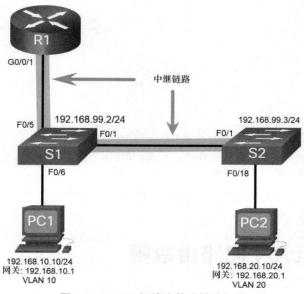

图 4-8 VLAN 间路由故障排除拓扑

R1 的 VLAN 和 IPv4 编址信息如表 4-5 所示。

表 4-5 路由器 R1 的子接口

子接口	VLAN	IP 地址
G0/0/0.10	10	192.168.10.1/24
G0/0/0.20	20	192.168.20.1/24
G0/0/0.30	99	192.168.99.1/24

4.4.3 缺失 VLAN

VLAN 之间的连接问题可能是由于缺失 VLAN 而导致的。如果没有创建 VLAN、VLAN 被意外删除，或者中继链路上没有放行这个 VLAN，都可能导致缺失 VLAN 的问题。

例如，PC1 当前连接到 VLAN 10，如例 4-24 中的 **show vlan brief** 命令的输出所示。

例 4-24 验证 PC1 的 VLAN

```
S1# show vlan brief
VLAN Name                             Status    Ports
---- -------------------------------- --------- -------------------------------
1    default                          active    Fa0/2, Fa0/3, Fa0/4, Fa0/7
                                                Fa0/8, Fa0/9, Fa0/10, Fa0/11
                                                Fa0/12, Fa0/13, Fa0/14, Fa0/15
                                                Fa0/16, Fa0/17, Fa0/18, Fa0/19
                                                Fa0/20, Fa0/21, Fa0/22, Fa0/23
                                                Fa0/24, Gi0/1, Gi0/2
10   LAN10                            active    Fa0/6
20   LAN20                            active
99   Management                       active
1002 fddi-default                     act/unsup
1003 token-ring-default               act/unsup
1004 fddinet-default                  act/unsup
1005 trnet-default                    act/unsup
S1#
```

现在假设 VLAN 10 被意外删除，如例 4-25 所示。

例 4-25 删除 VLAN 10

```
S1(config)# no vlan 10
S1(config)# do show vlan brief
VLAN Name                             Status    Ports
---- -------------------------------- --------- -------------------------------
1    default                          active    Fa0/2, Fa0/3, Fa0/4, Fa0/7
                                                Fa0/8, Fa0/9, Fa0/10, Fa0/11
                                                Fa0/12, Fa0/13, Fa0/14, Fa0/15
                                                Fa0/16, Fa0/17, Fa0/18, Fa0/19
                                                Fa0/20, Fa0/21, Fa0/22, Fa0/23
                                                Fa0/24, Gi0/1, Gi0/2
20   LAN20                            active
99   Management                       active
```

```
1002 fddi-default                          act/unsup
1003 token-ring-default                    act/unsup
1004 fddinet-default                       act/unsup
1005 trnet-default                         act/unsup
S1(config)#
```

从例 4-25 的输出中可以看到，已经没有了 VLAN 10。还可以看到，端口 **F0/6** 还没有被重新分配到默认 VLAN 中。原因是在删除 VLAN 时，分配给这个 VLAN 的所有端口都会进入非活动（inactive）状态。它们还是会与这个 VLAN 保持关联（因此才处于非活动状态），直到管理员手动把它们分配到新的 VLAN 中，或者重建那个缺失的 VLAN。

使用 **show interface** *interface-id* **switchport** 命令可验证 VLAN 的成员身份，如例 4-26 所示。

例 4-26 验证接口的 VLAN 成员身份

```
S1(config)# do show interface fa0/6 switchport
Name: Fa0/6
Switchport: Enabled
Administrative Mode: static access
Operational Mode: static access
Administrative Trunking Encapsulation: dot1q
Operational Trunking Encapsulation: native
Negotiation of Trunking: Off
Access Mode VLAN: 10 (Inactive)
Trunking Native Mode VLAN: 1 (default)
Administrative Native VLAN tagging: enabled
Voice VLAN: none
(Output omitted)
```

在重新创建缺失的 VLAN 之后，这些主机就会自动被重新划分到这个 VLAN 中，如例 4-27 所示。

例 4-27 尝试重新创建并验证 VLAN 10

```
S1(config)# vlan 10
S1(config-vlan)# do show vlan brief
VLAN Name                             Status    Ports
---- -------------------------------- --------- -------------------------------
1    default                          active    Fa0/2, Fa0/3, Fa0/4, Fa0/7
                                                Fa0/8, Fa0/9, Fa0/10, Fa0/11
                                                Fa0/12, Fa0/13, Fa0/14, Fa0/15
                                                Fa0/16, Fa0/17, Fa0/18, Fa0/19
                                                Fa0/20, Fa0/21, Fa0/22, Fa0/23
                                                Fa0/24, Gi0/1, Gi0/2
20   LAN20                            active
99   Management                       active
1002 fddi-default                     act/unsup
1003 token-ring-default               act/unsup
1004 fddinet-default                  act/unsup
1005 trnet-default                    act/unsup
S1(config-vlan)#
```

可以看到，这个 VLAN 还没有被如期创建出来。这是因为您必须从 VLAN 子配置模式中退出来，才能创建这个 VLAN，如例 4-28 所示。

例 4-28 退出 VLAN 配置模式，然后重新创建并验证 VLAN

```
S1(config-vlan)# exit
S1(config)# vlan 10
S1(config)# do show vlan brief
VLAN Name                             Status    Ports
---- -------------------------------- --------- -------------------------------
1    default                          active    Fa0/2, Fa0/3, Fa0/4, Fa0/7
                                                Fa0/8, Fa0/9, Fa0/10, Fa0/11
                                                Fa0/12, Fa0/13, Fa0/14, Fa0/15
                                                Fa0/16, Fa0/17, Fa0/18, Fa0/19
                                                Fa0/20, Fa0/21, Fa0/22, Fa0/23
                                                Fa0/24, Gi0/1, Gi0/2
10   VLAN0010                         active    Fa0/6
20   LAN20                            active
99   Management                       active
1002 fddi-default                     act/unsup
1003 token-ring-default               act/unsup
1004 fddinet-default                  act/unsup
1005 trnet-default                    act/unsup
S1(config)#
```

现在请注意，这个 VLAN 已经包含在列表中，并且主机连接到 VLAN 10 中的 *F0/6*。

4.4.4 交换机中继端口存在问题

VLAN 间路由的另一个问题是交换机端口配置错误。在传统的 VLAN 间路由解决方案中，当连接路由器的那个端口没有被划分到正确的 VLAN 中时，可能就会产生这种问题。

不过，在单臂路由器解决方案中，最常见的问题是中继端口配置错误。

例如，假设 PC1 直到最近还能连接到其他 VLAN 中的主机，但现在不能了。快速查看维护日志，可以发现，刚才有人为了进行日常维护而接入了第 2 层交换机 S1。于是，我们可以怀疑这个问题可能与这台交换机有关。

在 S1 上，使用 **show interfaces trunk** 命令验证连接到 R1（即 F0/5）的端口是否被正确地配置为一条中继链路，如例 4-29 所示。

例 4-29 验证中继链路

```
S1# show interfaces trunk
Port        Mode            Encapsulation  Status         Native vlan
Fa0/1       on              802.1q         trunking       1
Port        Vlans allowed on trunk
Fa0/1       1-4094
Port        Vlans allowed and active in management domain
Fa0/1       1,10,20,99
Port        Vlans in spanning tree forwarding state and not pruned
Fa0/1       1,10,20,99
S1#
```

连接到 R1 的 F0/5 端口从输出中神秘地消失了。使用 **show running-config interface fa0/5** 命令验证这个端口的配置，如例 4-30 所示。

例 4-30 验证端口配置

```
S1# show running-config interface fa0/5
Building configuration...
Current configuration : 96 bytes
!
interface FastEthernet0/5
  description Trunk link to R1
  switchport mode trunk
  shutdown
end
S1#
```

可以看到，这个端口被意外地关闭了。要修正这个问题，需要重新启用这个端口，并且验证中继的状态，如例 4-31 所示。

例 4-31 重新启用并验证端口

```
S1(config)# interface fa0/5
S1(config-if)# no shut
S1(config-if)#
*Mar 1 04:46:44.153: %LINK-3-UPDOWN: Interface FastEthernet0/5, changed state to
  up
S1(config-if)#
*Mar 1 04:46:47.962: %LINEPROTO-5-UPDOWN: Line protocol on Interface
  FastEthernet0/5, changed state to up
S1(config-if)# do show interface trunk
Port         Mode           Encapsulation  Status Native    vlan
Fa0/1        on             802.1q         trunking         1
Fa0/5        on             802.1q         trunking         1
Port         Vlans allowed on trunk
Fa0/1        1-4094
Fa0/5        1-4094
Port         Vlans allowed and active in management domain
Fa0/1        1,10,20,99
Fa0/5        1,10,20,99
Port         Vlans in spanning tree forwarding state and not pruned
Fa0/1        1,10,20,99
Fa0/1        1,10,20,99
S1(config-if)#
```

为了降低因交换机间链路失效而中断 VLAN 间路由的风险，应该在网络设计中考虑冗余链路和备用路径。

4.4.5 交换机接入端口存在问题

如果怀疑交换机接入端口的配置存在问题，可以使用验证命令来查看配置，并且找出问题的原因。

假设 PC1 上配置了正确的 IPv4 地址和默认网关，但无法 **ping** 通自己的默认网关。PC1 本来应该连接到 VLAN 10 中的一个端口。

使用 **show interfaces** *interface-id* **switchport** 命令验证 S1 上的端口配置，如例 4-32 所示。

例 4-32 验证端口配置

```
S1# show interface fa0/6 switchport
Name: Fa0/6
Switchport: Enabled
Administrative Mode: static access
Operational Mode: static access
Administrative Trunking Encapsulation: dot1q
Operational Trunking Encapsulation: native
Negotiation of Trunking: Off
Access Mode VLAN: 1 (default)
Trunking Native Mode VLAN: 1 (default)
Administrative Native VLAN tagging: enabled
Voice VLAN: none
```

F0/6 端口已经被配置为接入端口，如 "static access" 所示。不过，这个端口好像还没有被划分到 VLAN 10 中。验证这个接口的配置，如例 4-33 所示。

例 4-33 验证运行配置中的端口配置

```
S1# show running-config interface fa0/6
Building configuration...
Current configuration : 87 bytes
!
interface FastEthernet0/6
  description PC-A access port
  switchport mode access
end
S1#
```

把端口 F0/6 分配到 VLAN 10 并验证端口的配置，如例 4-34 所示。

例 4-34 将端口分配到 VLAN 并验证配置

```
S1# configure terminal
S1(config)# interface fa0/6
S1(config-if)# switchport access vlan 10
S1(config-if)#
S1(config-if)# do show interface fa0/6 switchport
Name: Fa0/6
Switchport: Enabled
Administrative Mode: static access
Operational Mode: static access
Administrative Trunking Encapsulation: dot1q
Operational Trunking Encapsulation: native
Negotiation of Trunking: Off
Access Mode VLAN: 10 (VLAN0010)
Trunking Native Mode VLAN: 1 (default)
Administrative Native VLAN tagging: enabled
Voice VLAN: none
(Output omitted)
```

PC1 现在能够和其他 VLAN 中的主机进行通信了。

4.4.6 路由器配置存在问题

单臂路由器的问题通常与子接口配置错误有关。例如，IP 地址分配错误，或者把子接口划分到错误的 VLAN 中。

例如，R1 应该为 VLAN 10、20 和 99 中的用户提供 VLAN 间路由。但是，VLAN 10 中的用户无法访问任何其他 VLAN。

您已经验证了交换机的中继链路，而且一切看上去都是正常的。使用 **show ip interface brief** 命令验证子接口的状态，如例 4-35 所示。

例 4-35　验证子接口的状态

```
R1# show ip interface brief
Interface              IP-Address      OK? Method Status                Protocol
GigabitEthernet0/0/0   unassigned      YES unset  administratively down down
GigabitEthernet0/0/1   unassigned      YES unset  up                    up
Gi0/0/1.10             192.168.10.1    YES manual up                    up
Gi0/0/1.20             192.168.20.1    YES manual up                    up
Gi0/0/1.99             192.168.99.1    YES manual up                    up
Serial0/1/0            unassigned      YES unset  administratively down down
Serial0/1/1            unassigned      YES unset  administratively down down
R1#
```

这些子接口已经分配了正确的 IPv4 地址，而且都在正常运行。

下面验证每个子接口处于哪个 VLAN 中。为此，需要使用 **show interfaces** 命令，不过该命令会产生大量无用的输出信息。可以使用 IOS 命令的筛选器来减少命令输出，如例 4-36 所示。

例 4-36　验证每个子接口上配置的 VLAN

```
R1# show interfaces | include Gig|802.1Q
GigabitEthernet0/0/0 is administratively down, line protocol is down
GigabitEthernet0/0/1 is up, line protocol is up
  Encapsulation 802.1Q Virtual LAN, Vlan ID 1., loopback not set
GigabitEthernet0/0/1.10 is up, line protocol is up
  Encapsulation 802.1Q Virtual LAN, Vlan ID 100.
GigabitEthernet0/0/1.20 is up, line protocol is up
  Encapsulation 802.1Q Virtual LAN, Vlan ID 20.
GigabitEthernet0/0/1.99 is up, line protocol is up
  Encapsulation 802.1Q Virtual LAN, Vlan ID 99.
R1#
```

管道符（|）和一些关键字有助于筛选命令的输出信息。在这个示例中，关键字 **include** 的作用是让输出信息仅显示包含字母 Gig 或 802.1Q 的命令行。考虑到命令 **show interface** 输出信息的方式，使用这些筛选器可以生成接口及其分配的 VLAN 的精简列表。

可以看到，G0/0/1.10 接口被错误地划分到 VLAN 100 中，而不是划分给 VLAN 10。通过查看 R1 G0/0/1.10 子接口的配置可以证实这种情况，如例 4-37 所示。

例 4-37　验证运行配置中子接口的配置

```
R1# show running-config interface g0/0/1.10
Building configuration...

Current configuration : 146 bytes
!
```

```
interface GigabitEthernet0/0/1.10
  description Default Gateway for VLAN 10
  encapsulation dot1Q 100
  ip address 192.168.10.1 255.255.255.0
end
R1#
```

为了解决该问题,需要使用子接口配置模式命令 **encapsulation dot1q 10**,把子接口 G0/0/0.10 配置到正确的 VLAN 中,如例 4-38 所示。

例 4-38   改正并验证子接口的配置

```
R1# conf t
Enter configuration commands, one per line. End with CNTL/Z.
R1(config)# interface gigabitEthernet 0/0/1.10
R1(config-subif)# encapsulation dot1Q 10
R1(config-subif)# end
R1#
R1# show interfaces | include Gig|802.1Q
GigabitEthernet0/0/0 is administratively down, line protocol is down
GigabitEthernet0/0/1 is up, line protocol is up
  Encapsulation 802.1Q Virtual LAN, Vlan ID 1., loopback not set
GigabitEthernet0/0/1.10 is up, line protocol is up
  Encapsulation 802.1Q Virtual LAN, Vlan ID 10.
GigabitEthernet0/0/1.20 is up, line protocol is up
  Encapsulation 802.1Q Virtual LAN, Vlan ID 20.
GigabitEthernet0/0/1.99 is up, line protocol is up
R1#
```

当把子接口分配到正确的 VLAN 后,该 VLAN 上的设备便可访问该接口,而且路由器可以执行 VLAN 间路由。

通过验证,路由器配置问题可以迅速得到解决,VLAN 间的路由也能正常运行。

4.5   总结

VLAN 间路由操作

一个 VLAN 中的主机都无法与另一个 VLAN 中的主机通信,除非有路由器或第 3 层交换机来提供路由服务。VLAN 间路由是一个把网络流量从一个 VLAN 转发到另一个 VLAN 的过程。VLAN 间路由有 3 个选项。这 3 个选项包括传统的 VLAN 间路由、单臂路由器和使用 SVI 的第 3 层交换机。传统的 VLAN 间路由使用一台配备了多个以太网接口的路由器。每一个路由器接口都连接到了不同 VLAN 中的交换机端口。如果每个 VLAN 都需要占用一个物理的路由器接口,那么路由器上物理接口很快就会被耗尽。单臂路由器 VLAN 间路由方案只需要用一个物理以太网接口,就可以在网络中的多个 VLAN 之间路由流量。思科 IOS 路由器的以太网接口被配置为一个 802.1Q 中继,并连接到第 2 层交换机上的一个中继端口。路由器接口使用子接口进行了配置,以识别可路由的 VLAN。配置的子接口是基于软件的虚拟接口,每个子接口都要与一个物理以太网接口进行关联。现代的方法是使用第 3 层交换机和交换虚拟接口 SVI 进行 VLAN 间路由。SVI 是给交换机上存在的一个 VLAN 创建的。SVI

可以为 VLAN 执行与路由器接口相同的功能。它可以为往返于这个 VLAN 中所有交换机端口的数据包提供第 3 层处理功能。

单臂路由器 VLAN 间路由

要在交换机上配置 VLAN 和中继，可执行如下步骤：创建并命名 VLAN；创建管理接口；配置接入端口；配置中继端口。单臂路由器方法要求为每个需要路由流量的 VLAN 都创建一个子接口子接口是使用全局配置模式命令 **interface** *interface_id.subinterface_id* 创建的。每个路由器子接口必须在唯一的子网上分配一个 IP 地址，以便进行路由。在创建好所有子接口后，使用接口配置命令 **no shutdown** 启用这个物理接口。在一台主机上使用命令 **ping** 命令来验证与另一个 VLAN 中的主机的连接。使用 ping 命令可验证主机和交换机的连接。要验证并进行故障排除，可使用 **show ip route**、**show ip interface brief**、**show interfaces** 和 **show interfaces trunk** 命令。

使用第 3 层交换机的 VLAN 间路由

企业园区 LAN 会使用第 3 层交换机来提供 VLAN 间路由。第 3 层交换机使用基于硬件的交换来实现高于路由器的数据包处理速率。第 3 层交换机包括以下功能：使用多个 SVI 把流量从一个 VLAN 路由到另一个 VLAN；把第 2 层交换机端口转换为第 3 层接口（即路由端口）。要提供 VLAN 间路由，第 3 层交换机需要使用 SVI。在配置 SVI 时，需要使用在第 2 层交换机上创建管理 SVI 时使用的 **interface vlan** *vlan-id* 命令进行配置。必须给每个可路由的 VLAN 创建一个第 3 层 SVI。要使用 VLAN 和中继配置交换机，可执行如下步骤：创建 VLAN；创建 SVI VLAN 接口；配置接入端口；启用 IP 路由。在一台主机上使用命令 **ping** 命令验证与另一个 VLAN 中的主机的连接。接下来，使用 Windows 主机命令 **ping** 来验证与主机的连接。VLAN 必须使用静态或动态路由进行通告。要在第 3 层交换机上启用路由，必须配置一个路由端口。要在第 3 层交换机上创建路由端口，需要禁用连接第 3 层设备的那个第 2 层端口的交换机端口特性。接口可以使用 IPv4 进行配置，以将其连接到一台路由器或者另一台第 3 层交换机。要配置一台第 3 层交换机，使其与路由器进行路由，可执行如下步骤：配置路由端口；启用路由；配置路由；验证路由和验证连接。

排除 VLAN 间路由故障

VLAN 间的配置无法正常工作的原因有很多。所有这些都与连接问题有关。与连接问题有关的有缺失 VLAN、交换机中继端口存在问题、交换机接入端口存在问题、路由器配置存在问题。如果没有创建 VLAN、VLAN 被意外删除，或者中继链路上没有放行这个 VLAN，都可能导致缺失 VLAN 的问题。VLAN 间路由的另一个问题是交换机端口配置错误。在传统的 VLAN 间路由解决方案中，当连接路由器的那个端口没有被划分到正确的 VLAN 中时，可能就会产生这种问题。在单臂路由器解决方案中，最常见的问题是中继端口配置错误。如果怀疑交换机接入端口配置存在问题，可以使用 **ping** 和 **show interfaces** *interface-id* **switchport** 命令找出问题的原因。单臂路由器的问题通常与子接口配置错误有关。使用 **show ip interface brief** 命令可验证子接口的状态。

复习题

完成这里列出的所有复习题，可以测试您对本章内容的理解。附录列出了答案。

1. 路由器有两个 FastEthernet 接口，需要连接到本地网络中的 4 个 VLAN。如何在不降低网络性能的情况下，使用最少的物理接口来实现这一点？

A. 添加第二台路由器来处理 VLAN 间的流量

B. 实施单臂路由器配置

C. 通过两个额外的 FastEthernet 接口连接 VLAN

D. 使用集线器将 4 个 VLAN 与路由器上的一个 FastEthernet 接口连接起来

2. 传统的 VLAN 间路由与单臂路由器的区别是什么?

A. 传统的路由只能使用一个单一的交换接口，而单臂路由器可以使用多个交换机接口

B. 传统的路由需要一个路由协议，而单臂路由器只需要路由直连的网络

C. 传统的路由需要为每个逻辑网络使用一个端口，而单臂路由器使用子接口将多个逻辑网络连接到一个路由器端口

D. 传统的路由使用到路由器的多条路径，因此需要用到 STP 协议，而单臂路由器不提供多个连接，因此不需要 STP 协议

3. R1 上的子接口 G0/1.10 必须配置为 VLAN 10 192.168.10.0/24 的默认网关。在子接口上配置哪条命令能为 VLAN 10 启用 VLAN 间路由?

A. **encapsulation dot1q 10**   B. **encapsulation vlan 10**

C. **switchport mode access**   D. **switchport mode trunk**

4. 在实施 VLAN 间路由期间配置路由器的子接口时，需要考虑什么?

A. 每个子接口的 IP 地址必须是每个 VLAN 子网的默认网关

B. 在每个子接口上必须执行 **no shutdown** 命令

C. 物理接口必须配置一个 IP 地址

D. 子接口号必须与 VLAN ID 号匹配

5. 为了使用单臂路由器来启用 VLAN 间路由，必须完成哪些步骤?

A. 配置路由器的物理接口并启用路由协议

B. 在路由器上创建 VLAN，并在交换机上定义端口成员分配

C. 在交换机上创建 VLAN，以包含端口成员分配，并在路由器上启用路由协议

D. 在交换机上创建 VLAN，以包含端口成员分配，并在匹配 VLAN 的路由器上配置子接口

6. 关于 VLAN 间路由子接口的使用，下面哪两项是正确的?（选择两项）

A. 与传统的 VLAN 间路由相比，需要更少的路由器以太网端口

B. 与传统的 VLAN 间路由相比，没有那么复杂的物理连接

C. 与传统的 VLAN 间路由相比，需要更多的交换机端口

D. 与传统的 VLAN 间路由相比，第 3 层故障排除更简单

E. 子接口不会争用带宽

7. R1 上的哪个单臂路由器命令和提示符会正确地封装 VLAN 20 的 802.1Q 流量?

A. R1(config-if)# **encapsulation 802.1q 20**

B. R1(config-if)# **encapsulation dot1q 20**

C. R1(config-subif)# **encapsulation 802.1q 20**

D. R1(config-subif)# **encapsulation dot1q 20**

8. 在大型网络中使用单臂路由器 VLAN 间路由的两个缺点是什么?（选择两项）

A. 需要一台专用的路由器   B. 不能很好地扩展

C. 一台路由器上需要有多个物理接口   D. 需要在相同的子网上配置子接口

E. 需要多个 SVI

9. 第 3 层交换机的路由端口的特征是什么?（选择两项）

A. 需要 **switchport mode access interface** 配置命令

B. 需要 **no switchport interface** 配置命令

C. 需要 **switchport access vlan** *vlan-id* 接口配置命令

D. 支持中继

10. 使用带有 SVI 的第 3 层交换机进行 VLAN 间路由时，有哪两个优点? (选择两项)

A. 不需要路由器

B. 它交换数据包的速度比使用单臂路由器的方法快

C. SVI 可以捆绑到以太通道中

D. SVI 可以通过子接口进行划分

E. SVI 消除了主机中对默认网关的需求

第 5 章

STP 的概念

学习目标

通过完成本章的学习，您将能够回答下列问题：

- 冗余第 2 层交换网络中的常见问题是什么；
- STP 如何在简单交换网络中运行；
- 快速 PVST + 如何运行。

一个经过精心设计的第 2 层网络应该拥有冗余的交换机和路径，以确保当一台交换机出现故障时，还有通向另一台交换机的路径可以用来转发数据。网络用户不会经历服务中断。尽管分层网络设计的冗余可以解决单点故障的问题，但它可能会产生另一种问题，这种问题称为第 2 层环路。

什么是环路？想象一下，你参加了一场音乐会。由于种种原因，歌手的麦克风和扬声器可以创建出一个反馈环路。你听到的是来自麦克风的放大信号，该信号从扬声器中传输出，然后被麦克风再次拾取并进一步放大，然后再通过扬声器传出来。这个声音很快就会变得非常响，让人感到很不舒服，人们其实也不可能听到任何真正的音乐。这个循环会不断往复，直到麦克风和扬声器之间的连接断开为止。

第 2 层环路也会在网络中造成类似的混乱。它可以迅速发生，让网络瘫痪。有几种常见的方法可以创建和传播第 2 层环路。生成树协议（STP）是专为消除网络中的第 2 层环路而设计的。本节会讨论环路产生的原因，以及各种类型的生成树协议。

5.1 STP 的用途

本节将介绍如何使用冗余链路构建简单的交换网络。

5.1.1 第 2 层交换网络中的冗余

本节会介绍第 2 层网络环路的产生原因，并简要介绍生成树协议的工作原理。冗余是分层设计的重要组成部分，用于消除单点故障，并防止对用户的网络服务中断。冗余网络要求添加物理路径，但逻辑冗余也必须是设计的一部分。为数据在网络中传输提供备用的物理路径，能够让用户在路径中断时继续访问网络资源。但是，交换以太网络中的冗余路径可能会导致物理和逻辑的第 2 层环路。

以太网 LAN 要求拓扑是无环的，即在任意两个设备之间只有一条路径。以太网 LAN 中的环路可以让以太网帧持续不断地传播，直到某一条链路中断，环路才会断开。

5.1.2 生成树协议

生成树协议（Spanning Tree Protocol，STP）是一种防止环路的网络协议，它可以允许网络中存在冗余，同时创建出无环的第 2 层拓扑。IEEE 802.1D（即 STP）是 STP 的原始 IEEE MAC 桥接标准。

STP 通过故意阻塞可能导致环路的冗余路径，确保网络上所有目的地之间只有一条逻辑路径。当用户数据被阻止进入或离开某个端口时，则认为该端口已被阻塞。物理路径仍然存在以提供冗余，但是这些路径被禁用以防止发生环路。

以下的步骤说明了支持 STP 的收敛 LAN 是如何工作的。

步骤 1. 图 5-1 所示为所有交换机启用 STP 时的正常 STP 操作。

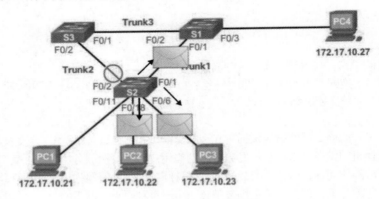

图 5-1　正常 STP 操作

图 5-2 所示为发生故障时 STP 如何重新计算路径。

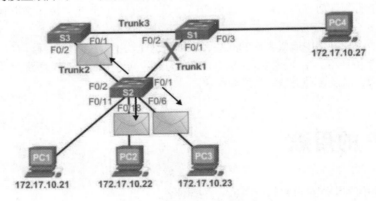

图 5-2　STP 补偿网络故障

步骤 2. S2 配置了 STP，并将 Trunk2 的端口设置为阻塞状态。阻塞状态防止端口被用于转发用户数据，从而防止发生环路。S2 将广播帧从所有的交换机端口转发出去（除了来自 PC1 的始发端口和用于 Trunk2 的 F0/2 端口）。

步骤 3. S1 从 S2 接收广播帧，并从所有交换机端口转发出去（接收端口除外），将广播帧送达 PC4 和 S3。S3 将帧转发到 Trunk2 的端口，S2 将帧丢弃。第 2 层环路得以防止。

5.1.3 STP 重新计算

当链路失败时会发生什么?如果需要该路径来补偿网络电缆或交换机故障,STP 将解除必要端口的阻塞，以允许冗余路径变为活动路径。

以下步骤说明了支持 STP 的 LAN 如何提供冗余并让流量保持流动。

步骤 1. PC1 向网络发送广播。

步骤 2. 广播随后在网络上转发。

步骤 3. 如图 5-2 所示，S2 和 S1 之间的中继链路出现故障，导致之前的路径中断。

步骤 4. S2 为 Trunk2 解除之前被阻塞的端口，并允许广播流量穿过网络的备用路径，从而允许通信继续。如果链路恢复，STP 将重新收敛，S2 上的端口将再次被阻塞。

5.1.4　冗余交换机链路的问题

路径冗余通过消除可能的单点故障提供了多种网络服务。当以太网络中两台交换机之间存在多条路径，并且这两台交换机上没有实施生成树时，就会出现第 2 层环路。第 2 层环路可能会导致 MAC 地址表不稳定、链路饱和以及交换机和终端设备上的 CPU 利用率过高，从而导致网络不可用。

第 2 层以太网不包含识别并消除帧无限循环的机制，这一点和第 3 层协议（如 IPv4 和 IPv6 协议）不同。IPv4 和 IPv6 都提供了一种机制，来限制第 3 层网络设备重新传输数据包的次数。路由器会减少每个 IPv4 数据包中的生存时间（TTL）值，也会减小每个 IPv6 数据包中的跳数限制（Hop Limit）字段值。当这些字段值递减到 0 时，路由器就会丢弃数据包。以太网和以太网交换机则没有类似的机制来限制交换机重新传输第 2 层帧的次数。STP 是专门为第 2 层以太网开发的环路预防机制。

5.1.5　第 2 层环路

如果没有启用 STP，就有可能形成第 2 层环路，导致广播、组播和未知的单播帧在网络中无限地循环。这可以在很短的时间内（有时仅几秒钟内）让网络陷入瘫痪。比如，广播帧（如 ARP 请求）会通过所有交换机端口转发出去（除了入向端口）。这就确保了广播域中的所有设备都能收到该帧。如果可转发该帧的路径不止一条，就可能会导致无限循环。在出现环路时，交换机的 MAC 地址表可能会随着广播帧中的更新而不断变化，从而导致 MAC 数据库不稳定。这可能会导致交换机的 CPU 利用率过高，让交换机无法转发帧。

广播帧不是唯一受环路影响的帧类型。发送到有环路的网络中的未知单播帧可能会导致目的设备收到重复的帧。未知单播帧是指交换机的 MAC 地址表中没有目的 MAC 地址而必须从所有端口（入向端口除外）转发出去的帧。

以下事件序列说明了 MAC 数据库不稳定的问题。

1. PC1 向 S2 发送广播帧。S2 在 F0/11 上接收广播帧。当 S2 接收到广播帧时，它更新其 MAC 地址表以记录 PC1 在端口 F0/11 上是可用的。

2. 因为是广播帧，所以 S2 将帧转发到所有端口，包括 Trunk1 和 Trunk2。当广播帧到达 S3 和 S1 时，交换机更新其 MAC 地址表以指示 PC1 在 S1 上的端口 F0/1 和 S3 上的端口 F0/2 是可用的。

3. 因为是广播帧，S3 和 S1 将帧从所有端口转发出去（入向端口除外）。S3 将广播帧从 PC1 发送到 S1。S1 将广播帧从 PC1 发送到 S3。每个交换机都用不正确的 PC1 端口更新其 MAC 地址表。

4. 每个交换机将广播帧从所有端口转发出去（入向端口除外），这导致两台交换机将帧转发到 S2。

5. 当 S2 从 S3 和 S1 接收广播帧时，MAC 地址表用从这两台交换机接收的最后一个条目进行更新。

6. S2 将广播帧从所有端口转发出去（最后一个接收端口除外）。循环又开始了。

图 5-3 所示为事件序列 6 期间的快照。注意，S2 现在认为 PC1 可以通过 F0/1 接口访问。

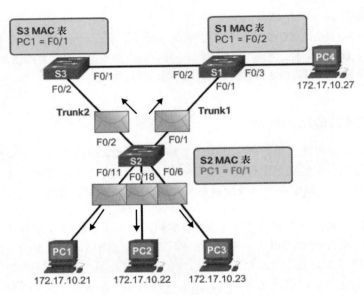

图 5-3　MAC 数据库不稳定的示例

5.1.6　广播风暴

广播风暴是指在一段特定的时间范围内，大量的广播覆盖了整个网络。广播风暴可以在几秒钟的时间内让交换机和终端设备不堪重负而导致网络失效。广播风暴可能是由硬件问题（例如网卡故障或网络中的第 2 层环路）引起的。

第 2 层广播（如 ARP 请求）在网络中是非常常见的。第 2 层环路有可能会让网络迅速失效。第 2 层组播的转发方式通常与交换机处理广播的方式相同。因此，尽管 IPv6 数据包永远不会作为第 2 层广播进行转发，但 ICMPv6 邻居发现会使用第 2 层组播。

以下事件序列说明了广播风暴的问题。

1. PC1 向有环路的网络发送广播帧。
2. 广播帧在网络上所有互连的交换机之间循环。
3. PC4 也向有环路的网络发送广播帧。
4. 与 PC1 广播帧一样，PC4 广播帧也在所有互连的交换机之间进行循环。
5. 随着越来越多的设备通过网络发送广播，更多的流量在交换机之间进行循环并消耗资源。这最终会造成广播风暴，导致网络故障。
6. 当网络被交换机之间循环的广播流量完全占据时，新的流量将被交换机丢弃，因为交换机无法对其处理。图 5-4 所示为由此产生的广播风暴。

身陷第 2 层环路的主机无法被网络中的其他主机进行访问。此外，由于自己的 MAC 地址表不断变化，交换机也不知道应该通过哪个端口转发单播帧。

为了避免冗余网络中出现这些问题，必须在交换机上启用某种生成树。默认情况下，思科交换机已启用了生成树来防止第 2 层环路。

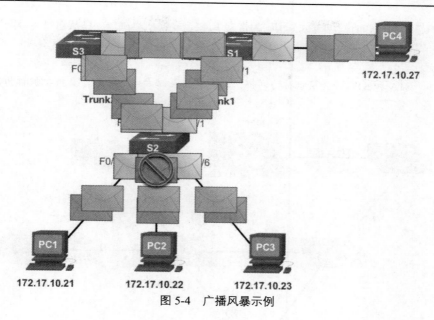

图 5-4　广播风暴示例

5.1.7　生成树算法

STP 基于 Radia Perlman 在为数字设备公司工作时发明的一种算法，该算法发表在 1985 年的论文 *An Algorithm for Distributed Computation of a Spanning Tree in an Extended LAN* 中。该生成树算法（Spanning Tree Algorithm，STA）可以选择一个根网桥，让其他交换机确定一条去往根网桥的最低开销的路径，从而创建出无环的拓扑。

如果没有防止环路的协议，就会发生环路，从而使冗余交换机网络无法运行。

图 5-5～图 5-9 所示为 STA 如何创建无环拓扑。

该 STA 场景使用以太网 LAN，在多个交换机之间具有冗余连接，如图 5-5 所示。

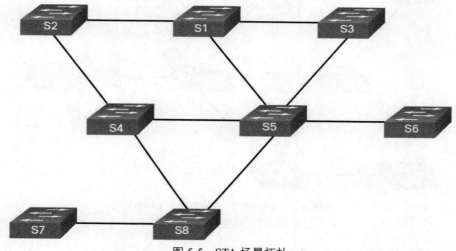

图 5-5　STA 场景拓扑

生成树算法首先选择单个根网桥。在图 5-6 中可以看到，已选择交换机 S1 作为根网桥。在该拓扑结构中，所有链路的开销时候相等的（相同的带宽）。每台交换机将确定一条从自身到根网桥的开销最低的路径。

注　意　　STA 和 STP 将交换机称为网桥。这是因为在以太网的早期，交换机被称为网桥。

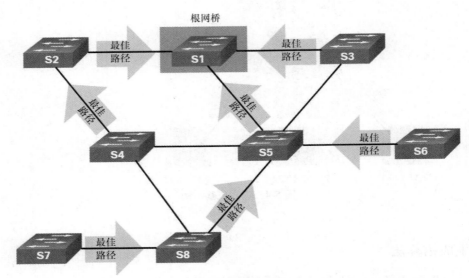

图 5-6　选择根网桥

STP 通过故意阻塞可能导致环路的冗余路径，确保网络上所有目的地之间只有一条逻辑路径，如图 5-7 所示。当端口被阻塞时，将阻止用户数据进入或离开该端口。阻塞冗余路径对于防止网络上的环路至关重要。

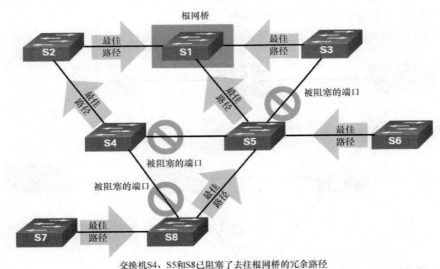

交换机S4、S5和S8已阻塞了去往根网桥的冗余路径

图 5-7　阻塞冗余路径

阻塞端口的作用是使该链路成为两台交换机之间的非转发链路，如图 5-8 所示。请注意，这将创建一个拓扑，其中每台交换机只有一条到根网桥的路径，类似于树上连接到树根的分支。

物理路径仍然存在以提供冗余，但是这些路径已被禁用，以防止发生环路。如果需要该路径来补偿网络电缆或交换机故障，STP 将重新计算路径并解除必要的阻塞端口以允许冗余路径变为活动路径。只要向网络中添加新的交换机或新的交换机间链路，STP 就会重新计算。

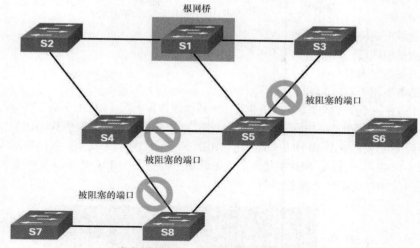

图 5-8　无环路拓扑

图 5-9 所示为交换机 S2 和 S4 之间的链路故障导致 STP 重新计算。请注意，S4 和 S5 之间先前的冗余链路现在正在转发，以补偿该故障。在每台交换机和根网桥之间仍然只有一条路径。

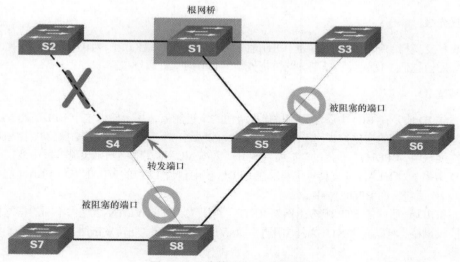

图 5-9　链路故障导致重新计算

STP 通过使用策略性放置的"阻塞状态"端口在网络中配置无环路路径，以防止环路的发生。运行 STP 的交换机能够通过动态地解除先前阻塞的端口并允许流量通过备用路径传输来补偿故障。

5.2　STP 的工作方式

本节的重点是学习如何使用 STP 构建一个简单的交换网络。

5.2.1 创建无环拓扑的步骤

现在您已经知道了环路是如何产生的，还具备了使用生成树协议来防止环路的基础知识。本节会逐步介绍 STP 的操作。STP 使用 STA 在 4 个步骤中构建出无环的拓扑。

步骤 1. 选举根网桥。

步骤 2. 选举根端口。

步骤 3. 选举指定端口。

步骤 4. 选举备用（阻塞）端口。

在 STA 和 STP 的工作过程中，交换机会使用网桥协议数据单元（BPDU）来分享与自身和自身连接有关的信息。BPDU 用于选举根网桥、根端口、指定端口和备用端口。每个 BPDU 都包含一个网桥 ID（BID），用于标识发送这个 BPDU 的交换机。BID 参与了许多 STA 决策，包括根网桥和端口角色的判断。在图 5-10 中可以看到，BID 中包含了优先级值、交换机的 MAC 地址以及扩展系统 ID。最低的 BID 值由这 3 个字段的组合来确定。

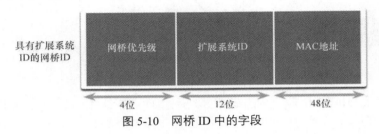

图 5-10　网桥 ID 中的字段

网桥优先级

所有思科交换机的默认优先级值为十进制值 32768。网桥优先级的范围为 0～61440（增量为 4096）。网桥优先级的值越低，优先级别越高。网桥优先级值为 0 时优先级别最高。

扩展系统 ID

扩展系统 ID 值是在 BID 中添加到网桥优先级值的十进制值，用于标识这个 BPDU 的 VLAN。IEEE 802.1D 早期的实施方式用于不使用 VLAN 的网络。所有交换机构成一棵公共生成树。因此，在较老的交换机中，BPDU 中不会包含扩展系统 ID。随着 VLAN 在网络基础设施分段中变得越来越普遍，802.1D 增强了对 VLAN 的支持，这要求在 BPDU 帧中包含 12 位的 VLAN ID。VLAN 信息通过使用扩展系统 ID 而包含在 BPDU 帧中。

扩展系统 ID 让后续的 STP 版本（例如 RSTP）可以为不同的 VLAN 组提供不同的根网桥。通过使用不同的根网桥，可以允许 STP 拓扑中用于一组 VLAN 的冗余、非转发链路，成为另外一组 VLAN 的转发链路。

MAC 地址

当两台交换机配置有相同的优先级和相同的扩展系统 ID 时，具有最小 MAC 地址值（以十六进制表示）的交换机具有较小的 BID。

5.2.2　选举根网桥

STA 会将一台交换机指定为根网桥，然后将其用作所有路径计算的参考点。交换机交换 BPDU 来构建无环拓扑的过程是从选择根网桥开始的。

选举过程确定了哪台交换机将成为根网桥。广播域中的所有交换机都会参与选举过程。当交换机启动时，它会每 2s 发送一次 BPDU 帧。这些 BPDU 帧中包含了发送方交换机的 BID 和根网桥的 BID，后者称为根 ID。

具有最低 BID 的交换机将成为根网桥。一开始，所有交换机都会宣称自己就是根网桥，同时把自己的 BID 设置为根 ID。最终，这些交换机通过交换 BPDU 来了解哪台交换机具有最低的 BID，并且由此选择出根网桥。

在图 5-11 中，S1 被选举为根网桥，因为它的 BID 最低。

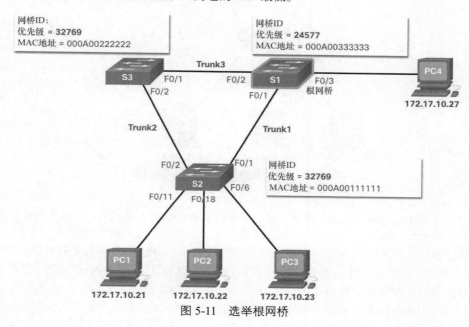

图 5-11　选举根网桥

5.2.3　默认 BID 的影响

由于默认的 BID 为 32768，因此两台或多台交换机可能会拥有相同的优先级。在优先级相同的这个场景中，拥有最低 MAC 地址的交换机会成为根网桥。为确保根网桥决策最大限度地满足网络要求，建议管理员为所需的根网桥交换机配置较低的优先级。

在图 5-12 中，所有交换机都配置了相同的优先级 32769。在这种情况下，MAC 地址会成为确定哪台交换机能成为根网桥的决定因素。拥有最低十六进制 MAC 地址值的交换机会被选为根网桥。在这个示例中，S2 的 MAC 地址值最低，因此它会选举为这个生成树实例的根网桥。

> **注　意**　在这个示例中，所有交换机的优先级都是 32769。这个值是用默认的网桥优先级 32768 加上与每台交换机相关的扩展系统 ID 得到的（32768 + 1）。

5.2.4　确定根路径开销

为生成树实例选举了根网桥后，STA 开始确定广播域中从所有目的地到达根网桥的最佳路径。这个路径信息（称为内部根路径开销）是由从交换机到根网桥的路径上沿途每个端口的开销总和确定的。

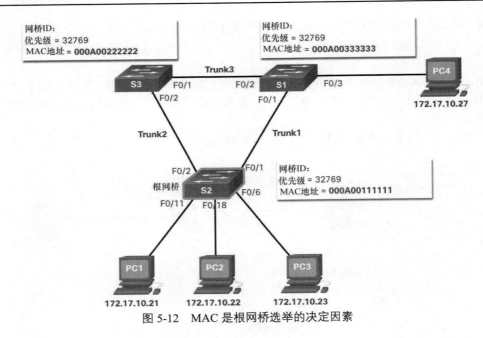

图 5-12 MAC 是根网桥选举的决定因素

> **注 意** BPDU 包含了根路径开销。这是从发送该 BPDU 的交换机到达根网桥的路径开销。

当交换机收到 BPDU 时，它会添加网段的入向端口开销，以确定其内部根路径开销。

默认的端口开销由端口的工作速率决定。表 5-1 所示为 IEEE 建议的默认端口开销。思科交换机默认使用 IEEE 802.1D 标准为 STP 和 RSTP（即 IEEE 802.1w）定义的值，也称为短路径开销。不过，IEEE 标准建议在使用 10Gbit/s 及更高速率的链路时，使用 IEEE-802.1w 中定义的值（也称为长路径开销）。

> **注 意** 后文会对 RSTP 进行更加深入的探讨。

表 5-1 默认的端口开销

链路速率	STP 开销：IEEE 802.1D-1998	RSTP 开销：IEEE 802.1w-2004
10Gbit/s	2	2000
1Gbit/s	4	20000
100Mbit/s	19	200000
10Mbit/s	100	2000000

尽管交换机端口有与之相关的默认端口开销，但端口开销是可以配置的。通过单独配置各个端口开销，管理员便能灵活地手动控制去往根网桥的生成树路径。

5.2.5 选举根端口

确定根网桥后，STA 算法就会选择根端口。每台非根交换机都会选择一个根端口。根端口指的是从去往根网桥的总开销（最佳路径）来看，距离根网桥最近的端口。这个总开销称为内部根路径开销。内部根路径开销是到根网桥的路径上所有端口开销的总和，如图 5-13 所示。开销最低的路径会成为首选路径，所有其他冗余路径都会被阻塞。在示例中，路径 1 上 S2 到根网桥 S1 的内部根路径开销是 19（基于 IEEE 指定的单个端口开销），而路径 2 上的内部根路径开销是 38。由于路径 1 到根网桥的总路径开销更低，因此它是首选路径，而 F0/1 则成为 S2 上的根端口。

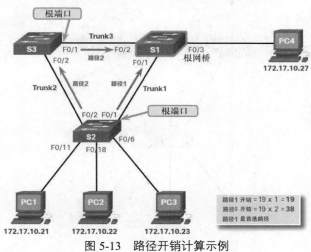

图 5-13　路径开销计算示例

5.2.6　选举指定端口

在接下来的两个步骤中，生成树的环路预防功能变得很明显。在每台交换机选择了一个根端口后，接下来交换机会选择指定端口。

两台交换机之间的每个网段都会有一个指定端口。指定端口是这个（由两台交换机组成的）网段上的端口，它拥有去往根网桥的内部根路径开销。换句话说，指定端口具有接收通向根网桥的流量的最佳路径。

不是根端口或指定端口的端口就会成为备用端口或阻塞端口。最终结果是，从每台交换机到根网桥都只有一条路径。

根网桥上的所有端口都是指定端口，如图 5-14 所示。这是因为根网桥与自己之间的开销最低。

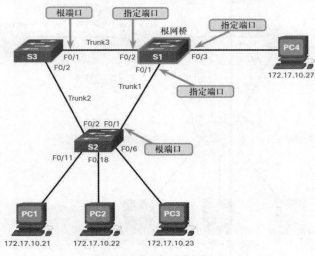

根网桥上的所有端口都是指定端口

图 5-14　根网桥上的指定端口

　　如果网段的一端是根端口，则另一端是指定端口。为了解释这一点，图 5-15 中显示了交换机 S4 连接到 S3。S4 上的 F0/1 接口是其根端口，因为它拥有去往根网桥的最佳且是唯一的路径。因此，这个网段另一端 S3 上的 F0/3 接口就会成为指定端口。

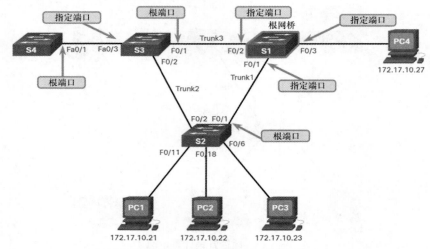

S4上的F0/1接口是指定端口，因为S3的F0/3接口是根端口

图 5-15　有根端口时的指定端口

注　意　所有连接终端设备（主机）的交换机端口均为指定端口。

　　这样一来，将会在这两台都不是根网桥的交换机之间留下一个网段。在这种情况下，去往根网桥开销路径最低的交换机上的端口，就是这个网段的指定端口。例如，在图 5-16 中，最后一个网段是 S2 和 S3 之间的网段。S2 和 S3 去往根网桥的路径开销相同。这时生成树算法会使用网桥 ID 作为判断依据。虽然图中没有显示，但 S2 的 BID 比较低。因此，S2 的 F0/2 端口会被选为指定端口。指定端口会处于转发状态。

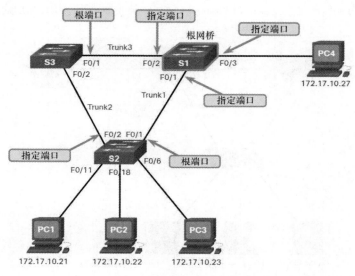

S2上的F0/2接口是S2与S3之间网段的指定端口

图 5-16　使用网桥 ID 选择的指定端口

5.2.7 选择备用（阻塞）端口

如果端口不是根端口或指定端口，那么它就会成为备用（或备份）端口。备用端口和备份端口处于丢弃或阻塞模式，以防形成环路。在图 5-17 中，STA 将 S3 上的端口 F0/2 配置成备用端口。S3 上的端口 F0/2 处于阻塞状态，不会转发以太网帧。所有其他交换机间的端口都处于转发状态。这是 STP 防止环路机制的一部分。

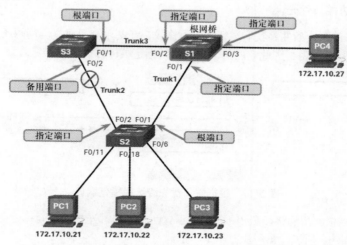

S3上的F0/2接口不是根端口或指定端口，因此成为备用或阻塞端口

图 5-17 选举备用端口

5.2.8 从多个等开销路径中选举出一个根端口

根端口和指定端口是基于去往根网桥的最低路径开销选择的。但是，如果交换机有多条去往根网桥的等开销路径，那会发生什么情况？交换机会如何确定根端口呢？

当交换机有多条去往根网桥的等开销路径时，交换机会使用以下条件来确定根端口。

1. 最低的发送方 BID。
2. 最低的发送方端口的优先级。
3. 最低的发送方端口 ID。

1. 最低的发送方 BID

图 5-18 所示为一个具有 4 台交换机的拓扑，其中包括根网桥 S1。

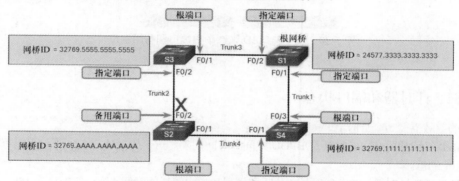

图 5-18 由 4 台交换机组成的多条等开销路径拓扑

通过检查端口的角色可以发现，交换机 S3 上的端口 F0/1 和交换机 S4 上的端口 F0/3 已被选举为根端口，这是因为它们各自的交换机到根网桥的开销路径最低（根路径开销）。S2 有两个端口，分别是 F0/1 和 F0/2，它们到根网桥的路径开销是相等的。在这种情况下，将使用相邻交换机（S3 和 S4）的网桥 ID 来做出选择。这被称为发送方的 BID。S3 的 BID 是 32769.5555.5555.5555，而 S4 的 BID 是 32769.1111.1111.1111。因为 S4 的 BID 比较低，所以 S2 的 F0/1 端口（即连接到 S4 的端口）会成为根端口。

2. 最低的发送方端口优先级

为了演示接下来的两个条件，我们对拓扑进行修改，在两台交换机之间用两条等开销路径相连，如图 5-19 所示。S1 是根网桥，因此它的两个端口都是指定端口。

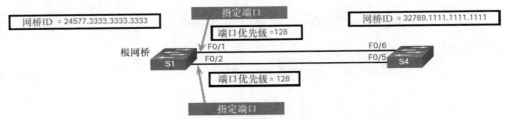

图 5-19　根据端口优先级选择指定端口

S4 有两个端口到根网桥的路径开销相等。由于这两个端口都连接到了同一台交换机，因此发送方的 BID（S1）是相等的。所以，第一步打了个平手。

下一步是比较发送方（S1）的端口优先级。默认的端口优先级为 128，因此 S1 上的两个端口拥有相同的端口优先级。这次又打了个平手。但是，如果 S1 上的任意一个端口配置了一个比较低的端口优先级，那么 S4 将使与该端口相连的端口处于转发状态，而 S4 上的另一个端口进入阻塞状态。

3. 最低的发送方端口 ID

最后一项评判标准是最低的发送方端口 ID。交换机 S4 已经从 S1 的端口 F0/1 和端口 F0/2 接收到 BPDU。切记，决策是基于发送方的端口 ID（而不是接收方的端口 ID）做出的。由于 S1 上的 F0/1 端口 ID 低于 F0/2，因此交换机 S4 上的端口 F0/6 会成为根端口。S4 上的这个端口连接到 S1 上的 F0/1 端口。S4 上的端口 F0/5 会成为备用端口并进入阻塞状态，这是 STP 防环机制的一部分，如图 5-20 所示。

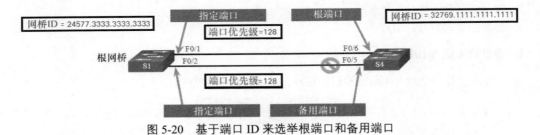

图 5-20　基于端口 ID 来选举根端口和备用端口

5.2.9　STP 计时器和端口状态

STP 的收敛需要 3 个计时器，如下所示。

- **Hello 计时器**：Hello 时间是 BPDU 之间的时间间隔。这个值默认为 2s，不过可以修改为 1～10s 的值。
- **转发延迟计时器**：转发延迟是在侦听和学习状态中消耗的时间。这个值默认为 15s，不过可以修改为 4～30s 的值。

- **最大老化时间计时器**：最大老化时间是交换机在尝试修改 STP 拓扑之前，等待的最大时间长度。这个值默认为 20s，不过可以修改为 6～40s 的值。

注 意　默认时间可以在根网桥上更改，用来表示这个 STP 域的计时器值。

注 意　IEEE 建议默认 STP 计时器的最大 STP 直径为 7 个交换机。直径是为了连接任意两个交换机，数据必须穿越的最大交换机数。直径可以增加，但计时器需要进行调整。

STP 用于为整个广播域确定逻辑无环路径。生成树是通过在互连交换机之间交换 BPDU 帧所学到的信息来确定的。如果交换机端口直接从阻塞状态转换到转发状态，且转换过程中没有关于完整拓扑的信息，那么端口会临时形成数据环路。出于这种原因，STP 有 5 种端口状态，其中 4 种是正常运行的端口状态，如图 5-21 所示。禁用状态被视为非工作状态。

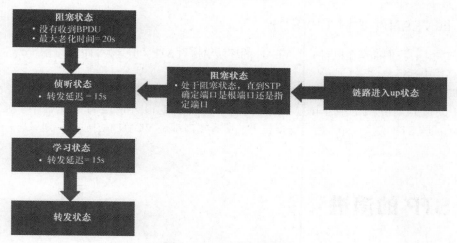

图 5-21　STP 的运行状态

表 5-2 所示为每个端口状态的详细信息。

表 5-2　　　　　　　　　　　　　　　　　　STP 端口状态

端口状态	描述
阻塞	端口是备用端口，不参与帧转发。端口接收 BPDU 帧以确定根网桥的位置和根 ID。BPDU 帧还会用于确定每个交换机端口应该在最终的活动 STP 拓扑中承担什么端口角色。由于最大老化时间计时器为 20s，没有从邻居交换机那里接收到预期 BPDU 的交换机端口将进入阻塞状态
侦听	在阻塞状态之后，端口就会进入侦听状态。端口接收 BPDU 以确定去往根的路径。交换机端口也会发送自己的 BPDU 帧，并通知相邻的交换机"我的交换机端口准备参与到活动拓扑中"
学习	在侦听状态后，交换机端口转换为学习状态。在学习状态中，交换机端口接收并处理 BPDU，同时准备参与帧的转发。交换机也开始填充 MAC 地址表。但是，在学习状态下，用户帧不会被转发给目的地
转发	在转发状态下，交换机端口被视为活动拓扑的一部分。交换机端口会转发用户流量，并发送和接收 BPDU 帧
禁用	处于禁用状态的交换机端口不会参与生成树，也不会转发帧。当交换机端口出于管理目的而禁用时，这个端口就会设置为禁用状态

5.2.10 每个端口状态的运行细节

表 5-3 总结了每个端口状态的运行细节。

表 5-3　　　　　　　　　　每个端口状态的 STP 运行细节

端口状态	BPDU	MAC 地址表	转发数据帧
阻塞	仅接收	无更新	否
监听	接收并发送	无更新	否
学习	接收并发送	更新表	否
转发	接收并发送	更新表	是
禁用	不发送也不接收	无更新	否

5.2.11 每 VLAN 生成树（PVST）

到目前为止，我们都是在只有一个 VLAN 的环境中探讨 STP。但是，STP 可以配置为在具有多个 VLAN 的环境中运行。

在 STP 的 PVST +（Per-VLAN Spanning Tree，每 VLAN 生成树）版本中，会在每个生成树实例中选举出一个根网桥，因此不同的 VLAN 组可以拥有不同的根网桥。STP 会为每个单独的 VLAN 运行一个单独的 STP 实例。如果所有交换机上的所有端口都是 VLAN 1 的成员，则只有一个生成树实例。

5.3　STP 的演进

本节的重点是了解不同的生成树类型。

5.3.1 STP 的不同版本

本节详细介绍很多不同版本的 STP，以及防止网络中出现环路的其他选项。

目前为止，我们都在使用生成树协议这个术语，以及它的缩写 STP，但这样做是有误导性的。许多专业人员通常用这些说法来指代生成树的各种不同实施方式，例如快速生成树协议（Rapid Spanning Tree Protocol，RSTP）和多生成树协议（Multiple Spanning Tree Protocol，MSTP）。为了正确地传达生成树的概念，一定要在上下文中参考生成树的实施方式或标准。

生成树的最新标准包含在 IEEE-802-1D-2004 中，该标准是用于局域网和城域网的 IEEE 标准：介质访问控制（MAC）网桥。这个版本的标准规定，符合标准的交换机和网桥会使用快速生成树协议（RSTP），而不是最初在 802.1dD 标准中指定的旧版 STP。

在本书中，当讨论原始的生成树协议时，为了避免混淆，我们使用短语"原始 802.1D 生成树"。由于 STP 和 RSTP 共享大量用于建立无环路径的相同术语和方法，因此我们关注的重点应该放在当前的标准与思科专有的 STP 和 RSTP 实现上。

自原始 IEEE 802.1D 标准发布以来，出现了若干种生成树协议，如表 5-4 所示。

表 5-4	STP 的种类
种类	描述
STP	原始的 IEEE 802.1D 版本（802.1D-1998 和更早版本），可在具有冗余链路的网络中提供无环拓扑。STP 也称为公共生成树（Common Spanning Tree，CST），它会假定整个桥接网络有一个生成树实例，而不管 VLAN 的数量如何
PVST+	PVST＋是思科对 STP 的增强版本，它可以给网络中配置的每一个 VLAN 提供一个独立的 802.1D 生成树实例。PVST＋支持 PortFast、UplinkFast、BackboneFast、BPDU 防护、BPDU 过滤、根防护和环路防护
802.1D-2004	这是 STP 标准的更新版本，其中包含了 RSTP
RSTP	RSTP（IEEE 802.1w）由 STP 演变而来，但收敛速度快于 STP
快速 PVST+	快速 PVST＋是思科对 RSTP 的增强版本，它使用 PVST＋并为每个 VLAN 提供一个单独的 802.1w 实例。每个单独的实例都支持 PortFast、BPDU 防护、BPDU 过滤、根防护和环路防护
MSTP	MSTP 是一个 IEEE 标准，灵感来自早期的思科专有的多实例 STP（Multiple Instance STP，MISTP）实现。MSTP 可以把多个 VLAN 映射到同一个生成树实例中
MST	多生成树（MST）是思科对 MSTP 的实现，它可以提供多达 16 个 RSTP 实例，并且把很多拥有相同物理和逻辑拓扑的 VLAN 合并到一个通用的 RSTP 实例中。每个实例都支持 PortFast、BPDU 防护、BPDU 过滤、根防护和环路防护

在确定要实现哪种类型的生成树协议时，可能需要负责交换机管理的网络从业人员来做出决定。

默认情况下，运行 IOS 15.0 或更高版本的思科交换机运行 PVST＋。该版本包含 IEEE 802.1D-2004 的许多规范，例如用备用端口取代之前的非指定端口。交换机必须被显式配置为快速生成树模式，才能运行快速生成树协议。

5.3.2 RSTP 的概念

RSTP（IEEE 802.1w）取代了原始的 802.1D，但仍保留了向下兼容的能力。802.1w STP 的术语大部分都与原始 IEEE 802.1D STP 术语一致，且大多数参数都保持不变。熟悉原始 STP 标准的用户可以轻松地配置 RSTP。STP 和 RSTP 使用相同的生成树算法来确定端口的角色和拓扑。

RSTP 能够在第 2 层网络拓扑变更时加速重新计算生成树的过程。在配置得当的网络中，RSTP 能够达到相当快的收敛速度，有时甚至只需几百毫秒。如果端口被配置为备用端口，那么这个端口可以立即转变为转发状态，而无须等待网络收敛。

注　意　快速 PVST＋是思科在每 VLAN 的基础上实现的 RSTP。在快速 PVST＋中，每个 VLAN 会运行一个独立的 RSTP 实例。

5.3.3 RSTP 的端口状态和端口角色

STP 和 RSTP 之间的端口状态和端口角色是相似的。

STP 和 RSTP 端口状态

如图 5-22 所示，RSTP 中只有 3 种端口状态与 STP 中 3 种可能的运行状态相对应。802.1D 中的禁用、阻塞和监听状态在 802.1w 中合并成了唯一的一种丢弃状态。

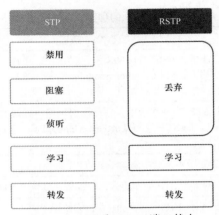

图 5-22　STP 和 RSTP 端口状态

　　在图 5-23 中可以看到，STP 和 RSTP 中的根端口和指定端口是相同的。但是，有两个 RSTP 角色对应 STP 的阻塞状态。在 STP 中，阻塞端口被定义为不是指定端口或根端口的端口。RSTP 有两个端口角色用于该目的。

图 5-23　STP 和 RSTP 端口角色

　　在图 5-24 中可以看到，备用端口有一条备用路径可以到达根网桥。备份端口是对一个共享介质（如一台集线器）的备份。备份端口不太常见，因为集线器现在已经被视为一种淘汰设备了。

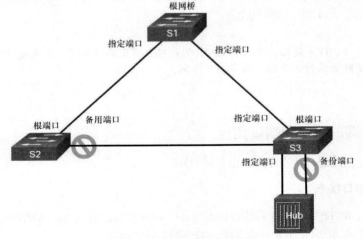

图 5-24　RSTP 备用端口和备份端口

5.3.4 PortFast 和 BPDU 防护

当设备连接到交换机端口或者当交换机上电时，交换机端口都会经历侦听和学习状态，而且每次都要等待转发延迟计时器过期。侦听和学习这两个状态的延迟都为 15s，总共 30s。当 DHCP 客户端希望发现 DHCP 服务器时，这个延迟可能会带来问题。直连主机发送的 DHCP 消息在 30s 的转发延迟计时器时间内无法得到转发，因此 DHCP 进程可能会超时。这将导致 IPv4 客户端将不会接收到有效的 IPv4 地址。

注　意　尽管客户端在发送 ICMPv6 路由器请求消息时可能会发生这种情况，但路由器会继续发送 ICMPv6 路由器通告消息，因此设备知道如何获取其地址信息。

当交换机端口配置了 PortFast 时，这个端口会立刻从阻塞状态过渡到转发状态，绕过了通常的 802.1D STP 过渡状态（侦听和学习状态），并避免了 30s 的延迟。可以在接入端口上使用 PortFast，让连接到这些端口的设备（如 DHCP 客户端）立即访问网络，而不需要等待 IEEE 802.1D STP 在每个 VLAN 上收敛。由于 PortFast 的目的是将接入端口等待生成树收敛的时间降至最低，因此这项技术只能用在接入端口上。如果在连接到其他交换机的端口上启用 PortFast，则会增加形成生成树环路的风险。PortFast 仅用于连接终端设备的交换机端口，如图 5-25 所示。

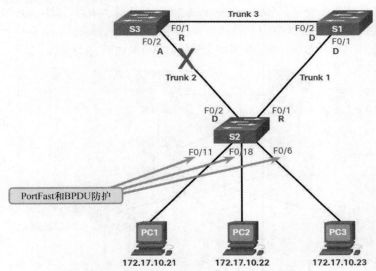

图 5-25　接入端口上的 PortFast 和 BPDU 保护

在一个有效的 PortFast 配置中，启用了 PortFast 的交换机端口不应该接收到 BPDU，因为这意味着另一个网桥或交换机连接到了这个端口。这有可能导致生成树环路。为了防止这类情况发生，思科交换机支持一种称为 BPDU 防护的特性。在启用之后，BPDU 防护会在接收到 BPDU 时，立即把端口设置为错误禁用（error-disabled）状态。这通过有效地关闭端口来防止潜在的环路。BPDU 防护功能提供了对无效配置的安全响应，因为管理员必须手动将接口重新投入使用。

5.3.5 STP 的替代方案

STP 过去是，现在仍然是一种以太网环路预防协议。这些年来，各个组织机构都要求 LAN 具有更大的弹性和可用性。以太网 LAN 从几台相互连接的交换机连接到一台路由器，发展到复杂的分层网络设计，其中包括接入层、分布层和核心层交换机，如图 5-26 所示。

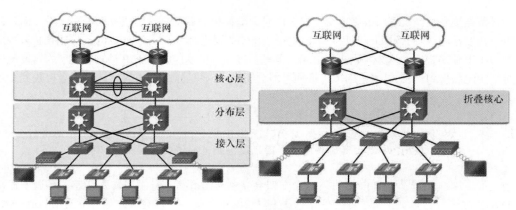

图 5-26　分层的网络设计

根据实施的情况，第 2 层可能不仅包括接入层，而且还包括分布层甚至核心层。这些设计方案中可能包含数百台交换机，以及成百上千个 VLAN。作为 RSTP 和 MSTP 的一部分，STP 通过增强功能适应了额外的冗余和复杂性。

网络设计的一个重要方面是，当拓扑出现故障或发生变化时，网络可以快速收敛并按照可预测的方式实现收敛。生成树不能提供与第 3 层路由协议相同的效率和可预测性。图 5-27 所示为一种传统的分层网络设计方案，其中分布层和核心层多层交换机会执行路由转发。

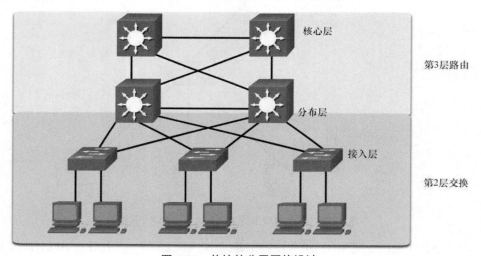

图 5-27　传统的分层网络设计

第 3 层路由允许拓扑中存在冗余路径和环路，而且不会阻塞端口。因此，在有些环境中，除了连接到接入层交换机的设备之外，网络都会过渡到第 3 层。换句话说，接入层交换机和分布层交换机之间的连接会是第 3 层连接，而不是第 2 层连接，如图 5-28 所示。

尽管 STP 很可能会继续用作企业中的防环机制，但是在接入层交换机上也使用了其他技术，其中包括：

- 多系统链路聚合（Multi System Link Aggregation，MLAG）
- 最短路径桥接（Shortest Path Bridging，SPB）；
- 多链路透明互连（Transparent Interconnect of Lots of Links，TRILL）。

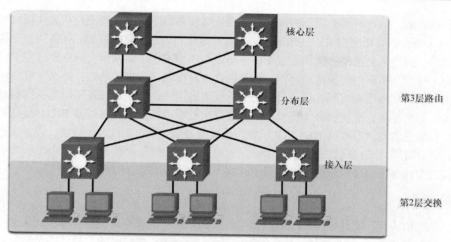

图 5-28　具有第 3 层交换机的分层网络设计

> 注　意　这些技术超出了本书的范围。

5.4　总结

STP 的用途

交换以太网络中的冗余路径可能会导致物理和逻辑的第 2 层环路。第 2 层环路可能会导致 MAC 地址表不稳定、链路饱和以及交换机和终端设备上的 CPU 利用率过高，从而导致网络不可用。第 2 层以太网不包含识别并消除帧无限循环的机制，这一点和第 3 层协议（如 IPv4 和 IPv6 协议）不同。以太网 LAN 要求拓扑是无环的，即在任意两个设备之间只有一条路径。TP 是一种防止环路的网络协议，它可以允许网络中存在冗余，同时创建出无环的第 2 层拓扑。如果没有启用 STP，就有可能形成第 2 层环路，导致广播、组播和未知的单播帧在网络中无限地循环，从而导致网络瘫痪。广播风暴是指在一段特定的时间范围内，大量的广播覆盖了整个网络。广播风暴可以在几秒钟的时间内让交换机和终端设备不堪重负而导致网络失效。STP 以 Radia Perlman 发明的算法为基础。该生成树算法（STA）可以选择一个根网桥，让其他交换机确定一条去往根网桥的最低开销的路径，从而创建出无环的拓扑。

STP 的工作方式

STP 使用 STA 在 4 个步骤中构建出无环的拓扑：选举根网桥；选举根端口；选举指定端口；选举备用（阻塞）端口。在 STA 和 STP 的工作过程中，交换机会使用网桥协议数据单元（BPDU）来分享与自身和自身连接有关的信息。BPDU 用于选举根网桥、根端口、指定端口和备用端口。每个 BPDU 都包含一个网桥 ID（BID），用于标识发送这个 BPDU 的交换机。BID 参与了许多 STA 决策，包括根网桥和端口角色的判断。BID 中包含了优先级值、交换机的 MAC 地址以及扩展系统 ID。最低的 BID 值由这 3 个字段的组合来确定。具有最低 BID 的交换机将成为根网桥。由于默认的 BID 为 32768，因此两台或多台交换机可能会拥有相同的优先级。在优先级相同的这个场景中，拥有最低 MAC 地址的交换机会成为根网桥。为生成树实例选举了根网桥后，STA 开始确定广播域中从所有目的地到达根网桥的最佳路径。这个路径信息（称为内部根路径开销）是由从交换机到根网桥的路径上沿途每个端口的开销总和确定的。确定根网桥后，STA 算法就会选择根端口。根端口指的是从去往根网桥的总开销（最佳路径）来看，距离根网桥最近的端口。这个总开销称为内部根路径开销。在每一台交换机选择了一个根端口后，接下来交换机会选择指定端口。指定端口是这个（由两台交换机组成的）网段上的端口，它拥有去往根网桥的内部根路径开销。如果端口不是根端口或指定端口，那么它就会成为备用端口（或备份）端口。备用端口和备份端口处于丢弃或阻塞模式，以防形成环路。当交换机有多条去往根网桥的等开销路径时，交换机会使用以下条件来确定根端口：最低的发送方 BID；最低的发送方端口的优先级；最低的发送方端口 ID。STP 的收敛需要 3 个计时器：Hello 计时器、转发延迟计时器、最大老化时间计时器。端口状态有阻塞、侦听、学习、转发和禁用。在 STP 的 PVST 版本中，会为每个生成树实例中选举出一个根网桥，这使得不同的 VLAN 组可以拥有不同的根网桥。

STP 的演进

术语"生成树协议"或其缩写 STP 具有误导性。STP 用于指代生成树的各种不同实施方式，例如 RSTP 和 MSTP。RSTP 由 STP 演变而来，但收敛速度快于 STP。RSTP 的端口状态是学习、转发、丢弃。PVST+是思科对 STP 的增强版本，它可以给网络中配置的每一个 VLAN 提供一个独立的 802.1D 生成树实例。PVST+支持 PortFast、UplinkFast、BackboneFast、BPDU 防护、BPDU 过滤、根防护和环路防护。默认情况下，运行 IOS 15.0 或更高版本的思科交换机运行 PVST+。快速 PVST+是思科对 RSTP 的增强版本，它使用 PVST + 并为每个 VLAN 提供一个单独的 802.1w 实例。当交换机端口配置了 PortFast 时，这个端口会立刻从阻塞状态过渡到转发状态，绕过了 STP 侦听状态和学习状态，并避免了 30s 的延迟。在接入端口上使用 PortFast，让连接到这些端口的设备（如 DHCP 客户端）立即访问网络，而不需要等待 IEEE 802.1D STP 在每个 VLAN 上收敛。思科交换机支持一种称为 BPDU 防护的特性，BPDU 防护会在接收到 BPDU 时，立即把端口设置为错误禁用（error-disabled）状态。这些年来，以太网 LAN 从几台相互连接的交换机连接到一台路由器，发展到复杂的分层网络设计。根据实施的情况，第 2 层可能不仅包括接入层，而且还包括分布层甚至核心层。这些设计方案中可能包含数百台交换机，以及成百上千个 VLAN。作为 RSTP 和 MSTP 的一部分，STP 通过增强功能适应了额外的冗余和复杂性。第 3 层路由允许拓扑中可以存在冗余路径和环路，而且不会阻塞端口。因此，在有些环境中，除了连接到接入层交换机的设备之外，网络都会过渡到第 3 层。

复习题

完成这里列出的所有复习题，可以测试您对本章内容的理解。附录列出了答案。

1. 下面哪 3 个组件组合在一起形成了网桥 ID？（选择 3 项）
   - A. 网桥优先级
   - B. 开销
   - C. 扩展系统 ID
   - D. IP 地址
   - E. MAC 地址
   - F. 端口 ID

2. 如果没有去往根网桥的开销更低的端口，交换机端口将采用哪个 STP 端口角色？
   - A. 备用端口
   - B. 指定端口
   - C. 禁用端口
   - D. 根端口

3. 思科 Catalyst 交换机上默认的 STP 运行模式是什么？
   - A. MST
   - B. MSTP
   - C. PVST+
   - D. 快速 PVST+
   - E. RSTP

4. PVST+的优势是什么?

   A. PVST+通过自动选择根网桥来优化网络性能

   B. PVST+通过使用多个根网桥的负载共享来优化网络性能

   C. 与使用 CST 的传统 STP 实现相比,PVST+减少了带宽消耗

   D. PVST+对网络中所有交换机的 CPU 周期的需求更少

5. 在 PVST 网络中,交换机在哪两种端口状态下学习 MAC 地址并处理 BPDU?(选择两项)

   A. 阻塞   B. 禁用

   C. 转发   D. 学习

   E. 侦听

6. 生成树协议(STP)提供了哪两个特性来确保网络正常运行?(选择两项)

   A. 实现 VLAN 以包含广播   B. 提供冗余路由的链路状态动态路由

   C. 第 2 层交换机之间的冗余链路   D. 使用多个第 2 层交换机消除单点故障

   E. 静态默认路由

7. 当通过中继链路连接的所有交换机都有默认的 STP 配置时,哪个值决定了根网桥?

   A. 网桥优先级   B. 扩展系统 ID

   C. 最高的 MAC 地址   D. IP 地址

   E. 最低的 MAC 地址

8. 如果一个端口错误地连接到另一台交换机,哪个 PVST + 功能可以确保配置的交换机边缘端口不会导致第 2 层环路?

   A. BPDU 防护   B. 扩展系统 ID

   C. PortFast   D. PVST+

9. 在 LAN 中使用 STP 有什么好处?

   A. 它将多个交换机中继链路组合成一个逻辑端口通道链路,以增加带宽

   B. 它减小了故障域的大小

   C. 它提供防火墙服务来保护 LAN

   D. 它临时禁用冗余路径以停止第 2 层环路

10. 关于启用 PortFast 的交换机端口,下面哪两项描述是正确的?(选择两项)

   A. 端口立即从阻塞状态进入转发状态

   B. 端口立即从侦听状态进入转发状态

   C. 端口在进入转发状态之前会立即处理任何 BPDU

   D. 端口在进入转发状态之前发送 DHCP 请求

   E. 端口不应接收 BPDU

第 6 章

以太通道

学习目标

通过完成本章的学习，您将能够回答下列问题：

- 什么是以太通道技术；
- 如何配置以太通道；
- 如何排除以太通道的故障。

您的网络中包含了冗余的交换机和冗余的链路，而且配置了某个版本的 STP 以预防第 2 层环路。但是现在，与大多数网络管理员一样，您已经意识到还可以在网络中使用更高的带宽和冗余。别担心，以太通道（EtherChannel）可以提供帮助！以太通道将设备之间的链路进行聚合并捆绑。这些捆绑的链路就包含了冗余链路。STP 可能会阻塞其中一条链路，但不会阻塞所有的链路。通过以太通道，网络就可以实现冗余、环路预防功能，并且增加带宽！

本章会对 PAgP 和 LACP 这两种协议进行解释，并且介绍如何对它们进行配置、验证和故障排除！

6.1 以太通道的工作方式

链路聚合（Link Aggregation）通常在接入层和分发层交换机之间实施，以增加上行链路的带宽。本节将介绍交换 LAN 环境中的链路聚合操作。

首先来看链路聚合。

6.1.1 链路聚合

在某些情况下，设备之间需要的带宽或冗余要比单条链路提供的更多。设备之间可以连接多个链路来增加带宽。但是，在默认情况下，在第 2 层设备（如思科交换机）上启用的生成树协议（STP）将阻塞冗余链路，以防止出现交换环路，如图 6-1 所示。

因此需要一种链路聚合技术，以允许设备之间的冗余链路不会被 STP 阻塞。这项技术称为以太通道。

以太通道是一种链路聚合技术，它把多条物理端口链路组合到一条逻辑链路中。这种技术可以在交换机、路由器和服务器之间提供容错、负载分担，以及增加带宽和冗余。

以太通道技术也可以将交换机之间的多条物理链路组合起来，从而提高交换机间通信的总速率。

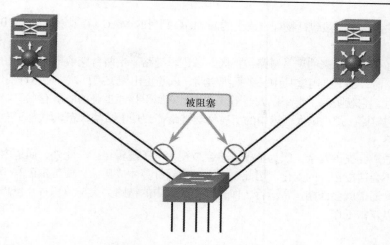

默认情况下，STP会阻塞冗余链路
图 6-1　STP 中的阻塞端口

6.1.2　以太通道

以太通道技术最初是由思科公司开发的一种 LAN 交换机到交换机技术，它可以把多个快速以太网或吉比特以太网端口分组到一个逻辑通道中。在配置以太通道时，所生成的虚拟接口称为端口通道。多个物理接口可捆绑在一起形成一个端口通道接口，如图 6-2 所示。

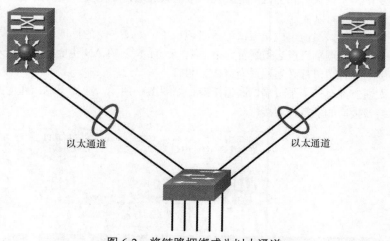

以太通道　　　　　　　　　　　　　　　　　　　以太通道

图 6-2　将链路捆绑成为以太通道

6.1.3　以太通道的优点

以太通道技术有许多优点。

- 大多数配置任务都可以在以太通道接口（而不是每一个单独的端口）上完成，这可以确保链路中的配置一致。
- 以太通道依赖于现有的交换机端口。没有必要将链路升级成更快、更昂贵的连接以获得更多带宽。
- 负载均衡会在同一以太通道的链路之间实现。取决于硬件平台，可以实施一种或多种负载均衡方法。这些方法包括物理链路上的源 MAC 到目的 MAC 负载均衡，或源 IP 到目的 IP 负载均衡。

■ 以太通道创建出来的聚合链路被视为一条逻辑链路。当两台交换机之间存在多个以太通道捆绑链路时，STP 会阻塞其中一条捆绑链路，以防止出现交换环路。当 STP 阻塞其中一条冗余链路时，它就阻塞了整个以太通道。这将阻塞属于该通道链路的所有端口。如果只有一条以太通道链路，那么以太通道中的所有物理链路都会处于活动状态，因为 STP 只看到了一条逻辑链路。

■ 以太通道会提供冗余，因为整条链路会被视为一条逻辑连接。此外，通道内一条物理链路的丢失不会造成拓扑的变化。因此，不需要重新计算生成树。只要至少还有一条物理链路，那么以太通道就会保持正常运行，即使以太通道内的链路丢失导致总吞吐量降低，以太通道依然可以正常工作。

6.1.4 实施限制

在实现以太通道时存在一定的限制，包括以下内容。

■ 不能混用接口类型。例如，不能在一个以太通道内混合使用快速以太网和吉比特以太网接口。

■ 目前，每个以太通道最多可以由 8 个配置兼容的以太网端口组成。以太通道可以在一台交换机和另一台交换机或主机之间，提供最高 800Mbit/s（快速以太网）或 8Gbit/s（吉比特以太网）的全双工带宽。

■ 思科 Catalyst 2960 第 2 层交换机目前最多支持 6 个以太通道。但是，随着新版 IOS 的开发和平台的变化，有些板卡和平台可能会在一个以太通道链路内支持更多数量的端口，而且支持更多数量的吉比特以太通道。

■ 两端设备上的以太通道组成员端口配置必须一致。如果一端的物理端口被配置为中继端口，那么另一端的物理端口也必须配置为中继端口，且本征 VLAN 也要相同。此外，每条以太通道链路中的所有端口都必须配置为第 2 层端口。

■ 每个以太通道都有一个逻辑端口通道接口，如图 6-3 所示。应用于端口通道接口的配置将影响分配给该接口的所有物理接口。

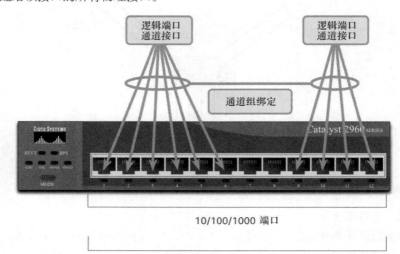

图 6-3　物理和逻辑端口

6.1.5 自动协商协议

以太通道可以通过使用端口聚合协议（PAgP）和链路聚合控制协议（LACP）中的一种来协商建立。这些协议允许具有相似特征的端口通过与相邻交换机进行动态协商来形成通道。

> **注　意**　也可以配置静态或无条件以太通道，而不使用 PAgP 或 LACP。

6.1.6 PAgP 工作原理

PAgP（Port Aggregation Protocol）是思科的专有协议，有助于自动创建以太通道链路。在使用 PAgP 配置以太通道链路时，会在支持以太通道的端口之间发送 PAgP 数据包，以协商建立通道。当 PAgP 识别到匹配的以太网链路时，就将其分组到一个以太通道中。然后，以太通道就可以作为单个端口添加到生成树中。

启用 PAgP 后，也可以使用它来管理以太通道。PAgP 数据包每 30s 发送一次。PAgP 将检查配置的一致性，并管理两台交换机之间的链路添加和故障。它确保以太通道在创建时，所有端口都具有同类型的配置。

> **注　意**　在以太通道中，所有端口都必须具有相同的速率、双工设置和 VLAN 信息。通道创建后，任何的端口修改也将更改所有其他通道端口。

PAgP 以这样的方式来协助创建以太通道链路，即它通过检测两端的配置并确保链路的兼容性，以便在需要时启用以太通道链路。PAgP 的模式如下。

- **on**：这种模式会强制接口不使用 PAgP 来建立通道。on 模式下配置的接口不会交换 PAgP 数据包。
- **desirable**：这种 PAgP 模式会让接口处于主动的协商状态，在这种状态下，接口会通过发送 PAgP 数据包来主动发起与其他接口的协商。
- **auto**：这种 PAgP 模式会让接口处于被动的协商状态，在这种状态下，接口会响应它接收到的 PAgP 数据包，但却不会主动发起 PAgP 协商。

两端的 PAgP 模式必须兼容。如果将一端配置为 auto 模式，它就会处于被动状态，等待另一端发起以太通道协商。如果另一端也设置为 auto 模式，那么协商就不会启动，也就不能形成以太通道。如果通过使用 **no** 命令禁用了所有模式，或者如果没有配置任何模式，那么以太通道就会被禁用。

on 模式会将接口手动配置到以太通道中，不进行协商。只有当另一端也设置为 on 模式时它才会生效。如果另一端设置为通过 PAgP 来协商参数，那么就不会形成以太通道，因为设置为 on 模式的那一端不会进行协商。

如果两台交换机之间没有协商，则意味着没有检查以太通道中的所有链路是否终接在另一端，或没有检查另外一端的交换机上是否兼容 PAgP。

6.1.7 PAgP 模式设置示例

考虑图 6-4 中的两台交换机。S1 和 S2 是否会使用 PAgP 建立以太通道取决于通道两侧的模式设置。

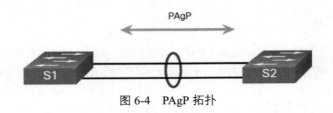

图 6-4   PAgP 拓扑

表 6-1 所示为 S1 和 S2 上各种 PAgP 模式的组合以及它们产生的通道建立结果。

表 6-1	PAgP 模式	
S1	S2	是否能建立通道
on	on	是
on	desirable/auto	否
desirable	desirable	是
desirable	auto	是
auto	desirable	是
auto	auto	否

6.1.8   LACP 工作原理

LACP 属于 IEEE 规范（802.3ad），允许将多个物理端口捆绑形成单个逻辑通道。LACP 可以让交换机向另一台交换机发送 LACP 数据包来协商自动捆绑。它的功能类似于思科的以太通道协议 PAgP。因为 LACP 是 IEEE 标准，所以可以在多供应商环境中使用它来为以太通道提供便利。思科设备都支持这两个协议。

> **注　意**　LACP 最初定义为 IEEE 802.3ad。但是，现在 LACP 定义在较新的 IEEE 802.1AX 标准中，用于局域网和城域网。

LACP 提供了与 PAgP 相同的协商优势。LACP 通过检测两端的配置并确保其兼容性来协助创建以太通道链路，以便在需要时启用以太通道链路。LACP 的模式如下。

- **on**：这种模式会强制接口不使用 LACP 来建立通道。on 模式下配置的接口不会交换 LACP 数据包。
- **active**：这种 LACP 模式会让端口处于主动的协商状态。在这种状态下，端口会通过发送 LACP 数据包来主动发起与其他端口之间的协商。
- **passive**：这种 LACP 模式会让端口处于被动的协商状态。在这种状态下，端口会响应它接收到的 LACP 数据包，但不会主动发起 LACP 数据包协商。

与 PAgP 一样，两端的模式必须兼容才能形成以太通道链路。这里再次提到 on 模式，因为这种模式会无条件地创建出以太通道配置，而无须使用 PAgP 或 LACP 动态协商。

LACP 允许使用 8 条活动链路，也允许使用 8 条备用链路。如果当前活动链路中的一条发生故障，备用链路将变为活动状态。

6.1.9 LACP 模式设置示例

考虑图 6-5 中的两台交换机。S1 和 S2 是否会使用 LACP 建立以太通道取决于通道两端的模式设置。

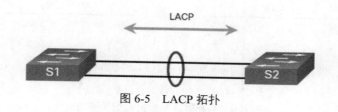

图 6-5 LACP 拓扑

表 6-2 所示为 S1 和 S2 上各种 LACP 模式的组合以及它们产生的通道建立结果。

表 6-2 LACP 模式

S1	S2	是否能建立通道
on	on	是
on	active/passive	否
active	active	是
active	passive	是
passive	active	是
passive	passive	否

6.2 配置以太通道

本节将介绍如何配置链接聚合。

6.2.1 配置指导

在明白了以太通道的原理后，接下来介绍如何配置以太通道。下面的指导原则和限制条件对配置以太通道非常有用。

- **以太通道支持**：所有以太网接口都必须支持以太通道，而且不要求这些接口在物理上是连续的。
- **速率和双工**：对一条以太通道中的所有接口进行配置，让它们都以相同的速率、相同的双工模式工作。
- **VLAN 匹配**：必须把以太通道中的所有接口分配给同一个 VLAN，或者都配置为中继。
- **VLAN 范围**：以太通道在中继以太通道的所有接口上支持相同的 VLAN 允许范围。如果 VLAN 的允许范围不相同，即使接口设置为 auto 或 desirable 模式，它们也不会形成以太通道。

图 6-6 显示一种可以在 S1 和 S2 之间建立起以太通道的配置方案。

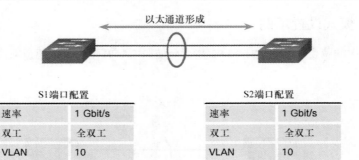

如果两台交换机上的配置能够匹配，将形成以太通道

图 6-6　在配置匹配时形成以太通道

在图 6-7 中，S1 端口被配置为半双工。因此，S1 和 S2 之间不会形成以太通道。

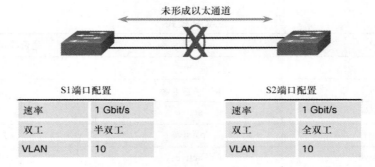

如果交换机的配置不相同，则无法形成以太通道

图 6-7　由于配置不匹配而未形成以太网通道的示例

如果必须更改这些设置，则需要在端口通道接口配置模式下配置它们。应用到端口通道接口的任何配置也会影响各个接口。但是，应用于单个接口的配置不会影响端口通道接口。因此，修改属于以太通道链路的接口的配置可能会导致接口兼容性问题。

可以在接入模式、中继模式（最常见）或路由端口上配置端口通道。

6.2.2　LACP 配置示例

在默认情况下，以太通道处于禁用状态，必须进行配置后才能建立。图 6-8 中的拓扑用来展示使用 LACP 的以太通道配置示例。

图 6-8　LACP 配置拓扑

使用 LACP 配置以太通道时，需要执行下面 3 个步骤，如例 6-1 所示。

步骤 1. 使用全局配置模式命令 **interface range interface** 指定组成以太通道的接口。关键字 **range** 用来选择多个接口并且一起进行配置。

步骤 2. 在接口范围配置模式下，使用 **channel-group** *identifier* **mode active** 命令创建端口通道接口。*identifier* 指定了通道组的编号。**mode active** 关键字用于标识这条以太通道是一条 LACP 以太通道。

步骤 3. 要更改端口通道接口上的第 2 层设置，需要使用 **interface port-channel** 命令，后跟接口标识符，进入端口通道接口配置模式。在示例中，S1 被配置为一条 LACP 以太通道。端口通道 1 被配置为一个中继接口，同时指定了允许的 VLAN。

例 6-1 LACP 配置示例

```
S1(config)# interface range FastEthernet 0/1 - 2
S1(config-if-range)# channel-group 1 mode active
Creating a port-channel interface Port-channel 1
S1(config-if-range)# exit
S1(config)#
S1(config-if)# interface port-channel 1
S1(config-if)# switchport mode trunk
S1(config-if)# switchport trunk allowed vlan 1,2,20
S1(config-if)#
```

6.3 以太通道验证和故障排除

本节将介绍如何对链接聚合进行故障排除。

6.3.1 验证以太通道

与往常一样，当在网络中配置设备时，您必须对于配置进行验证。如果存在问题，就需要能够解决问题并修复它们。本节会提供用来执行验证的命令，以及一些常见的以太通道网络问题及其解决方案。

验证命令的示例使用的拓扑如图 6-9 所示。

图 6-9 以太通道拓扑

有许多命令可用于验证以太通道的配置。

show interfaces port-channel 命令会显示端口通道接口的一般状态。在例 6-2 中，端口通道 1 的接口已经启用（up）。

例 6-2 show interfaces port-channel 命令

```
S1# show interfaces port-channel 1
Port-channel1 is up, line protocol is up (connected)
  Hardware is EtherChannel, address is c07b.bcc4.a981 (bia c07b.bcc4.a981)
  MTU 1500 bytes, BW 200000 Kbit/sec, DLY 100 usec,
    reliability 255/255, txload 1/255, rxload 1/255
(output omitted)
```

当同一设备上配置了多个端口通道接口时，可以使用 **show etherchannel summary** 命令为每个端口通道只显示一行信息。在例 6-3 中，交换机上配置了一条以太通道，Group 1 使用的是 LACP。接口捆绑组由 F0/1 和 F0/2 接口组成。由端口通道编号旁边的字母 SU 可知，该组为第 2 层以太通道，而且正在使用。

例6-3 **show etherchannel summary** 命令

```
S1# show etherchannel summary
Flags:  D - down         P - bundled in port-channel
        I - stand-alone s - suspended
        H - Hot-standby (LACP only)
        R - Layer3       S - Layer2
        U - in use       N - not in use, no aggregation
        f - failed to allocate aggregator
        M - not in use, minimum links not met
        m - not in use, port not aggregated due to minimum links not met
        u - unsuitable for bundling
        w - waiting to be aggregated
        d - default port
        A - formed by Auto LAG
Number of channel-groups in use: 1
Number of aggregators:           1
Group  Port-channel  Protocol    Ports
------ + ------------ + ---------- + -------------------------------------------
1       Po1(SU)        LACP        Fa0/1(P)     Fa0/2(P)
```

使用 **show etherchannel port-channel** 命令可显示一个特定端口通道接口的信息。在例 6-4 中，端口通道 1 接口由两个物理接口（F0/1 和 F0/2）组成。它在 active 模式下使用 LACP。它已正确连接至另一台具有兼容配置的交换机，这就是声称端口通道正在使用的原因。

例6-4 **show etherchannel port-channel** 命令

```
S1# show etherchannel port-channel
                Channel-group listing:
                ----------------------
Group: 1
----------
                Port-channels in the group:
                --------------------------
Port-channel: Po1    (Primary Aggregator)
------------
Age of the Port-channel   = 0d:01h:02m:10s
Logical slot/port   = 2/1          Number of ports = 2
HotStandBy port = null
Port state            = Port-channel Ag-Inuse
Protocol              =   LACP
Port security         = Disabled
Load share deferral = Disabled
Ports in the Port-channel:
Index  Load  Port    EC state          No of bits
------ + ------ + ------ + ------------------ + -----------
0      00    Fa0/1    Active            0
0      00    Fa0/2    Active            0
Time since last port bundled:     0d:00h:09m:30s Fa0/2
```

在以太通道捆绑组中的任何物理接口成员上，都可以使用 **show interfaces** *interface* **etherchannel** 命令来提供以太通道中接口角色的信息，如例 6-5 所示。接口 **F0/1** 属于以太通道捆绑组 1。这条以太通道的协议为 LACP。

例 6-5 **show interfaces etherchannel 命令**

```
S1# show interfaces f0/1 etherchannel
Port state    = Up Mstr Assoc In-Bndl
Channel group = 1            Mode = Active        Gcchange = -
Port-channel  = Po1          GC = -               Pseudo port-channel = Po1
Port index    = 0            Load = 0x00          Protocol =   LACP
Flags:  S - Device is sending Slow LACPDUs F - Device is sending fast LACPDUs.
        A - Device is in active mode.    P - Device is in passive mode.
Local information:
                        LACP port      Admin      Oper   Port
Port      Flags   State   Priority     Key      Number State
Fa0/1     SA      bndl    32768         0x1       0x1   0x102    0x3D
Partner's information:
                        LACP port                  Admin  Oper    Port    Port
Port      Flags   Priority Dev ID          Age     key    Key    Number  State
Fa0/1     SA      32768    c025.5cd7.ef00  12s     0x0    0x1    0x102   0x3Dof
   the port in the current state: 0d:00h:11m:51sllowed vlan 1,2,20
```

6.3.2 以太通道配置的常见问题

以太通道中的所有接口必须配置相同的速率和双工模式，中继上必须使用相同的本征 VLAN 和允许的 VLAN，且接入端口也必须划分到相同的接入 VLAN 中。只要能做到上面的配置，就可以显著减少与以太通道相关的网络问题。以太通道的常见问题如下所示。

- 以太通道中分配的端口不属于同一个 VLAN，或没有配置为中继端口。属于不同本征 VLAN 的端口不能形成以太通道。
- 只在构成以太通道的部分端口（而不是所有端口）上配置了中继。不建议在组成以太通道的各个端口上单独配置中继模式。当在以太通道上配置中继时，应该在以太通道上验证中继模式。
- 如果 VLAN 的允许范围不相同，即使 PAgP 被设置为 auto 或 desirable 模式，端口也不会形成以太通道。
- 在以太通道的两端，PAgP 和 LACP 的动态协商配置选项不兼容。

注 意　PAgP 或 LACP 很容易与 DTP 混淆，因为它们都是用来在中继链路上实现操作自动化的协议。PAgP 和 LACP 用于链路聚合（以太通道）。DTP 用于自动创建中继链路。在配置以太通道中继时，通常是先配置以太通道（PAgP 或 LACP），然后再配置 DTP。

6.3.3 排除以太网通道故障的示例

在图 6-10 中，交换机 S1 上的接口 F0/1 和 F0/2 与 S2 上的接口 F0/1 和 F0/2 都是通过以太通道连接的。但是，以太通道无法正常运行。

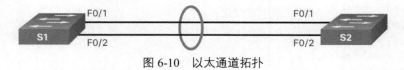

图 6-10　以太通道拓扑

可使用以下步骤对以太通道进行故障排除。

步骤 1. 查看以太通道的汇总信息。

在例 6-6 中，**show etherchannel summary** 命令的输出显示，以太通道是关闭的（down）。

例 6-6 检查以太通道的状态

```
S1# show etherchannel summary
Flags:  D - down         P - bundled in port-channel
        I - stand-alone  s - suspended
        H - Hot-standby (LACP only)
        R - Layer3       S - Layer2
        U - in use       N - not in use, no aggregation
        f - failed to allocate aggregator
        M - not in use, minimum links not met
        m - not in use, port not aggregated due to minimum links not met
        u - unsuitable for bundling
        w - waiting to be aggregated
        d - default port
        A - formed by Auto LAG
Number of channel-groups in use: 1
Number of aggregators:           1
Group Port-channel Protocol      Ports
------ + ------------- + ----------- + -------------------------------------------
1      Po1(SD)          -           Fa0/1(D)      Fa0/2(D)
```

步骤 2. 查看端口通道配置。

在例 6-7 中，**show run | begin interface port-channel** 命令的输出显示，S1 和 S2 上配置的 PAgP 模式不兼容。

例 6-7 检查以太通道配置

```
S1# show run | begin interface port-channel
interface Port-channel1
  switchport trunk allowed vlan 1,2,20
  switchport mode trunk
!
interface FastEthernet0/1
  switchport trunk allowed vlan 1,2,20
  switchport mode trunk
  channel-group 1 mode on
!
interface FastEthernet0/2
  switchport trunk allowed vlan 1,2,20
  switchport mode trunk
  channel-group 1 mode on
! = == = == = == = == = == = == = == = == = == = == = == = == = == = ==
S2# show run | begin interface port-channel
interface Port-channel1
  switchport trunk allowed vlan 1,2,20
  switchport mode trunk
!
interface FastEthernet0/1
  switchport trunk allowed vlan 1,2,20
```

```
   switchport mode trunk
   channel-group 1 mode desirable
!
interface FastEthernet0/2
   switchport trunk allowed vlan 1,2,20
   switchport mode trunk
   channel-group 1 mode desirable
```

步骤 3. 更正配置错误。

要解决这个问题，需要把以太通道上的 PAgP 模式更改为 desirable，如例 6-8 显示。

例 6-8　更改 PAgP 模式

```
S1(config)# no interface port-channel 1
S1(config)# interface range fa0/1 - 2
S1(config-if-range)# channel-group 1 mode desirable
Creating a port-channel interface Port-channel 1
S1(config-if-range)# no shutdown
S1(config-if-range)# exit
S1(config)# interface range fa0/1 - 2
S1(config-if-range)# channel-group 1 mode desirable
S1(config-if-range)# no shutdown
S1(config-if-range)# interface port-channel 1
S1(config-if)# switchport mode trunk
S1(config-if)# end
S1#
```

注　意　以太通道和生成树必须互操作。因此，以太通道相关命令的输入顺序非常重要，这也就是为什么先移除端口通道 1，然后再使用命令 **channel-group** 重新添加，而不是直接进行变更。如果有人尝试直接更改配置，那么 STP 错误就会导致相关端口进入阻塞或错误禁用状态。

步骤 4. 验证以太通道的工作状态。

在例 6-9 中，**show etherchannel summary** 命令的输出显示，以太通道现在处于活动状态。

例 6-9　验证以太通道是否可以运行

```
S1# show etherchannel summary
Flags:    D - down         P - bundled in port-channel
          I - stand-alone s - suspended
          H - Hot-standby (LACP only)
          R - Layer3       S - Layer2
          U - in use       N - not in use, no aggregation
          f - failed to allocate aggregator
          M - not in use, minimum links not met
          m - not in use, port not aggregated due to minimum links not met
          u - unsuitable for bundling
          w - waiting to be aggregated
          d - default port
          A - formed by Auto LAG
Number of channel-groups in use: 1
Number of aggregators:           1
```

```
Group  Port-channel  Protocol     Ports
------ + ------------- + ----------- + ---------------------------------------------
1         Po1(SU)        PAgP         Fa0/1(P)         Fa0/2(P)
```

6.4　总结

以太通道的工作方式

为了增加带宽和冗余，可以将设备之间的多条链路连接起来。然而，STP 将阻塞冗余链路以防止交换环路。以太通道是一种链路聚合技术，可允许设备之间的冗余链路不会被 STP 阻塞。以太通道把多条物理端口链路组合到一条逻辑链路中。它可以在交换机、路由器和服务器之间提供容错、负载分担，以及增加带宽和冗余。在配置以太通道时，所生成的虚拟接口称为端口通道。以太通道技术有许多优点，在实现以太通道时也存在一定的限制。以太通道可以通过使用 PAgP 和 LACP 中的一种来协商建立。这些协议允许具有相似特征的端口通过与相邻交换机进行动态协商来形成通道。在使用思科专有的 PAgP 配置以太通道链路时，会在支持以太通道的端口之间发送 PAgP 数据包，以协商建立通道。PAgP 的模式有 on、desirable 和 auto。LACP 的功能类似于思科的以太通道协议 PAgP。因为 LACP 是 IEEE 标准，所以可以在多供应商环境中使用它来为以太通道提供便利。LACP 的模式有 on、active 和 passive。

配置以太通道

下面的指导原则和限制条件对配置以太通道非常有用。

- **以太通道支持**：所有以太网接口都必须支持以太通道，而且不要求这些接口在物理上是连续的。
- **速率和双工**：对一条以太通道中的所有接口进行配置，让它们都以相同的速率、相同的双工模式工作。
- **VLAN 匹配**：必须把以太通道中的所有接口分配给同一个 VLAN，或者都配置为中继。
- **VLAN 范围**：以太通道在中继以太通道的所有接口上支持相同的 VLAN 允许范围。

使用 LACP 配置以太通道时，需要执行下面 3 个步骤。

步骤 1. 使用全局配置模式命令 **interface range** *interface* 指定组成以太通道的接口。

步骤 2. 在接口范围配置模式下，使用 **channel-group** *identifier* **mode active** 命令创建端口通道接口。

步骤 3. 要更改端口通道接口上的第 2 层设置，需要使用 **interface port-channel** 命令，后跟接口标识符，进入端口通道接口配置模式。

以太通道验证和故障排除

有许多命令可用于验证以太通道的配置，其中包括 **show interfaces port-channel**、**show etherchannel summary**、**show etherchannel port-channel** 和 **show interfaces etherchannel**。以太通道的常见问题如下所示。

- 以太通道中分配的端口不属于同一个 VLAN，或没有配置为中继端口。属于不同本征 VLAN 的端口不能形成以太通道。
- 只在构成以太通道的部分端口（而不是所有端口）上配置了中继。
- 如果 VLAN 的允许范围不相同，即使 PAgP 被设置为 auto 或 desirable 模式，端口也不会形成以太通道。
- 在以太通道的两端，PAgP 和 LACP 的动态协商配置选项不兼容。

复习题

完成这里列出的所有复习题，可以测试您对本章内容的理解。附录列出了答案。

1. 两台 Catalyst 2960 交换机之间的网络流量有所增加，它们的快速以太网中继链路已达到其容量。如何改善流量？

　　A. 在交换机之间添加路由器以创建其他广播域

　　B. 使用以太通道捆绑物理端口

　　C. 配置较小的 VLAN 以减小冲突域的大小

　　D. 使用 **bandwidth** 命令提高端口的速率

2. 哪两种负载均衡方法可以通过以太通道技术实现？（选择两项）

　　A. 目的 IP 到目的 MAC 　　　　　　　B. 目的 IP 到源 IP

　　C. 目的 MAC 到目的 IP 　　　　　　　D. 目的 MAC 到源 MAC

　　E. 源 IP 和目的 IP 　　　　　　　　　F. 源 MAC 和目的 MAC

3. 关于使用 PAgP 创建以太通道，下面哪个说法是正确的？

　　A. 它增加了参与生成树的端口数

　　B. 它是思科专有的

　　C. 它强制使用偶数个端口（2、4、6 等）进行聚合

　　D. 它需要全双工

　　E. 它需要的物理链路比 LACP 多

4. 哪两个协议是链路聚合协议？（选择两项）

　　A. 802.3ad 　　　　　　　　　　　　　B. 以太通道

　　C. PAgP 　　　　　　　　　　　　　　D. RSTP

　　E. STP

5. 哪种通道组模式的组合可建立以太通道？

　　A. 交换机 1 设置为 auto，交换机 2 设置为 auto

　　B. 交换机 1 设置为 auto，交换机 2 设置为 on

　　C. 交换机 1 设置为 desirable，交换机 2 设置为 desirable

　　D. 交换机 1 设置为 on，交换机 2 设置为 desirable

6. 哪个接口配置命令能够使端口发起 LACP 以太通道？

　　A. **channel-group mode active** 　　　　B. **channel-group mode auto**

　　C. **channel-group mode desirable** 　　　D. **channel-group mode on**

　　E. **channel-group mode passive**

7. 哪个接口配置命令将使端口仅在从另一个交换机接收 PAgP 数据包时才能建立以太通道？

　　A. **channel-group mode active** 　　　　B. **channel-group mode auto**

　　C. **channel-group mode desirable** 　　　D. **channel-group mode on**

　　E. **channel-group mode passive**

8. 下面哪种说法描述了以太通道的特性？

　　A. 它最多可以组合 4 条物理链路

　　B. 它可以混合捆绑 100Mbit/s 和 1Gbit/s 以太网链路

　　C. 它由交换机和路由器之间的多条并行链路组成

    D. 它是由多条物理链路组合而成的，这些链路被视为两台交换机之间的一条链路

9. 使用 LACP 的两个优点是什么？（选择两项）

    A. LACP 允许自动形成以太通道链路

    B. LACP 允许使用多供应商设备

    C. LACP 减少了以太网通道交换机所需的配置量

    D. LACP 消除了对生成树协议的需求

    E. LACP 增加了第 3 层设备的冗余

    F. LACP 为测试链路聚合提供了一个模拟环境

10. 哪 3 种设置必须匹配才能使交换机端口形成以太通道？（选择 3 项）

    A. 非中继端口必须属于同一 VLAN

    B. 互连端口上的端口安全冲突设置必须匹配

    C. 互连端口上的双工设置必须匹配

    D. 互连交换机上的端口通道组编号必须匹配

    E. SNMP 团体字符串必须匹配

    F. 互连端口上的速率设置必须匹配

第 7 章

DHCPv4

学习目标

通过完成本章的学习，您将能够回答下列问题：

■ DHCPv4 如何在中小型企业网络中运行；

■ 如何将路由器配置为 DHCPv4 服务器；

■ 如何将路由器配置为 DHCPv4 客户端。

动态主机配置协议（Dynamic Host Configuration Protocol，DHCP）会动态为设备分配 IP 地址。DHCPv4 适用于 IPv4 网络。这意味着网络管理员不需要把时间都浪费在给网络中的每台设备配置 IP 地址上。在一个家庭或小型办公室环境中，这倒并不是非常困难，但在大型网络中可能存在成百上千台设备。

本章介绍了如何把一台思科 IOS 路由器配置成为 DHCPv4 服务器，以及如何把思科 IOS 路由器配置为客户端。DHCPv4 配置技能可以大大减少您的工作量。

7.1 DHCPv4 的概念

网络中的所有主机都需要 IPv4 配置。尽管某些设备将静态分配其 IPv4 配置，但大多数设备将使用 DHCP 获取有效的 IPv4 配置。因此，DHCP 是一个必须管理和仔细实施的重要特性。

在本节中，您将学习如何实施 DHCPv4，以便在中小型企业网络中跨多个 LAN 进行操作。

7.1.1 DHCPv4 服务器和客户端

DHCPv4 会动态分配 IPv4 地址和其他网络配置信息。由于网络节点通常都由桌面客户端构成，因此对于网络管理员来说，DHCPv4 是一个非常有用和省时的工具。

专用的 DHCPv4 服务器具有可扩展性，且相对容易管理。然而，在小型分支机构或 SOHO 网络中，可以配置一台思科路由器来提供 DHCPv4 服务，而不必使用专用服务器。思科 IOS 软件可支持全功能的 DHCPv4 服务器（可选配置）。

DHCPv4 服务器动态地从地址池中分配或出租 IPv4 地址，使用期限为服务器选择的一段有限的时间，或者直到客户端不再需要该地址为止。

客户端出于管理性目的而在一定的时间段内从服务器租用信息。管理员在配置 DHCPv4 服务器时，可为其设定不同的租期届满时间。租用时间通常从 24 小时到一周甚至更长的时间。租期届满后，客户端必须申请另一地址，但客户端申请到的通常都是同一个地址。

在图 7-1 中，DHCPv4 客户端请求 DHCPv4 服务。DHCPv4 服务器会用网络配置信息进行响应。

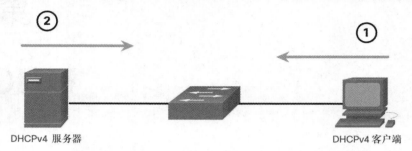

1. 当客户端发送消息来请求 DHC 服务器的服务时，DHCPv4 租用流程开始
2. 如果有一台 DCHPv4 服务器收到消息，它将使用 IPv4 地址和其他可能的网络配置信息进行响应

图 7-1　DHCPv4 服务器和客户端拓扑

7.1.2　DHCPv4 的工作方式

DHCPv4 工作在客户端/服务器模式下。当客户端与 DHCPv4 服务器通信时，服务器会将 IPv4 地址分配或出租给该客户端。然后客户端使用租用的 IPv4 地址连接到网络，直到租期届满。客户端必须定期联系 DHCP 服务器以续展租期。这种租用机制确保移动或关机的客户端不保留它们不再需要的地址。租期届满后，DHCP 服务器会将地址返回地址池，如有必要，可将其再次分配。

7.1.3　获得租约的步骤

当客户端启动（或者要加入网络）时，它就会开始执行下面 4 个步骤来租用地址。

步骤 1. DHCP 发现（DHCPDISCOVER）。

步骤 2. DHCP 提供（DHCPOFFER）。

步骤 3. DHCP 请求（DHCPREQUEST）。

步骤 4. DHCP 确认（DHCPACK）。

这 4 个步骤的过程如图 7-2 所示。

步骤 1. DHCP 发现（DHCPDISCOVER）。客户端使用包含自己 MAC 地址的广播 DHCPDISCOVER 消息启动整个过程，来查找可用的 DHCPv4 服务器。由于客户端在启动时没有有效的 IPv4 信息，因此，它将使用第 2 层和第 3 层广播地址与服务器通信。DHCPDISCOVER 消息的目的是在网络中查找 DHCPv4 服务器。

步骤 2. DHCP 提供（DHCPOFFER）。当 DHCPv4 服务器收到 DHCPDISCOVER 消息时，会保留一个可用的 IPv4 地址以租给客户端。服务器还会创建一个 ARP 条目，该条目包含请求客户端的 MAC 地址和客户端租用的 IPv4 地址。DHCPv4 服务器会把绑定的 DHCPOFFER 消息发送到请求客户端。DHCPOFFER 消息可以是广播消息，也可以是单播消息。

步骤 3. DHCP 请求（DHCPREQUEST）。当客户端从服务器接收到 DHCPOFFER 消息时，客户端就会发回 DHCPREQUEST 单播消息。该消息用于发起租用和租约更新。当用于发起租用时，DHCPREQUEST 用来表示接受所选服务器提供的参数，并进行绑定，然后隐式拒绝可能已为客户端提供了租约服务的其他服务器。

许多企业网络使用多台 DHCPv4 服务器。DHCPREQUEST 消息以广播的形式发送，将已接受租约服务的情况告知该 DHCPv4 服务器和其他的 DHCPv4 服务器。

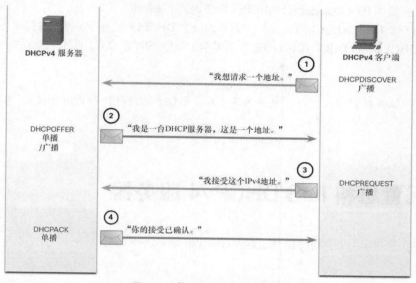

图 7-2　获得租约的 4 个步骤

步骤 4. DHCP 确认（DHCPACK）。在接收到 DHCPREQUEST 消息后，服务器就会使用 ICMP ping 测试来验证这个地址，以确保没有设备正在使用。它也为客户端租用的地址创建出一个新的 ARP 条目，然后使用 DHCPACK 消息进行应答。除消息类型字段不同外，DHCPACK 消息与 DHCPOFFER 消息别无二致。在客户端接收到 DHCPACK 消息后，它会记录下配置信息，并且对分配给它的地址执行 APR 查找。如果没有对 ARP 的应答，客户端就会知道 IPv4 地址是有效的，然后开始使用该地址。

7.1.4　续订租约的步骤

在租约到期之前，客户端会执行两个步骤，来向 DHCPv4 服务器续订租约，如图 7-3 所示。

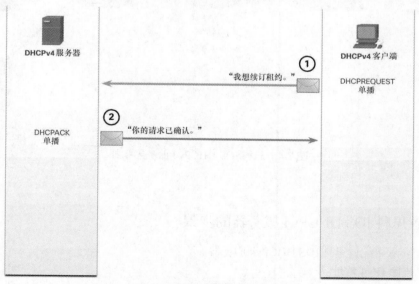

图 7-3　续订租约的两个步骤

　　步骤 1.　DHCP 请求（DHCPREQUEST）。在租期届满之前，客户端会把 DHCPREQUEST 消息直接发送到最初提供 IPv4 地址的那台 DHCPv4 服务器。如果在指定的时间内没有收到 DHCPACK，客户端会广播另一个 DHCPREQUEST，这样，另外的一个 DHCPv4 服务器便可续展租期。

　　步骤 2. DHCP 确认（DHCPACK）。在接收到 DHCPREQUEST 消息后，服务器会返回一个 DHCPACK 消息来验证租约信息。

注　意　　根据 IETF RFC 2131，这些消息（主要是 DHCPOFFER 和 DHCPACK）可以以单播或广播的形式发送。

7.2　配置思科 IOS DHCPv4 服务器

　　在本节中，您将学习如何将路由器配置为 DHCPv4 服务器。

7.2.1　思科 IOS DHCPv4 服务器

　　在对 DHCPv4 的工作原理有了基本了解之后，网络管理员的工作会简单一些了。如果没有单独的 DHCPv4 服务器，本节会介绍如何把一台思科 IOS 路由器配置为 DHCPv4 服务器。可以将运行思科 IOS 软件的思科路由器配置为 DHCPv4 服务器，如图 7-4 所示。思科 IOS DHCPv4 服务器从路由器内的指定地址池分配 IPv4 地址给 DHCPv4 客户端，并管理这些 IP 地址。

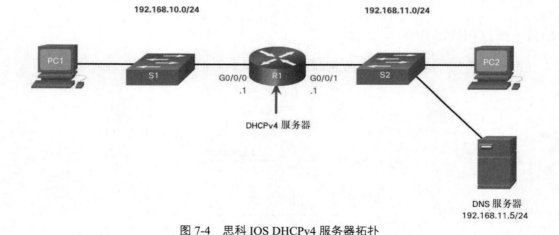

图 7-4　思科 IOS DHCPv4 服务器拓扑

7.2.2　配置思科 IOS DHCPv4 服务器的步骤

　　使用以下步骤可配置思科 IOS DHCPv4 服务器。

　　步骤 1.　排除 IPv4 地址。

　　充当 DHCPv4 服务器的路由器会为客户端分配 DHCPv4 地址池中的所有 IPv4 地址，除非将路由器配置为排除某些特定的地址。通常情况下，地址池中的某些 IPv4 地址分配给需要静态地址分配的网络设备。因此，这些 IPv4 地址不应分配给其他设备。排除 IPv4 地址的命令语法如下：

```
Router(config)# ip dhcp excluded-address low-address [high-address]
```

可以排除一个地址，或者通过指定范围内的低位地址（low-address）和高位地址（high-address）来排除一个范围内的所有地址。排除地址应包括分配给路由器、服务器、打印机和其他已经或者马上要手动配置的设备的地址。可以多次输入这条命令。

步骤 2.　定义 DHCPv4 地址池的名称。

配置 DHCPv4 服务器的工作还包括定义待分配的地址池。

在示例中可以看到，**ip dhcp pool** *pool-name* 命令可以以指定的名称创建出一个地址池，并且让路由器进入 DHCPv4 配置模式，这种模式的提示符是 Router(dhcp-config)#。

定义地址池的命令语法如下：

```
Router(config)# ip dhcp pool pool-name
Router(dhcp-config)#
```

步骤 3.　配置 DHCPv4 地址池。

表 7-1 列出了完成 DHCPv4 地址池配置所需执行的任务。

表 7-1　　　　　　　　　　　　　　　　　　DHCPv4 配置命令

任务	IOS 命令
定义地址池	**network** *network-number* [*mask* | / *prefix-length*]
定义默认路由器或网关	**default-router** *address* [*address2....address8*]
定义 DNS 服务器	**dns-server** *address* [*address2...address8*]
定义域名	**domain-name** *domain*
定义 DHCP 租期的持续时间	**lease** {*days* [*hours* [*minutes*]] | **infinite**}
定义 NetBIOS WINS 服务器	**netbios-name-server** *address* [*address2...address8*]

必须配置地址池和默认网关路由器。使用 **network** 语句可定义可用的地址范围。使用 **default-router** 命令可定义默认网关路由器。通常情况下，网关是最接近客户端设备的路由器的 LAN 接口。虽然只需要一个网关，但是如果有多个网关，则最多可以列出 8 个地址。

其他的 DHCPv4 池命令是可选的。例如，DHCPv4 客户端可以访问的 DNS 服务器的 IPv4 地址是使用 **dns-server** 命令配置的。**domain-name** 命令的作用是定义域名。使用 **lease** 命令可以更改 DHCPv4 的租期。默认租期值为一天。**netbios-name-server** 命令的作用是定义 NetBIOS WINS 服务器。

注　意　　*微软建议用 DNS 实现 Windows 名称解析，而不是部署 WINS。*

7.2.3　配置示例

这个配置示例的拓扑如图 7-5 所示。

例 7-1 所示为如何把 R1 配置成为 LAN 192.168.10.0/24 的 DHCPv4 服务器。

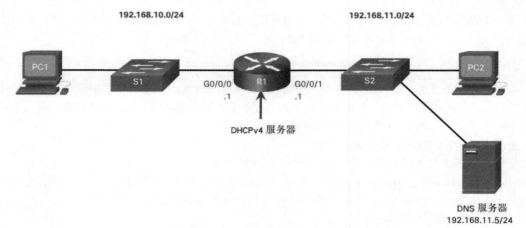

图 7-5 思科 IOS DHCPv4 服务器拓扑

例 7-1 R1 的思科 IOS DHCPv4 服务器配置

```
R1(config)# ip dhcp excluded-address 192.168.10.1 192.168.10.9
R1(config)# ip dhcp excluded-address 192.168.10.254
R1(config)# ip dhcp pool LAN-POOL-1
R1(dhcp-config)# network 192.168.10.0 255.255.255.0
R1(dhcp-config)# default-router 192.168.10.1
R1(dhcp-config)# dns-server 192.168.11.5
R1(dhcp-config)# domain-name example.com
R1(dhcp-config)# end
R1#
```

7.2.4 DHCPv4 验证命令

表 7-2 中的命令用来验证思科 IOS DHCPv4 服务器是否运行正常。

表 7-2 DHCPv4 验证命令

命令	描述
show running-config | section dhcp	显示路由器上配置的 DHCPv4 命令
show ip dhcp binding	显示由 DHCPv4 服务提供的所有 IPv4 地址与 MAC 地址绑定关系的列表
show ip dhcp server statistics	显示与 DHCPv4 消息的发送和接收数量有关的统计信息

7.2.5 验证 DHCPv4 是否工作正常

可以使用多个命令来验证 DHCPv4 是否工作正常。

验证 DHCPv4 配置

如例 7-2 所示,**show running-config** | **section dhcp** 命令的输出信息显示了配置在 R1 上的 DHCPv4 命令。| **section** 参数只显示了与 DHCPv4 配置有关的命令。

例 7-2　验证 DHCPv4 配置

```
R1# show running-config | section dhcp
ip dhcp excluded-address 192.168.10.1 192.168.10.9
ip dhcp excluded-address 192.168.10.254
ip dhcp pool LAN-POOL-1
 network 192.168.10.0 255.255.255.0
 default-router 192.168.10.1
 dns-server 192.168.11.5
 domain-name example.com
```

验证 DHCPv4 绑定信息

如例 7-3 所示，可以使用 **show ip dhcp binding** 命令验证 DHCPv4 的运行情况。该命令显示 DHCPv4 服务所提供的所有 IPv4 地址与 MAC 地址绑定关系的列表。

例 7-3　验证 DHCPv4 绑定

```
R1# show ip dhcp binding
Bindings from all pools not associated with VRF:
IP address      Client-ID/          Lease expiration    Type       State     Interface
                Hardware address/
                User name
192.168.10.10 0100.5056.b3ed.d8   Sep 15 2019 8:42 AM  Automatic Active
  GigabitEthernet0/0/0
```

验证 DHCPv4 统计数据

如例 7-4 所示，**show ip dhcp server statistics** 命令可以验证路由器正在接收或发送的消息。该命令显示与 DHCPv4 消息的发送和接收数量有关的统计信息。

例 7-4　验证 DHCPv4 统计信息

```
R1# show ip dhcp server statistics
Memory usage            19465
Address pools           1
Database agents         0
Automatic bindings      2
Manual bindings         0
Expired bindings        0
Malformed messages      0
Secure arp entries      0
Renew messages          0
Workspace timeouts      0
Static routes           0
Relay bindings          0
Relay bindings active       0
Relay bindings terminated   0
Relay bindings selecting    0
Message                 Received
BOOTREQUEST             0
DHCPDISCOVER            4
DHCPREQUEST             2
```

```
DHCPDECLINE           0
DHCPRELEASE           0
DHCPINFORM            0
```

验证接收到 IPv4 编址信息的 DHCPv4 客户端

如例 7-5 所示，在 PC1 上输入 **ipconfig /all** 命令可以显示 TCP/IP 参数。由于 PC1 连接到网段 192.168.10.0/24，因此，它会自动从该地址池接收 DNS 后缀、IPv4 地址、子网掩码、默认网关和 DNS 服务器地址。不需要在路由器接口进行特定的 DHCP 配置，如果 PC 连接到包含可用 DHCPv4 池的网段，该 PC 就能从相应的池中自动获取 IPv4 地址。

例 7-5 验证 DHCPv4 客户端配置

```
C:\Users\Student> ipconfig /all
Windows IP Configuration
    Host Name . . . . . . . . . . . . : ciscolab
    Primary Dns Suffix  . . . . . . . :
    Node Type . . . . . . . . . . . . : Hybrid
    IP Routing Enabled. . . . . . . . : No
    WINS Proxy Enabled. . . . . . . . : No
Ethernet adapter Ethernet0:
    Connection-specific DNS Suffix  . : example.com
    Description . . . . . . . . . . . : Realtek PCIe GBE Family Controller
    Physical Address. . . . . . . . . : 00-05-9A-3C-7A-00
    DHCP Enabled. . . . . . . . . . . : Yes
    Autoconfiguration Enabled . . . . : Yes
    IPv4 Address. . . . . . . . . . . : 192.168.10.10
    Subnet Mask . . . . . . . . . . . : 255.255.255.0
    Lease Obtained. . . . . . . . . . : Saturday, September 14, 2019 8:42:22AM
    Lease Expires . . . . . . . . . . : Sunday, September 15, 2019 8:42:22AM
    Default Gateway . . . . . . . . . : 192.168.10.1
    DHCP Server . . . . . . . . . . . : 192.168.10.1
    DNS Servers . . . . . . . . . . . : 192.168.11.5
```

7.2.6 禁用思科 IOS DHCPv4 服务器

DHCPv4 服务默认是启用的。可使用全局配置模式命令 **no service dhcp** 来禁用这个服务。使用全局配置模式命令 **service dhcp** 可以重新启用 DHCPv4 服务器进程，如例 7-6 所示。如果没有配置参数，则启用服务不会有效果。

例 7-6 禁用并重新启用 DHCPv4 服务

```
R1(config)# no service dhcp
R1(config)# service dhcp
R1(config)#
```

注　意　　清除 DHCP 绑定列表或停止并重新启动 DHCP 服务可能会导致在网络上临时分配重复的 IPv4 地址。

7.2.7　DHCPv4 转发

在复杂的分层网络中，企业服务器通常位于网络的中心位置。这些服务器可为网络提供 DHCP、DNS、TFTP 和 FTP 服务。网络客户端通常不会与些服务器处于同一个子网中。为了定位服务器并接收服务，客户端通常使用广播消息。

在图 7-6 中，PC1 正在尝试使用广播消息从 DHCPv4 服务器获取 IPv4 地址。在这个场景中，路由器 R1 没有配置为 DHCPv4 服务器，而且也不会转发广播。由于 DHCPv4 服务器位于不同的网络上，因此 PC1 不能使用 DHCP 接收 IP 地址。必须配置 R1，使其将 DHCPv4 消息转发（relay）给 DHCPv4 服务器。

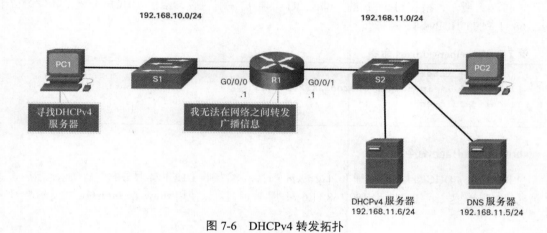

图 7-6　DHCPv4 转发拓扑

在该场景中，网络管理员正在尝试续订 PC1 的 IPv4 地址信息。管理员可以使用以下命令来解决该问题。

ipconfig /release 命令

PC1 是一台 Windows 计算机。网络管理员使用 **ipconfig /release** 命令释放了所有当前的 IPv4 编址信息，如例 7-7 所示。请注意，IPv4 地址已经释放，目前未显示任何地址。

例 7-7　ipconfig /release 命令

```
C:\Users\Student> ipconfig /release
Windows IP Configuration
Ethernet adapter Ethernet0:
    Connection-specific DNS Suffix  . :
    Default Gateway . . . . . . . . . :
```

ipconfig /renew 命令

接下来，网络管理员尝试使用 **ipconfig /renew** 命令来更新 IPv4 编址信息，如例 7-8 所示。该命令使 PC1 广播 DHCPDISCOVER 消息。输出显示 PC1 无法定位 DHCPv4 服务器。由于路由器不转发广播消息，因此请求未成功。

网络管理员可以在 R1 上为所有子网添加 DHCPv4 服务器。但是，这会增加额外的成本，提升管理难度。

例 7-8　**ipconfig /renew 命令**

```
C:\Users\Student> ipconfig /renew
Windows IP Configuration
An error occurred while renewing interface Ethernet0 : unable to connect to your
  DHCP server. Request has timed out.
```

ip helper-address 命令

更好的解决方案是使用 **ip helper-address** *address* 接口配置命令来配置 R1。这可以为 R1 配置一个思科 IOS 帮助地址（helper address）。这样一来，R1 可以把 DHCPv4 广播消息转发给 DHCPv4 服务器。

如例 7-9 所示，接收到 PC1 的广播的 R1 的接口在配置后，会把 DHCPv4 地址转发给位于 192.168.11.6 的 DHCPv4 服务器。

例 7-9　**ip helper-address 命令**

```
R1(config)# interface g0/0/0
R1(config-if)# ip helper-address 192.168.11.6
R1(config-if)# end
R1#
```

show ip interface 命令

当 R1 配置为 DHCPv4 转发代理（relay agent）时，它会接收 DHCPv4 服务的广播请求，然后将这些请求作为单播转发至 IPv4 地址 192.168.11.6。网络管理员可以使用 **show ip interface** 命令来验证配置，如例 7-10 所示。

例 7-10　**show ip interface 命令**

```
R1# show ip interface g0/0/0
GigabitEthernet0/0/0 is up, line protocol is up
  Internet address is 192.168.10.1/24
  Broadcast address is 255.255.255.255
  Address determined by setup command
  MTU is 1500 bytes
  Helper address is 192.168.11.6
(output omitted)
```

ipconfig /all 命令

如例 7-11 所示，PC1 现在能够从 DHCPv4 服务器获取 IPv4 地址了，这可以通过 **ipconfig /all** 命令进行验证。

例 7-11　**ipconfig /all 命令**

```
C:\Users\Student> ipconfig /all
Windows IP Configuration

Ethernet adapter Ethernet0:
    Connection-specific DNS Suffix  . : example.com
    IPv4 Address. . . . . . . . . . . : 192.168.10.10
    Subnet Mask . . . . . . . . . . . : 255.255.255.0
    Default Gateway . . . . . . . . . : 192.168.10.1
(output omitted)
```

7.2.8 其他转发广播的服务

DHCPv4 并不是唯一一种可通过配置路由器来进行转发的服务。默认情况下，**ip helper-address** 命令会转发以下 8 项 UDP 服务。

- 端口 37：时间服务。
- 端口 49：TACACS。
- 端口 53：DNS。
- 端口 67：DHCP/BOOTP 服务器。
- 端口 68：DHCP/BOOTP 客户端。
- 端口 69：TFTP。
- 端口 137：NetBIOS 名称服务。
- 端口 138：NetBIOS 数据报服务。

7.3 配置 DHCPv4 客户端

在本节中，您将学习如何将路由器配置为 DHCPv4 客户端。

7.3.1 思科路由器充当 DHCPv4 客户端

在有些场景下，您可能需要通过 ISP 访问 DHCP 服务器。这时，可以把思科 IOS 路由器配置为 DHCPv4 客户端。本节会介绍这个配置流程。

有时，SOHO 和分支站点中的思科路由器需要配置为 DHCPv4 客户端，让它们扮演与客户端计算机类似的角色。所用的方法取决于 ISP。但是，最简单的配置是使用以太网接口来连接电缆或 DSL 调制解调器。

要将以太网接口配置为 DHCP 客户端，可使用接口配置模式命令 **ip address dhcp**。

在图 7-7 中，ISP 已经经过配置，在使用 **ip address dhcp** 命令配置了 G0/0/1 接口之后，ISP 就可以为选定的客户提供 209.165.201.0/27 网络范围内的 IP 地址了。

图 7-7 路由器作为 DHCPv4 客户端的拓扑

7.3.2 配置示例

要将以太网接口配置为 DHCP 客户端，可使用接口配置模式命令 **ip address dhcp**，如例 7-12 所示。该配置假定 ISP 已经配置为可以为选定客户提供 IPv4 编址信息。

例 7-12 路由器充当 DHCPv4 客户端的配置

```
SOHO(config)# interface G0/0/1
SOHO(config-if)# ip address dhcp
```

```
SOHO(config-if)# no shutdown
Sep 12 10:01:25.773: %DHCP-6-ADDRESS_ASSIGN: Interface GigabitEthernet0/0/1
  assigned DHCP address 209.165.201.12, mask 255.255.255.224, hostname SOHO
```

执行 **show ip interface g0/0/1** 命令后，可确认这个接口已经启动（up），且通过 DHCPv4 服务器分配了地址，如例 7-13 所示。

例 7-13　验证路由器是否接收到 IPv4 编址信息

```
SOHO# show ip interface g0/0/1
GigabitEthernet0/0/1 is up, line protocol is up
  Internet address is 209.165.201.12/27
  Broadcast address is 255.255.255.255
  Address determined by DHCP
(output omitted)
```

7.3.3　家用路由器充当 DHCPv4 客户端

家用路由器通常都会设置为自动从 ISP 接收 IPv4 编址信息。这样一来，客户可以轻松地设置路由器并连接到互联网。

例如，图 7-8 显示了 Packet Tracer 无线路由器的 WAN 设置页面。请注意，互联网连接类型被设置为 **Automatic Configuration - DHCP**。当路由器连接到 DSL 或电缆调制解调器并且充当 DHCPv4 客户端，并从 ISP 请求 IPv4 地址时，将使用该选项。

各个厂商推出的家用路由器都有类似的设置。

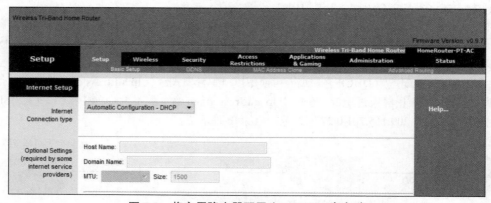

图 7-8　将家用路由器配置为 DHCPv4 客户端

7.4　总结

DHCPv4 的概念

DHCPv4 服务器动态地从地址池中分配或出租 IPv4 地址，使用期限为服务器选择的一段有限的时间，或者直到客户端不再需要该地址为止。当客户端发送消息来请求 DHC 服务器的服务时，DHCPv4

租用流程开始。如果有一台 DCHPv4 服务器收到消息，它将使用 IPv4 地址和其他可能的网络配置信息进行响应。客户端必须定期联系 DHCP 服务器以续展租期。这种租用机制确保移动或关机的客户端不保留它们不再需要的地址。当客户端启动（或者要加入网络）时，它就会开始执行下面 4 个步骤来租用地址。具体来说，客户端使用 DHCPDISCOVER、DHCPOFFER、DHCPREQUEST 和 DHCPACK 消息从 DHCPv4 服务器获得其 IP 编址信息。

配置思科 IOS DHCPv4 服务器

可以将运行思科 IOS 软件的思科路由器配置为 DHCPv4 服务器。使用以下步骤可配置思科 IOS DHCPv4 服务器：排除 IPv4 地址；定义 DHCPv4 地址池的名称；配置 DHCPv4 地址池。使用 **show running-config | section dhcp**、**show ip dhcp binding** 和 **show ip dhcp server statistics** 命令可验证配置。DHCPv4 服务默认是启用的。可使用全局配置模式命令 **no service dhcp** 来禁用这个服务。在复杂的分层网络中，企业服务器通常位于网络的中心位置。这些服务器可为网络提供 DHCP、DNS、TFTP 和 FTP 服务。网络客户端通常不会与些服务器处于同一个子网中。为了定位服务器并接收服务，客户端通常使用广播消息。PC 尝试使用广播消息从 DHCPv4 服务器获取 IPv4 地址。如果路由器没有配置为 DHCPv4 服务器，它将不会转发广播。由于 DHCPv4 服务器位于不同的网络上，PC 不能使用 DHCP 接收 IP 地址。路由器必须被配置为将 DHCPv4 消息转发（relay）给 DHCPv4 服务器。网络管理员可以使用 **ipconfig /release** 命令释放所有当前的 IPv4 编址信息。接下来，网络管理员尝试使用 **ipconfig /renew** 命令来更新 IPv4 编址信息。一个更好的解决方案是使用 **ip helper-address** *address* 接口配置命令来配置路由器。网络管理员可以使用 **show ip interface** 命令来验证配置。PC 现在能够从 DHCPv4 服务器获取 IPv4 地址了，这可以通过 **ipconfig /all** 命令进行验证。默认情况下，**ip helper-address** 命令会转发以下 8 项 UDP 服务。

- 端口 37：时间服务。
- 端口 49：TACACS。
- 端口 53：DNS。
- 端口 67：DHCP/BOOTP 服务器。
- 端口 68：DHCP/BOOTP 客户端。
- 端口 69：TFTP。
- 端口 137：NetBIOS 名称服务。
- 端口 138：NetBIOS 数据报服务。

配置 DHCPv4 客户端

使用以太网接口来连接电缆或 DSL 调制解调器。要将以太网接口配置为 DHCP 客户端，可使用接口配置模式命令 **ip address dhcp**。家用路由器通常都会设置为自动从 ISP 接收 IPv4 编址信息。互联网连接类型被设置为 Automatic Configuration - DHCP。当路由器连接到 DSL 或电缆调制解调器并且充当 DHCPv4 客户端，并从 ISP 请求 IPv4 地址时，将使用该选项。

复习题

完成这里列出的所有复习题，可以测试您对本章内容的理解。附录列出了答案。

1. 客户端将发送哪个 DHCPv4 消息来接受由 DHCP 服务器提供的 IPv4 地址？

　A.　广播 DHCPACK　　　　　　　　　　B.　广播 DHCPREQUEST

C. 单播 DHCPACK   D. 单播 DHCPREQUEST

2. 在 DHCPv4 进程期间，为什么以广播的形式来发送 DHCPREQUEST 消息？
   A. 让其他子网上的主机接收信息
   B. 让路由器用这些新信息填充路由表
   C. 通知子网上的其他 DHCP 服务器"IPv4 地址已租用"
   D. 通知其他主机不要请求相同的 IPv4 地址

3. 向发出地址请求的客户端发送 DHCPv4 消息时，DHCPv4 服务器的目的地址是哪个？
   A. 广播 MAC 地址   B. 客户端 MAC 地址
   C. 客户端 IPv4 地址   D. 网关 IPv4 地址

4. 当 DHCPv4 客户端的租约即将到期时，客户端向 DHCP 服务器发送的消息是什么？
   A. DHCPACK   B. DHCPDISCOVER
   C. DHCPOFER   D. DHCPREQUEST

5. 将思科路由器配置为转发（relay）代理的优势是什么？
   A. 可以代表客户端转发广播和组播消息
   B. 可以为多个 UDP 服务提供转发服务
   C. 可以减少 DHCP 服务器的响应时间
   D. 允许 DHCPDISCOVER 消息在不进行更改的情况下传递

6. 管理员在接口 G0/0/1 上执行 **ip address dhcp** 命令。他想要达到什么目的？
   A. 将路由器配置为 DHCPv4 服务器
   B. 将路由器配置为转发
   C. 将路由器配置为从 DHCPv4 服务器获取 IPv4 参数
   D. 配置路由器以解决 IPv4 地址冲突

7. 在哪两种情况下路由器通常被配置为 DHCPv4 客户端？（选择两项）
   A. 管理员需要路由器充当转发代理
   B. 这是 ISP 的要求
   C. 路由器有一个固定的 IPv4 地址
   D. 将路由器将用作 SOHO 网关
   E. 路由器用来向主机提供 IPv4 地址

8. LAN 10.10.100.0/24 上的主机未被地址为 10.10.200.10/24 的企业 DHCP 服务器分配 IPv4 地址。网络工程师解决这个问题的最佳方法是什么？
   A. 在 LAN 10.10.100.0/24 网关路由器上的 DHCP 配置提示符下执行 **default router 10.10.200.10** 命令
   B. 在作为 10.10.200.0/24 网关的路由器接口上执行 **ip helper-address 10.10.100.0** 命令
   C. 在作为 10.10.100.0/24 网关的路由器接口上执行 **ip helper-address 10.10.200.10** 命令
   D. 在 LAN 10.10.100.0/24 网关路由器的 DHCP 配置提示符下执行 **network 10.10.200.0 255.255.255.0** 命令

9. **ip dhcp excluded-address10.10.4.1 10.10.4.5** 命令实现了什么功能？
   A. DHCP 服务器将忽略来自 IPv4 地址为 10.10.4.1～10.10.4.5 的客户端的所有流量
   B. DHCP 服务器不会分配 10.10.4.1～10.10.4.5 的 IPv4 地址
   C. 发送到 10.10.4.1～10.10.4.5 的流量将被拒绝
   D. 来自 IPv4 地址为 10.10.4.1～10.10.4.5 的客户端的流量将被拒绝

10. 哪个 Windows 命令组合能使 DHCPv4 客户端恢复其 IPv4 配置？
    A. 输入 **ip config /release**，然后输入 **ip config /autonegotiate**

B. 输入 **ip config /release**，然后输入 **ip config /renew**

C. 输入 **ipconfig /release**，然后输入 **ipconfig /autonegotiate**

D. 输入 **ipconfig /release**，然后输入 **ipconfig /renew**

11. 在 R1 上执行哪个命令可验证当前 IPv4 地址和 MAC 地址的绑定？

A. R1# **show ip dhcp binding**

B. R1# **show ip dhcp pool**

C. R1#**show ip dhcp server statistics**

D. R1#**show running-config | section dhcp**

12. 关于 DHCP 操作的描述，下面哪项是正确的？

A. 在发送新的 DHCPREQUEST 消息之前，DHCP 客户端必须等待租约到期

B. 如果 DHCP 客户端从不同的服务器接收到多个 DHCPOFFER 消息，它将向选定的服务器发送单播 DHCPACK 消息

C. DHCPDISCOVER 消息包含要分配的 IPv4 地址和子网掩码、DNS 服务器的 IPv4 地址和默认网关的 IPv4 地址

D. 当 DHCP 客户端启动时，它会广播 DHCPDISCOVER 消息以标识网络上可用的 DHCP 服务器

第 8 章

SLAAC 和 DHCPv6

学习目标

通过完成本章的学习，您将能够回答下列问题：

- IPv6 主机如何获取其 IPv6 配置；
- SLAAC 如何运行；
- DHCPv6 如何运行；
- 如何配置有状态和无状态 DHCPv6 服务器。

SLAAC（无状态地址自动配置，Stateless Address Autoconfiguration）和 DHCPv6 是 IPv6 网络的动态编址协议。因此，只需少量配置就可以大大简化网络管理员的工作。在本章中，您将学习如何使用 SLAAC 让主机创建自己的 IPv6 全局单播地址，以及如何把思科 IOS 路由器配置为 DHCPv6 服务器、DHCPv6 客户端或 DHCPv6 转发代理。

8.1 IPv6 GUA 分配

在本节中，您将了解 DHCPv6 的工作方式。

8.1.1 IPv6 主机配置

首先，在学习使用 SLAAC 或 DHCPv6 之前，我们先回顾一下 IPv6 全局单播地址（Global Unicast Address，GUA）和链路本地地址（Link-Local Address，LLA）。本节会介绍这两项内容。

在路由器上，可以使用接口配置命令 **ipv6 address** *ipv6-address/prefix-length* 手动配置 IPv6 GUA。也可以手动配置 Windows 主机的 IPv6 GUA 地址，如图 8-1 所示。

手动输入 IPv6 GUA 可能非常消耗时间，并且也更容易出错。因此，大多数 Windows 主机都会动态获取 IPv6 GUA 配置，如图 8-2 所示。

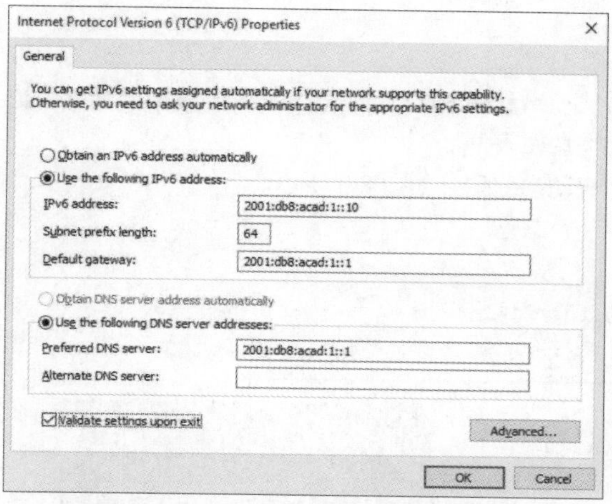

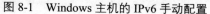

图 8-1　Windows 主机的 IPv6 手动配置 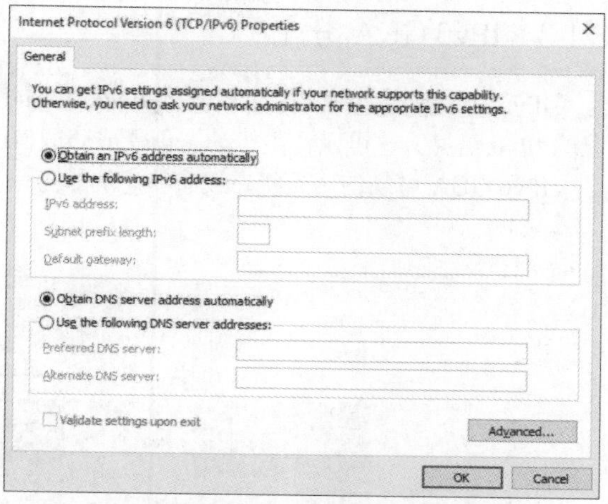　　　　图 8-2　Windows 主机的 IPv6 自动配置

8.1.2　IPv6 主机的链路本地地址

选择自动 IPv6 编址后，主机将尝试使用互联网控制消息协议版本 6（ICMPv6）消息在接口上自动获取和配置 IPv6 地址信息。具体来说，与主机位于同一链路且启用了 IPv6 的路由器会发出 ICMPv6 路由器通告（Router Advertisement，RA）消息，向主机建议它们应如何获取其 IPv6 编址信息。

主机启动且以太网接口处于活动状态时，主机会自动创建 IPv6 链路本地地址。例 8-1 中的 **ipconfig** 输出信息显示了一个接口上自动生成的链路本地地址（LLA）。

例 8-1　查看 Windows 主机的 IPv6 链路本地地址

```
C:\PC1> ipconfig
Windows IP Configuration
Ethernet adapter Ethernet0:
    Connection-specific DNS Suffix  . :
    IPv6 Address. . . . . . . . . . . :
    Link-local IPv6 Address . . . . . : fe80::fb:1d54:839f:f595%21
    IPv4 Address. . . . . . . . . . . : 169.254.202.140
    Subnet Mask . . . . . . . . . . . : 255.255.0.0
    Default Gateway . . . . . . . . . :
C:\PC1>
```

在例 8-1 中，注意接口上没有 IPv6 GUA。原因是在本例中，该网段没有路由器为主机提供网络配置信息，或者主机没有配置静态 IPv6 地址。

注　意　主机操作系统在显示链路本地地址时，有时会附带 "%" 和一个数字。这个数字称为区域 ID 或范围 ID。操作系统使用它将 LLA 与特定接口进行关联。

8.1.3 IPv6 GUA 分配

IPv6 在设计上就简化了主机获取 IPv6 配置的方式。默认情况下，启用了 IPv6 的路由器会通告自己的 IPv6 信息。这可以让主机动态创建或获取自己的 IPv6 配置。

IPv6 GUA 可以使用无状态或有状态的服务来完成动态分配，如图 8-3 所示。

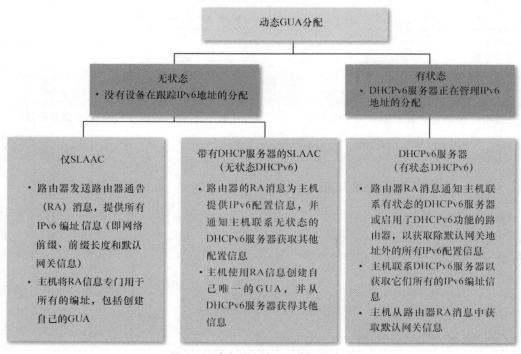

图 8-3 动态 IPv6 GUA 分配的方法

8.1.4 RA 消息中的 3 个标记

客户端如何获取 IPv6 GUA 地址取决于 RA 消息中的设置。

ICMPv6 RA 消息中包含了 3 个标记，用于标识主机可用的动态可选项，如下所示。

- **A 标记**：这是地址自动配置标记。使用无状态地址自动配置（SLAAC）来创建 IPv6 GUA。
- **O 标记**：这是其他配置（Other Configuration）标记。其他信息可以从无状态的 DHCPv6 服务器那里获取。
- **M 标记**：这是被管理地址配置（Managed Address Configuration）标记。使用有状态的 DHCPv6 服务器获取 IPv6 GUA。

这里的所有无状态和有状态方法都使用 ICMPv6 RA 消息向主机建议如何创建或获取其 IPv6 配置。尽管主机操作系统遵循 RA 的建议，但实际决定最终取决于主机。

RA 消息可以使用 A、O 和 M 标记的不同组合，来通知主机可用的动态可选项。

图 8-4 对这 3 种方法进行了说明。

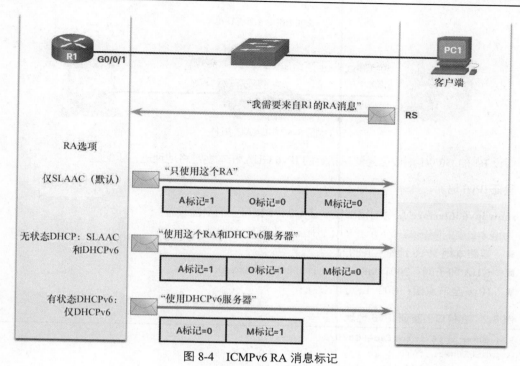

图 8-4 ICMPv6 RA 消息标记

8.2 SLAAC

在本节中，您将了解如何配置 SLAAC。

8.2.1 SLAAC 概述

并不是每个网络都有或都需要访问 DHCPv6 服务器。但 IPv6 网络中的每台设备都需要 GUA。SLAA 方法可以让主机在没有 DHCPv6 服务器提供服务的情况下，创建出自己唯一的 IPv6 GUA。

SLAAC 是一种无状态的服务。这意味着没有服务器可以维护网络地址信息，以了解哪些 IPv6 地址正在使用，以及哪些 IPv6 地址可用。

SLAAC 会使用 ICMPv6 RA 消息来提供通常原本由 DHCP 服务器提供的地址信息和其他配置信息。主机会根据 RA 中发送的信息来配置自己的 IPv6 地址。RA 消息由 IPv6 路由器每 200s 发送一次。

主机还可以发送路由器请求（Router Solicitation，RS）消息，以请求启用了 IPv6 的路由器向主机发送 RA。

SLAAC 可以单独部署，也可以和 DHCPv6 一起部署。

8.2.2 启用 SLAAC

请参考图 8-5 中的拓扑来了解如何启用 SLAAC，以提供无状态的动态 GUA 分配。

图 8-5　SLAAC 拓扑

假设 R1 的 G0/0/1 端口已经使用指定的 IPv6 GUA 和本地链路地址进行了配置。

验证 IPv6 地址

show ipv6 interface 命令的输出显示了 G0/0/1 接口上的当前设置。

如例 8-2 中的阴影部分所示，R1 已分配了以下 IPv6 地址。

- **链路本地 IPv6 地址**：fe80::1。
- **GUA 和子网**：2001:db8:acad:1::1 和 2001:db8:acad:1:/64。
- **IPv6 全节点组**：ff02::1。

例 8-2　在接口上验证 IPv6 地址

```
R1# show ipv6 interface G0/0/1
GigabitEthernet0/0/1 is up, line protocol is up
  IPv6 is enabled, link-local address is FE80::1
  No Virtual link-local address(es):
  Description: Link to LAN
  Global unicast address(es):
    2001:DB8:ACAD:1::1, subnet is 2001:DB8:ACAD:1::/64
  Joined group address(es):
    FF02::1
    FF02::1:FF00:1
(output omitted)
R1#
```

启用 IPv6 路由

尽管路由器接口具有 IPv6 配置，但由于它尚未启用，因此还无法使用 SLAAC 向主机发送包含地址配置信息的 RA。

若要启用 RA 消息的发送，路由器必须使用 **ipv6 unicast-routing** 全局配置命令加入 IPv6 全路由器组，如例 8-3 所示。

例 8-3　启用 IPv6 路由的全局命令

```
R1(config)# ipv6 unicast-routing
R1(config)# exit
R1#
```

验证 SLAAC 是否已启用

IPv6 全路由器组对 IPv6 组播地址 ff02::2 进行响应。可以使用 **show ipv6 interface** 命令验证路由器是否已启用，如例 8-4 所示。

启用了 IPv6 的思科路由器每 200s 向 IPv6 全节点组播地址 ff02::1 发送 RA 消息。

例 8-4 验证 SLAAC 是否已在接口上启用

```
R1# show ipv6 interface G0/0/1 | section Joined
  Joined group address(es):
    FF02::1
    FF02::2
    FF02::1:FF00:1
R1#
```

8.2.3 仅 SLAAC 的方法

如果配置了 **ipv6 unicast-routing** 命令，那么设备默认会启用仅 SLAAC 的方法。所有配置了 IPv6 GUA 且已启用的以太网接口将开始发送 RA 消息，消息中的 A 标记被设置为 1，而 O 和 M 标记则被设置为 0，如图 8-6 所示。

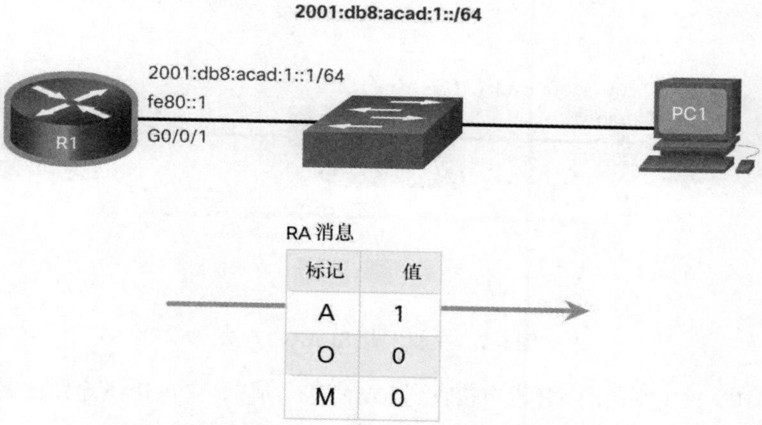

图 8-6 仅 SLAAC 的方法拓扑：将 A 标记设置为 1

A 标记设置为 1 时，将建议客户端使用 RA 中通告的前缀来创建自己的 IPv6 GUA。客户端可以使用扩展唯一标识符（EUI-64）方法或随机生成的数字来创建自己的接口 ID。

O 标记和 M 标记设置为 0 时，将要求客户端仅使用 RA 消息中的信息。这个 RA 消息中包含前缀、前缀长度、DNS 服务器、MTU 和默认网关信息。DHCPv6 服务器不会再提供其他的可用信息。

在例 8-5 中，PC1 被配置会自动获取自己的 IPv6 地址信息。由于 A、O 和 M 标记的设置，PC1 只会使用 R1 发送的 RA 消息中所包含的信息来执行仅 SLAAC 的方法。

默认网关地址是 RA 消息的源 IPv6 地址，即 R1 的 LLA。默认网关地址只能从 RA 消息中自动获取。DHCPv6 服务器不会提供这种信息。

例 8-5 验证从 SLAAC 接收的 Windows 主机的 IPv6 地址

```
C:\PC1> ipconfig
Windows IP Configuration
Ethernet adapter Ethernet0:
    Connection-specific DNS Suffix  . :
    IPv6 Address. . . . . . . . . . . : 2001:db8:acad:1:1de9:c69:73ee:ca8c
    Link-local IPv6 Address . . . . . : fe80::fb:1d54:839f:f595%21
    IPv4 Address. . . . . . . . . . . : 169.254.202.140
    Subnet Mask . . . . . . . . . . . : 255.255.0.0
```

```
         Default Gateway . . . . . . . . . : fe80::1%6
C:\PC1>
```

8.2.4 ICMPv6 RS 消息

路由器会每 200s 发送一次 RA 消息。但是，如果从主机那里接收到了 RS 消息，路由器也会发送 RA 消息。

当客户端配置为自动获取地址信息时，它就会向 IPv6 全路由器组播地址 ff02::2 发送一条 RS 消息。图 8-7 所示为主机发起 SLAAC 方法的方法。

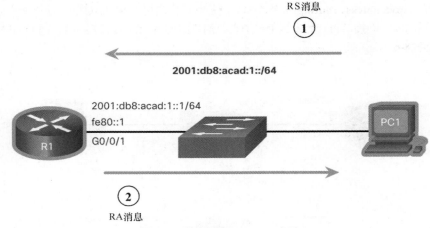

图 8-7 主机发起 SLAAC 方法

1. 在图 8-7 中，PC1 刚启动，还没有接收到 RA 消息。所以，它向 IPv6 全路由器组播地址 ff02::2 发送一条 RS 消息来请求 RA。

2. R1 已经加入到 IPv6 全路由器组播组中，因此接收到这条 RS 消息。它生成一个包含本地网络前缀和前缀长度（即 2001:db8:acad:1::/64）的 RA。接下来，它会向 IPv6 全节点组播地址 ff02::1 发送 RA 消息。PC1 会使用该信息来创建唯一的 IPv6 GUA。

8.2.5 主机生成接口 ID 的过程

在使用 SLAAC 时，主机一般会从路由器 RA 中获取自己的 64 位 IPv6 子网信息。但是，它必须使用以下两种方法之一生成剩余的 64 位接口标识符（ID）。

- **随机生成：** 这个 64 位的接口 ID 可以由客户端操作系统随机生成。这是 Windows 10 主机目前正在使用的方法。
- **EUI-64：** 主机使用其 48 位的 MAC 地址创建接口 ID，并在地址中间插入十六进制值 fffe。EUI-64 将翻转这个数值的第 7 位，这将修改这个值的第二个十六进制数。由于隐私问题，有些操作系统默认会使用随机生成的接口 ID，而不使用 EUI-64 方法。这是因为 EUI-64 会使用主机的以太网 MAC 地址来创建接口 ID。

注　意　Windows、Linux 和 Mac 操作系统允许用户随机生成接口 ID，或使用 EUI-64 来生成接口 ID。

例如，在下面的 **ipconfig** 输出中，Windows 10 PC1 主机使用了 R1 RA 中包含的 IPv6 子网信息，并随机生成了一个 64 位的接口 ID，如例 8-6 中的阴影部分所示。

例 8-6　验证 Windows 主机随机生成的接口 ID

```
C:\PC1> ipconfig
Windows IP Configuration
Ethernet adapter Ethernet0:j
   Connection-specific DNS Suffix   . :
   IPv6 Address. . . . . . . . . . . : 2001:db8:acad:1:1de9:c69:73ee:ca8c
   Link-local IPv6 Address . . . . . : fe80::fb:1d54:839f:f595%21
   IPv4 Address. . . . . . . . . . . : 169.254.202.140
   Subnet Mask . . . . . . . . . . . : 255.255.0.0
   Default Gateway . . . . . . . . . : fe80::1%6
C:\PC1>
```

8.2.6　重复地址检测

主机生成接口 ID 的过程可以让主机创建一个 IPv6 地址，但却不能保证这个地址在网络上是唯一的。

因为 SLAAC 是无状态的过程，所以主机可以首先验证这个新创建的 IPv6 地址是否唯一，在确定唯一后才能使用。主机会使用重复地址检测（Duplicate Address Detection，DAD）来确保这个 IPv6 GUA 是唯一的。

DAD 是使用 ICMPv6 实现的。要执行 DAD，主机会发送一条 ICMPv6 邻居请求（NS）消息，该消息包含一个特殊构造的组播地址，这个地址称为请求节点组播地址。这个地址会复制主机的最后 24 位 IPv6 地址。

如果没有其他设备回应邻居通告（NA）消息，这个地址实际上就是唯一的，可以由这台主机使用。如果主机接收到了 NA，这个地址就不是唯一的，操作系统就需要确定要使用的新接口 ID。

互联网工程任务组（IETF）建议对所有 IPv6 单播地址执行 DAD，无论这个地址是使用仅 SLAAC 的方法创建的、使用有状态的 DHCPv6 获取的，还是手动配置的。DAD 不是强制执行的，因为 64 位的接口 ID 提供了 1800 京（1 京为 10 的 16 次方）种可能性，因此存在重复的可能性很小。但是，大多数操作系统都会对所有 IPv6 单播地址执行 DAD，无论这个地址是如何配置的。

8.3　DHCPv6

在本节中，您将了解用于中小型企业的无状态的 DHCPv6 和有状态的 DHCPv6。

8.3.1　DHCPv6 的操作步骤

本节会介绍无状态的 DHCPv6 和有状态的 DHCPv6。无状态 DHCPv6 会使用部分 SLAAC 来确保向主机提供所有必要的信息。有状态的 DHCPv6 则不需要 SLAAC。

虽然 DHCPv6 提供的功能与 DHCPv4 类似，但这两个协议是相互独立的。

注　意　　DHCPv6 在 RFC 3315 中定义。

在 RA 消息中指示了采用无状态或有状态 DHCPv6 之后，主机就会开始进行 DHCPv6 客户端/服务器通信。

服务器发送给客户端的 DHCPv6 消息使用的是 UDP 目的端口 546，而客户端发送给服务器的 DHCPv6 消息则会使用 UDP 目的端口 547。

图 8-8 中所示的 DHCPv6 操作步骤如下。

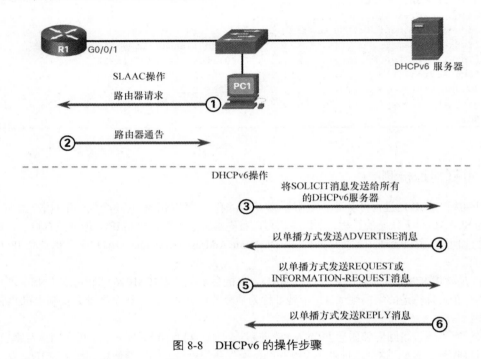

图 8-8 DHCPv6 的操作步骤

步骤 1. 主机发送 RS 消息。PC1 将 RS 消息发送到所有启用 IPv6 的路由器。

步骤 2. 路由器以 RA 消息进行响应。R1 接收 RS 并以 RA 响应，以指示客户端将发起与 DHCPv6 服务器的通信。

步骤 3. 主机发送 DHCPv6 SOLICIT 消息。客户端（现在是 DHCPv6 客户端）需要找到 DHCPv6 服务器，并将 DHCPv6 SOLICIT 消息发送到保留的 IPv6 全 DHCPv6 服务器组播地址 ff02::1:2。

该组播地址有一个链路本地作用域，这意味着路由器不会将消息转发到其他网络。

步骤 4. DHCPv6 服务器以 ADVERTISE 消息进行响应。一台或多台 DHCPv6 服务器以 DHCPv6 ADVERTISE 单播消息进行响应。ADVERTISE 消息通知 DHCPv6 客户端该服务器可用于 DHCPv6 服务。

步骤 5. 主机响应 DHCPv6 服务器。PC1 根据它使用的是有状态 DHCPv6 还是无状态 DHCPv6 进行响应。

■ **无状态 DHCPv6 客户端**：客户端使用 RA 消息中的前缀和自生成的接口 ID 来创建 IPv6 地址。然后，客户端向 DHCPv6 服务器发送 DHCPv6 INFORMATION-REQUEST 消息，以请求其他的配置参数（例如，DNS 服务器地址）。

■ **有状态 DHCPv6 客户端**：客户端向 DHCPv6 服务器发送 DHCPv6 REQUEST 消息，以获取所有必需的 IPv6 配置参数。

步骤 6. DHCPv6 服务器发送一条 REPLY 消息。服务器向客户端发送 DHCPv6 REPLY 单播消息。消息的内容会有所不同，具体取决于它是回复 REQUEST 还是 INFORMATION-REQUEST 消息。

注　意	客户端将使用 RA 的源 IPv6 链路本地地址作为其默认网关地址。DHCPv6 服务器不提供该信息。

8.3.2　无状态 DHCPv6 的工作原理

无状态 DHCPv6 会让客户端使用 RA 消息中的信息进行编址，同时从 DHCPv6 服务器获取额外的配置参数。

该过程称为无状态 DHCPv6，因为服务器不维护任何客户端状态信息（可用的和已分配的 IPv6 地址列表）。无状态 DHCPv6 服务器只提供对所有设备来说都相同的信息，比如 DNS 服务器的 IPv6 地址。

图 8-9 所示为无状态 DHCPv6 的操作。

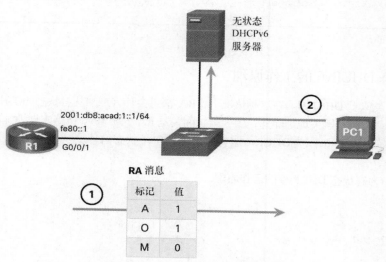

图 8-9　无状态 DHCPv6 的操作

1. 在图 8-9 中，PC1 接收到一条无状态的 DHCP RA 消息。该 RA 消息中包含了网络前缀和前缀长度。表示有状态 DHCP 的 M 标记被设置为默认值 0。标记 A 被设置为 1，用于告诉客户端使用 SLAAC。标记 O 被设置为 1，用于告知客户端，其他配置信息可以从无状态 DHCPv6 服务器获取。

2. 客户端发送一条 DHCPv6 SOLICIT 消息，查找无状态的 DHCPv6 服务器，以获取其他信息（如 DNS 服务器地址）。

8.3.3　在接口上启用无状态 DHCPv6

可以使用接口配置命令 **ipv6 nd other-config-flag** 在路由器接口上启用无状态 DHCPv6。该命令会把 O 标记设置为 1。

从例 8-7 的阴影部分可以看到，RA 会告诉接收主机使用无状态自动配置（A 标记设置为 1），并联系 DHCPv6 服务器获取其他配置信息（O 标记设置为 1）。

注　意	可以使用 **no ipv6 nd other-config-flag** 接口配置命令把接口重置为默认的仅 SLAAC 选项（O 标记设置为 0）。

例 8-7　在接口上启用无状态 DHCPv6

```
R1(config-if)# ipv6 nd other-config-flag
R1(config-if)# end
R1#
R1# show ipv6 interface g0/0/1 | begin ND
 ND DAD is enabled, number of DAD attempts: 1
 ND reachable time is 30000 milliseconds (using 30000)
 ND advertised reachable time is 0 (unspecified)
 ND advertised retransmit interval is 0 (unspecified)
 ND router advertisements are sent every 200 seconds
 ND router advertisements live for 1800 seconds
 ND advertised default router preference is Medium
 Hosts use stateless autoconfig for addresses.
 Hosts use DHCP to obtain other configuration.
R1#
```

8.3.4　有状态 DHCPv6 的工作原理

这种方式更类似于 DHCPv4。在这种情况下，RA 消息会让客户端从有状态的 DHCPv6 服务器获取所有编址信息，但默认网关地址除外，因为默认网关是 RA 的源 IPv6 链路本地地址。

这称为有状态 DHCPv6，因为 DHCPv6 服务器会维护 IPv6 状态信息。这与分配 IPv4 地址的 DHCPv4 服务器类似。

图 8-10 所示为有状态 DHCPv6 的工作原理。

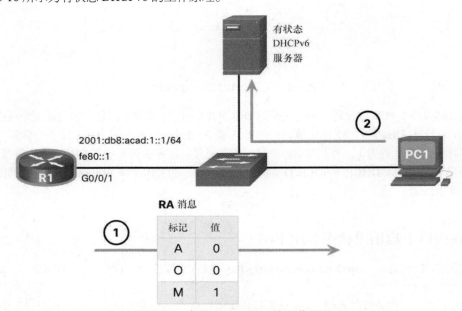

图 8-10　有状态 DHCPv6 的工作原理

1. 在图 8-10 中，PC1 收到一个 O 标记为 0、M 标记为 1 的 DHCPv6 RA 消息，表示 PC1 将从有状态的 DHCPv6 服务器接收所有的 IPv6 地址信息。
2. PC1 发送一条 DHCPv6 SOLICIT 消息，寻找有状态的 DHCPv6 服务器。

注　意　如果 A 标记为 1 且 M 标记为 1，那么某些操作系统（如 Windows）就会使用 SLAAC 创建 IPv6 地址，并从有状态的 DHCPv6 服务器获取不同的地址。在大多数情况下，建议把 A 标记手动设置为 0。

8.3.5　在接口上启用有状态的 DHCPv6

可以使用接口配置命令 **ipv6 nd managed-config-flag** 在路由器接口上启用有状态 DHCPv6。这样做会把 M 标记设置为 1。**ipv6 nd prefix default no-autoconfig** 接口命令通过把 A 标记设置为 0 来禁用 SLAAC。

从例 8-8 的阴影部分可以看到，RA 告诉主机从 DHCPv6 服务器获取所有 IPv6 的配置信息（M 标记设置为 1，A 标记设置为 0）。

例 8-8　在接口上配置和验证有状态 DHCPv6

```
R1(config)# int g0/0/1
R1(config-if)# ipv6 nd managed-config-flag
R1(config-if)# ipv6 nd prefix default no-autoconfig
R1(config-if)# end
R1#
R1# show ipv6 interface g0/0/1 | begin ND
 ND DAD is enabled, number of DAD attempts: 1
 ND reachable time is 30000 milliseconds (using 30000)
 ND advertised reachable time is 0 (unspecified)
 ND advertised retransmit interval is 0 (unspecified)
 ND router advertisements are sent every 200 seconds
 ND router advertisements live for 1800 seconds
 ND advertised default router preference is Medium
 Hosts use DHCP to obtain routable addresses.
R1#
```

8.4　配置 DHCPv6 服务器

在本节中，您将学习如何为中小型企业配置无状态 DHCPv6 和有状态 DHCPv6 服务器。

8.4.1　DHCPv6 路由器的角色

思科 IOS 路由器是强大的设备。在小型网络中，不必配备单独的设备就可以使用 DHCPv6 服务器、客户端或转发代理。通过配置，思科 IOS 路由器就可以提供 DHCPv6 服务。

具体而言，思科 IOS 路由器可以配置为下述类型。

- **DHCPv6 服务器**：路由器提供无状态或有状态的 DHCPv6 服务。
- **DHCPv6 客户端**：路由器接口从 DHCPv6 服务器获取 IPv6 配置。
- **DHCPv6 转发代理**：当客户端和服务器位于不同的网络时，路由器提供 DHCPv6 转发服务。

8.4.2 配置 DHCPv6 无状态服务器

无状态 DHCPv6 服务器要求路由器在 RA 消息中通告 IPv6 网络编址信息。但客户端必须与 DHCPv6 服务器联系以获取更多信息。

图 8-11 中的拓扑用于演示如何配置无状态 DHCPv6 服务器方法。

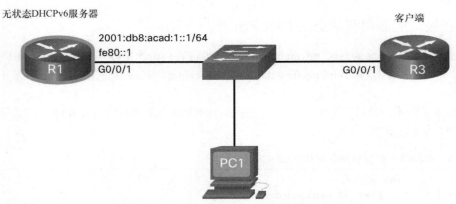

图 8-11　无状态 DHCPv6 服务器的拓扑

在该例中，R1 会提供 SLAAC 服务来配置主机的 IPv6 和 DHCPv6 服务。

把路由器配置为无状态 DHCPv6 服务器并进行验证的过程分为 5 个步骤。

步骤 1. 启用 DHCPv6 路由。启用 IPv6 路由时需要使用 **ipv6 unicast-routing** 命令，如例 8-9 所示。虽然让路由器成为无状态 DHCPv6 服务器时不需要执行这条命令，但是路由器在查找 ICMPv6 RA 消息来源时需要用到这条命令。

例 8-9　启用 IPv6 路由

```
R1(config)# ipv6 unicast-routing
R1(config)#
```

步骤 2. 定义 DHCPv6 池名称。使用 **ipv6 dhcp pool** *POOL-NAME* 全局配置命令创建 DHCPv6 池。这将进入由 Router(config-dhcpv6)# 提示符标识的 DHCPv6 池子配置模式，如例 8-10 所示。

例 8-10　定义 DHCPv6 池

```
R1(config)# ipv6 dhcp pool IPV6-STATELESS
R1(config-dhcpv6)#
```

注　意　　池名称不必为大写。但是，使用大写名称可以更容易地在配置中查看。

步骤 3. 配置 DHCPv6 池。R1 将配置为提供其他 DHCP 信息，包括 DNS 服务器地址和域名，如例 8-11 所示。

例 8-11　配置其他 DHCP 信息

```
R1(config-dhcpv6)# dns-server 2001:db8:acad:1::254
R1(config-dhcpv6)# domain-name example.com
R1(config-dhcpv6)# exit
R1(config)#
```

步骤 4. 将 DHCPv6 池绑定到接口。DHCPv6 池必须使用 **ipv6 dhcp server** *POOL-NAME* 接口配置命令绑定到接口，如例 8-12 所示。

路由器使用池中包含的信息在该接口上响应无状态 DHCPv6 请求。使用接口命令 **ipv6 nd other-config-flag** 手动将 O 标记从 0 更改为 1。在该接口上发送的 RA 消息表明，可以从无状态 DHCPv6 服务器获得其他信息。默认情况下，A 标记为 1，用于告诉客户端使用 SLAAC 创建自己的 GUA。

例 8-12 将 DHCPv6 池绑定到接口

```
R1(config)# interface GigabitEthernet0/0/1
R1(config-if)# description Link to LAN
R1(config-if)# ipv6 address fe80::1 link-local
R1(config-if)# ipv6 address 2001:db8:acad:1::1/64
R1(config-if)# ipv6 nd other-config-flag
R1(config-if)# ipv6 dhcp server IPV6-STATELESS
R1(config-if)# no shut
R1(config-if)# end
R1#
```

步骤 5. 验证主机是否收到 IPv6 编址信息。要在 Windows 主机上验证无状态 DHCP，可使用 **ipconfig /all** 命令。例 8-13 所示为 PC1 上的设置。

请注意，在输出中，PC1 使用 2001:db8:acad:1::/64 前缀创建了其 IPv6 GUA。另外，默认网关是 R1 的 IPv6 链路本地地址。这可以证实 PC1 是从 R1 的 RA 中获得了它的 IPv6 配置。

输出中的阴影部分表明，PC1 从无状态 DHCPv6 服务器学习到了域名和 DNS 服务器地址信息。

例 8-13 验证 Windows 主机是否从 DHCPv6 服务器接收到 IPv6 编址信息

```
C:\PC1> ipconfig /all
Windows IP Configuration
Ethernet adapter Ethernet0:
      Connection-specific DNS Suffix  . : example.com
      Description . . . . . . . . . . . : Intel(R) 82574L Gigabit Network Connection
      Physical Address. . . . . . . . . : 00-05-9A-3C-7A-00
      DHCP Enabled. . . . . . . . . . . : Yes
      Autoconfiguration Enabled . . . . : Yes
      IPv6 Address. . . . . . . . . . . : 2001:db8:acad:1:1dd:a2ea:66e7 Preferred)
      Link-local IPv6 Address . . . . . : fe80::fb:1d54:839f:f595%21(Preferred)
      IPv4 Address. . . . . . . . . . . : 169.254.102.23 (Preferred)
      Subnet Mask . . . . . . . . . . . : 255.255.0.0
      Default Gateway . . . . . . . . . : fe80::1%6
      DHCPv6 IAID . . . . . . . . . . . : 318768538
      DHCPv6 Client DUID. . . . . . . . : 00-01-00-01-21-F3-76-75-54-E1-AD-DE-DA-9A
      DNS Servers . . . . . . . . . . . : 2001:db8:acad:1::1
      NetBIOS over Tcpip. . . . . . . . : Enabled
C:\PC1>
```

8.4.3 配置无状态 DHCPv6 客户端

路由器也可以是 DHCPv6 客户端，并从 DHCPv6 服务器（例如充当 DHCPv6 服务器的路由器）获取 IPv6 配置。在图 8-12 中，R1 是无状态 DHCPv6 服务器。

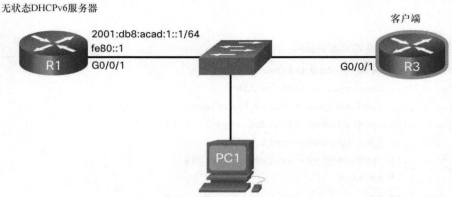

图 8-12　具有无状态 DHCPv6 客户端的拓扑

把路由器配置为无状态 DHCPv6 客户端并进行验证的过程分为 5 个步骤。

步骤 1. 启用 IPv6 路由。DHCPv6 客户端路由器需要启用 **ipv6 unicast-routing** 命令，如例 8-14 所示。

例 8-14　启用 IPv6 路由

```
R3(config)# ipv6 unicast-routing
R3(config)#
```

步骤 2. 配置客户端路由器以创建 LLA。客户端路由器需要具有链路本地地址。在配置了全局单播地址后，会在路由器接口上创建 IPv6 链路本地地址。也可以使用 **ipv6 enable** 接口配置命令在没有 GUA 的情况下创建它。思科 IOS 使用 EUI-64 创建随机接口 ID。

在例 8-15 中，在 R3 客户端路由器的 G0/0/1 接口上配置了 **ipv6 enable** 命令。

例 8-15　配置接口以创建一个 LLC

```
R3(config)# interface g0/0/1
R3(config-if)# ipv6 enable
R3(config-if)#
```

步骤 3. 将客户端路由器配置为使用 SLAAC。客户端路由器需要使用 SLAAC 创建 IPv6 配置。**ipv6 address autoconfig** 命令支持使用 SLAAC 自动配置 IPv6 地址，如例 8-16 所示。

例 8-16　配置接口以使用 SLAAC

```
R3(config-if)# ipv6 address autoconfig
R3(config-if)# end
R3#
```

步骤 4. 验证客户端路由器是否分配了 GUA。可使用 **show ipv6 interface brief** 命令验证主机配置，如例 8-17 所示。输出表明 R3 上的 G0/0/1 接口分配了有效的 GUA。

注　意　　接口可能需要几秒钟的时间来完成这个过程。

例 8-17　验证客户端路由器是否收到 GUA

```
R3# show ipv6 interface brief
GigabitEthernet0/0/0    [up/up]
    unassigned
GigabitEthernet0/0/1    [up/up]
    FE80::2FC:BAFF:FE94:29B1
    2001:DB8:ACAD:1:2FC:BAFF:FE94:29B1
Serial0/1/0            [up/up]
    unassigned
Serial0/1/1            [up/up]
    unassigned
R3#
```

步骤 5. 验证客户端路由器是否收到其他 **DHCPv6** 信息。**show ipv6 dhcp interface g0/0/1** 命令表明 DNS 和域名也是通过 R3 学习到的，如例 8-18 所示。

例 8-18　验证客户端路由器是否收到其他 IPv6 编址信息

```
R3# show ipv6 dhcp interface g0/0/1
GigabitEthernet0/0/1 is in client mode
  Prefix State is IDLE (0)
  Information refresh timer expires in 23:56:06
  Address State is IDLE
  List of known servers:
    Reachable via address: FE80::1
    DUID: 000300017079B3923640
    Preference: 0
    Configuration parameters:
      DNS server: 2001:DB8:ACAD:1::254
      Domain name: example.com
      Information refresh time: 0
  Prefix Rapid-Commit: disabled
  Address Rapid-Commit: disabled
R3#
```

8.4.4　配置有状态 DHCPv6 服务器

有状态 DHCP 服务器要求启用 IPv6 的路由器告诉主机联系 DHCPv6 服务器来获取所有必要的 IPv6 网络编址信息。

在图 8-13 中，R1 会为向本地网络中的所有主机提供有状态的 DHCPv6 服务。有状态 DHCPv6 服务器的配置操作与无状态服务器类似，两者最大的差异在于，有状态 DHCPv6 服务器还包括与 DHCPv4 服务器类似的 IPv6 编址信息。

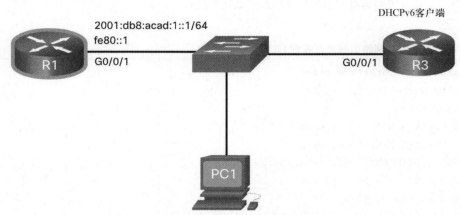

图 8-13 有状态 DHCPv6 服务器的拓扑

把路由器配置为有状态 DHCPv6 服务器并进行验证的过程分为 5 个步骤。

步骤 1. 启用 IPv6 路由。需要使用 **ipv6 unicast-routing** 命令来启用 IPv6 路由，如例 8-19 所示。

例 8-19 启用 IPv6 路由

```
R1(config)# ipv6 unicast-routing
R1(config)#
```

步骤 2. 定义 DHCPv6 池名称。可使用 **ipv6 dhcp pool** *POOL-NAME* 全局配置命令创建 DHCPv6 池，如例 8-20 所示。

例 8-20 定义 DHCPv6 池名称

```
R1(config)# ipv6 dhcp pool IPV6-STATEFUL
R1(config-dhcpv6)#
```

步骤 3. 配置 DHCPv6 池。R1 被配置为提供 IPv6 编址、DNS 服务器地址和域名，如例 8-21 所示。在使用有状态的 DHCPv6 时，所有的编址和其他配置参数必须由 DHCPv6 服务器分配。**address prefix** 命令用于指定服务器分配的地址池。有状态 DHCPv6 服务器提供的其他信息通常包括 DNS 服务器地址和域名。

注 意   本例将 DNS 服务器设置为谷歌的公共 DNS 服务器。

例 8-21 配置 DHCPv6 池

```
R1(config-dhcpv6)# address prefix 2001:db8:acad:1::/64
R1(config-dhcpv6)# dns-server 2001:4860:4860::8888
R1(config-dhcpv6)# domain-name example.com
R1(config-dhcpv6)#
```

步骤 4. 将 DHCPv6 池绑定到接口。例 8-22 所示为 R1 上的 G0/0/1 接口的完整配置。

例 8-22 将 DHCPv6 池绑定到接口

```
R1(config)# interface GigabitEthernet0/0/1
R1(config-if)# description Link to LAN
```

```
R1(config-if)# ipv6 address fe80::1 link-local
R1(config-if)# ipv6 address 2001:db8:acad:1::1/64
R1(config-if)# ipv6 nd managed-config-flag
R1(config-if)# ipv6 nd prefix default no-autoconfig
R1(config-if)# ipv6 dhcp server IPV6-STATEFUL
R1(config-if)# no shut
R1(config-if)# end
R1#
```

DHCPv6 池必须使用 **ipv6 dhcp server** *POOL-NAME* 接口配置命令绑定到接口。

- 使用 **ipv6 nd managed-config-flag** 命令手动将 M 标记从 0 设置为 1。
- 使用 **ipv6 nd prefix default no-autoconfig** 接口命令手动将 A 标记从 1 设置为 0。A 标记可以保留为 1，但某些客户端操作系统（如 Windows）将使用 SLAAC 创建 GUA，并从有状态 DHCPv6 服务器获取 GUA。将 A 标记设置为 0 会告诉客户端不要使用 SLAAC 创建 GUA。
- 使用 **ipv6 dhcp server** 命令将 DHCPv6 池绑定到接口。现在，当 R1 在该接口上接收到有状态的 DHCPv6 请求时，它将使用池中包含的信息进行响应。

注 意　可以使用 **no ipv6 nd managed-config-flag** 命令将 M 标志置为默认值 0。**no ipv6 nd prefix default no-autoconfig** 命令用于将 A 标志置为默认值 1。

步骤 5. 验证主机是否收到 IPv6 编址信息。若要在 Windows 主机上验证，请使用 **ipconfig /all** 命令来验证无状态 DHCP 配置方法，如例 8-23 所示。输出显示了 PC1 上的设置。阴影显示的部分表示 PC1 已从有状态 DHCPv6 服务器收到其 IPv6 GUA。

例 8-23　验证主机是否接收到 IPv6 编址信息

```
C:\PC1> ipconfig /all
Windows IP Configuration
Ethernet adapter Ethernet0:
    Connection-specific DNS Suffix  . : example.com
    Description . . . . . . . . . . . : IntelI 82574L Gigabit Network Connection
    Physical Address. . . . . . . . . : 00-05-9A-3C-7A-00
    DHCP Enabled. . . . . . . . . . . : Yes
    Autoconfiguration Enabled . . . . : Yes
    IPv6 Address. . . . . . . . . . . : 2001:db8:acad:1a43c:fd28:9d79:9e42
                                        (Preferred)
    Lease Obtained. . . . . . . . . . : Saturday, September 27, 2019, 10:45:30 AM
    Lease Expires . . . . . . . . . . : Monday, September 29, 2019 10:05:04 AM
    Link-local IPv6 Address . . . . . : fe80::192f:6fbc:9db:b749%6(Preferred)
    Autoconfiguration IPv4 Address. . : 169.254.102.73 (Preferred)
    Subnet Mask . . . . . . . . . . . : 255.255.0.0
    Default Gateway . . . . . . . . . : fe80::1%6
    DHCPv6 IAID . . . . . . . . . . . : 318768538
    DHCPv6 Client DUID. . . . . . . . : 00-01-00-01-21-F3-76-75-54-E1-AD-DE-DA-9A
    DNS Servers . . . . . . . . . . . : 2001:4860:4860::8888
    NetBIOS over Tcpip. . . . . . . . : Enabled
C:\PC1>
```

8.4.5　配置有状态 DHCPv6 客户端

路由器也可以充当 DHCPv6 客户端。客户端路由器需要启用 **ipv6 unicast-routing** 命令，并且需要一个 IPv6 链路本地地址来发送和接收 IPv6 消息。

图 8-14 所示的拓扑用于演示如何配置有状态 DHCPv6 客户端。

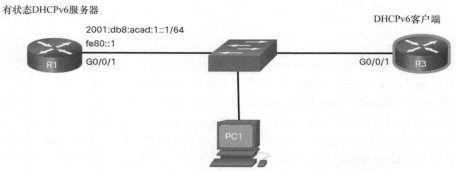

图 8-14　有状态 DHCPv6 客户端的拓扑

把路由器配置为有状态 DHCPv6 客户端并进行验证的过程分为 5 个步骤。

步骤 1.　启用 IPv6 路由。DHCPv6 客户端路由器需要启用 **ipv6 unicast-routing** 命令，如例 8-24 所示。

例 8-24　启用 IPv6 路由

```
R3(config)# ipv6 unicast-routing
R3(config)#
```

步骤 2.　配置客户端路由器以创建 LLA。在输出中，**ipv6 enable** 命令配置在 R3 的 G0/0/1 接口上，如例 8-25 所示。这使路由器无须 GUA 即可创建 IPv6 LLA。

例 8-25　配置接口以创建一个 LLC

```
R3(config)# interface g0/0/1
R3(config-if)# ipv6 enable
R3(config-if)#
```

步骤 3.　将客户端路由器配置为使用 DHCPv6。使用 **ipv6 address dhcp** 命令配置 R3，以从 DHCPv6 服务器请求其 IPv6 编址信息，如例 8-26 所示。

例 8-26　将接口配置为 DHCPv6 客户端

```
R3(config-if)# ipv6 address dhcp
R3(config-if)# end
R3#
```

步骤 4.　验证客户端路由器是否已分配 GUA。使用 **show ipv6 interface brief** 命令来验证主机配置，如例 8-27 所示。

例 8-27　验证客户端路由器是否是收到 GUA

```
R3# show ipv6 interface brief
GigabitEthernet0/0/0    [up/up]
    unassigned
GigabitEthernet0/0/1    [up/up]
```

```
    FE80::2FC:BAFF:FE94:29B1
    2001:DB8:ACAD:1:B4CB:25FA:3C9:747C

Serial0/1/0                [up/up]
    unassigned
Serial0/1/1                [up/up]
    unassigned
R3#
```

步骤 5. 验证客户端路由器是否收到其他 **DHCPv6** 信息。**show ipv6 dhcp interface g0/0/1** 命令表明 DNS 和域名已通过 R3 学习到，如例 8-28 所示。

例 8-28　验证客户端路由器是否接收到其他 IPv6 编址

```
R3# show ipv6 dhcp interface g0/0/1
GigabitEthernet0/0/1 is in client mode
  Prefix State is IDLE
  Address State is OPEN
  Renew for address will be sent in 11:56:33
  List of known servers:
    Reachable via address: FE80::1
    DUID: 000300017079B3923640
    Preference: 0
    Configuration parameters:
      IA NA: IA ID 0x00060001, T1 43200, T2 69120
        Address: 2001:DB8:ACAD:1:B4CB:25FA:3C9:747C/128
                 preferred lifetime 86400, valid lifetime 172800
                 expires at Sep 29 2019 11:52 AM (172593 seconds)
      DNS server: 2001:4860:4860::8888
      Domain name: example.com
      Information refresh time: 0
  Prefix Rapid-Commit: disabled
  Address Rapid-Commit: disabled
R3#
```

8.4.6　DHCPv6 服务器验证命令

使用 **show ipv6 dhcp pool** 和 **show ipv6 dhcp binding** 命令可以验证路由器上的 DHCPv6 操作。

show ipv6 dhcp pool 命令可以查看 DHCPv6 地址池的名称及其参数，如例 8-29 所示。该命令也可以显示活动客户端的数量。在该例中，IPv6-STATEFUL 池当前有 2 个客户端，这说明 PC1 和 R3 都从这台服务器接收到了各自的 IPv6 全局单播地址。

在路由器提供有状态的 DHCPv6 服务时，它也会维护一个已分配 IPv6 地址的数据库。

例 8-29　验证 DHCPv6 池参数

```
R1# show ipv6 dhcp pool
DHCPv6 pool: IPV6-STATEFUL
  Address allocation prefix: 2001:DB8:ACAD:1::/64 valid 172800 preferred 86400 (2
  in use,  0 conflicts)
  DNS server: 2001:4860:4860::8888
```

```
     Domain name: example.com
     Active clients: 2
R1#
```

使用 **show ipv6 dhcp binding** 命令可显示客户端的 IPv6 链路本地地址和服务器分配的全局单播地址。

例 8-30 所示为 R1 上当前的状态绑定信息。输出中的第一个客户端是 PC1，第二个客户端是 R3。该信息由有状态的 DHCPv6 服务器维护。无状态 DHCPv6 服务器将不会维护该信息。

例 8-30　验证客户端分配的 DHCPv6 编址信息

```
R1# show ipv6 dhcp binding
Client: FE80::192F:6FBC:9DB:B749
  DUID: 0001000125148183005056B327D6
  Username : unassigned
  VRF : default
  IA NA: IA ID 0x03000C29, T1 43200, T2 69120
    Address: 2001:DB8:ACAD:1:A43C:FD28:9D79:9E42
             preferred lifetime 86400, valid lifetime 172800
             expires at Sep 27 2019 09:10 AM (171192 seconds)
Client: FE80::2FC:BAFF:FE94:29B1
  DUID: 0003000100FCBA9429B0
  Username : unassigned
  VRF : default
  IA NA: IA ID 0x00060001, T1 43200, T2 69120
    Address: 2001:DB8:ACAD:1:B4CB:25FA:3C9:747C
             preferred lifetime 86400, valid lifetime 172800
             expires at Sep 27 2019 09:29 AM (172339 seconds)
R1#
```

8.4.7　配置 DHCPv6 转发代理

如果 DHCPv6 服务器与客户端不在同一网络上，可以将 IPv6 路由器配置为 DHCPv6 转发代理。DHCPv6 转发代理的配置与充当 DHCPv4 转发代理的 IPv4 路由器的配置类似。

在图 8-15 中，R3 被配置为有状态的 DHCPv6 服务器。PC1 位于 2001:db8:acad:2::/64 网络中，需要通过有状态 DHCPv6 服务器提供的服务才能获取到自己的 IPv6 配置。R1 需要配置为 DHCPv6 转发代理。

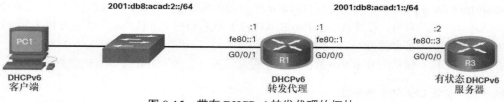

图 8-15　带有 DHCPv6 转发代理的拓扑

将路由器配置为 DHCPv6 转发代理的命令语法如下所示。

```
Router (config-if) # ipv6 dhcp relay destination ipv6-address [interface-type
   interface-number]
```

该命令需要配置在面向 DHCPv6 客户端的接口上，并指定 DHCP 服务器的地址和到达该服务器出向接口，如例 8-31 所示。只有在下一跳地址为 LLA 时，才需要配置出向接口。

例 8-31　在接口上配置 DHCPv6 转发代理

```
R1(config)# interface gigabitethernet 0/0/1
R1(config-if)# ipv6 dhcp relay destination 2001:db8:acad:1::2 G0/0/0
R1(config-if)# exit
R1(config)#
```

8.4.8　验证 DHCPv6 转发代理

使用 **show ipv6 dhcp interface** 和 **show ipv6 dhcp binding** 命令可验证 DHCPv6 转发代理是否正常运行。使用 **ipconfig /all** 命令可验证 Windows 主机是否收到 IPv6 编址信息。

DHCPv6 转发代理可以使用 **show ipv6 dhcp interface** 命令进行验证，如例 8-32 所示。这将验证 G0/0/1 接口是否处于转发模式。

例 8-32　验证接口是否处于 DHCPv6 转发模式

```
R1# show ipv6 dhcp interface
GigabitEthernet0/0/1 is in relay mode
  Relay destinations:
    2001:DB8:ACAD:1::2
    2001:DB8:ACAD:1::2 via GigabitEthernet0/0/0
R1#
```

在 R3 上，使用 **show ipv6 dhcp binding** 命令来验证是否已为任何主机分配了 IPv6 配置，如例 8-33 所示。

请注意，已经为客户端的链路本地地址分配了 IPv6 GUA。我们可以假设这是 PC1。

例 8-33　验证 DHCPV6 主机是否分配了 IPv6 GUA

```
R3# show ipv6 dhcp binding
Client: FE80::5C43:EE7C:2959:DA68
  DUID: 0001000124F5CEA2005056B3636D
  Username : unassigned
  VRF : default
  IA NA: IA ID 0x03000C29, T1 43200, T2 69120
    Address: 2001:DB8:ACAD:2:9C3C:64DE:AADA:7857
            preferred lifetime 86400, valid lifetime 172800
            expires at Sep 29 2019 08:26 PM (172710 seconds)
R3#
```

最后，在 PC1 上使用 **ipconfig /all** 命令来确认它已分配了 IPv6 配置。在例 8-34 中可以看到，PC1 确实从 DHCPv6 服务器收到了其 IPv6 配置。

例 8-34　验证 PC 是否收到 IPv6 编址信息

```
C:\PC1> ipconfig /all
Windows IP Configuration
Ethernet adapter Ethernet0:
  Connection-specific DNS Suffix  . : example.com
```

```
Description . . . . . . . . . . : Intel(R) 82574L Gigabit Network Connection
Physical Address. . . . . . . . : 00-05-9A-3C-7A-00
DHCP Enabled. . . . . . . . . . : Yes
Autoconfiguration Enabled . . . : Yes
IPv6 Address. . . . . . . . . . : 2001:db8:acad:2:9c3c:64de:aada:7857 (Preferred)
Link-local IPv6 Address . . . . : fe80::5c43:ee7c:2959:da68%6(Preferred)
Lease Obtained . . . . . . . . : Saturday, September 27, 2019, 11:45:30 AM
Lease Expires . . . . . . . . . : Monday, September 29, 2019 11:05:04 AM
IPv4 Address. . . . . . . . . . : 169.254.102.73 (Preferred)
Subnet Mask . . . . . . . . . . : 255.255.0.0
Default Gateway . . . . . . . . : fe80::1%6
DHCPv6 IAID . . . . . . . . . . : 318768538
DHCPv6 Client DUID. . . . . . . : 00-01-00-01-21-F3-76-75-54-E1-AD-DE-DA-9A
DNS Servers . . . . . . . . . . : 2001:4860:4860::8888
NetBIOS over Tcpip. . . . . . . : Enabled
C:\PC1>
```

8.5 总结

IPv6 GUA 分配

在路由器上，可以使用接口配置命令 **ipv6 address** *ipv6-address/prefix-length* 手动配置 IPv6 GUA。选择自动 IPv6 编址后，主机将尝试在接口上自动获取和配置 IPv6 地址信息。主机启动且以太网接口处于活动状态时，主机会自动创建 IPv6 链路本地地址。默认情况下，启用了 IPv6 的路由器会通告自己的 IPv6 信息。这可以让主机能够动态创建或获取自己的 IPv6 配置。IPv6 GUA 可以使用无状态或有状态的服务来完成动态分配。客户端如何获取 IPv6 GUA 地址取决于 RA 消息中的设置。ICMPv6 RA 消息中包含了 3 个标记，用于标识主机可用的动态可选项。

- **A 标记**：这是地址自动配置标记。使用 SLAAC 来创建 IPv6 GUA。
- **O 标记**：这是其他配置（Other Configuration）标记。其他信息可以从无状态的 DHCPv6 服务器那里获取。
- **M 标记**：这是被管理地址配置（Managed Address Configuration）标记。使用有状态的 DHCPv6 服务器获取 IPv6 GUA。

SLAAC

SLAAC 方法可以让主机在没有 DHCPv6 服务器提供服务的情况下，创建出自己唯一的 IPv6 GUA。SLAAC 是一种无状态的服务，它会使用 ICMPv6 RA 消息来提供通常原本由 DHCP 服务器提供的地址信息和其他配置信息。SLAAC 可以单独部署，也可以和 DHCPv6 一起部署。若要启用 RA 消息的发送，路由器必须使用 **ipv6 unicast-routing** 全局配置命令加入 IPv6 全路由器组。可以使用 **show ipv6 interface** 命令验证路由器是否已启用。如果配置了 **ipv6 unicast-routing** 命令，会默认启用仅 SLAAC 的方法。所有配置了 IPv6 GUA 且已启用的以太网接口将开始发送 RA 消息，消息中的 A 标被设置为 1，而 O 和 M 标记则被设置为 0。将 A 标记设置为 1 时，将建议客户端使用 RA 中通告的前缀来创建自己的 IPv6 GUA。O 标记和 M 标记设置为 0 时，将要求客户端仅使用 RA 消息中的信息。路由器会每 200s 发送一次 RA 消息。但是，如果从主机那里接收到了 RS 消息，路由器也会发送 RA 消息。在使用 SLAAC 时，主机一般会从路由器 RA 中获取自己的 64 位 IPv6 子网信息。但是，它必须使用两种方法之一生成剩余的 64 位接口标识符（ID）：随机生成或 EUI-64。主机会使用 DAD 来确保这个 IPv6 GUA 是唯一的。DAD 是使用 ICMPv6 实现的。要执行 DAD，主机会发送一条 ICMPv6 NS 消息，该消息包包含一个特殊构造的组播地址，这个地址称为请求节点组播地址。这个地址会复制主机的最后 24 位 IPv6 地址。

DHCPv6

在 RA 消息中指示了采用无状态或有状态 DHCPv6 之后，主机就会开始进行 DHCPv6 客户端/服务器通信。服务器发送给客户端的 DHCPv6 消息使用的是 UDP 目的端口 546，而客户端发送给服务器的 DHCPv6 消息则会使用 UDP 目的端口 547。无状态 DHCPv6 会让客户端使用 RA 消息中的信息进行编址，同时从 DHCPv6 服务器获取额外的配置参数。该过程称为无状态 DHCPv6，因为服务器不维护任何客户端状态信息。可以使用接口配置命令 **ipv6 nd other-config-flag** 在路由器接口上启用无状态 DHCPv6。该命令会把 O 标记设置为 1。在有状态 DHCPv6 中，RA 消息会让客户端从有状态的 DHCPv6 服务器获取所有编址信息，但默认网关地址除外，因为默认网关是 RA 的源 IPv6 链路本地地址。这称为有状态 DHCPv6，因为 DHCPv6 服务器会维护 IPv6 状态信息。可以使用接口配置命令 **ipv6 nd managed-config-flag** 在路由器接口上启用有状态 DHCPv6。这样做会把 M 标记设置为 1。

配置 DHCPv6 服务器

通过将思科 IOS 路由器配置为如下 3 种类型，可以提供 DHCPv6 服务：DHCPv6 服务器；DHCPv6 客户端；DHCPv6 转发代理。无状态 DHCPv6 服务器要求路由器在 RA 消息中通告 IPv6 网络编址信息。路由器也可以是 DHCPv6 客户端，并从 DHCPv6 服务器获取 IPv6 配置。有状态 DHCP 服务器要求启用 IPv6 的路由器告诉主机联系 DHCPv6 服务器来获取所有必要的 IPv6 网络编址信息。DHCPv6 路由器也可以充当 DHCPv6 客户端。客户端路由器需要启用 **ipv6 unicast-routing** 命令，并且需要一个 IPv6 链路本地地址来发送和接收 IPv6 消息。使用 **show ipv6 dhcp pool** 和 **show ipv6 dhcp binding** 命令可以验证路由器上的 DHCPv6 操作。如果 DHCPv6 服务器与客户端不在同一网络上，可以使用 **ipv6 dhcp relay destination** *ipv6-address* [*interface-type interface-number*] 命令将 IPv6 路由器配置为 DHCPv6 转发代理。该命令需要配置在面向 DHCPv6 客户端的接口上，并指定 DHCP 服务器的地址和到达该服务器出站接口。只有在下一跳地址为 LLA 时，才需要配置出站接口。使用 **show ipv6 dhcp interface** 和 **show ipv6 dhcp binding** 命令可验证 DHCPv6 转发代理是否正常运行。

复习题

完成这里列出的所有复习题，可以测试您对本章内容的理解。附录列出了答案。

1. 公司使用 SLAAC 方法为员工的工作站配置 IPv6 地址。客户端将使用哪个地址作为其默认网关？
   A. 全路由器组播地址
   B. 连接到网络的路由器接口的全局单播地址
   C. 连接到网络的路由器接口的链路本地地址
   D. 连接到网络的路由器接口的唯一本地地址

2. 网络管理员将路由器配置为发送 RA 消息，且 A 标记设置为 1，M 标记设置为 0。当 PC 尝试配置其 IPv6 地址时，下面哪项描述该该配置的效果？

    A. 它应该联系 DHCPv6 服务器，以获得需要的所有信息

    B. 它应该联系 DHCPv6 服务器，以获得前缀、前缀长度信息，以及随机和唯一的接口 ID

    C. 它应该使用 RA 消息中包含的信息，并联系 DHCPv6 服务器以获得其他信息

    D. 它应该只使用 RA 消息中包含的信息

  3. 公司使用无状态 DHCPv6 方法为员工的工作站配置 IPv6 地址。当工作站接收来自多台 DHCPv6 服务器的消息以指示其 DHCPv6 服务的可用性后，工作站会向服务器发送哪个消息来获得配置信息？

    A. DHCPv6 ADVERTISE

    B. DHCPv6 INFORMATION-REQUEST

    C. DHCPv6 REQUEST

    D. DHCPv6 SOLICIT

  4. 管理员希望将主机配置为通过使用 RA 消息自动将 IPv6 地址分配给自己，同时还希望从 DHCPv6 服务器获取 DNS 服务器地址。应配置哪种地址分配方法？

    A. RA 和 EUI-64

    B. SLAAC

    C. 有状态 DHCPv6

    D. SLAAC 和无状态 DHCPv6

  5. 使用 SLAAC 分配方法配置 IPv6 地址后，IPv6 客户端如何确保其具有唯一地址？

    A. 检查由 SLAAC 服务器托管的 IPv6 地址数据库

    B. 通过专门形成的 ICMPv6 消息与 DHCPv6 服务器联系

    C. 发送一个 ARP 消息，其中 IPv6 地址作为目的 IPv6 地址

    D. 发送一个 ICMPv6 NS 消息，其中 IPv6 地址作为目的 IPv6 地址

  6. EUI-64 过程使用什么在启用 IPv6 的接口上创建 IPv6 接口 ID？

    A. 随机生成的 64 位十六进制地址

    B. 在接口上配置的 IPv4 地址

    C. 由 DHCPv6 服务器提供的 IPv6 地址

    D. 以太网接口的 MAC 地址

  7. 网络管理员正在为公司实施 DHCPv6。管理员使用 **ipv6 nd managed-config-flag** 接口命令将路由器配置为发送 RA 消息，且 M 标记为 1，并使用 **ipv6 nd prefix default no-autoconfig** 命令将 A 标记设置为 0。这种配置对客户的运行会有什么影响？

    A. 客户端必须使用 DHCPv6 服务器提供的所有配置信息

    B. 客户端必须使用 RA 消息中包含的信息

    C. 客户端必须使用 DHCPv6 服务器提供的前缀和前缀长度并生成随机接口 ID

    D. 客户端必须使用 RA 消息提供的前缀和前缀长度，并从 DHCPv6 服务器获取其他信息

  8. 组织要求 LAN 客户端使用 SLAAC 生成其 IPv6 配置。您在路由器 LAN 接口上配置了 IPv6 GUA，并验证该接口为运行状态（up）。但是，主机没有生成 IPv6 GUA。应配置哪个其他命令来启用 SLAAC？

    A. R1（config）# **ipv6 dhcp pool pool-name**

    B. R1（config）# **ipv6 unicast-rouing**

    C. R1（config-if）# **ipv6 enable**

    D. R1（config-if）# **ipv6 nd other-config-flag**

  9. 网络管理员将路由器配置为发送 M 标记为 0 和 O 标记为 1 的 RA 消息。当 PC 尝试配置其 IPv6 地址时，下面哪一项描述了该配置的效果？

    A. 它应该联系 DHCPv6 服务器，以获得需要的所有信息

    B. 它应该联系 DHCPv6 服务器，以获得前缀、前缀长度信息，以及随机和唯一的接口 ID

    C. 它应该使用 RA 消息中包含的信息，并联系 DHCPv6 服务器获得其他信息

    D. 它应该只使用 RA 消息中包含的信息

10. 在使用 SLAAC 时，客户端将使用哪个地址作其为默认网关？

    A. 连接路由器的接口 GUA

    B. 连接路由器的链路本地地址

    C. IPv6 全节点组组播 IPv6 地址 FF02::1

    D. IPv6 全路由器组组播 IPv6 地址 FF02::2

第 9 章

FHRP **的概念**

学习目标

通过完成本章的学习，您将能够回答下列问题：

- 第一跳冗余协议的用途和工作方式是什么；
- HSRP 是如何运行的。

您的网络已启动并且正在运行。您已经解决了第 2 层冗余的问题，同时也没有制造出任何第 2 层环路。所有的设备都可以动态获得自己的地址。您已经很擅长网络管理了！但是请等一下。现在其中一台路由器（实际上也就是默认网关路由器）已经宕机了。任何主机都不能把消息发送到所在网络之外。要想让默认网关路由器再次运行，需要花一番功夫。很多人会怒气冲冲地责问您，网络什么时候才能"恢复"。

这个问题可以轻而易举地避免。第一跳跳冗余协议（First Hop Redundancy Protocol，FHRP）正是我们需要的解决方案。本章会探讨 FHRP 的功能，以及可以使用的各类 FHRP。其中有一种是思科专有的 FHRP，称为热备份路由器协议（Hot Standby Router Protocol，HSRP）。

9.1 第一跳冗余协议

如果路由器或路由器接口（用作默认网关）发生故障，配置了该默认网关的主机将与外部网络隔离。在两台或多台路由器链接到同一 VLAN 的交换网络中，需要一种机制来提供备用默认网关。

在本节中，您将了解如何使用 FHRP 提供默认冗余网关。

9.1.1 默认网关的限制

如果作为默认网关的路由器或路由器接口发生故障,配置了该默认网关的主机将与外部网络隔离。在两台或多台路由器连接到同一 VLAN 的交换网络中，需要一种机制来提供备用默认网关。这种机制是由第一跳冗余协议（FHRP）提供的。

在交换网络中，每个客户端仅收到一个默认网关。即使存在第二条路径可以将数据包从本地网段传送出去，也无法使用辅助网关。

在图 9-1 中，R1 负责路由来自 PC1 的数据包。

如果 R1 不可用，路由协议可以动态收敛。R2 现在路由来自外部网络的数据包，而这些数据包本应该经过 R1。但是，来自与 R1 相关联的内部网络的流量，包括来自工作站、服务器和打印机（将 R1 配置为默认网关）的流量，仍然发送到 R1 并被丢弃。

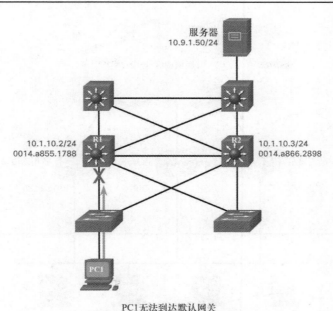

图 9-1　具有冗余路径但仅具有一个默认网关的拓扑

> **注　意**　这里只是为了方便探讨路由器冗余的问题,其实第 3 层交换机和分布层路由器之间在功能上没有差异。实际上,第 3 层交换机常常用来充当交换网络中各个 VLAN 的默认网关。这里讨论的重点是路由功能,而不管使用的是什么物理设备。

　　终端设备通常会为默认网关配置一个 IPv4 地址。该地址在网络拓扑发生变化时不会改变。如果无法访问这个默认网关 IPv4 地址,本地设备就无法从本地网段向外发送数据包,从而导致这个网络与其他网络之间的连接断开。即使存在可用作该网段默认网关的冗余路由器,也没有动态方法使这些设备确定新默认网关的地址。

> **注　意**　IPv6 设备从 ICMPv6 路由器通告中动态接收它们的默认网关地址。

9.1.2　路由器冗余

　　防止默认网关出现单点故障的一种方法是实施虚拟路由器。要实施这种类型的路由器冗余,多个路由器被配置为协同工作,以向 LAN 上的主机呈现单一路由器的假象,如图 9-2 所示。通过共享虚拟路由器的 IP 地址和 MAC 地址,两台或多台路由器可以充当单台虚拟路由器。

　　虚拟路由器的 IPv4 地址被配置为特定 IPv4 网段上工作站的默认网关。当帧从主机设备发送到默认网关时,主机将使用 ARP 解析与默认网关的 IPv4 地址相关联的 MAC 地址。ARP 解析将返回虚拟路由器的 MAC 地址。发送到虚拟路由器的 MAC 地址的帧随后由虚拟路由器组内的主用(active)路由器进行物理处理。协议用来将两台或多台路由器识别具有这种功能的设备,即由它们负责处理发送到单一虚拟路由器 MAC 地址或 IP 地址的帧。主机向虚拟路由器的地址发送流量。转发该流量的物理路由器对主机设备是透明的。

　　冗余协议提供了一种机制,用于确定哪个路由器应该在流量转发中承担主用角色。该机制还决定了备用(standby)路由器何时接管转发角色。从一个转发路由器到另一个转发路由器的转换对终端设备是透明的。

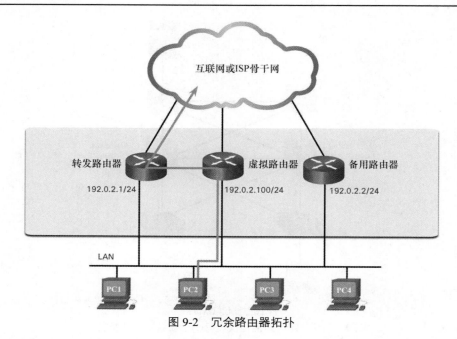

图 9-2　冗余路由器拓扑

网络从充当默认网关的设备故障中动态恢复的功能称为第一跳冗余。

9.1.3　路由器故障切换的步骤

当主用路由器发生故障时，冗余协议会把备用路由器转换为新的主用路由器，如图 9-3 所示。

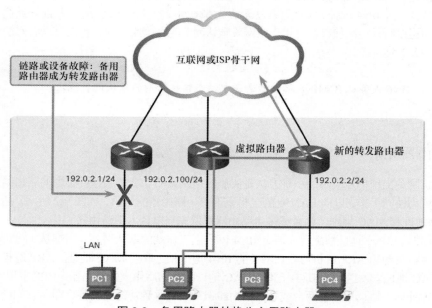

图 9-3　备用路由器转换为主用路由器

以下是主用路由器出现故障时所执行的步骤。

步骤 1. 备用路由器停止查看来自转发路由器的 Hello 消息。

步骤 2. 备用路由器承担转发路由器的角色。

步骤 3. 因为新的转发路由器同时取得虚拟路由器的 IPv4 地址和 MAC 地址，所以主机的服务不会出现中断。

9.1.4 FHRP 的可选项

生产环境中使用的 FHRP 在很大程度上取决于这个网络的设备和需求。表 9-1 列出了 FHRP 的所有可选项。

表 9-1 实施 FHRP 的选项

FHRP 可选项	描述
热备份路由器协议（HSRP）	■ HSRP 是思科专有的 FHRP，目的是让第一跳 IPv4 设备实现透明的故障切换 ■ HSRP 为网络中配置了 IPv4 默认网关的主机提供第一跳路由冗余，从而提供了高网络可用性 ■ HSRP 用于在一组路由器中选择主用设备和备用设备 ■ 在一组设备接口中，主用设备是用于路由数据包的设备；备用设备是在主用设备出现故障或满足预置条件时，接管业务的设备 ■ HSRP 备用路由器的功能是监控 HSRP 组的工作状态，并在主用路由器发生故障时迅速承担数据包转发的责任
IPv6 HSRP	■ 思科专有的 FHRP，其功能与 HSRP 相同，只不过运行在 IPv6 环境中 ■ HSRP IPv6 组有一个虚拟的 MAC 地址（来自 HSRP 组编号），还有一个虚拟 IPv6 链路本地地址（来自 HSRP 的虚拟 MAC 地址） ■ 当 HSRP 组处于活跃状态时，会定期向 HSRP 虚拟 IPv6 链路本地地址发送 RA 消息 ■ 当组不活跃时，在发送出最后一个 RA 后，停止发送 RA
虚拟路由器冗余协议版本 2（Virtual Router Redundancy Protocol，VRRPv2）	■ 非专有的选举协议，可以动态地把一个或者多个虚拟路由器的责任分配给 IPv4 LAN 中的 VRRP 路由器 ■ 这可以让多路访问链路中的多台路由器使用相同的虚拟 IPv4 地址 ■ VRRP 路由器被配置为与连接到 LAN 的一台或多台其他路由器一起运行 VRRP ■ 在 VRRP 配置中，一台路由器被选举为 master 虚拟路由器，其他路由器则充当 backup 路由器，以防 master 虚拟路由器发生故障
VRRPv3	■ 能够支持 IPv4 和 IPv6 地址。VRRPv3 运行在多供应商环境中，扩展性比 VRRPv2 强
网关负载均衡协议（Gateway Local Balancing Protocol，GLBP）	■ 思科专有的 FHRP，可以保护数据流量不受故障路由器或电路的影响（这一点和 HSRP、VRRP 一样），同时还允许在一组冗余路由器之间实现负载均衡（也称为负载分担）
IPv6 GLBP	■ 思科专有的 FHRP，其功能与 GLBP 相同，只不过运行在 IPv6 环境中 ■ IPv6 GLBP 为 LAN 中配置了单个默认网关的 IPv6 主机提供自动路由备份 ■ LAN 中的多个第一跳路由器联合起来，以提供一个虚拟的第一跳 IPv6 路由器，同时分担 IPv6 数据包转发功能
ICMP 路由器发现协议（ICMP Router Discovery Protocol，IRDP）	■ 定义在 RFC 1256 中，是一种传统的 FHRP 解决方案。IRDP 可以让 IPv4 主机找到向其他（非本地）IP 网络提供 IPv4 连接的路由器

9.2　HSRP

在本节中，您将学习如何实施 HSRP。

9.2.1　HSRP 概述

思科将 HSRP 和 IPv6 HSRP 作为一种技术手段，以避免在默认网关出现故障时丢失外部网络访问能力。

HSRP 是一种思科专有的 FHRP 协议，目的是让第一跳 IP 设备实现透明的故障切换。

HSRP 为网络中配置了 IP 默认网关的 IP 主机提供第一跳路由冗余，从而确保了高网络可用性。HSRP 用于在一组路由器中选择主用设备和备用设备。在一组设备接口中，主用设备是用于路由数据包的设备；备用设备是在主用设备出现故障或满足预置条件时，接管业务的设备。HSRP 备用路由器的功能是监控 HSRP 组的工作状态，并在主用路由器发生故障时迅速承担数据包转发的责任。

9.2.2　HSRP 优先级和抢占

主用路由器和备用路由器的角色是在 HSRP 选举过程中确定的。默认情况下，IPv4 地址最高的路由器将被选举为主用路由器。控制网络在正常情况下的运行方式总是比让它随机运行要好。

HSRP 优先级

HSRP 优先级可用于确定主用路由器。具有最高 HSRP 优先级的路由器将成为主用路由器。默认情况下，HSRP 的优先级为 100。如果优先级相等，则具有最高 IPv4 地址的路由器被选举为主用路由器。

要将路由器配置为主用路由器，可以使用接口命令 **standby priority**。HSRP 优先级的范围为 0～255。

HSRP 抢占

默认情况下，当一台路由器成为主用路由器后，即使有另一台 HSRP 优先级更高的路由器上线，主用路由器的角色也不会发生改变。

当高优先级的路由器上线时，如果想强制执行新的 HSRP 选举进程，必须使用接口命令 **standby preempt** 来启用抢占。抢占是 HSRP 路由器用于触发重新选举过程的能力。通过启用抢占，具有更高 HSRP 优先级的路由器将承担主用路由器的角色。

抢占只允许具有更高优先级的路由器成为主用路由器。如果启用抢占的路由器的优先级相同，但 IPv4 地址更高，该路由器也无法抢占成为主用路由器。

请参考图 9-4 所示的拓扑。R1 的 HSRP 优先级已配置为 150，而 R2 具有默认 HSRP 优先级 100。在 R1 上启用抢占。由于 R1 的优先级更高，因此 R1 会成为主用路由器，而 R2 则会成为备用路由器。由于某种电源故障只影响了 R1，这导致主用路由器不再可用，因此备用路由器 R2 将接管主用路由器的角色。在恢复供电后，R1 重新上线。由于 R1 具有更高优先级，并且启用了抢占，因此它将强制执行新的选举过程。R1 将重新承担主用路由器的角色，而 R2 则会退回到备用路由器的角色。

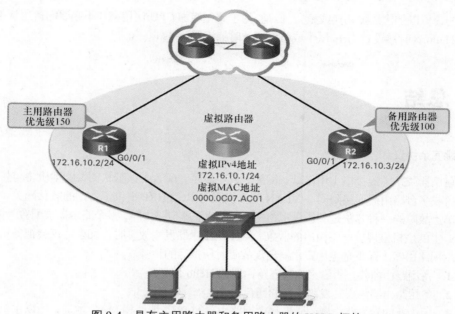

图 9-4　具有主用路由器和备用路由器的 HSRP 拓扑

| 注　意 | 在禁用了抢占的情况下，如果在选举过程中没有任何其他路由器在线，那么最先启动的路由器就会成为主用路由器。 |

9.2.3　HSRP 状态和计时器

路由器可以是负责转发网段流量的主用 HSRP 路由器，也可以是处于备用状态的 HSRP 路由器，如果主用路由器发生故障，它将承担主用角色。当接口配置了 HSRP 或使用现有的 HSRP 配置首次激活时，路由器将发送和接收 HSRP Hello 数据包，以开始一个过程，用于确定其在 HSRP 组中将处于什么状态。

表 9-2 总结了 HSRP 的状态。

表 9-2   HSRP 的状态

HSRP 的状态	描述
初始	如果配置发生了变更或一个接口首次变成可用，就会进入该状态
学习	路由器还没有确定虚拟 IP 地址，也没有看到来自主用路由器的 Hello 消息。在该状态下，路由器会等待来自主用路由器的信息
侦听	路由器知道虚拟 IP 地址，但是它既不是主用路由器，也不是备用路由器。它侦听来自其他路由器的 Hello 消息
发言	路由器定期发送 Hello 消息，并主动参与主用和/或备用路由器的选举
备用	路由器是成为下一台主用路由器的候选路由器，它会定期发送 Hello 消息

在默认情况下，主用和备用 HSRP 路由器每 3s 就会向 HSRP 组的组播地址发送一次 Hello 数据包。如果在 10s 后没有收到来自主用路由器的 Hello 消息，则备用路由器将变为主用路由器。可以降低这

些计时器的设置以加快故障切换或抢占。但是，为了避免增加 CPU 使用率和不必要的备用状态的更改，请不要将 Hello 计时器设置为 1s 以下或将保持计时器设置为 4s 以下。

9.3 总结

第一跳冗余协议

如果路由器或路由器接口（用作默认网关）发生故障，配置了该默认网关的主机将与外部网络隔离。在两台或多台路由器连接到同一 VLAN 的交换网络中，FHRP 提供了备用的默认网关。防止默认网关出现单点故障的一种方法是实施虚拟路由器。借助于虚拟路由器，多个路由器被配置为协同工作，以向 LAN 上的主机呈现单一路由器的假象。当主用路由器发生故障时，冗余协议会把备用路由器转换为新的主用路由器。以下是主用路由器出现故障时所执行的步骤。

步骤 1. 备用路由器停止查看来自转发路由器的 Hello 消息。

步骤 2. 备用路由器承担转发路由器的角色。

步骤 3. 因为新的转发路由器同时取得虚拟路由器的 IPv4 地址和 MAC 地址，所以主机的服务不会出现中断。

生产环境中使用的 FHRP 在很大程度上取决于这个网络的设备和需求。FHRP 的所有可选项如下所示：

- HSRP 和 IPv6 HSRP；
- VRRPv2 和 VRRPv3；
- GLBP 和 IPv6 GLBP；
- IDRP。

HSRP

HSRP 是一种思科专有的 FHRP 协议，目的是让第一跳 IP 设备实现透明的故障切换。HSRP 用于在一组路由器中选择主用设备和备用设备。在一组设备接口中，主用设备是用于路由数据包的设备；备用设备是在主用设备出现故障或满足预置条件时，接管业务的设备。HSRP 备用路由器的功能是监控 HSRP 组的工作状态，并在主用路由器发生故障时迅速承担数据包转发的责任。具有最高 HSRP 优先级的路由器将成为主用路由器。抢占是 HSRP 路由器用于触发重新选举过程的能力。通过启用抢占，具有更高 HSRP 优先级的路由器将承担主用路由器的角色。HSRP 的状态包括初始、学习、侦听、发言、备用。

复习题

完成这里列出的所有复习题，可以测试您对本章内容的理解。附录列出了答案。

1. 下面关于 HSRP 操作的描述哪项是正确的？

　　A. HSRP 仅支持明文身份验证

　　B. 主用路由器响应对虚拟 MAC 和虚拟 IP 地址的请求

　　C. AVF 响应默认网关 ARP 请求

D.　HSRP 虚拟 IP 地址必须与 LAN 上路由器接口的地址相同

2.　下面关于 VRRP 的说法哪项是正确的?

A.　VRRP 选举一台主(master)路由器,并选举一台或多台其他路由器作为备份(backup)路由器

B.　VRRP 选举一台主路由器和一台备份路由器,所有其他路由器都是备用(standby)路由器

C.　VRRP 选举一台主用路由器和一台备用路由器,所有其他路由器都是备份路由器

D.　VRRP 是思科专有的协议

3.　网络管理员正在监督第一跳冗余协议的实施。下面哪种协议是思科专有的协议?

A.　HSRP

B.　IRDP

C.　代理 ARP

D.　VRRP

4.　HSRP 的作用是什么?

A.　使接入端口能够立即过渡到转发状态

B.　防止恶意交换机成为 STP 根

C.　防止恶意主机连接到中继端口

D.　在默认网关发生故障时,提供连续的网络连接

5.　下列哪一项是 HSRP 学习状态的特征?

A.　路由器积极参与主用/备用路由器的选举过程

B.　路由器尚未确定虚拟 IP 地址

C.　路由器知道虚拟 IP 地址

D.　路由器定期发送 Hello 消息

6.　网络管理员正在分析不同第一跳路由器冗余协议支持的功能。下面哪项描述了与 VRRP 相关的功能?

A.　VRRP 分配主用路由器和备用路由器

B.　VRRP 将 IP 地址和默认网关分配给主机

C.　VRRP 可以在一组冗余路由器之间实现负载均衡

D.　VRRP 是一种非专有的协议

7.　在网络中使用 HSR 时,从工作站发送到默认网关的帧使用的目的 MAC 地址是什么?

A.　转发路由器的 MAC 地址

B.　转发和备用路由器的 MAC 地址

C.　备用路由器的 MAC 地址

D.　虚拟路由器的 MAC 地址

8.　当主用路由器发生故障时,HSRP 网络中的主机会发生什么情况?

A.　主机发起新的 ARP 请求

B.　主机停止查看来自主用路由器的 Hello 消息

C.　主机使用备用路由器的 IP 和 MAC 地址

D.　主机几乎不会注意到服务中断

9.　下面哪一项正确地描述了 GLBP?

A.　它是思科专有的 FHRP,可提供冗余和负载分担

B.　它是一个开放的标准 FHRP

C.　它使用虚拟主路由器和一台或多台备份路由器

D.　它是一种传统的开放标准 FHRP,允许 IPv4 主机发现网关路由器

10.　下面关于 HSRP 抢占的描述哪项是正确的?

A.　它使首先启动的路由器成为主用路由器

B.　默认情况下,它处于启用状态

C.　它使用 **standby preempt** 接口命令启用

D.　它使用 **standby priority** 接口命令启用

第 10 章

LAN 安全的概念

学习目标

通过完成本章的学习，您将能够回答下列问题：

- 如何利用端点安全来缓解攻击；
- 如何使用 AAA 和 802.1x 对 LAN 终端与设备进行验证；
- 什么是第 2 层漏洞；

- MAC 地址表攻击如何危害 LAN 安全；
- LAN 攻击如何危害 LAN 安全。

如果您准备就职于 IT 行业，您就不仅仅是建立或者维护网络，您也需要负责网络的安全。对今天的网络架构师和管理员来说，安全可不是亡羊补牢。它应该是头等大事！实际上，很多 IT 从业人员现在专门从事网络安全领域的工作。

您知道如何保护 LAN 的安全吗？您知道攻击者可以用哪些手段来破坏网络安全吗？您知道如何去制止他们吗？本章是打开网络安全世界的敲门砖，还等什么，开始学习吧！

10.1 端点安全

本节介绍如何使用端点安全来缓解攻击。

10.1.1 当今的网络攻击

新闻媒体时常会报道企业网络遭到攻击的事件。在互联网上搜一下"最新的网络攻击"，就可以找到关于网络攻击的最新信息。这些攻击很有可能包含下面的一项或几项。

- **分布式拒绝服务（DDoS）**：这是一种大量设备（称为僵尸）协同发起攻击的攻击方式，其目的是阻止公众访问组织机构的网站和资源，或降低其服务体验。
- **数据泄露**：这种攻击方式旨在入侵一家组织机构的服务器或者主机，以从中窃取机密信息。
- **恶意软件**：这种攻击方式旨在用可以制造各类问题的恶意软件来感染一家组织机构的主机。比如，图 10-1 中所示的 WannaCry 这类勒索软件会对一台主机上的数据进行加密，并且对访问数据的行为进行锁定，除非收到赎金才可以解锁。

图 10-1 WannaCry 勒索软件

10.1.2 网络安全设备

需要各种网络安全设备来保护网络边界，使其免受外部访问。这类设备包括支持 VPN 的路由器、下一代防火墙（NGFW）和网络访问控制（NAC）设备。

- **支持 VPN 的路由器**：支持 VPN 的路由器通过公共网络向远程用户提供安全连接，使用户可以连接到企业网络。VPN 服务可以集成到防火墙中。
- **NGFW**：NGFW 提供有状态的数据包检查、应用程序可见性和控制、下一代入侵防护系统（NGIPS）、高级恶意软件防护（AMP）和 URL 过滤。
- **NAC**：NAC 设备包括身份验证、授权和审计（AAA）服务。在大型企业中，这些服务可能会集成到设备中，该设备可以管理各种用户和设备类型的访问策略。思科身份服务引擎（ISE）就是一种 NAC 设备。

10.1.3 端点保护

诸如交换机、无线 LAN 控制器（WLC）和其他接入点（AP）等 LAN 设备会互连端点设备。大多数 LAN 设备都很容易受到与 LAN 有关的攻击，这些攻击正是本章的主题。

不过，很多攻击都是来自网络内部。如果一台内部主机遭到了渗透，它就有可能成为威胁发起者访问关键系统设备（如服务器）的起点。

端点也就是主机，通常包含笔记本电脑、台式机、服务器和 IP 电话，以及员工自己的设备（通常称为自带设备[BYOD]）。端点往往很容易受到通过电子邮件或 Web 浏览发起的恶意软件相关的攻击。这些端点通常会使用传统的基于主机的安全特性，比如防病毒/防恶意软件工具、主机防火墙、主机入侵防御系统（HIPS）。不过，如今的端点最好通过 NAC、基于主机的 AMP 软件、电子邮件安全设备（ESA）和 Web 安全设备（WSA）联合进行保护。高级恶意软件防护（AMP）产品包括端点解决方案，比如用于端点的思科 AMP。

图 10-2 所示为一个简单的拓扑，表示了本章讨论的所有网络安全设备和端点解决方案。

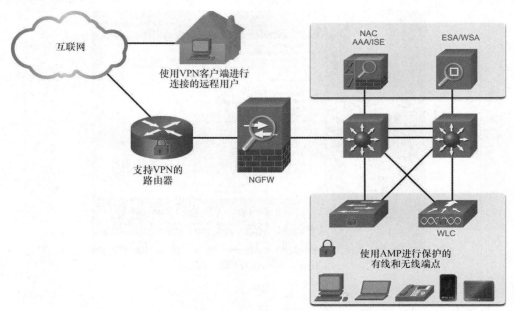

图 10-2　带有安全网络设备和端点的拓扑

10.1.4　思科电子邮件安全设备

内容安全设备包含对组织机构内的用户的电子邮件和 Web 流量提供细粒度的控制。

根据思科 Talos 情报组的调查，在 2019 年 6 月，85% 的电子邮件都是垃圾邮件。钓鱼攻击是一种特别有害的垃圾邮件。钓鱼攻击的目的是引诱用户点击一个链接或者打开一份附件。鱼叉式网络钓鱼攻击的目标是拥有高阶登录凭据的知名员工或管理层人员。这在当今的网络环境中特别关键，根据 SANS 研究院提供的数据，企业网络中 95% 的攻击都是一次成功的鱼叉式网络钓鱼攻击的结果。

思科电子邮件设备（Email Security Appliance，ESA）是一种用来监控简单邮件传输协议（SMTP）的设备。思科 ESA 使用来自思科 Talos 的实时数据源不断进行更新，而思科 Talos 则会使用全球数据库监控系统来检测和关联威胁与解决方案。思科 ESA 每隔 3～5min 就会提取这个威胁情报数据。思科 ESA 的功能包括：

- 拦截已知的威胁；
- 对规避初始检测的隐形恶意软件进行补救；
- 丢弃包含恶意链接的电子邮件；
- 阻止访问刚被感染的站点；
- 对发送的电子邮件进行加密，以防止数据丢失。

在图 10-3 中，思科 ESA 丢弃了带有恶意链接的电子邮件。

在图 10-3 中，会发生以下情况。

1. 威胁发起者向网络上的重要主机发送网络钓鱼攻击。
2. 防火墙将所有电子邮件转发到 ESA。
3. ESA 分析电子邮件并进行记录，如果是恶意软件则将其丢弃。

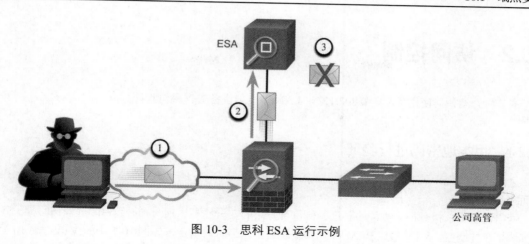

图 10-3　思科 ESA 运行示例

10.1.5　思科 Web 安全设备

　　思科 Web 安全设备（Web Security Appliance，WSA）是一种缓解 Web 威胁的技术。它可以帮助组织机构解决如何保护和控制 Web 流量的问题。思科 WSA 结合了高级恶意软件防护、应用程序可见性和控制、可接受的使用策略控制和报告功能。

　　思科 WSA 可以全面控制用户访问互联网的方式。它可以根据组织机构的要求，限制某些功能和应用程序（例如聊天工具、即时消息、视频和音频）的使用时间和带宽，或者直接予以阻止。WSA 可以执行 URL 黑名单、URL 过滤、恶意软件扫描、URL 分类、Web 应用过滤及 Web 流量的加解密。

　　在图 10-4 中，公司内部员工使用智能手机试图与已知的黑名单站点进行连接。

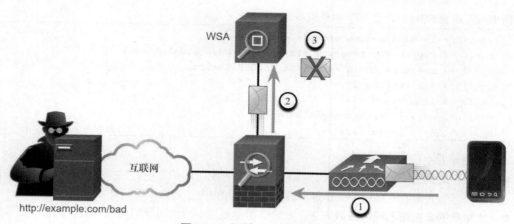

图 10-4　思科 WSA 运行示例

　　在图 10-4 中，发生了以下情况。

1. 用户试图连接到站点。

2. 防火墙将站点请求转发到 WSA。

3. WSA 评估 URL 并确定它是已知的黑名单站点。WSA 丢弃数据包并向用户发送访问被拒绝的消息。

10.2 访问控制

本节将介绍如何使用 AAA 和 802.1X 对 LAN 端点与设备进行身份验证。

10.2.1 用本地密码进行验证

之前我们已经学到 NAC 设备会提供 AAA 服务。本节会学习与 AAA 相关的更多内容，以及控制访问的各种方式。

网络设备可以执行很多类型的验证，但每种方法的安全性不尽相同。最简单的远程访问身份验证的方法是在控制台、VTY 线路和 AUX 端口上配置登录与密码组合，如例 10-1 中的 VTY 线路所示。该方法最容易实施，但也是最薄弱和最不安全的方法。这种方法无法进行审计，而且密码也会以明文的形式进行发送。任何拥有密码的人都可以登录到设备上。

例 10-1　在 VTY 行上设置密码

```
R1(config)# line vty 0 4
R1(config-line)# password ci5c0
R1(config-line)# login
```

SSH 是一种更加安全的远程访问形式。

- 它需要用户名和密码，并且用户名和密码会在传输过程中进行加密。
- 用户名和密码可以由本地数据库进行验证。
- 它可以提供审计，因为当用户登录时，用户名会被记录下来。

例 10-2 所示为使用 SSH 和本地数据库的远程访问方式。

例 10-2　配置 SSH 并设置 VTY 以使用 SSH

```
R1(config)# ip domain-name example.com
R1(config)# crypto key generate rsa general-keys modulus 2048
R1(config)# username Admin secret Str0ng3rPa55w0rd
R1(config)# ssh version 2
R1(config)# line vty 0 4
R1(config-line)# transport input ssh
R1(config-line)# login local
```

本地数据库方法存在一些限制。

- **必须手动预先配置用户账户**：必须在每台设备上配置用户账户。在有多台路由器和交换机需要管理的大型企业环境中，在每台设备上实施和更改本地数据库是非常消耗时间的。
- **本地数据库方法不提供回退方法**：本地数据库配置不提供回退的验证方法。例如，如果管理员忘记设备的用户名和密码，会出现什么情况呢？如果没有用于验证的备份方法，密码恢复将成为唯一的选项。

一种更好的解决方案是让所有设备引用中央服务器上的同一个用户名和密码数据库。

10.2.2 AAA 的组件

AAA 表示验证（Authentication）、授权（Authorization）和审计（Accounting）。AAA 的概念类似

于使用信用卡，如图 10-5 所示。信用卡会定义可以使用它的用户、用户可以支出的金额，并且会记录用户所购买的物品或服务。

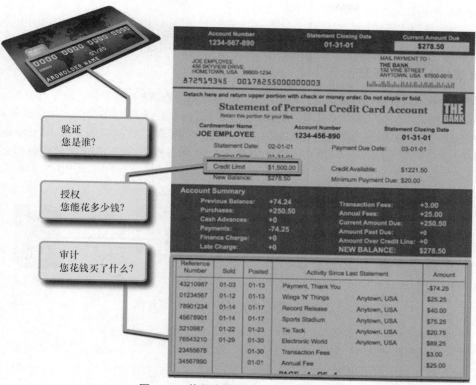

图 10-5　信用卡账单中 AAA 的类比

AAA 提供了在网络设备上设置访问控制的主要框架。AAA 方法用于控制可以访问网络的用户（验证）、用户在访问时可以执行的操作（授权），以及审核用户在访问网络时执行的操作（审计）。

10.2.3　验证

本地验证和基于服务器的验证是实施 AAA 验证的两种常用方式。

本地 AAA 验证

本地 AAA 会在网络设备（如思科路由器）本地保存用户名和密码。用户向本地数据库验证自己的身份，如图 10-6 所示。本地 AAA 验证是小型网络的理想选择。

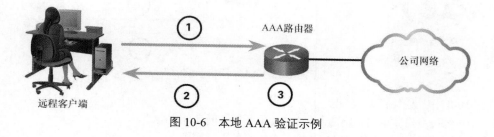

图 10-6　本地 AAA 验证示例

在图 10-6 中，发生了以下情况。

1. 客户端与路由器建立连接。

2. AAA 路由器提示用户输入用户名和密码。

3. 路由器使用本地数据库对用户名和密码进行验证，并允许用户根据本地数据库中的信息访问网络。

基于服务器的 AAA 验证

如果采用基于服务器的方式，那么路由器就会访问一台中央 AAA 服务器，如图 10-7 所示。这台中央 AAA 服务器中包含所有用户的用户名和密码。路由器使用远程身份验证拨入用户服务（Remote Authentication Dial-In User Service，RADIUS）或终端访问控制器访问控制系统（Terminal Access Controller Access Control System，TACACS+）协议与 AAA 服务器通信。当有多台路由器和交换机时，基于服务器的 AAA 更合适。

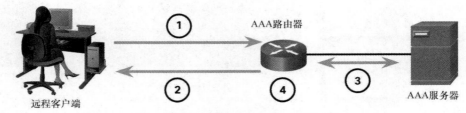

图 10-7　基于服务器的 AAA 验证示例

在图 10-7 中，发生了以下情况。

1. 客户端与路由器建立连接。

2. AAA 路由器提示用户输入用户名和密码。

3. 路由器使用 AAA 服务器对用户名和密码进行身份验证。

4. 根据远程 AAA 服务器中的信息，向用户提供对网络的访问。

10.2.4　授权

AAA 授权是自动完成的，无须用户在通过验证后执行其他步骤。授权负责控制通过验证的用户可以在网络上执行哪些操作，以及不可以执行哪些操作。

授权使用了一组描述用户访问网络的属性。AAA 服务器会使用这些属性来判断用户的权限和限制，如图 10-8 所示。

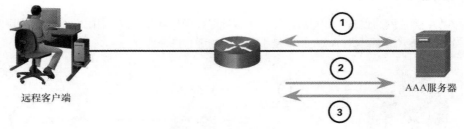

图 10-8　AAA 授权示例

在图 10-8 中，发生了以下情况。

1. 用户经过身份验证后，路由器和 AAA 服务器之间会建立会话。

2. 路由器请求 AAA 服务器对客户端请求的服务进行授权。

3. AAA 服务器返回授权通过或失败的响应。

10.2.5 审计

AAA 审计收集并报告使用情况的数据。该数据可用于审计或计费等目的。收集的数据可能包括连接的开始和停止时间、执行的命令、数据包数和字节数。

审计的主要用途是将其与 AAA 验证相结合。AAA 服务器会详细记录经过验证的用户在设备上执行的具体操作，如图 10-9 所示。这包括用户执行的所有 EXEC 命令和配置命令。日志包含许多数据字段，包括用户名、日期和时间，以及用户输入的实际命令。这些信息在排除设备故障时非常有用。它还可以对个人的恶意行为进行举证。

图 10-9 AAA 审计示例

在图 10-9 中，发生了以下情况。

1. 在用户经过身份验证后，路由器和 AAA 服务器会之间建立会话。
2. 路由器请求 AAA 服务器对客户端请求的服务进行审计。

10.2.6 802.1X

IEEE 802.1X 标准是一个基于端口的访问和验证协议。该协议可以限制未经授权的工作站通过可公开访问的交换机端口连接到 LAN。在使用交换机或 LAN 提供的任何服务之前，验证服务器会验证连接到交换机端口的每一个工作站。

使用 802.1X 基于端口的验证时，网络中的设备都会获得一个特定的角色，如图 10-10 所示。

图 10-10 802.1X 基于端口的身份验证示例

在图 10-10 中，802.1X 中的角色如下所示。

- **客户端（请求方）**：一种运行 802.1X 客户端软件的设备，这种软件可以安装在各类有线或无线设备上。
- **交换机（验证方）**：交换机充当客户端和验证服务器之间的中间人。它从客户端请求识别信息，然后向验证服务器验证该信息，并将响应转发到客户端。一类可以充当验证方的设备是无线接入点。
- **验证服务器**：该服务器会验证客户端的身份信息，并告知交换机或无线接入点这个客户端是否有权访问 LAN 和交换机服务。

10.3 第 2 层安全威胁

本节将介绍第 2 层漏洞。

10.3.1 第 2 层漏洞

前文介绍了保护端点的内容。在本节中，您将继续学习如何通过关注数据链路层（第 2 层）和交换机中的帧来保护 LAN。

众所周知，OSI 参考模型被分为 7 个相互独立的分层。图 10-11 所示为每个分层的功能，以及有可能被攻击利用的核心元素。

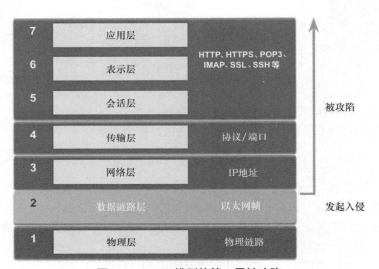

图 10-11　OSI 模型的第 2 层被攻陷

网络管理员通常会实施安全解决方案，以保护第 3 层到第 7 层中的元素。他们会使用 VPN、防火墙和 IPS 设备来保护这些元素。但是，如果第 2 层被攻陷，那么第 2 层之上的各层都会受到影响。例如，如果拥有内部网络访问权限的威胁发起者捕获到第 2 层帧，那么针对其上各层所实施的安全措施也会失效。威胁发起者可以给第 2 层 LAN 网络基础设施造成很大的损失。

10.3.2 交换机攻击类别

安全性取决于系统中最薄弱的环节，而第 2 层可以视为是最薄弱的环节。这是因为 LAN 是在一个组织机构的管理控制之下。我们与生俱来地信任连接到 LAN 的所有人员和设备。如今，自带设备（BYOD）和一些复杂的攻击使得 LAN 更容易遭到渗透。因此，除了保护第 3 层到第 7 层外，网络安全从业人员还必须缓解针对第 2 层 LAN 基础设施的攻击。

缓解第 2 层基础设施的攻击的第一步是了解第 2 层的基本操作以及第 2 层基础设施造成的威胁。

表 10-1 所示为针对第 2 层 LAN 基础设施的攻击，其细节会在本章后文进行介绍。

表 10-1   第 2 层攻击

类别	示例
MAC 地址表攻击	包括 MAC 地址泛洪攻击
VLAN 攻击	包括 VLAN 跳转攻击和 VLAN 双标记攻击。它还包括公共 VLAN 上的设备之间的攻击
DHCP 攻击	包括 DHCP 耗竭攻击和 DHCP 欺骗攻击
ARP 攻击	包括 ARP 欺骗攻击和 ARP 中毒攻击
地址欺骗攻击	包括 MAC 地址欺骗攻击和 IP 地址欺骗攻击
STP 攻击	包括 STP 操纵攻击

10.3.3　交换机攻击缓解技术

表 10-2 简要介绍了有助于缓解第 2 层攻击的思科解决方案。

表 10-2   第 2 层攻击缓解

解决方案	描述
端口安全	可以防御各类攻击，包括 MAC 地址泛洪攻击和 DHCP 耗竭攻击
DHCP 监听	防御 DHCP 耗竭攻击和 DHCP 欺骗攻击
动态 ARP 检测 （DAI）	防御 ARP 欺骗攻击和 ARP 中毒攻击
IP 源保护 （IPSG）	防御 MAC 地址欺骗攻击和 IP 地址欺骗攻击

如果管理协议不安全，这些第 2 层解决方案也将无效。比如，系统日志（Syslog）、简单网络管理协议（SNMP）、简单文件传输协议（TFTP）、Telnet、文件传输协议（FTP）等管理协议以及其他常见的协议都是不安全的，因此推荐采取下列策略。

- 始终选用这些协议的安全版本。比如 SSH、安全复制协议（SCP）、安全 FTP（SFTP）、安全套接字层/传输层安全（SSL/TLS）。
- 考虑通过带外管理网络来管理设备。
- 使用专用的管理 VLAN，其中只驻留管理流量。
- 使用 ACL 过滤不需要的访问。

10.4　MAC 地址表攻击

本节将解释 MAC 地址表攻击如何危害 LAN 安全。

10.4.1　交换机工作原理概述

本节的重点还是在交换机上，本节将着重介绍它们的 MAC 地址表，以及 MAC 地址表是如何容易遭受攻击的。

之前学过，在做出转发决策时，第 2 层 LAN 交换机会根据接收到的帧中包含的源 MAC 地址来建立一个表。如例 10-3 所示，这个表就称为 MAC 地址表。MAC 地址表会保存在内存中，交换机会用它来更加高效地转发帧。

例 10-3　MAC 地址表

```
S1# show mac address-table dynamic
          Mac Address Table
-------------------------------------------
Vlan    Mac Address      Type        Ports
----    -----------      --------    -----
   1    0001.9717.22e0   DYNAMIC     Fa0/4
   1    000a.f38e.74b3   DYNAMIC     Fa0/1
   1    0090.0c23.ceca   DYNAMIC     Fa0/3
   1    00d0.ba07.8499   DYNAMIC     Fa0/2
S1#
```

10.4.2　MAC 地址表泛洪

所有的 MAC 表都具有固定的大小，因此，交换机可能会耗尽用来存储 MAC 地址的资源。MAC 地址泛洪攻击利用了这种限制，这种攻击利用虚假的源 MAC 地址对交换机进行信息轰炸，直到交换机 MAC 地址表被填满。

在这种情况下，交换机就会把帧作为未知单播进行处理，同时不再查看 MAC 表就直接把所有入站流量通过同一 VLAN 中的所有端口泛洪出去。这种做法就让威胁发起者能够捕获到所有从一台主机发送给本地 LAN 或 VLAN 中另一台主机的所有帧。

注　意　　流量只会在本地 LAN 或 VLAN 中进行泛洪。威胁发起者只能捕获其所在 LAN 或 VLAN 本地的流量。

图 10-12 所示为一个威胁发起者可以轻松地利用网络攻击工具 macof 让 MAC 地址表溢出。

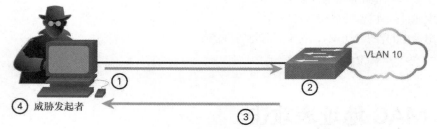

图 10-12　使用攻击工具泛洪 MAC 地址表

在图 10-12 中，发生了以下情况。

1. 威胁发起者连接到 VLAN 10，并使用 macof 快速生成许多随机的源和目的 MAC/IP 地址。

2. 在短时间内，交换机的 MAC 表将被填满。

3. 当 MAC 表被填满时，交换机开始泛洪它接收到的所有帧。只要 macof 继续运行，MAC 表就会保持满的状态，交换机就会继续从每个与 VLAN 10 相关的端口泛洪所有传入的帧。

4. 然后，威胁发起者使用数据包嗅探软件从连接到 VLAN 10 的任何和所有设备上捕获帧。

如果威胁发起者停止运行 macof，或者因为被发现而停止运行 macof，那么交换机最终会让表中比较老的 MAC 地址条目老化，然后重新恢复正常交换机的工作方式。

10.4.3　缓解 MAC 地址表攻击

像 macof 这样的工具之所以非常危险，是因为攻击者可以非常迅速地发起一次 MAC 地址表溢出攻击。比如，Catalyst 6500 交换机可以在 MAC 表中存储 132000 条 MAC 地址。而像 macof 这样的工具可以向交换机每秒泛洪高达 8000 条欺诈帧，因此只需几秒时间就可以制造出一次 MAC 地址表溢出攻击。例 10-4 所示为在 macof 在 Linux 主机上的输出信息。

例 10-4　macof 在 Linux 主机上的输出

```
# macof -i eth1
36:a1:48:63:81:70 15:26:8d:4d:28:f8 0.0.0.0.26413 > 0.0.0.0.49492: S
  1094191437:1094191437(0) win 512
16:e8:8:0:4d:9c da:4d:bc:7c:ef:be 0.0.0.0.61376 > 0.0.0.0.47523: S
  446486755:446486755(0) win 512
18:2a:de:56:38:71 33:af:9b:5:a6:97 0.0.0.0.20086 > 0.0.0.0.6728: S
  105051945:105051945(0) win 512
e7:5c:97:42:ec:1 83:73:1a:32:20:93 0.0.0.0.45282 > 0.0.0.0.24898: S
  1838062028:1838062028(0) win 512
62:69:d3:1c:79:ef 80:13:35:4:cb:d0 0.0.0.0.11587 > 0.0.0.0.7723: S
  1792413296:1792413296(0) win 512
c5:a:b7:3e:3c:7a 3a:ee:c0:23:4a:fe 0.0.0.0.19784 > 0.0.0.0.57433: S
  1018924173:1018924173(0) win 512
88:43:ee:51:c7:68 b4:8d:ec:3e:14:bb 0.0.0.0.283 > 0.0.0.0.11466: S
  727776406:727776406(0) win 512
b8:7a:7a:2d:2c:ae c2:fa:2d:7d:e7:bf 0.0.0.0.32650 > 0.0.0.0.11324: S
  605528173:605528173(0) win 512
e0:d8:1e:74:1:e 57:98:b6:5a:fa:de 0.0.0.0.36346 > 0.0.0.0.55700: S
  2128143986:2128143986(0) win 512
```

这些工具很危险的另一个原因是它们不仅影响本地交换机，也会影响其他已连接的第 2 层交换机。当一台交换机的 MAC 地址表被填满时，这台交换机就会开始从所有端口进行泛洪，包括连接到其他第 2 层交换机的端口。

要想缓解 MAC 地址表溢出攻击，网络管理员必须实施端口安全。端口安全仅允许该端口学习到一定数量的源 MAC 地址。

10.5　LAN 攻击

本节介绍 LAN 攻击如何危害 LAN 安全。

10.5.1　VLAN 跳转攻击

VLAN 跳转攻击会使一个 VLAN 无须路由器的帮助即可看到来自另一个 VLAN 的流量。在基本的 VLAN 跳转攻击中，威胁发起者会通过配置把一台主机伪装成交换机，从而利用大多数交换机端口上默认启用的自动中继端口功能。

威胁发起者会配置这台主机，让它发送欺骗的 802.1Q 信令和思科专有的 DTP（动态中继协议）信令，来与主机连接的交换机建立中继链路。如果欺骗成功，交换机就会与这台主机建立一条中继链路，如图 10-13 所示。现在，威胁发起者就可以访问交换机上的所有 VLAN 了。威胁发起者可以在任意 VLAN 上发送和接收流量，从而在 VLAN 之间有效地跳转。

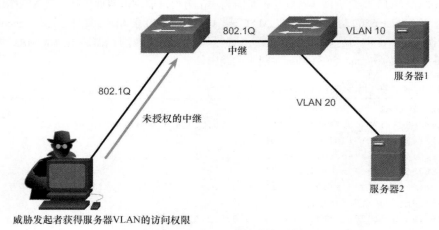

图 10-13 VLAN 跳转攻击示例

10.5.2 VLAN 双标记攻击

在特定情况下，威胁发起者会在已经携带 802.1Q 标记的帧中嵌入一个隐藏的 802.1Q 标记。该标记会将帧转发到未指定原始 802.1Q 标记的 VLAN。

以下的 3 个步骤提供了双标记攻击的示例和说明。

步骤 1. **威胁发起者向交换机发送一个携带双标记的 802.1Q 帧**。在图 10-14 中，外部报头带有威胁发起者的 VLAN 标记，它与中继端口的本征 VLAN 相同。在本例中，假设该 VLAN 是 VLAN 10。内部标记是受害者的 VLAN，在本例中为 VLAN 20。

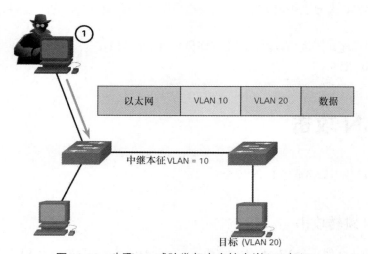

图 10-14 步骤 1：威胁发起者在帧中嵌入双标记

步骤 2. **帧到达第一台交换机**。在图 10-15 中，交换机看到该帧去往 VLAN 10，即本征 VLAN。交换机在剥离 VLAN 10 标记后将数据包转发到所有 VLAN 10 端口。该帧不会重新打标记，因为它是本征 VLAN 中的一部分。此时，VLAN 20 标记仍然是完整的，第一台交换机没有检测到它。

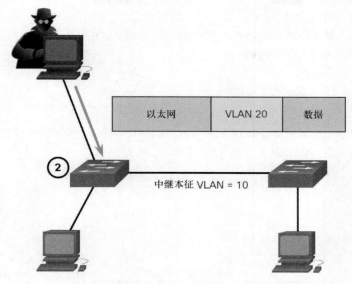

图 10-15　步骤 2：威胁参与者的标记得以幸存

步骤 3. 帧到达第二台交换机。在图 10-16 中，第二台交换机不知道该帧是去往 VLAN 10 的。在 802.1Q 规范中，本征 VLAN 的流量不会被发送交换机打标记。第二台交换机只查看威胁发起者插入的内部 802.1Q 标记，并看到帧是去往 VLAN 20 的，即目标 VLAN。第二台交换机将帧发送到目标设备或者进行泛洪，具体取决于目标设备中是否有 MAC 地址表条目。

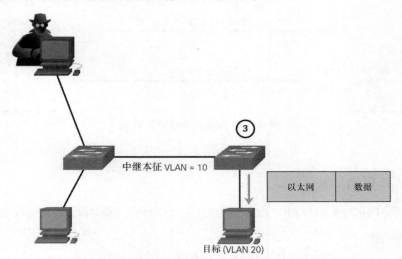

图 10-16　步骤 3：交换机将威胁发起者的帧发送给受害者

VLAN 双标记攻击是单向的，而且只有当攻击者连接的端口与中继端口的本征 VLAN 位于同一 VLAN 时，这种攻击才会生效。VLAN 双标记攻击的思想是，攻击者通过双标记可以将数据发送到 VLAN 上的主机或服务器，否则就会被某种访问控制配置阻止。假设还允许返回流量，则威胁发起者就能与通常被阻止的 VLAN 上的设备上进行通信。

缓解 VLAN 攻击

VLAN 跳转攻击和 VLAN 双标记攻击可以通过执行下列中继安全指导方案来进行防御：

- 禁用所有接入端口上的中继；
- 在中继链路上禁用自动协商中继，让中继链路必须手动启用；
- 确保本征 VLAN 仅用于中继链路。

10.5.3　DHCP 消息

DHCP 服务器动态地向客户端提供 IP 配置信息，包括 IP 地址、子网掩码、默认网关、DNS 服务器等。客户端和服务器之间的 DHCP 消息交换顺序如图 10-17 所示。

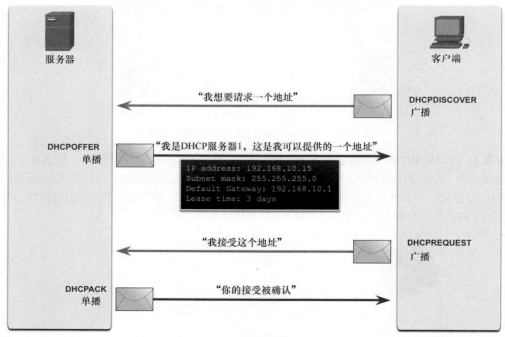

图 10-17　DHCP 的操作和消息

10.5.4　DHCP 攻击

DHCP 耗竭和 DHCP 欺骗是 DHCP 攻击的两种方式。这两种攻击都可以通过实施 DHCP 监听来缓解。

DHCP 耗竭攻击

DHCP 耗竭攻击的目标是对连接的客户端发起 DoS 攻击。DHCP 耗竭攻击需要用到 Gobbler 这样的攻击工具。

Gobbler 能够查看整个可租用的 IP 地址范围并尝试将其全部租用。具体而言，它会使用伪造的 MAC 地址创建 DHCP 发现消息。

DHCP 欺骗攻击

当非法 DHCP 服务器连接到网络并向合法的客户端提供虚假的 IP 配置参数时，会发生 DHCP 欺骗攻击。非法 DHCP 服务器可以提供下面多种误导信息。

- **错误的默认网关**：非法服务器通过提供无效的默认网关或主机 IP 地址以创建中间人攻击。当入侵者截获通过网络的数据流时，可能完全不被察觉。
- **错误的 DNS 服务器**：非法服务器提供不正确的 DNS 服务器地址，从而把用户指向恶意网站。
- **错误的 IP 地址**：非法服务器提供无效的 IP 地址，从而有效地针对 DHCP 客户端发起 DoS 攻击。

以下步骤提供了 DHCP 欺骗攻击的示例和说明。

步骤 1. 威胁发起者连接非法 DHCP 服务器。在图 10-18 中，威胁发起者成功地把一台非法 DHCP 服务器连接到与目标客户端位于同一子网和 VLAN 上的交换机端口。非法 DHCP 服务器的目标是为客户端提供错误的 IP 配置信息。

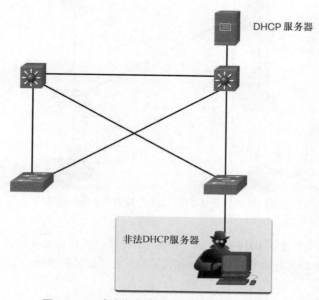

图 10-18　威胁发起者连接非法 DHCP 服务器

步骤 2. 客户端广播 DHCP 发现消息。在图 10-19 中，一个合法的客户端连接到网络并请求 IP 配置参数。因此，该客户端广播 DHCP 发现请求，以寻找来自 DHCP 服务器的响应。两台服务器都将收到消息并进行响应。

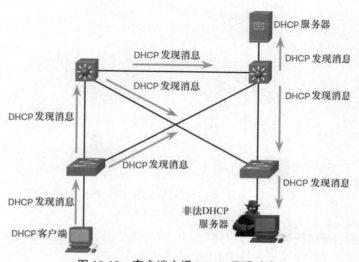

图 10-19　客户端广播 DHCP 发现消息

步骤 3. 合法和非法的 DHCP 应答。在图 10-20 中，合法的 DHCP 服务器使用有效的 IP 配置参数进行响应。然而，非法服务器也进行了响应，不过其 DHCP Offer 消息中包含的是威胁发起者定义的 IP 配置参数。客户端将对收到的第一个 DHCP Offer 消息进行应答。

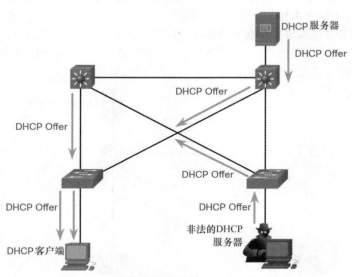

图 10-20　合法的和非法的 DHCP Offer 消息

步骤 4. 客户端接受非法的 DHCP Offer。在图 10-21 中，客户端首先收到了非法的 Offer 消息，因此客户端会广播一条 DHCP 请求消息，表示接受威胁发起者定义的参数。合法的和非法的 DHCP 服务器都将收到该请求。

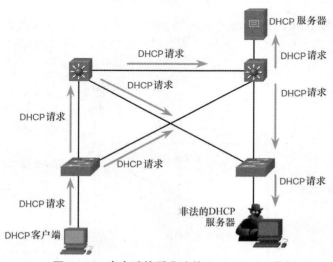

图 10-21　客户端接受非法的 DHCP Offer 消息

步骤 5. 非法服务器进行确认。在图 10-22 中，非法服务器通过单播向客户端发送一条应答，表示确认其请求。合法的 DHCP 服务器将停止与客户端进行通信。

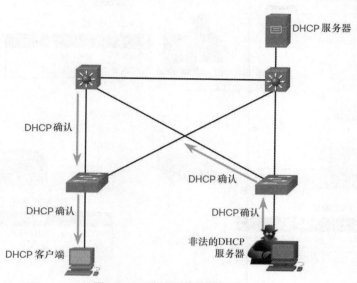

图 10-22　非法服务器进行确认

10.5.5　ARP 攻击

众所周知，主机会用广播的形式发送 ARP 请求，以确定具有特定 IP 地址的主机的 MAC 地址。这种做法通常是为了发现默认网关的 MAC 地址。子网上的所有主机接收并处理 ARP 请求。与 ARP 请求中的 IP 地址匹配的主机将发送 ARP 应答。

根据 ARP 的 RFC 文档，客户端可以发送一个未经请求的 ARP 应答，这称为"免费 ARP"。当主机发送免费 ARP 消息时，子网上的其他主机会将免费 ARP 消息中包含的 MAC 地址和 IP 地址存储在它们的 ARP 表中。

问题是，攻击者可以向交换机发送包含伪造 MAC 地址的免费 ARP 消息，而交换机也会相应地更新 MAC 表。因此，任何主机都可以选择一组 IP 和 MAC 地址，然后自称自己拥有这组地址。在典型的 ARP 攻击中，威胁发起者可能会使用自己的 MAC 地址和默认网关的 IP 地址，向子网中的其他主机发送为未经请求的 ARP 应答消息。

互联网上有许多工具都可以创建 ARP 中间人攻击，这些工具包括 dsniff、Cain & Abel、ettercap、Yersinia 等。IPv6 使用 ICMPv6 邻居发现协议来解析第 2 层地址。IPv6 还包含用于缓解邻居通告（Neighbor Advertisement）欺骗的策略，该策略类似于 IPv6 防止伪造的 ARP 应答的方式。

ARP 欺骗和 ARP 中毒可以通过实施 DAI 来缓解。

以下步骤提供了 ARP 欺骗和 ARP 中毒的示例和解释。

步骤 1. 具有收敛 MAC 表的正常状态。在图 10-23 中，每台设备上都有一个准确的 MAC 表，其中包含 LAN 中其他设备的正确 IP 地址和 MAC 地址。

步骤 2. ARP 欺骗攻击。在图 10-24 中，威胁发起者发送两条伪装的免费 ARP 应答消息，以试图取代 R1 成为网关。

- 第一条消息向 LAN 中的所有设备通告，威胁发起者的 MAC 地址（CC:CC:CC）映射到 R1 的 IP 地址 10.0.0.1。
- 第二条消息向 LAN 中的所有设备通告，威胁发起者的 MAC 地址（CC:CC:CC）映射到 PC1 的 IP 地址 10.0.0.11。

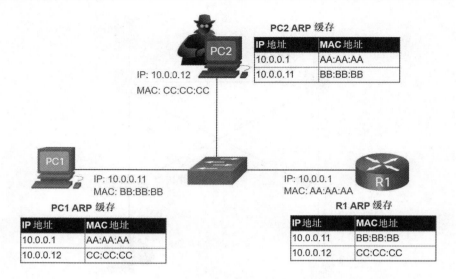

注：出于简化目的，MAC地址只给出了24位

图 10-23　具有收敛 MAC 表的正常状态

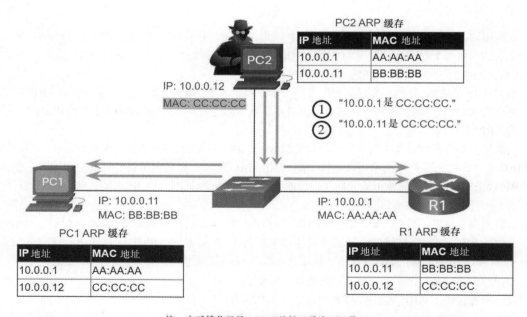

注：出于简化目的，MAC地址只给出了24位

图 10-24　ARP 欺骗攻击

步骤 3. ARP 中毒攻击与中间人攻击。在图 10-25 中，R1 和 PC1 把对方的 MAC 地址的正确条目删除，然后使用 PC2 的 MAC 地址取而代之。威胁发起者现在已经毒化了子网中所有设备的 ARP 缓存。ARP 中毒会导致各种类型的中间人攻击，从而对网络造成安全威胁。

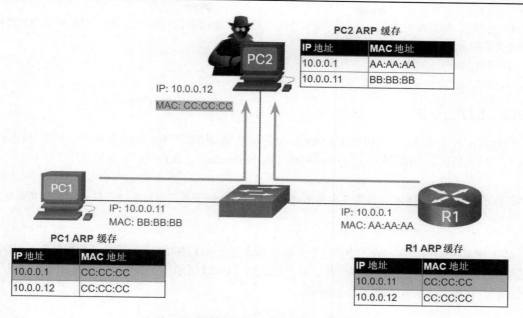

注：出于简化目的，MAC地址只给出了24位

图 10-25 ARP 中毒攻击与中间人攻击

10.5.6 地址欺骗攻击

IPv4 地址和 MAC 地址会因为各种各样的原因而被欺骗。IPv4 地址欺骗是指威胁发起者劫持子网中另一台设备的有效 IPv4 地址，或者使用随机的 IPv4 地址。IPv4 地址欺骗很难进行缓解，尤其是在 IPv4 所属的子网内使用时。

当威胁发起者修改主机的 MAC 地址以匹配目标主机的另一个已知 MAC 地址时，即发生了 MAC 地址欺骗攻击。然后，攻击主机用新配置的 MAC 地址向整个网络发送一个帧。当交换机收到该帧时，它会检查源 MAC 地址。交换机会覆盖当前的 MAC 地址条目，并把这个 MAC 地址分配给新端口，如图 10-26 所示。然后，交换机会无意中将发往目标主机的帧转发给攻击主机。

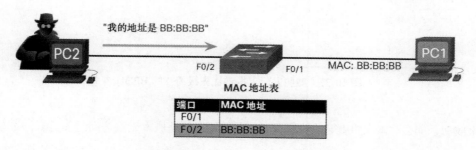

注：出于简化目的，MAC地址只给出了24位

图 10-26 MAC 地址欺骗示例

当目标主机发送流量时，交换机会纠正这个错误，重新把这个 MAC 地址与原始端口映射起来。为了阻止交换机将端口分配恢复到正确的状态，威胁发起者可以创建一个程序或脚本，从而不断地向

交换机发送帧，使交换机保留不正确的或伪造的信息。第 2 层中没有允许交换机验证 MAC 地址来源的安全机制，因此容易受到欺骗攻击。

IP 和 MAC 地址欺骗可以通过实施 IPSG 来缓解。

10.5.7 STP 攻击

网络攻击者可以操纵生成树协议（STP），通过伪造根网桥和更改网络拓扑来发起攻击。攻击者可以让自己的主机显示为根网桥，因此可以捕获立即（immediate）交换域的所有流量。

注　意　STP 攻击也可能在没有恶意的情况下发生，例如当用户想要将交换机添加到其办公网络中时。

要执行 STP 操纵攻击，攻击主机会用广播的形式发送 STP BPDU（网桥协议数据单元），其中包含会强制重新计算生成树的配置和拓扑变更信息，如图 10-27 所示。攻击主机发送的 BPDU 会通告较低的网桥优先级，从而试图被选举为根网桥。

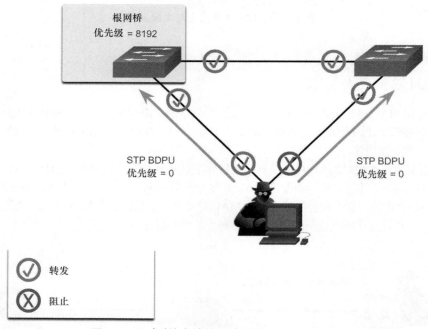

图 10-27　威胁发起者发送优先级为 0 的 BPDU

如果成功，那么攻击主机就会成为根网桥，并且可以捕获原本无法访问的各类帧，如图 10-28 所示。

STP 攻击可以通过在所有接入端口上实施 BPDU 防护来缓解。BPDU 防护会在本书后文进行介绍。

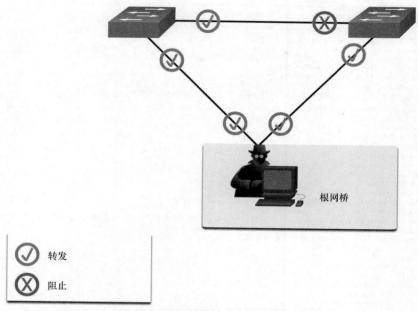

转发

阻止

图 10-28 威胁发起者成为根网桥

10.5.8 CDP 侦查

思科发现协议（Cisco Discovery Protocol，CDP）是思科专有的第 2 层链路发现协议。所有思科设备默认启用了该协议。CDP 可以自动发现其他支持 CDP 的设备并帮助自动配置其连接。网络管理员还可使用 CDP 来帮助进行网络设备的配置和故障排除。

CDP 信息会定期以未加密的广播形式从支持 CDP 的端口外发出去。CDP 信息包含设备的 IP 地址、IOS 软件版本、平台、性能和本征 VLAN。接收到 CDP 消息的设备会更新其 CDP 数据库。

在执行网络故障排除时，CDP 信息非常有用。例如，CDP 可用于验证第 1 层和第 2 层的连接。如果管理员无法对直连接口执行 ping 操作，但是仍在接收 CDP 信息，则问题很可能与第 3 层配置有关。

但是，CDP 提供的信息也可能会被威胁发起者用来发现网络基础设施的漏洞。

在图 10-29 中，Wireshark 的抓包信息中显示了 CDP 数据包的内容。攻击者能够识别设备使用的思科 IOS 软件版本。这可让攻击者确定该特定版本的 IOS 是否存在特定的安全漏洞。

发送的 CDP 广播未加密且不进行验证。因此，攻击者可通过向直连的思科设备发送包含虚假设备信息的 CDP 帧来干扰网络基础设施。

要缓解 CDP 的漏洞利用，可限制 CDP 在设备或端口上的使用。例如，在连接非可信设备的边缘端口上禁用 CDP。

要在设备上全局禁用 CDP，可以使用全局配置模式命令 **no cdp run**。要在设备上全局启用 CDP，可以使用全局配置模式命令 **cdp run**。

要在一个端口上禁用 CDP，可以使用接口配置模式命令 **no cdp enable**。要在一个端口上启用 CDP，可以使用接口配置模式命令 **cdp enable**。

> **注　意**　链路层发现协议（Link Layer Discovery Protocol，LLDP）也容易遭到侦查攻击。配置 **no lldp run** 可以在全局禁用 LLDP。要在接口上禁用 LLDP，可配置 **no lldp transmit** 和 **no lldp receive**。

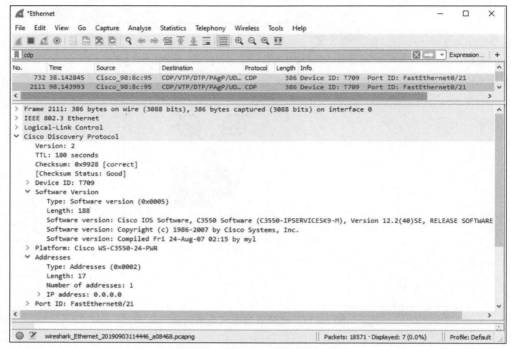

图 10-29　Wireshark 捕获的 CDP 帧

10.6　总结

端点安全

端点往往很容易受到通过电子邮件或 Web 浏览发起的恶意软件相关的攻击。这些端点通常会使用传统的基于主机的安全特性，比如防病毒/防恶意软件工具、主机防火墙、主机入侵防御系统（HIPS）。端点最好通过 NAC、基于主机的 AMP 软件、电子邮件安全设备（ESA）和 Web 安全设备（WSA）联合进行保护。思科 WSA 可以执行 URL 黑名单、URL 筛选、恶意软件扫描、URL 分类、Web 应用筛选及 Web 流量的加解密。

访问控制

AAA 用于控制可以访问网络的用户（验证）、用户在访问时可以执行的操作（授权），以及审核用户在访问网络时执行的操作（审计）。授权使用了一组描述用户访问网络的属性。审计的主要用途是将其与 AAA 验证相结合。AAA 服务器会详细记录经过验证的用户在设备上执行的具体操作。IEEE 802.1X 标准是一个基于端口的访问和验证协议。该协议可以限制未经授权的工作站通过可公开访问的交换机端口连接到 LAN。

第 2 层安全威胁

如果第 2 层被攻陷，那么第 2 层之上的各层都会受到影响。缓解第 2 层基础设施的攻击的第一步是了解第 2 层的基本操作以及第 2 层解决方案：端口安全、DHCP 监听、DAI、IPSG。如果管理协议不安全，这些第 2 层解决方案也将无效。

MAC 地址表攻击

MAC 地址表泛洪攻击利用虚假的源 MAC 地址对交换机进行信息轰炸，直到交换机 MAC 地址表被填满。在这种情况下，交换机就会把帧作为未知单播进行处理，同时不再查看 MAC 表就直接把所有入站流量通过同一 VLAN 中的所有端口泛洪出去。威胁发起者现在能够捕获到所有从一台主机发送给本地 LAN 或 VLAN 中另一台主机的所有帧。威胁发起者可以使用 macof 快速生成许多随机的源和目的 MAC/IP 地址。要想缓解 MAC 地址表溢出攻击，网络管理员必须实施端口安全。

LAN 攻击

VLAN 跳转攻击会使一个 VLAN 无须路由器的帮助即可看到来自另一个 VLAN 的流量。威胁发起者会通过配置把一台主机伪装成交换机，从而利用大多数交换机端口上默认启用的自动中继端口功能。

VLAN 双标记攻击是单向的，而且只有当攻击者连接的端口与中继端口的本征 VLAN 位于同一 VLAN 时，这种攻击才会生效。攻击者通过双重标记可以将数据发送到 VLAN 上的主机或服务器，否则就会被某种访问控制配置阻止。返回流量也将被允许，从而让威胁发起者能与通常被阻止的 VLAN 上的设备进行通信。

VLAN 跳转攻击和 VLAN 双标记攻击可以通过执行下列中继安全指导方案来进行防御：

- 禁用所有接入端口上的中继；
- 在中继链路上禁用自动协商中继，让中继链路必须手动启用；
- 确保本征 VLAN 仅用于中继链路。

DHCP 攻击：DHCP 服务器动态地向客户端提供 IP 配置信息，包括 IP 地址、子网掩码、默认网关、DNS 服务器等。DHCP 耗竭和 DHCP 欺骗是 DHCP 攻击的两种方式。这两种攻击都可以通过实施 DHCP 监听来缓解。

ARP 攻击：攻击者可以向交换机发送包含伪造 MAC 地址的免费 ARP 消息，而交换机也会相应地更新 MAC 表。现在，威胁发起者可能会使用其自己的 MAC 地址和默认网关的 IP 地址，向子网中的其他主机发送为未经请求的 ARP 应答消息。ARP 欺骗和 ARP 中毒可以通过实施 DAI 来缓解。

地址欺骗攻击：Pv4 地址欺骗是指威胁发起者劫持子网中另一台设备的有效 IPv4 地址，或者使用随机的 IPv4 地址。当威胁发起者修改主机的 MAC 地址以匹配目标主机的另一个已知 MAC 地址时，即发生了 MAC 地址欺骗攻击。IPv4 和 MAC 地址欺骗可以通过实施 IPSG 来缓解。

STP 攻击：网络攻击者可以操纵 STP，通过伪造根网桥和更改网络拓扑来发起攻击。攻击者可以让自己的主机显示为根网桥，因此可以捕获立即（immediate）交换域的所有流量。STP 攻击可以通过在所有接入端口上实施 BPDU 防护来缓解。

CDP 侦查：CDP 信息会定期以未加密的广播形式从支持 CDP 的端口外发出去。CDP 信息包含设备的 IP 地址、IOS 软件版本、平台、性能和本征 VLAN。接收到 CDP 消息的设备会更新其 CDP 数据库。CDP 提供的信息也可能会被威胁发起者用来发现网络基础设施的漏洞。要缓解 CDP 的漏洞利用，可限制 CDP 在设备或端口上的使用。

复习题

完成这里列出的所有复习题，可以测试您对本章内容的理解。附录列出了答案。

1. 以下哪一项可对终端设备上的数据进行加密，并且只有在付款后才能解密？
   - A. DDoS
   - B. 勒索软件
   - C. 病毒
   - D. 蠕虫

2. 哪个网络安全设备监控和加密 SMTP 流量以阻止威胁并防止数据丢失？

　　A. ESA
　　B. NAC
　　C. NGFW
　　D. WSA

3. 哪个 AAA 组件负责确定允许哪些访问？

　　A. 审计
　　B. 管理
　　C. 验证
　　D. 授权

4. 哪种小型网络路由器验证方法通过查询本地用户名和密码对设备访问进行验证？

　　A. 本地 AAA 验证
　　B. 使用 RADIUS 或 TACACS+的本地 AAA
　　C. 基于服务器的 AAA
　　D. 使用 RADIUS 或 TACACS+的基于服务器的 AAA

5. 哪个 802.1X 术语用于描述负责转发 802.1X 响应的设备？

　　A. 验证方
　　B. 验证服务器
　　C. 客户端
　　D. 请求方

6. 哪个 802.1X 术语用于描述请求身份验证的设备？

　　A. 验证方
　　B. 验证服务器
　　C. 客户端
　　D. 请求方

7. 哪种缓解技术可防止 MAC 地址表溢出攻击？

　　A. DAI
　　B. 防火墙
　　C. 端口安全
　　D. VPN

8. 哪种缓解技术可防止 ARP 欺骗和 ARP 中毒攻击？

　　A. DAI
　　B. 防火墙
　　C. 端口安全
　　D. VPN

9. IPSG 可缓解哪种类型的攻击？

　　A. 可防止 ARP 欺骗攻击和 ARP 中毒攻击
　　B. 可防止 DHCP 耗竭攻击和 DHCP 欺骗攻击
　　C. 可防止 MAC 地址表溢出攻击
　　D. 可防止 MAC 和 IP 地址欺骗

10. 在 MAC 地址表攻击期间，被攻陷的交换机会发生什么情况？

　　A. 交换机接口将转换到错误禁用状态
　　B. 交换机将丢弃所有接收的帧
　　C. 交换机将所有传入的帧泛洪到 VLAN 中的所有其他端口
　　D. 交换机将关闭

11. 为什么威胁发起者会对小型网络发起 MAC 地址溢出攻击？

　　A. 为了捕获去往其他 LAN 设备的帧
　　B. 为了确保合法主机无法转发流量
　　C. 为了发起 DoS 攻击
　　D. 为了使交换机不堪负重而丢弃帧

12. 下面哪项是 DHCP 耗竭攻击的示例？

　　A. 威胁发起者将其设备的 MAC 地址更改为默认网关的 MAC 地址
　　B. 威胁发起者使用 802.1Q 协议配置主机，并与连接的交换机形成中继
　　C. 威胁发起者发现本地交换机的 IOS 版本和 IP 地址
　　D. 威胁发起者租用子网上所有可用的 IP 地址，以拒绝合法客户端的 DHCP 资源

    E. 威胁发起者发送优先级为 0 的 BPDU 消息

    F. 威胁发起者发送一条消息，使所有其他设备都相信威胁发起者设备的 MAC 地址是默认网关

13. 下面哪项是 STP 攻击的示例？

    A. 威胁发起者将其设备的 MAC 地址更改为默认网关的 MAC 地址

    B. 威胁参与者使用 802.1Q 协议配置主机，并与连接的交换机形成中继

    C. 威胁发起者发现本地交换机的 IOS 版本和 IP 地址

    D. 威胁发起者租用子网上所有可用的 IP 地址，以拒绝合法客户端的 DHCP 资源

    E. 威胁发起者发送优先级为 0 的 BPDU 消息

    F. 威胁发起者发送一条消息，使所有其他设备都相信威胁发起者设备的 MAC 地址是默认网关

14. 下面哪项是地址欺骗攻击的示例？

    A. 威胁发起者将其设备的 MAC 地址更改为默认网关的 MAC 地址

    B. 威胁发起者使用 802.1Q 协议配置主机，并与连接的交换机形成中继

    C. 威胁发起者发现本地交换机的 IOS 版本和 IP 地址

    D. 威胁发起者租用子网上所有可用的 IP 地址，以拒绝合法客户端的 DHCP 资源

    E. 威胁发起者发送优先级为 0 的 BPDU 消息

    F. 威胁发起者发送一条消息，使所有其他设备都相信威胁发起者设备的 MAC 地址是默认网关

15. 下面哪项是 ARP 欺骗攻击的示例？

    A. 威胁发起者将其设备的 MAC 地址更改为默认网关的 MAC 地址

    B. 威胁发起者使用 802.1Q 协议配置主机，并与连接的交换机形成中继

    C. 威胁发起者发现本地交换机的 IOS 版本和 IP 地址

    D. 威胁发起者租用子网上所有可用的 IP 地址，以拒绝合法客户端的 DHCP 资源

    E. 威胁发起者发送优先级为 0 的 BPDU 消息

    F. 威胁发起者发送一条消息，使所有其他设备相信威胁发起者设备的 MAC 地址是默认网关

16. 下面哪项是 CDP 侦察攻击的示例？

    A. 威胁发起者将其设备的 MAC 地址更改为默认网关的 MAC 地址

    B. 威胁发起者使用 802.1Q 协议配置主机，并与连接的交换机形成中继

    C. 威胁发起者发现本地交换机的 IOS 版本和 IP 地址

    D. 威胁发起者租用子网上所有可用的 IP 地址，以拒绝合法客户端的 DHCP 资源

    E. 威胁发起者发送优先级为 0 的 BPDU 消息

    F. 威胁发起者发送一条消息，使所有其他设备都相信威胁发起者设备的 MAC 地址是默认网关

第 11 章

交换机安全配置

学习目标

通过完成本章的学习，您将能够回答下列问题：

■ 实施端口安全功能以缓解 MAC 地址表攻击；

■ 如何配置 DTP 和本征 VLAN 以缓解 VLAN 攻击。

■ 如何配置 DHCP 监听以缓解 DHCP 攻击；

■ 如何配置 ARP 检测以缓解 ARP 攻击；

■ 如何配置 PortFast 和 BPDU 防护以缓解 STP 攻击。

作为一名网络从业人员，您的一项重要职责就是保障网络的安全性。在大多数情况下，我们只会把安全攻击看成来自网络外部的威胁，但威胁也有可能来自网络内部。威胁的形式不胜枚举，它可能只是一位员工为了给自己增加几个接口而在企业网络中连接了一台以太网交换机，也可能是心怀不满的员工发起的恶意攻击。您的工作是确保网络安全，确保业务运营不受影响。

我们如何确保网络的安全与稳定呢？我们如何防止网络内部的恶意攻击呢？我们如何确保员工不会向网络中连接交换机、服务器以及其他有可能影响网络正常运行的设备呢？

本章就是保护网络不受内部威胁侵扰的敲门砖。

11.1 实施端口安全

在本节中，您将了解如何配置端口安全功能以限制网络访问并缓解 MAC 地址表攻击。

11.1.1 保护未使用的端口

第 2 层设备可以视为企业安全基础设施中最薄弱的环节。第 2 层攻击是黑客最容易发起的攻击，但这些攻击也可以用一些常见的第 2 层解决方案来缓解。

在部署交换机以用于生产之前，所有交换机端口（接口）都应该进行保护。端口的保护方式取决于端口的功能。

很多管理员用来保护网络免受未经授权的访问的一种简单方法是禁用交换机上所有未使用的端口。例如，如果一台 Catalyst 2960 交换机有 24 个端口，并且有 3 个快速以太网连接正在使用，那么比较好的做法就是禁用其他 21 个未使用的端口。切换到每一个未使用的端口，然后执行思科 IOS 的 **shutdown** 命令即可。如果稍后必须重新激活某个端口，可以使用 **no shutdown** 命令来启用。

要配置一个范围内的端口，可以使用 **interface range** 命令：

```
Switch(config)# interface range type module/first-number - last-number
```

例如，要想关闭 S1 上 F0/8～F0/24 的端口，就可以输入例 11-1 中所示的命令。

例 11-1 关闭未使用的端口

```
S1(config)# interface range fa0/8 - 24
S1(config-if-range)# shutdown
%LINK-5-CHANGED: Interface FastEthernet0/8, changed state to administratively down
(output omitted)
%LINK-5-CHANGED: Interface FastEthernet0/24, changed state to administratively
  down
S1(config-if-range)#
```

11.1.2 缓解 MAC 地址表攻击

防止 MAC 表溢出攻击最简单有效的方法是启用端口安全。

端口安全限制端口上所允许的有效 MAC 地址的数量。它允许管理员为端口手动配置 MAC 地址，或允许交换机动态获取有限数量的 MAC 地址。当配置了端口安全的端口在接收到帧之后，会将该帧的源 MAC 地址与端口上手动配置或动态学习到的安全源地址列表进行比较。

通过将端口上允许的 MAC 地址数限制为 1，就可以利用端口安全来防止对网络的未经授权的访问，如图 11-1 所示。

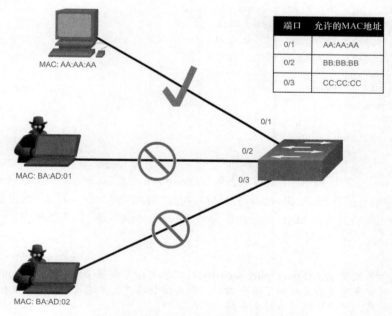

注：出于简化目的，MAC地址只给出了24位

图 11-1 端口安全可限制端口上的 MAC 地址数

11.1.3 启用端口安全

注意，在例 11-2 中，**switchport port-security** 接口配置命令被拒绝。

例 11-2　在接入端口上启用端口安全

```
S1(config)# interface f0/1
S1(config-if)# switchport port-security
Command rejected: FastEthernet0/1 is a dynamic port.
S1(config-if)# switchport mode access
S1(config-if)# switchport port-security
S1(config-if)# end
S1#
```

这是因为端口安全只能配置在手动配置的接入端口上或者手动配置的中继端口上。在默认情况下，第 2 层交换机都会设置为 dynamic auto。因此，接口需要使用 **switchport mode access** 接口配置命令进行配置。

注　意　中继端口的安全超出了本书的范围。

使用 **show port-security interface** 命令可显示 F0/1 端口当前的端口安全设置，如例 11-3 所示。

例 11-3　显示当前的端口安全

```
S1# show port-security interface f0/1
Port Security              : Enabled
Port Status                : Secure-down
Violation Mode             : Shutdown
Aging Time                 : 0 mins
Aging Type                 : Absolute
SecureStatic Address Aging : Disabled
Maximum MAC Addresses      : 1
Total MAC Addresses        : 0
Configured MAC Addresses   : 0
Sticky MAC Addresses       : 0
Last Source Address:Vlan   : 0000.0000.0000:0
Security Violation Count   : 0
S1#
```

可以看到，端口安全已经启用；端口状态为 Secure-down，这意味着没有设备连接该接端口，以及没有发生安全违规；违规模式为 Shutdown；MAC 地址的最大数量为 1。如果一台设备连接到了这个端口，交换机会自动将设备的 MAC 地址添加为一个安全的 MAC 地址。在本例中，当前没有设备连接到该端口。

注　意　如果使用 **switchport port-security** 接口配置命令配置了一个活动（active）端口，同时有多台设备连接到了这个端口，那么这个端口就会进入错误禁用（error-disabled）状态。这种情况将在后文介绍。

启用端口安全后，可以配置其他端口安全细节，如例 11-4 所示。

例 11-4　端口安全命令选项

```
S1(config-if)# switchport port-security ?
  aging        Port-security aging commands
  mac-address  Secure mac address
```

```
maximum         Max secure addresses
violation       Security violation mode
<cr>
S1(config-if)# switchport port-security
```

11.1.4 限制和学习 MAC 地址

要设置端口允许的 MAC 地址的最大数量，可以使用下面的命令：

```
Switch(config-if)# switchport port-security maximum value
```

默认的端口安全值为 1。可以配置的安全 MAC 地址的最大数量取决于交换机和 IOS 版本。在例 11-5 中，最大值为 8192。

例 11-5　验证端口上允许的最大 MAC 地址数

```
S1(config)# interface f0/1
S1(config-if)# switchport port-security maximum ?
  <1-8192> Maximum addresses
S1(config-if)# switchport port-security maximum
```

在经过配置后，交换机可以使用下面 3 种方式在安全端口上学习 MAC 地址。

- **手动配置**。管理员通过使用下述命令为接口上的每个安全 MAC 地址手动配置静态 MAC 地址。

  ```
  Switch(config-if)# switchport port-security mac-address mac-address
  ```

- **动态获取**。在端口上启用 **switchport port-security** 接口配置命令之后，连接该端口的设备的当前源 MAC 地址自动受到保护，但不会添加到启动配置文件中。如果交换机重新启动，这个端口就必须重新学习这台设备的 MAC 地址。

- **动态获取——粘滞（Sticky）**。管理员通过使用下面这条命令，可让这台交换机动态获取 MAC 地址，并且把这个 MAC 地址"黏滞"到设备的运行配置文件中。

  ```
  Switch(config-if)# switchport port-security mac-address sticky
  ```

在保存运行配置文件后，就可以把动态获取的 MAC 地址写入 NVRAM 中。

例 11-6 所示为 F0/1 的完整端口安全配置，该端口连接了一台主机。管理员把最大的 MAC 地址数量设置为 2 个 MAC 地址，并手动配置了一个安全 MAC 地址，然后将端口配置为动态获取其他的安全 MAC 地址，直至达到 2 个安全 MAC 地址的上限。使用 **show port-security interface** 和 **show port-security address** 命令可验证该配置。

例 11-6　配置和验证端口安全

```
S1(config)# interface fa0/1
S1(config-if)# switchport mode access
S1(config-if)# switchport port-security
S1(config-if)# switchport port-security maximum 2
S1(config-if)# switchport port-security mac-address aaaa.bbbb.1234
S1(config-if)# switchport port-security mac-address sticky
S1(config-if)# end
S1#
S1# show port-security interface fa0/1
```

```
    Port Security               : Enabled
    Port Status                 : Secure-up
    Violation Mode              : Shutdown
    Aging Time                  : 0 mins
    Aging Type                  : Absolute
    SecureStatic Address Aging  : Disabled
    Maximum MAC Addresses       : 2
    Total MAC Addresses         : 2
    Configured MAC Addresses    : 1
    Sticky MAC Addresses        : 1
    Last Source Address:Vlan    : a41f.7272.676a:1
    Security Violation Count    : 0

S1#
S1# show port-security address
              Secure Mac Address Table
-----------------------------------------------------------------------
Vlan    Mac Address          Type                    Ports    Remaining Age
                                                              (mins)

----    -----------          ----                    -----    -------------
   1    a41f.7272.676a       SecureSticky            Fa0/1        -
   1    aaaa.bbbb.1234       SecureConfigured        Fa0/1        -
-----------------------------------------------------------------------
Total Addresses in System (excluding one mac per port)     : 1
Max Addresses limit in System (excluding one mac per port) : 8192
S1#
```

show port-security interface 命令的输出表明，端口安全已经启用，有一台主机连接到端口（Secure-up），总共允许 2 个 MAC 地址，S1 静态学习了一个 MAC 地址，动态学习了一个 MAC 地址（Sticky）。

show port-security address 命令的输出列出了两个已学到的 MAC 地址。

11.1.5 端口安全老化

端口安全老化可用于设置端口上静态和动态安全地址的老化时间。每个端口支持两种类型的老化。
- **绝对老化（Absolute）**：在指定的老化时间到期后删除端口上的安全地址。
- **非活动老化（Inactivity）**：只有当端口上的安全地址在指定的老化时间内处于非活动状态时，才被删除。

使用老化功能可以删除安全端口上的安全 MAC 地址，而无须将其手动删除。还可增加老化时间的限制，以确保即使在添加新的 MAC 地址时，也要保留之前的安全 MAC 地址。可以基于每个端口启用或禁用静态配置的安全地址的老化。

使用 **switchport port-security aging** 接口配置命令可以给安全端口启用或者禁用静态老化时间，或者设置老化时间与老化类型。

```
Switch(config-if)# switchport port-security aging {static | time time | type
  {absolute | inactivity}}
```

该命令的参数在表 11-1 中进行了描述。

表 11-1   端口安全老化参数

参数	描述
static	为该端口上静态配置的安全地址启用老化
time *time*	为该端口指定老化时间，范围为 0～1440 min。如果时间为 0，则表示该端口禁用老化
type absolute	设置绝对的老化时间。该端口上的所有安全地址在指定的时间（单位为分钟）之后完全老化，并从安全地址列表中删除
type inactivity	设置非活动的老化类型。只有在指定的时间段内没有来自安全源地址的数据流量时，该端口上的安全地址才会老化

注 意　出于简化，MAC 地址显示为 24 位。

在例 11-7 中可以看到，一位管理员把老化类型配置为非活动类型，老化时间为 10min，然后使用 **show port-security interface** 命令对配置进行了验证。

例 11-7　配置并验证端口安全的老化

```
S1(config)# interface fa0/1
S1(config-if)# switchport port-security aging time 10
S1(config-if)# switchport port-security aging type inactivity
S1(config-if)# end
S1#
S1# show port-security interface fa0/1
Port Security                : Enabled
Port Status                  : Secure-up
Violation Mode               : Shutdown
Aging Time                   : 10 mins
Aging Type                   : Inactivity
SecureStatic Address Aging   : Disabled
Maximum MAC Addresses        : 2
Total MAC Addresses          : 2
Configured MAC Addresses     : 1
Sticky MAC Addresses         : 1
Last Source Address:Vlan     : a41f.7272.676a:1
Security Violation Count     : 0

S1#
```

11.1.6　端口安全违规模式

如果连接到端口的设备 MAC 地址与安全地址列表中的不一致，则会发生端口违规。默认情况下，这个端口进入错误禁用（error-disabled）状态。

要设置端口安全违规模式，可以使用下述命令：

```
Switch(config-if)# switchport port-security violation {shutdown | restrict | protect}
```

表 11-2 描述了该命令的语法，表 11-3 总结了交换机根据配置的违规模式所做的反应。

表 11-2　　　　　　　　　　　　　　　　安全违规模式的描述

模式	描述
shutdown（默认）	■ 端口立刻过渡到错误禁用状态，关闭端口 LED 并且发送一条系统日志消息 ■ 它会增加违规计数器的值 ■ 当安全端口处于错误禁用状态时，管理员必须输入 **shutdown** 和 **no shutdown** 命令重新启用该端口
restrict	■ 端口会丢弃携带未知源地址的数据包，直到管理员删除了足够数量的安全 MAC 地址，让安全 MAC 地址的数量降到了最大值以下，或者增加了最大值 ■ 该模式会让安全违规（Security Violation）计数器的值增加，并且生成一条系统日志消息
protect	■ 这是最不安全的安全违规模式 ■ 端口会丢弃携带未知源地址的数据包，直到管理员删除了足够数量的安全 MAC 地址，让安全 MAC 地址的数量降到了最大值以下，或者增加了最大值 ■ 不会发送系统日志消息

表 11-3　　　　　　　　　　　　　　　　安全违规模式的比较

违规模式	丢弃违规流量	发出系统日志（syslog）消息	增加违规计数器的值	关闭端口
shutdown	是	是	是	是
restrict	是	是	是	否
protect	是	否	否	否

例 11-8 所示为管理员将安全违规模式修改为 restrict。**show port-security interface** 命令的输出信息显示修改已经生效。

例 11-8　将端口安全修改为 restrict

```
S1(config)# interface f0/1
S1(config-if)# switchport port-security violation restrict
S1(config-if)# end
S1#
S1# show port-security interface f0/1
Port Security                : Enabled
Port Status                  : Secure-up
Violation Mode               : Restrict
Aging Time                   : 10 mins
Aging Type                   : Inactivity
SecureStatic Address Aging   : Disabled
Maximum MAC Addresses        : 2
Total MAC Addresses          : 2
Configured MAC Addresses     : 1
Sticky MAC Addresses         : 1
Last Source Address:Vlan     : a41f.7272.676a:1
Security Violation Count     : 0

S1#
```

11.1.7　端口处于错误禁用状态

当端口安全违规被关闭而又发生了端口违规时，会发生什么情况呢？端口在物理上被关闭，并处于错误禁用状态，该端口不再收发流量。

在例 11-9 中，端口安全违规被更改回默认的 shutdown 设置。然后，MAC 地址为 a41f.7272.676a 的主机断开连接，再将一台主机接入 F0/1。

注意控制台上生成的一系列与端口安全相关的消息，如例 11-9 所示。

例 11-9　显示端口安全违规的日志消息

```
S1(config)# int fa0/1
S1(config-if)# switchport port-security violation shutdown
S1(config-if)# end
S1#
*Mar 1 00:24:15.599: %LINEPROTO-5-UPDOWN: Line protocol on Interface
  FastEthernet0/1, changed state to down
*Mar 1 00:24:16.606: %LINK-3-UPDOWN: Interface FastEthernet0/1, changed state to
  down
*Mar 1 00:24:19.114: %LINK-3-UPDOWN: Interface FastEthernet0/1, changed state to
  up
*Mar 1 00:24:20.121: %LINEPROTO-5-UPDOWN: Line protocol on Interface
  FastEthernet0/1, changed state to up
S1#
*Mar 1 00:24:32.829: %PM-4-ERR_DISABLE: psecure-violation error detected on
  Fa0/1, putting Fa0/1 in err-disable state
*Mar 1 00:24:32.838: %PORT_SECURITY-2-PSECURE_VIOLATION: Security violation
  occurred, caused by MAC address a41f.7273.018c on port FastEthernet0/1.
*Mar 1 00:24:33.836: %LINEPROTO-5-UPDOWN: Line protocol on Interface
  FastEthernet0/1, changed state to down
*Mar 1 00:24:34.843: %LINK-3-UPDOWN: Interface FastEthernet0/1, changed state to
  down
S1#
```

注　意　端口的协议和链接状态都变为 down，且端口 LED 被关闭。

在例 11-10 中，**show interface** 命令显示这个端口的状态是 err-disabled（即错误禁用状态）。**show port-security interface** 命令的输出信息现在显示端口的状态为 Secure-shutdown（而不再是 Secure-up）。安全违规计数器的值增加了 1。

例 11-10　验证端口是否已禁用

```
S1# show interface fa0/1 | include down
FastEthernet0/1 is down, line protocol is down (err-disabled)
S1#
S1# show port-security interface fa0/1
Port Security                : Enabled
Port Status                  : Secure-shutdown
Violation Mode               : Shutdown
Aging Time                   : 10 mins
Aging Type                   : Inactivity
SecureStatic Address Aging   : Disabled
```

```
Maximum MAC Addresses        : 2
Total MAC Addresses          : 2
Configured MAC Addresses     : 1
Sticky MAC Addresses         : 1
Last Source Address:Vlan     : a41f.7273.018c:1
Security Violation Count     : 1

S1#
```

管理员应该判断是什么导致了安全违规。如果有未经授权的设备连接到安全端口,那么应该在重新启用这个端口之前先解决这个安全威胁。

在例 11-11 中,第一台主机重新连接 F0/1。要想重新启用该端口,首先输入 **shutdown** 命令,然后输入 **no shutdown** 命令,让这个端口恢复运行。

例 11-11　重新启用被禁用的端口

```
S1(config)# interface fastEthernet 0/1
S1(config-if)# shutdown
S1(config-if)#
*Mar 1 00:39:54.981: %LINK-5-CHANGED: Interface FastEthernet0/1, changed state to
  administratively
S1(config-if)# no shutdown
S1(config-if)#
*Mar 1 00:40:04.275: %LINK-3-UPDOWN: Interface FastEthernet0/1, changed state to
  up
*Mar 1 00:40:05.282: %LINEPROTO-5-UPDOWN: Line protocol on Interface
  FastEthernet0/1, changed state to up
S1(config-if)#
```

11.1.8　验证端口安全

在交换机上配置了端口安全后,请检查每个接口,以验证端口安全是否设置正确并确保静态 MAC 地址已配置正确。

所有接口的端口安全

需要显示交换机的端口安全设置,可使用 **show port-security** 命令。例 11-12 所示为只有一个端口配置了 **switchport port-security** 命令。

例 11-12　验证所有接口上的端口安全

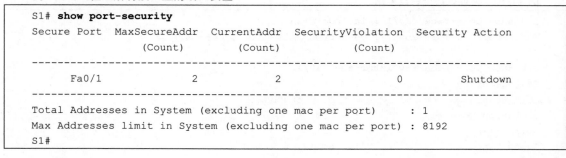

```
S1# show port-security
Secure Port  MaxSecureAddr  CurrentAddr  SecurityViolation  Security Action
             (Count)        (Count)      (Count)
---------------------------------------------------------------------------
    Fa0/1         2             2              0              Shutdown
---------------------------------------------------------------------------
Total Addresses in System (excluding one mac per port)     : 1
Max Addresses limit in System (excluding one mac per port) : 8192
S1#
```

某个特定接口的端口安全

使用 **show port-security interface** 命令可查看某个特定接口的详细信息，如例 11-13 所示。

例 11-13 验证特定接口的端口安全

```
S1# show port-security interface fastEthernet 0/1
Port Security              : Enabled
Port Status                : Secure-up
Violation Mode             : Shutdown
Aging Time                 : 10 mins
Aging Type                 : Inactivity
SecureStatic Address Aging : Disabled
Maximum MAC Addresses      : 2
Total MAC Addresses        : 2
Configured MAC Addresses   : 1
Sticky MAC Addresses       : 1
Last Source Address:Vlan   : a41f.7273.018c:1
Security Violation Count   : 0

S1#
```

验证学习到的 MAC 地址

要想验证 MAC 地址是不是被"黏滞"到配置文件中，可使用 **show run** 命令，如例 11-14 中的 F0/1 所示。

例 11-14 验证接口上学到的 MAC 地址

```
S1# show run interface fa0/1
Building configuration...

Current configuration : 365 bytes
!
interface FastEthernet0/1
 switchport mode access
 switchport port-security maximum 2
 switchport port-security mac-address sticky
 switchport port-security mac-address sticky a41f.7272.676a
 switchport port-security mac-address aaaa.bbbb.1234
 switchport port-security aging time 10
 switchport port-security aging type inactivity
 switchport port-security
end

S1#
```

验证安全的 MAC 地址

要想查看所有交换机接口上手动配置或动态学习到的所有的安全 MAC 地址，可使用 **show port-security address** 命令，如例 11-15 所示。

例 11-15　验证所有的安全 MAC 地址

```
S1# show port-security address
               Secure Mac Address Table
-----------------------------------------------------------------------------
Vlan    Mac Address       Type             Ports      Remaining Age
                                                       (mins)

----    -----------       ----             -----      -------------
   1    a41f.7272.676a    SecureSticky     Fa0/1       -
   1    aaaa.bbbb.1234    SecureConfigured Fa0/1       -
-----------------------------------------------------------------------------
Total Addresses in System (excluding one mac per port)     : 1
Max Addresses limit in System (excluding one mac per port) : 8192
S1#
```

11.2　缓解 VLAN 攻击

在本节中，您将学习如何配置动态中继协议（DTP）和本征 VLAN 来缓解 VLAN 攻击。

11.2.1　VLAN 攻击概述

下面 3 种方式都可以发起 VLAN 跳转攻击。
- 攻击主机发送的欺骗 DTP 消息可使交换机进入中继模式。然后，攻击者可以发送带有目标 VLAN 标记的流量，然后交换机就可以将数据包发送到目的地。
- 引入非法交换机并启用中继。然后攻击者就可以通过非法交换机访问受害者交换机上的所有 VLAN。
- 另一种 VLAN 跳转攻击是双标记（或双封装）攻击。这种攻击方式利用了大多数交换机上的硬件运行方式。

11.2.2　缓解 VLAN 跳转攻击的步骤

使用下述步骤可缓解 VLAN 跳转攻击。
步骤 1. 使用 **switchport mode access** 接口配置命令在非中继端口上禁用 DTP（自动中继）协商。
步骤 2. 使用 **shutdown** 接口配置命令禁用未使用的端口，并将其放在未使用的 VLAN 中。
步骤 3. 使用 **switchport mode trunk** 接口配置命令在中继端口上手动启用中继链路。
步骤 4. 使用 **switchport nonegotiate** 接口配置命令在中继端口上禁用 DTP（自动中继）协商。
步骤 5. 使用 **switchport trunk native vlan** *vlan_number* 接口配置命令将本征 VLAN 设置为 VLAN 1 之外的其他 VLAN。
比如，我们进行如下假设：
- 端口 F0/1～F0/16 都是活动的接入端口；
- 端口 F0/17～F0/20 当前未使用；
- 端口 F0/21～F0/24 为中继端口。

通过实施例 11-16 中的配置可缓解 VLAN 跳转攻击。

例 11-16　用于缓解 VLAN 跳转攻击的配置

```
S1(config)# interface range fa0/1 - 16
S1(config-if-range)# switchport mode access
S1(config-if-range)# exit
S1(config)#
S1(config)# interface range fa0/17 - 20
S1(config-if-range)# switchport mode access
S1(config-if-range)# switchport access vlan 1000
S1(config-if-range)# shutdown
S1(config-if-range)# exit
S1(config)#
S1(config)# interface range fa0/21 - 24
S1(config-if-range)# switchport mode trunk
S1(config-if-range)# switchport nonegotiate
S1(config-if-range)# switchport trunk native vlan 999
S1(config-if-range)# end
S1#
```

- 端口 F0/1～F0/16 是接入端口，因此通过显式将其成为接入端口来禁用中继。
- 端口 F0/17～F0/20 是未使用的端口，已被禁用并分配给未使用的 VLAN。
- 端口 F0/21～F0/24 是中继端口，并在禁用 DTP 的情况下以手动的方式来启用为中继。本征 VLAN 也从默认的 VLAN 1 更改为未使用的 VLAN 999。

11.3　缓解 DHCP 攻击

在本节中，您将学习如何配置 DHCP 监听以缓解 DHCP 攻击。

11.3.1　DHCP 攻击概述

DHC 耗竭攻击的目的是对连接的客户端发起拒绝服务（DoS）。DHCP 耗竭攻击需要诸如 Gobbler 这样的攻击工具 DHCP 耗竭攻击可以使用端口安全来得到有效的缓解，因为 Gobbler 为每个发送的 DHCP 请求使用一个唯一的源 MAC 地址。

但是，缓解 DHCP 欺骗攻击需要采取更多保护措施。Gobbler 可以配置为使用真实的接口 MAC 地址作为源以太网地址，但是在 DHCP 负载中使用一个不同的以太网地址。这样就有可能导致端口安全无法发挥作用，因为源 MAC 地址此时会是合法的。

通过在可信端口上使用 DHCP 监听可缓解 DHCP 欺骗攻击。

11.3.2　DHCP 监听

DHCP 监听并不依赖源 MAC 地址。它的作用是判断 DHCP 消息是来自于管理配置的可信源还是不可信源。接下来，它会过滤 DHCP 消息，并且对来自不可信源的 DHCP 流量执行限速。

管理员可以管理的设备（如交换机、路由器和服务器）都是可信源。防火墙或者网络之外的设备都是不可信源。另外，所有接入端口一般都会视为不可信源。图 11-2 所示为可信端口和不可信端口的例子。

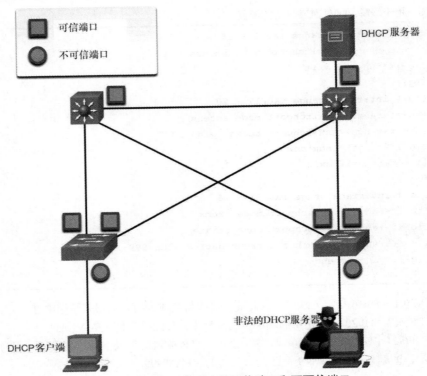

图 11-2 在 DHCP 监听中的可信端口和不可信端口

可以看到，在启用 DHCP 监听之后，非法 DHCP 服务器可能连接的是不可信端口。在默认情况下，所有接口都会被视为是不可信端口。可信端口往往是中继链路，以及与合法 DHCP 服务器相连的那些端口。这些端口都必须由管理员手动配置为可信端口。

在创建 DHCP 表时，其中会包含不可信端口上设备的源 MAC 地址，以及 DHCP 服务器分配给这台设备的 IP 地址。MAC 地址和 IP 地址是绑定的。因此，这个表也就称为 DHCP 监听绑定表。

11.3.3 实施 DHCP 监听的步骤

可以使用以下步骤来启用 DHCP 监听。

步骤 1. 使用 **ip dhcp snooping** 全局配置命令启用 DHCP 监听功能。

步骤 2. 在可信端口上执行 **ip dhcp snooping trust** 接口配置命令。

步骤 3. 对于不可信端口，可以使用 **ip dhcp snooping limit rate** *packets* 接口配置命令限制该端口每秒可以接收到的 DHCP 发现消息的数量。

步骤 4. 使用 **ip dhcp snooping** *vlan* 全局配置命令启用一个 VLAN 或一系列 VLAN 的 DHCP 监听功能。

11.3.4 DHCP 监听配置示例

这个 DHCP 监听示例的参考拓扑如图 11-3 所示。可以看到 F0/5 是一个不可信端口，因为它连接的是一台 PC。F0/1 是一个可信端口，因为它连接的是 DHCP 服务器。

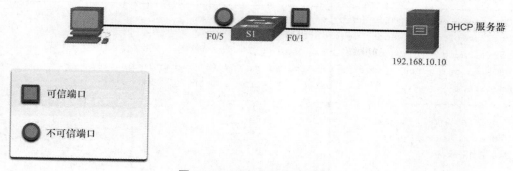

图 11-3 DHCP 监听参考拓扑

例 11-17 所示为如何在 S1 上配置 DHCP 监听。

例 11-17 配置 DHCP 监听

```
S1(config)# ip dhcp snooping
S1(config)# interface f0/1
S1(config-if)# ip dhcp snooping trust
S1(config-if)# exit
S1(config)#
S1(config)# interface range f0/5 - 24
S1(config-if-range)# ip dhcp snooping limit rate 6
S1(config-if-range)# exit
S1(config)#
S1(config)# ip dhcp snooping vlan 5,10,50-52
S1(config)# end
S1#
```

注意第一次如何启用 DHCP 监听。向上连接 DHCP 服务器的接口被显式信任。接下来，F0/5～F0/24 范围内的快速以太网端口在默认情况下是不可信的，因此将它们的速率限制为每秒 6 个数据包。最后，在 VLAN 5、10、50、51、和 52 上启用 DHCP 监听。

使用特权 EXEC 命令 **show ip dhcp snooping** 可验证 DHCP 监听，使用 **show ip dhcp snooping binding** 命令可查看接收到 DHCP 信息的客户端，如例 11-18 所示。

注 意 动态 ARP 检测（DAI）也需要使用 DHCP 监听，下一节会讲到。

例 11-18 验证 DHCP 监听

```
S1# show ip dhcp snooping
Switch DHCP snooping is enabled
DHCP snooping is configured on following VLANs:
5,10,50-52
DHCP snooping is operational on following VLANs:
none
DHCP snooping is configured on the following L3 Interfaces:
Insertion of option 82 is enabled
    circuit-id default format: vlan-mod-port
    remote-id: 0cd9.96d2.3f80 (MAC)
```

```
Option 82 on untrusted port is not allowed
Verification of hwaddr field is enabled
Verification of giaddr field is enabled
DHCP snooping trust/rate is configured on the following Interfaces:
Interface              Trusted      Allow option      Rate limit (pps)
---------------------  -------      ------------      ----------------
FastEthernet0/1        yes          yes               unlimited
  Custom circuit-ids:
FastEthernet0/5        no           no                6
  Custom circuit-ids:
FastEthernet0/6        no           no                6
  Custom circuit-ids:
S1#
S1# show ip dhcp snooping binding
MacAddress         IpAddress        Lease(sec)  Type           VLAN Interface
-----------------  ---------------  ----------  -------------  ---- -----------------
00:03:47:B5:9F:AD  192.168.10.10    193185      dhcp-snooping  5    FastEthernet0/5
```

11.4 缓解 ARP 攻击

在本节中，您将学习如何配置动态 ARP 检测（DAI）以缓解 ARP 攻击。

11.4.1 动态 ARP 检测

在典型的 ARP 攻击中，威胁发起者可能会使用其 MAC 地址和默认网关的 IP 地址，向子网中的其他主机发送未经请求的 ARP 应答。要防止 ARP 欺骗以及由 ARP 欺骗导致的 ARP 中毒，交换机必须确保仅转发有效的 ARP 请求和应答。

动态 ARP 检测（DAI）需要使用 DHCP 监听，而且可以通过下述手段来防止 ARP：

■ 不会向同一 VLAN 中的其他端口转发无效或免费的 ARP 应答；
■ 在不可信端口上拦截所有的 ARP 请求和应答；
■ 检查每个被拦截的数据包，以确认是否具有有效的 IP 与 MAC 的绑定；
■ 丢弃并记录无效的 ARP 应答，以防止 ARP 中毒；
■ 如果超出了配置的 ARP 数据包的 DAI 数量，端口就会进入错误禁用状态。

11.4.2 DAI 实施指导

要缓解 ARP 欺骗和 ARP 中毒，可以执行下列 DAI 实施指导：

■ 全局启用 DHCP 监听；
■ 在选定的 VLAN 上启用 DHCP 监听；
■ 在选定的 VLAN 上启用 DAI；
■ 为 DHCP 监听和 ARP 检测配置可信端口。

通常建议将交换机的所有接入端口配置为不可信端口，将所有连接到其他交换机的上行链路端口配置为可信端口。

图 11-4 中的拓扑所示为可信任的端口和不可信任的端口。

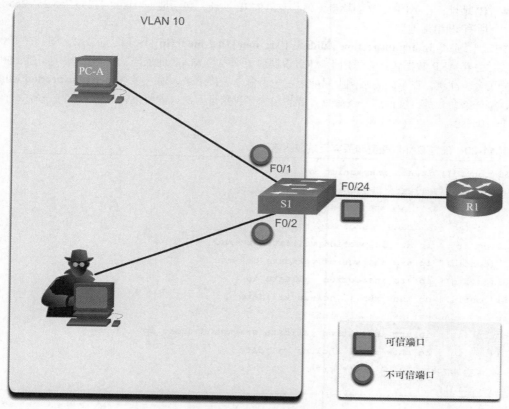

图 11-4　DAI 实施拓扑

11.4.3　DAI 配置示例

在图 11-4 所示的拓扑中，S1 连接了 VLAN 10 中的两名用户。需要配置 DAI 以缓解 ARP 欺骗攻击和 ARP 中毒攻击。

在例 11-19 中可以看到，DHCP 监听已经启用，因为 DAI 需要使用 DHCP 监听绑定表才能正常工作。接下来，为 VLAN 10 上的 PC 启用 DHCP 监听和 ARP 检测。连接到路由器的上行链路端口是可信端口，因此在 DHCP 监听和 ARP 检测中配置为可信端口。

例 11-19　配置 DAI

```
S1(config)# ip dhcp snooping
S1(config)# ip dhcp snooping vlan 10
S1(config)# ip arp inspection vlan 10
S1(config)# interface fa0/24
S1(config-if)# ip dhcp snooping trust
S1(config-if)# ip arp inspection trust
```

还可以配置 DAI 以检查目的或源 MAC 和 IP 地址。

- **目的 MAC**：根据 ARP 正文中的目的 MAC 地址检查以太网报头中的目的 MAC 地址。
- **源 MAC**：根据 ARP 正文中的发送方 MAC 地址检查以太网报头中的源 MAC 地址。
- **IP 地址**：在 ARP 正文中检查无效和意外的 IP 地址，包括地址 0.0.0.0、255.255.255.255 以及所有 IP 组播地址。

全局配置命令 **ip arp inspection validate** {[**src-mac**] [**dst-mac**] [**ip**]} 用于配置 DAI，使其在 IPv4 地址无效时丢弃 ARP 数据包。它可用于 ARP 数据包正文中的 MAC 地址与以太网报头中指定的地址不匹配的场合。注意，在下面的示例中只能配置一条命令。接下来，输入多条 **ip arp inspection validate** 命令，每一条命令都会覆盖前一条命令。要想包含多种验证方法，需要把它们输入在同一命令行中，如例 11-20 所示。

例 11-20　配置 DAI 以检测和丢弃无效数据包

```
S1(config)# ip arp inspection validate ?
  dst-mac   Validate destination MAC address
  ip        Validate IP addresses
  src-mac   Validate source MAC address
S1(config)# ip arp inspection validate src-mac
S1(config)# ip arp inspection validate dst-mac
S1(config)# ip arp inspection validate ip
S1(config)# do show run | include validate
ip arp inspection validate ip
S1(config)# ip arp inspection validate src-mac dst-mac ip
S1(config)# do show run | include validate
ip arp inspection validate src-mac dst-mac ip
S1(config)#
```

11.5　缓解 STP 攻击

在本节中，您将了解如何配置 PortFast 和 BPDU 防护来缓解 STP 攻击。

11.5.1　PortFast 和 BPDU 防护

前文中曾经提到，攻击者可以操纵 STP，通过伪造根网桥和更改网络拓扑的方式发起攻击。为了缓解 STP 操纵攻击，可使用 PortFast 和网桥协议数据单元（BPDU）防护。

- **PortFast**：PortFast 立即将配置为接入端口或中继端口的接口从阻塞状态变为转发状态，从而绕过了侦听和学习状态。PortFast 适用于所有最终用户端口。PortFast 只应该配置在连接终端设备的端口上。
- **BPDU 防护（BPDU Guard）**：BPDU 防护会立即让接收到 BPDU 的端口进入错误禁用状态。BPDU 防护也应该只配置在连接终端设备的端口上。

在图 11-5 中，S1 的接入端口上应该配置 PortFast 和 BPDU 防护。

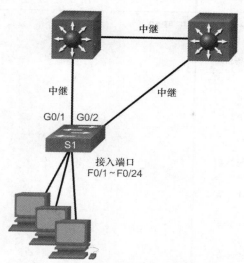

图 11-5　PortFast 和 BPDU 参考拓扑

11.5.2　配置 PortFast

PortFast 会绕过 STP 的侦听和学习状态，从而把接入端口等待 STP 收敛的时间降到最低。如果在连接到其他交换机的端口上启用 PortFast，则会产生形成生成树环路的风险。

可以使用 **spanning-tree portfast** 接口配置命令在接口上启用 PortFast。另外，也可以通过 **spanning-tree portfast default** 全局配置命令在所有接入端口上全局配置 Portfast。

要想验证 PortFast 是否已经在全局启用，可以使用命令 **show running-config | begin span** 或命令 **show spanning-tree summary** 进行查看。要想验证 PortFast 是否已经在接口上启用，可以使用命令 **show running-config** 进行查看，如例 11-21 所示。命令 **show spanning-tree interface** *type/number* **detail** 也可以用于验证。

注意，在 PortFast 启用时，系统会显示警告消息。

例 11-21　配置和验证 PortFast

```
S1(config)# interface fa0/1
S1(config-if)# switchport mode access
S1(config-if)# spanning-tree portfast
%Warning: portfast should only be enabled on ports connected to a single
 host. Connecting hubs, concentrators, switches, bridges, etc... to this
 interface when portfast is enabled, can cause temporary bridging loops.
 Use with CAUTION
%Portfast has been configured on FastEthernet0/1 but will only
 have effect when the interface is in a non-trunking mode.
S1(config-if)# exit
S1(config)#
S1(config)# spanning-tree portfast default
%Warning: this command enables portfast by default on all interfaces. You
 should now disable portfast explicitly on switched ports leading to hubs,
 switches and bridges as they may create temporary bridging loops.
S1(config)# exit
S1#
```

```
S1# show running-config | begin span
spanning-tree mode pvst
spanning-tree portfast default
spanning-tree extend system-id
!
interface FastEthernet0/1
 switchport mode access
 spanning-tree portfast
!
interface FastEthernet0/2
!
interface FastEthernet0/3
!
interface FastEthernet0/4
!
interface FastEthernet0/5
!
(output omitted)
S1#
```

11.5.3 配置 BPDU 防护

即使启用了 PortFast，接口也仍然会侦听 BPDU。除了偶尔可能会收到意外的 BPDU，在未经授权的情况下尝试将交换机添加到网络时，也可能收到 BPDU。

如果在启用 BPDU 防护的端口上收到 BPDU，则该端口将进入错误禁用状态。这表示这个端口已经关闭，必须手动重新启用，或者通过 **errdisable recovery cause psecure_violation** 全局命令让它自动恢复。

BPDU 防护可以使用 **spanning-tree bpduguard enable** 接口配置命令在端口上启用。另外，也可以使用 **spanning-tree portfast bpduguard default** 全局配置命令在支持 PortFast 的端口上全局启用 BPDU 防护。

要显示有关生成树状态的信息，可以使用命令 **show spanning-tree summary**。在例 11-22 中，对于配置为接入模式的端口，PortFast 和 BPDU 防护都是默认启用的。

注　意　　应总是在支持 PortFast 的所有端口上启用 BPDU 防护。

例 11-22　配置和验证 BPDU 防护

```
S1(config)# interface fa0/1
S1(config-if)# spanning-tree bpduguard enable
S1(config-if)# exit
S1(config)#
S1(config)# spanning-tree portfast bpduguard default
S1(config)# end
S1#
S1# show spanning-tree summary
Switch is in pvst mode
Root bridge for: none
```

```
Extended system ID           is enabled
Portfast Default             is enabled
PortFast BPDU Guard Default  is enabled
Portfast BPDU Filter Default is disabled
Loopguard Default            is disabled
EtherChannel misconfig guard is enabled
UplinkFast                   is disabled
BackboneFast                 is disabled
Configured Pathcost method used is short
(output omitted)
S1#
```

11.6 总结

实施端口安全

在部署交换机以用于生产之前，所有交换机端口（接口）都应该进行保护。防止 MAC 表溢出攻击最简单有效的方法是启用端口安全。在默认情况下，第 2 层交换机都会设置为 dynamic auto。经过配置后，交换机可以使用下面 3 种方式在安全端口上学习 MAC 地址：手动配置、动态获取、动态获取—粘滞。端口安全老化可用于设置端口上静态和动态安全地址的老化时间。每个端口支持两种类型的老化：绝对老化和非活动老化。如果连接到端口的设备 MAC 地址与安全地址列表中的不一致，则会发生端口违规。默认情况下，这个端口进入错误禁用状态。当端口被关闭并进入错误禁用状态后，该端口上将不再收发流量。要显示交换机的端口安全设置，可使用 **show port-security** 命令。

缓解 VLAN 攻击

使用下述步骤可缓解 VLAN 跳转攻击。
步骤 1. 在非中继端口上禁用 DTP 协商。
步骤 2. 禁用未使用的端口。
步骤 3. 中继端口上手动启用中继链路。
步骤 4. 在中继端口上禁用 DTP 协商。
步骤 5. 将本征 VLAN 设置为 VLAN 1 之外的其他 VLAN。

DHC 耗竭攻击的目的是对连接的客户端发起拒绝服务（DoS）。通过在可信端口上使用 DHCP 监听可缓解 DHCP 欺骗攻击。DHCP 监听可确定 DHCP 消息是来自于管理配置的可信源还是不可信源。接下来，它会过滤 DHCP 消息，并且对来自不可信源的 DHCP 流量执行限速。可以使用以下步骤来启用 DHCP 监听。
步骤 1. 启用 DHCP 监听功能。
步骤 2. 在可信端口上执行 **ip dhcp snooping trust** 接口配置命令。
步骤 3. 对于不可信端口，限制该端口每秒可以接收到的 DHCP 发现消息的数量。
步骤 4. 启用一个 VLAN 或一系列 VLAN 的 DHCP 监听功能。

缓解 ARP 攻击

动态 ARP 检测（DAI）需要使用 DHCP 监听，而且可以通过下述手段来防止 ARP：
■ 不会向同一 VLAN 中的其他端口转发无效或免费的 ARP 应答；

- 在不可信端口上拦截所有的 ARP 请求和应答；
- 检查每个被拦截的数据包，以确认是否具有有效的 IP 与 MAC 的绑定；
- 丢弃并记录无效的 ARP 应答，以防止 ARP 中毒；
- 如果超出了配置的 ARP 数据包的 DAI 数量，端口就会进入错误禁用状态。

要缓解 ARP 欺骗和 ARP 中毒，可以执行下列 DAI 实施指导：

- 全局启用 DHCP 监听；
- 在选定的 VLAN 上启用 DHCP 监听；
- 在选定的 VLAN 上启用 DAI；
- 为 DHCP 监听和 ARP 检测配置可信端口。

通常建议将交换机的所有接入端口配置为不可信端口，将所有连接到其他交换机的上行链路端口配置为可信端口。

可以配置 DAI 以检查目的或源 MAC 和 IP 地址。

- **目的 MAC**：根据 ARP 正文中的目的 MAC 地址检查以太网报头中的目的 MAC 地址。
- **源 MAC**：根据 ARP 正文中的发送方 MAC 地址检查以太网报头中的源 MAC 地址。
- **IP 地址**：在 ARP 正文中检查无效和意外的 IP 地址，包括地址 0.0.0.0、255.255.255.255 以及所有 IP 组播地址。

缓解 STP 攻击

为了缓解 STP 操纵攻击，可使用 PortFast 和网桥协议数据单元（BPDU）防护。

- **PortFast**：PortFast 立即将配置为接入端口或中继端口的接口从阻塞状态变为转发状态，从而绕过了侦听和学习状态。PortFast 适用于所有最终用户端口。PortFast 只应该配置在连接终端设备的端口上。PortFast 会绕过 STP 的侦听和学习状态，从而把接入端口等待 STP 收敛的时间降到最低。如果在连接到其他交换机的端口上启用 PortFast，则会产生形成生成树环路的风险。
- **BPDU 防护（BPDU Guard）**：BPDU 防护会立即让接收到 BPDU 的端口进入错误禁用状态。BPDU 防护也应该只配置在连接终端设备的端口上。BPDU 防护可以使用 **spanning-tree bpduguard enable** 接口配置命令在端口上启用。另外，也可以使用 **spanning-tree portfast bpduguard default** 全局配置命令在支持 PortFast 的端口上全局启用 BPDU 防护。

复习题

完成这里列出的所有复习题，可以测试您对本章内容的理解。附录列出了答案。

1. 哪种方法可以缓解 MAC 地址泛洪攻击？
   A. 配置端口安全
   B. 增加 CAM 表的大小
   C. 提高交换机端口的速率
   D. 使用 ACL 过滤交换机上的广播流量

2. 哪个操作将处于错误禁用状态的交换机端口恢复到运行状态？
   A. 清除交换机上的 MAC 地址表
   B. 执行 **shutdown** 和 **no shutdown** 接口配置命令
   C. 执行 **switchport mode access** 接口配置命令
   D. 删除并重新配置接口上的端口安全

3. 关于交换机端口安全，下面哪两项描述是正确的？（选择两项）
   A. 输入 **sticky** 参数后，只有随后学到的 MAC 地址转换为安全的 MAC 地址

B. 当交换机重新启动时，动态学习的安全 MAC 地址将丢失

C. 如果静态配置的 MAC 地址少于端口的最大数量，则动态学习的地址将添加到 CAM 表中，直到达到最大数量

D. 3 种可配置的违规模式都通过 SNMP 记录

E. 3 种可配置的违规模式都需要用户干预才能重启端口

4. 接入端口上已经启用了端口安全，以允许最多两个 MAC 地址。如果超过 MAC 地址的最大数，哪个端口安全违规将丢弃帧并向系统日志服务器发送通知？

A. protect
B. restrict
C. shutdown
D. warning

5. 应在支持 PortFast 的交换机上配置哪个功能，以防止将非法交换机添加到网络？

A. BPDU 防护
B. DAI
C. DHCP 监听
D. 端口安全

6. 哪个端口安全功能使交换机能够自动学习和保留每个端口的 MAC 地址？

A. 自动安全 MAC 地址
B. 动态安全 MAC 地址
C. 静态安全 MAC 地址
D. 黏滞安全 MAC 地址

7. 假设在所有接入端口上已全局启用 BPDU 防护。但是，其中一个端口不能配置该功能。哪个命令将显式禁用该交换机端口上的 BPDU 防护？

A. S1(config)# no spanning-tree bpduguard default
B. S1(config)# no spanning-tree portfast bpduguard default
C. S1(config-if)# no enable spanning-tree bpduguard
D. S1(config-if)# no spanning-tree bpduguard enable
E. S1(config-if)# no spanning-tree portfast bpduguard

8. 哪个 DAI 命令根据 ARP 正文中的目的 MAC 地址检查以太网报头中的源 MAC 地址？

A. ip arp inspection validate dst-mac
B. ip arp inspection validate dst-mac ip
C. ip arp inspection validate ip
D. ip arp inspection validate src-mac

9. 输入 ip dhcp snooping limit rate 4 接口配置命令的结果是什么？

A. 端口每秒最多可以接收 4 条 DHCP 发现消息
B. 端口每秒最多接收 4 条 DHCP Offer 消息
C. 端口每秒最多可以发送 4 条 DHCP 消息
D. 端口每秒可以发送最多 4 条 DHCP Offer 发现消息

10. 交换机端口上已启用端口安全。默认情况下使用的默认违规模式是什么？

A. restrict
B. disabled
C. protect
D. shutdown

11. 应该采取哪些技术来缓解 VLAN 攻击？（选择 3 项）

A. 禁用 DTP
B. 启用 BPDU 防护
C. 启用源保护
D. 手动启用中继
E. 将本征 VLAN 设置为未使用的 VLAN
F. 使用私有 VLAN

12. 在接口 F0/1 上启用了端口安全，并且已输入 show port-security interface fa0/1 命令。端口状态 Secure-up 消息是什么意思？

A. F0/1 端口当前处于错误禁用状态
B. F0/1 端口违规模式为 protect
C. 没有主机连接到安全的 F0/1 端口
D. 有一台主机连接到安全的 F0/1 端口

第 12 章

WLAN 的概念

学习目标

通过完成本章的学习，您将能够回答下列问题：

- WLAN 技术和标准是什么；
- WLAN 基础设施的组件是什么；
- 无线技术如何实现 WLAN 操作；
- WLC 如何使用 CAPWAP 管理多个 AP；

- WLAN 中的信道管理是什么；
- WLAN 面临哪些威胁；
- WLAN 安全机制是什么。

您在家中、工作中或者学校中使用过无线连接吗？想不想知道它是怎么工作的？

无线连接有很多种不同的方式。一如网络领域的其他事物，这些连接方式也有它们各自的适用环境。它们需要通过特定的设备来实现，也容易遭受某些类型的攻击。当然，针对这些攻击方式，我们也有各自的应对之策。想要了解更多信息？本章可以帮助读者理解 WLAN 是什么、能干什么，以及如何保护它。

如果您对此感到好奇，还等什么，现在就开始吧！

12.1 无线网络简介

本节介绍 WLAN 技术和标准。

12.1.1 无线的优势

无线 LAN（Wireless LAN，WLAN）是一种多用于家庭、办公室和园区环境中的无线网络。网络必须能够支持那些处于移动状态的人们。人们会使用台式机、笔记本电脑、平板电脑和智能手机来连接网络。提供网络访问的网络基础设施不一而足，其中包括有线 LAN、运营商网络和蜂窝电话网络。但真正让移动网络走入寻常百姓家、走入办公场所的，非 WLAN 莫属。

如果企业安装了无线基础设施，那么在设备需要变更、员工需要在建筑物中移动、设备或者实验室环境需要重新部署或需要临时部署到其他地点或者项目站点中的时候，无线环境就可以起到节省成本的作用。无线基础设施可以适应快速变化的需求与技术。

12.1.2 无线网络的类型

无线网络是根据 IEEE 标准建立的，这些网络可以粗略地分为 4 个大类：WPAN、WLAN、WMAN

和 WWAN。

■ **无线个域网（WPAN）**：使用低功率发射机来建立的小范围网络，范围通常为 20～30 英尺（即 6～9m），如图 12-1 所示。WPAN 中通常使用基于蓝牙和 ZigBee 的设备。WPAN 是基于 802.15 标准和 2.4GHz 射频频率的无线网络。

图 12-1　WPAN 示例

■ **无线局域网（WLAN）**：使用发射机来覆盖中等规模的网络，范围一般不超过 300 英尺（即 不到 100m），如图 12-2 所示。WLAN 适用于家庭、办公甚至园区环境。WLAN 是基于 802.11 标准和 2.4GHz 或 5GHz 射频频率的无线网络。

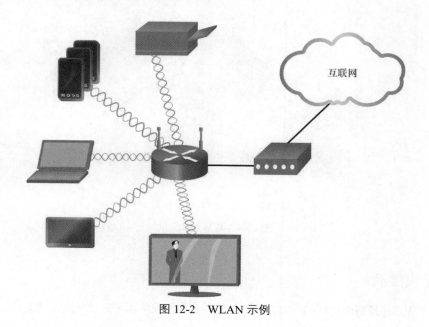

图 12-2　WLAN 示例

- **无线城域网（WMAN）**：使用发射机来为一个更大的地理区域提供无线服务，如图 12-3 所示。WMAN 适用于为一个城市或者特定城区提供无线接入。WMAN 会使用一些特定的授权频率。

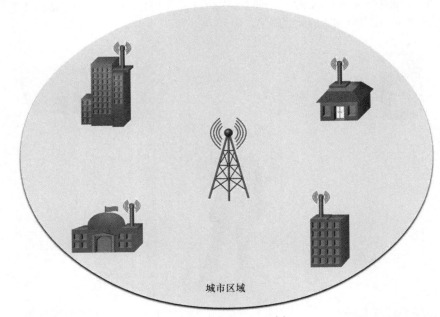

图 12-3 WMAN 示例

- **无线广域网（WWAN）**：使用发射机来为一个非常大的地理区域提供无线覆盖，如图 12-4 所示。WWAN 适用于国家/地区或者全球通信领域。WWAN 也会使用特定的授权频率。

图 12-4 WWAN 示例

12.1.3 无线技术

无线技术使用免授权的射频频段收发数据。任何拥有无线路由器并且所用设备支持无线技术的用户都可访问免授权的频段。

下文介绍了一些常见的无线技术。

- **蓝牙**：一种 IEEE 802.15 WPAN 标准，规定了如何使用设备配对过程来实现不超过 300 英尺（即 100m）范围的通信。这种技术在智能家庭设备、音频连接、汽车，以其他需要建立短距离连接的设备上均有广泛的应用。蓝牙无线技术有两种类型。
  - **低功耗蓝牙（BLE）**：支持多种网络技术，其中包括面向大规模网络设备的互连拓扑。
  - **蓝牙基本速率/增强速率（BR/EDR）**：支持点到点拓扑，并且针对音频流进行了优化。
- **WiMAX（全球微波接入互操作性）**：WiMAX 是一种宽带有线互联网连接的替代技术，与 DSL 和有线电视形成竞争关系。不过，这种技术通常用于还没有连接 DSL 或者有线电视运营商的区域。这是一种 IEEE 802.16 WWAN 标准，旨在提供范围可达 30 英里（即 50km）的高速无线宽带接入。WiMAX 的工作方式与 WiFi 相似，但速率更高，距离更远，支持的用户更多。它使用类似于手机塔的 WiMAX 塔网络。WiMAX 发射机和蜂窝网发射机可以共享同一个无线电塔的空间。
- **蜂窝宽带**：蜂窝 4G/5G 是指主要供手机使用的无线移动网络，但这种技术也可以用在汽车、平板电脑和笔记本电脑中。蜂窝网络是一种多路接入网络，可以承载数据和语音通信。蜂窝基站建在蜂窝塔上，蜂窝塔负责在所在区域内传输信号。相互连接的蜂窝基站组成了蜂窝网络。蜂窝网络分为两种类型：全球移动通信系统（Global System for Mobile，GSM）和码分多址（Code Division Multiple Access，CDMA）。GSM 是国际公认的技术，而 CDMA 主要应用于美国。
- **第 4 代 GSM 网络（4G）**：是当前的移动网络。4G 提供的速率是之前 3G 网络速率的 10 倍。5G 标准承诺提供的速率是 4G 的 100 倍，而且可以连接比此前数量更多的设备。
- **卫星宽带**：通过使用定向卫星天线（对准某颗地球轨道卫星）来给远端站点提供网络接入。它的价格往往更加昂贵，而且要求视野必须足够清晰。一般来说，卫星宽带多用于没有有线电视和 DSL 连接的乡村住宅与企业。

12.1.4　802.11 标准

无线通信的世界相当广阔。不过，从本书涉及的工作技能来考虑，我们希望把重点放在 WiFi 这个特定技术上。最理想的切入点是 802.11 WLAN 标准。这些标准定义了射频频率如何应用于无线链路。大多数标准规定，无线设备要配备一个天线来发射和接收某个特定频率（2.4GHz 和 5GHz）上的无线信号。一些比较新的标准可以高速发送和接收数据，这些标准需要用到无线接入点（Access Point，AP），并要求无线客户端拥有多个使用多输入多输出（Multiple-Input and Multiple-Output，MIMO）技术的天线。MIMO 采用多个天线同时充当发射机和接收机，以提升通信的性能。最多可以使用 8 个发射和接收天线来提高通信的吞吐量。

多年来，人们已经开发了很多 IEEE802.11 标准的实施方法。表 12-1 着重介绍了这些标准。

表 12-1　802.11 标准

IEEE WLAN 标准	射频频率	描述
802.11	2.4GHz	■ 速率可达 2Mbit/s
802.11a	5GHz	■ 速率可达 54Mbit/s ■ 覆盖范围小 ■ 穿透建筑物结构时效率降低 ■ 无法与 802.11b 和 802.11g 互操作

续表

IEEE WLAN 标准	射频频率	描述
802.11b	2.4GHz	■ 速率可达 11Mbit/s ■ 覆盖范围大于 802.11a ■ 可以较好地穿透建筑物结构
802.11g	2.4GHz	■ 速率可达 54Mbit/s ■ 可以通过降低带宽容量向后兼容 802.11b
802.11n	2.4GHz、 5GHz	■ 数据速率的范围是 150Mbit/s～600Mbit/s，最长传输距离可达 70m ■ AP 和无线客户端需要多个使用 MIMO 技术的天线 ■ 可以通过限制速率向后兼容 802.11a/b/g 设备
802.11ac	5GHz	■ 使用 MIMO 技术可以提供 450Mbit/s～1.3Gbit/s 的数据速率 ■ 最多可以支持 8 个天线 ■ 可以通过限制速率向后兼容 802.11a/n 设备
802.11ax	2.4GHz、 5GHz	■ 2019 年发布的最新标准 ■ 也称为 WiFi 6 或高效无线（HEW） ■ 提供更高的电源效率、更高的数据速率、更大的容量，并可处理许多连接设备 ■ 当前运行在 2.4GHz 和 5GHz 下，但是当 1GHz 和 7GHz 频率可用时，将运行在这些频率下 ■ 如需了解更多相关信息，可以在互联网上搜索 WiFi 6

12.1.5 射频频率

所有无线设备都是在电磁频谱的无线电波范围内工作的。WLAN 网络工作在 2.4GHz 和 5GHz 频段。WLAN 设备会把发射机和接收机调整到某些特定的无线电波范围，如图 12-5 所示。具体来说，下列频段分配给 802.11 WLAN。

■ **2.4GHz（UHF）**：802.11b/g/n/ax。
■ **5GHz（SHF）**：802.11a/n/ac/ax。

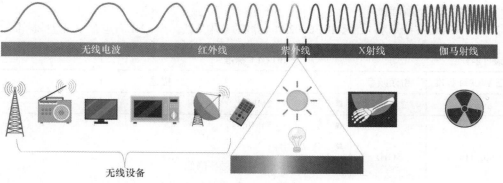

图 12-5 电磁频谱

12.1.6　无线标准组织

标准可以确保不同厂商生产的设备之间可以实现互操作。国际上，影响 WLAN 标准的三大机构为 ITU-R、IEEE 和 WiFi 联盟。

- **国际电信联盟（ITU）**：通过 ITU-R 来管理射频频谱和卫星轨道的分配。ITU-R 表示 ITU 无线电通信部门（ITU Radiocommuniction Sector）。
- **IEEE**：规定了如何调制射频频率来承载信息。它使用 IEEE 802 LAN/MAN 标准系列来维护 LAN 和 MAN 标准。IEEE 802 系列中的主要标准是 802.3 以太网和 802.11 WLAN。
- **WiFi 联盟**：是一个全球性的非营利行业协会，致力于促进 WLAN 的发展和认可。它是一个厂商协会，其目标是通过验证供应商是否符合行业规范和标准的方式，来提升基于 802.11 标准的产品的互操作性。

12.2　WLAN 的组件

本节介绍 WLAN 基础设施的组件。

12.2.1　无线网卡

无线部署至少需要两台配备有无线发射机和无线接收机的设备，发射机和接收机需要调谐到相同的射频频率：

- 安装了无线网卡的终端设备；
- 一台网络设备，比如无线路由器或无线 AP。

要实现无线通信，笔记本电脑、平板电脑、智能手机，甚至最新款的汽车均需要集成（包含无线发射机和接收机的）无线网卡。不过，如果一台设备没有集成无线网卡，也可以使用 USB 无线适配器，如图 12-6 所示。

图 12-6　USB 无线适配器

> **注　意**　我们熟悉的很多无线设备都没有外置天线。它们会内置在智能手机、笔记本电脑和无线家用路由器中。

12.2.2　无线家用路由器

终端设备可关联和验证的基础设施设备有很多类型，具体的设备视 WLAN 的规模和需求而定。比如，家庭用户通常会使用小型无线路由器来连接无线设备，如图 12-7 所示。

图 12-7　无线家用路由器示例

无线路由器具有如下功能。
- **AP**：提供 802.11a/b/g/n/ac 无线接入。
- **交换机**：提供 4 端口、全双工、10/100/1000 以太网交换机来互连有线设备。
- **路由器**：为连接到其他网络基础设施（如互联网）提供默认网关。

无线路由器通常会用作小型企业或者住宅的无线接入设备。无线路由器通过发送信标来通告自己的无线服务，它们发送的信标中会包含自己的共享 SSID（服务集标识符）。设备会通过无线的方式发现 SSID，并且尝试与它建立关联，然后进行验证，以便接入本地网络和互联网。

大多数无线路由器也会提供一些高级特性（比如高速访问），还支持视频流、IPv6 编址、服务质量（QoS）、配置工具和连接打印机或移动硬盘的 USB 端口。

另外，希望扩展网络服务的家庭用户也可以部署 WiFi 范围扩展器。设备可以通过无线的方式连接扩展器，扩展器可以把通信的信息复制给无线路由器。

12.2.3　无线 AP

虽然范围扩展器很容易安装和配置，但是最好的方法还是安装另一个无线 AP，来为用户设备提供专门的无线接入。无线客户端会使用自己的无线网卡来发现周边通告自己 SSID 的 AP。接下来，客户端就会关联 AP，并且进行验证。在通过验证之后，无线用户就可以访问网络资源了。思科 Meraki Go AP 如图 12-8 所示。

图 12-8　思科 Meraki Go AP

12.2.4　AP 的分类

AP 可以分为自主 AP 和基于控制器的 AP 两类。

自主 AP

这些是需要使用 CLI 或者 GUI 进行配置的独立设备，如图 12-9 所示。在只需要寥寥几台 AP 的组织机构环境中，自主 AP 相当有用。家用路由器就属于一种自主 AP，因为整个 AP 的配置都驻留在这台设备中。如果无线的需求增长，那么就需要部署更多的 AP。每台 AP 都需要独立于其他 AP 运行，每台 AP 也都需要手动进行配置和管理。如果 AP 的数量过多，工作量就会把人压垮。

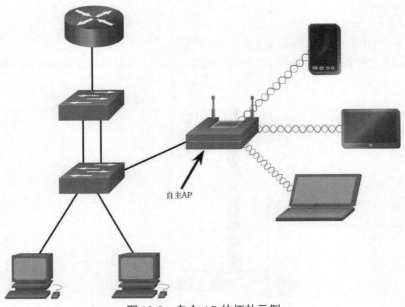

图 12-9　自主 AP 的拓扑示例

基于控制器的 AP

这类设备不需要进行初始配置，通常称为轻量级 AP（LAP）。LAP 会使用轻量级接入点协议（LWAPP）来和 WLAN 控制器进行通信，如图 12-10 所示。在需要大量 AP 的网络环境中，更适合部署基于控制器的 AP。随着更多 AP 的添加，每台 AP 都可以由 WLC 自动进行配置和管理。

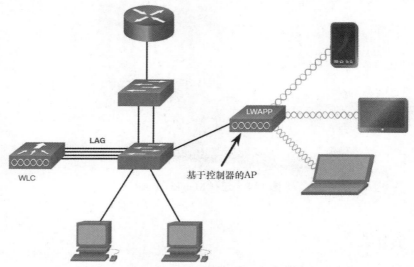

图 12-10　基于控制器的 AP 拓扑示例

在图 12-10 中可以看到，WLC 有 4 个端口连接到交换基础设施。这 4 个端口被配置为链路聚合组（Link Aggregation Group，LAG）并绑定在一起。LAG 的工作方式很像以太通道，可以提供冗余和负载均衡。连接到 WLC 的所有交换机端口都需要建立中继并且启动以太通道。不过，LAG 的工作方式还是与以太通道存在一定的差异。WLC 不支持端口聚合协议（PAgP）或链路聚合控制协议（LACP）。

12.2.5　无线天线

大多数商业类 AP 需要使用外部天线来发挥全部功能。

图 12-11 中所示的全向天线可以提供 360°的覆盖，适用于家庭环境、开放式办公环境、会议室和室外环境。

图 12-11　全向天线

定向天线则会让射频信号集中在某个方向上，如图 12-12 所示，这将在天线指向的方向上增强与 AP 之间的信号。这可以让一个方向获得更强的信号，同时其他方向上的信号强度则会降低。定向 WiFi 天线包括八木（Yagi）天线和抛物面碟式天线。

图 12-12　定向天线

多输入多输出（MIMO）会使用多个天线来增加 IEEE 802.11n/ac/ax 无线网络的可用带宽，如图 12-13 所示。最多可以使用 8 个发射和接收天线来增加吞吐量。

图 12-13　MIMO 天线

12.3　WLAN 的工作方式

本节介绍无线技术如何实现 WLAN 操作。

12.3.1　802.11 无线拓扑的模式

WLAN 可以适应多种网络拓扑。802.11 标准定义了两种主要的无线拓扑模式：点对点模式和基础设施模式。网络共享（Tethering）也是一种模式，有时用来提供快速无线接入。

- **点对点（Ad hoc）模式**：两台设备以点对点模式建立无线连接时，无须 AP 或者无线路由器介入，如图 12-14 所示。这样的例子有无线客户端直接使用蓝牙或者 WiFi 直连（WiFi Direct）的方式连接到另一个无线客户端。IEEE 802.11 标准把点对点（Ad hoc）网络称为 IBSS（独立基本服务集）。

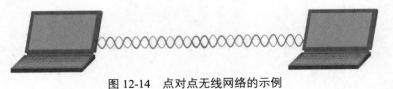

图 12-14　点对点无线网络的示例

- **基础设施（Infrastructure）模式**：无线客户端通过无线路由器或者 AP 互联（比如在 WLAN 环境中）。AP 会使用有线分布式系统（如图 12-15 所示的以太网）连接到网络基础设施。

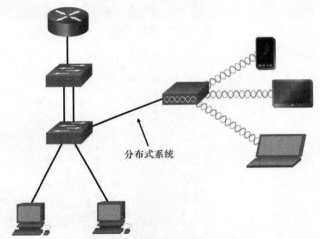

分布式系统

图 12-15　基础设施模式的无线网络示例

- **网络共享（Tethering）**：点对点（Ad hoc）拓扑的一种变体，它指的是使用支持蜂窝数据接入的智能手机或平板电脑创建一个个人热点，如图 12-16 所示。热点通常是一个临时、快捷的解决方案，可以让智能手机提供 WiFi 路由器的无线服务。其他设备可以向这个智能手机发起关联和验证，从而使用互联网连接。

图 12-16　网络共享的示例

12.3.2　BSS 和 ESS

基础设施模式定义了两种拓扑构建模块：基本服务集和扩展服务集。

基本服务集

一个基本服务集（BSS）由一个连接所有关联的无线客户端的 AP 组成。图 12-17 中显示了两个 BSS。圆圈描述的是 BSS 的覆盖范围，这个范围称为基本服务区域（BSA）。如果一个无线客户端离开了自己的 BSA，它就无法再直接与 BSA 中的其他无线客户端进行通信了。

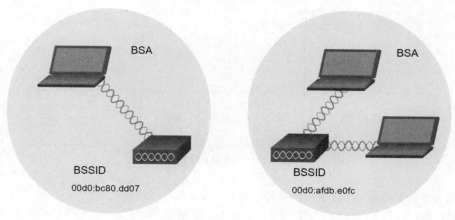

图 12-17　BSS 示例

AP 的第 2 层 MAC 地址用来唯一地表示每个 BSS，这称为基本服务集标识符（BSSID）。因此，BSSID 是 BSS 的正式名称，而且永远只会关联一个 AP。

扩展服务集

当一个 BSS 提供的覆盖范围不足时，就需要两个或者多个 BSS 通过一个公共分布式系统（DS）加入到一个扩展服务集（ESS）中。ESS 是由两个或者多个 BSS 通过有线 DS 互连而成的联合体。每个 ESS 都会用一个 SSID 进行标识，每个 BSS 则会用自己的 BSSID 进行标识。

一个 BSA 中的无线客户端现在可以与位于另一个 BSA 但同处一个 ESS 中的无线客户端进行通信。漫游的移动无线客户端可以从一个 BSA 移动到另一个（同处一个 ESS 中的）BSA 中，并在此过程中无缝连接。

图 12-18 中的这个矩形区域指的是 ESS 成员可以在其中通信的覆盖区域。这个区域称为扩展服务区域（ESA）。

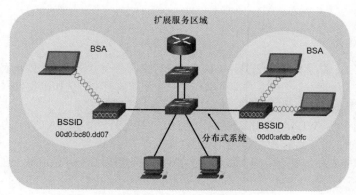

图 12-18　ESS 示例

12.3.3 802.11 数据帧结构

还记得，所有的第 2 层数据帧都包含帧头、负载和帧校验序列（FSC）这 3 部分。802.11 帧格式与以太网帧格式类似，不同之处在于它包含一些其他的字段，如图 12-19 所示。

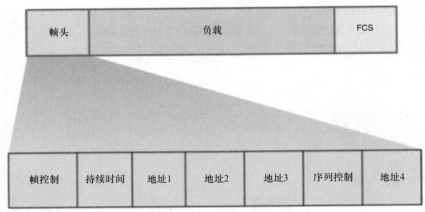

图 12-19 802.11 帧结构

无线设备发送的所有 802.11 无线帧都包含以下字段。

- **帧控制**：标识无线帧的类型并包含协议版本、帧类型、地址类型、电源管理以及安全设置等子字段。
- **持续时间**：通常用于表示接收下一个帧的传输所需的剩余持续时间。
- **地址 1**：通常包含接收无线设备或 AP 的 MAC 地址。
- **地址 2**：通常包含发送无线设备的 MAC 地址。
- **地址 3**：有时包含目的设备的 MAC 地址，例如与 AP 连接的路由器接口（默认网关）。
- **序列控制**：包含控制顺序和帧分片的相关信息。
- **地址 4**：通常是空白的，因为它只在点对点模式下使用。
- **负载**：包含需要传输的数据。
- **FCS**：用于第 2 层错误控制。

注　意　如果这是 AP 回复无线设备的帧，地址 1 到地址 3 就会不同。

12.3.4 CSMA/CA

WLAN 是半双工、共享介质的配置。半双工意味着在任意一个时刻，只有一个客户端可以进行发送或接收数据。共享介质表示无线客户端可以在同一个无线信道中发送和接收数据。这样一来，由于无线客户端在发送数据时无法侦听数据，所以也就无法检测出冲突。

为了解决这个问题，WLAN 使用载波侦听多路访问/冲突避免（CSMA/CA）的方式来判断何时、如何在网络中发送数据。无线客户端会执行下列操作。

1. 侦听信道以查看信道是否空闲。如果信道空闲则说明目前没有其他流量正在进行传输。信道也称为载波。

2. 向 AP 发送 RTS（Ready to Send，准备发送）消息，请求专门的网络访问权限。

3. 从 AP 接收到 CTS（Clear to Send，允许发送）消息，获取到发送权限。

4. 如果无线客户端没有接收到 CTS 消息，它会等待一段随机的时间，然后重新开始这个过程。

5. 在接收到 CTS 之后，它就会开始传输数据。

6. 所有传输都要进行确认。如果一个无线客户端没有接收到确认消息，它就会认为信道中发生了冲突，因此会重新开始这个进程。

12.3.5 客户端与 AP 关联

为了使无线设备在网络上通信，它们必须首先与 AP 或无线路由器关联。802.11 过程的一个重要部分就是发现 WLAN 并继而连接到 WLAN。无线设备需要完成以下 3 个阶段的过程，如图 12-20 所示。

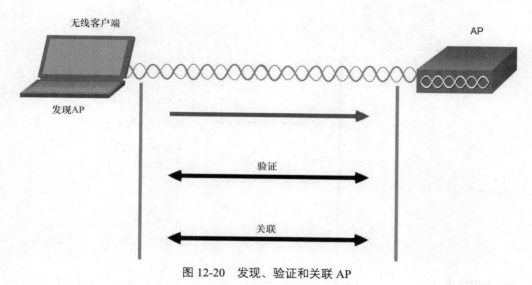

图 12-20　发现、验证和关联 AP

1. 发现无线 AP。

2. 与 AP 进行验证。

3. 与 AP 进行关联。

为了成功地建立关联，无线客户端和 AP 必须就特定参数达成一致。参数必须在 AP 上进行配置，然后在客户端配置，以确保成功地协商关联。

■ **SSID**：SSID 名称会出现在客户端的可用无线网络列表中。在使用多个 VLAN 来分隔流量的较大的机构中，每个 SSID 可以映射到一个 VLAN。根据网络配置，网络上的多个 AP 可共享一个 SSID。

■ **密码**：无线客户端向 AP 进行身份验证时需要用到。

■ **网络模式**：指 802.11a/b/g/n/ac/ad WLAN 标准。AP 和无线路由器可以在混合模式下运行，这意味着它们可以同时支持使用多个标准连接的客户端。

■ **安全模式**：指安全参数设置，例如 WEP（Wired Equivalent Privacy，有线等效保密）、WPA（WiFi Protected Access，WiFi 保护访问）、WPA2 或 WPA3。应始终启用能够支持的最高安全级别。

■ **信道设置**：指用于传输无线数据的频段。无线路由器和 AP 可以扫描无线电信道，并自动选择合适的信道设置。如果与另一个 AP 或无线设备存在干扰，也可以手动设置信道。

12.3.6 被动发现模式和主动发现模式

无线设备必须发现并连接 AP 或无线路由器。无线客户端使用扫描（探测）过程连接 AP。该过程可以是被动的，也可以是主动的。

被动发现模式

在被动发现模式下，AP 通过定期发送包含 SSID、支持的标准和安全设置的广播信标帧来公开通告自己的服务，如图 12-21 所示。信标的主要作用是让无线客户端了解指定区域中有哪些网络和 AP 可用。这可以让无线客户端选择要使用哪个网络和 AP。

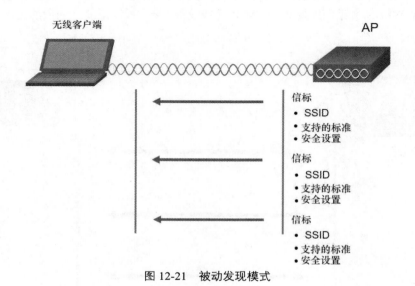

图 12-21 被动发现模式

主动发现模式

在主动发现模式下，无线客户端必须知道 SSID 的名称。无线客户端通过在多个通道上广播探测请求帧来发起该过程，如图 12-22 所示。

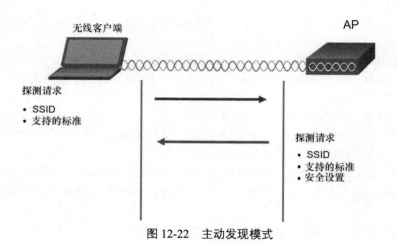

图 12-22 主动发现模式

探测请求包括 SSID 名称和支持的标准。配置了 SSID 的 AP 会发送探测响应消息,其中包含 SSID、支持的标准和安全设置。如果将 AP 或无线路由器配置为不广播信标帧,则可能需要主动发现模式。

无线客户端也可以发送不带有 SSID 名称的探测请求来发现附近的 WLAN 网络。配置为广播信标帧的 AP 将使用探测响应回复无线客户端并提供 SSID 名称。禁用 SSID 广播功能的 AP 不会做出响应。

12.4 CAPWAP 的工作方式

本节介绍 WLAN 控制器(WLC)如何使用 CAPWAP(Control and Provisioning of Wireless Access Point,无线 AP 控制和配置)协议来管理多个 AP。

12.4.1 CAPWAP 简介

CAPWAP 是一个 IEEE 标准的协议,它可以让 WLC 管理多个 AP 和 WLAN。CAPWAP 也负责在 AP 和 WLC 之间加密与转发 WLAN 客户端流量。

CAPWAP 以 LWAPP 为基础,但是通过数据报传输层安全(DTLS)增加了额外的安全性。CAPWAP 会在用户数据报协议(UDP)端口上建立隧道。CAPWAP 可以工作在 IPv4 或 IPv6 协议上,如图 12-23 所示。它默认使用 IPv4 协议。

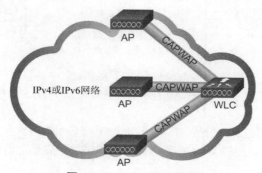

图 12-23 CAPWAP 隧道

IPv4 和 IPv6 协议可以使用 UDP 端口 5246 和 5247。不过,CAPWAP 隧道会在数据帧头部中(针对 IPv4 协议和 IPv6 协议)使用不同的 IP 协议号。IPv4 使用的 IP 协议号为 17,而 IPv6 使用的 IP 协议号为 136。

12.4.2 分离式 MAC 架构

CAPWAP 的一个核心组件是一种名为分离式 MAC(介质访问控制)的概念。CAPWAP 分离式 MAC 的概念会执行原本由各个 AP 执行的所有功能,并把功能分配给以下两个功能组件:

- AP 的 MAC 功能;
- WLC 的 MAC 功能。

表 12-2 所示为这两个功能组件执行的部分 MAC 功能。

表 12-2   AP 的 MAC 功能和 WLC 的 MAC 功能

AP 的 MAC 功能	WLC 的 MAC 功能
信标与探针的响应	验证
数据包确认和重传	漫游客户端的关联和重新关联
对帧进行排队，并为数据包设置优先级	帧转换到其他协议
MAC 层数据加密和解密	在一个有线接口上终结 802.11 流量

12.4.3 DTLS 加密

DTLS 是一种在 AP 和 WLC 之间提供安全性的协议。这种协议可以让设备使用加密的方式进行通信，防止数据遭到窃听或者篡改。

DTLS 在默认情况下会启用以保护 CAPWAP 控制信道，但是对于数据信道在默认情况下是禁用的，如图 12-24 所示。在默认情况下，AP 和 WLC 之间交换的所有 CAPWAP 管理流量与控制流量都会进行加密和保护，以提供控制平面隐私，并防止中间人攻击。

图 12-24   CAPWAP 控制和数据隧道上的 DTLS 加密

CAPWAP 数据加密是可选的，可按 AP 启用。在 AP 上启用数据加密之前，需要在 WLC 上安装一个 DTLS 许可证。启用后，所有 WLAN 客户端流量在转发到 WLC 之前先在 AP 上进行加密，反之亦然。

12.4.4 FlexConnect AP

FlexConnect 是适用于分支机构和远程办公室的无线解决方案。它可以让用户通过 WAN 链路从公司总部配置和控制分支机构中的 AP，而不需要在每个办公室中部署控制器。

FlexConnect AP 具有两种操作模式。

- **连接模式**：可访问 WLC。在这种模式下，FlexConnect AP 与自己的 WLC 之间拥有 CAPWAP 连接，并且可以通过 CAPWAP 隧道发送流量，如图 12-25 所示。WLC 会执行自己所有的 CAPWAP 功能。
- **单机模式**：不可访问 WLC。FlexConnect 与其 WLC 之间的 CAPWAP 连接断开或者连接失败。在这种模式下，FlexConnect AP 可以承担某些 WLC 的功能，如在本地交换客户端数据流量，并且会在本地执行客户端验证。

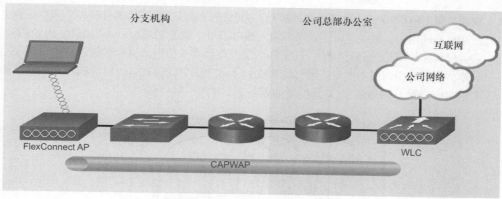

图 12-25　FlexConnect 拓扑示例

12.5　信道管理

本节介绍如何在 WLAN 上使用信道管理。

12.5.1　信道饱和

无线 LAN 设备把发射机和接收机调谐到某些特定的频率范围才能进行通信。一种常见的做法是把频率划分为多个范围。这些范围则会进一步划分为比较小的范围，后者就称为信道。

如果对某个信道的需求过高，这个信道就很有可能变得过于饱和。无线介质的饱和会给通信质量带来负面影响。多年以来，人们开发了很多技术来提升无线通信的质量并减轻无线介质的饱和度。这些技术可以更加有效地利用信道，从而缓解信道的饱和度。

- **直接序列扩频（DSSS）**：这是一种调制技术，其目的是把信号分散到更大的频带上。扩频技术是在战争期间开发出来的，当时是为了让敌人难以截获或者阻塞通信信号。扩频技术会把信号分布在更大的频率范围上，从而有效地隐藏信号的可分辨峰值，如图 12-26 所示。接收机如果配置正确，就可以对 DSSS 进行解调，恢复原始的信号。802.11b 设备使用 DSSS 来避免与其他使用 2.4GHz 频率的设备发生冲突。

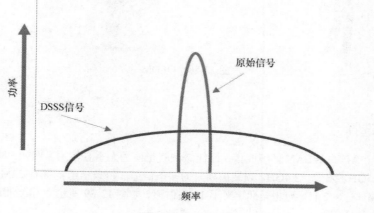

图 12-26　DSSS

■ **跳频扩频（FHSS）**：这种技术依赖扩频的方法进行通信。这种技术会在多个频率信道之间快速切换载波信号，通过这种方式来传输无线电信号，如图 12-27 所示。如果使用 FHSS，那么发射机和接收机必须进行同步，以便搞清楚要跳到哪条信道。这个跳频过程可以更加高效地利用信道，减少信道的拥塞。最初的 802.11 标准使用的是 FHSS。对讲机和 900MHz 的无绳电话同样使用了 FHSS，而蓝牙使用的则是 FHSS 的一种变体。

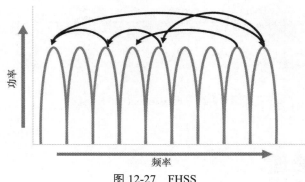

图 12-27　FHSS

■ **正交频分复用（OFDM）**：这种技术属于频分复用的一个分支，可让一条信道在相邻频率上使用多条子信道，如图 12-28 所示。OFDM 系统中的子信道相互都是严格正交的，这样子信道之间就可以重叠而不干扰了。很多通信系统都采用了 OFDM，其中包括 802.11a/g/n/ac。新的 802.11ax 使用了 OFDM 的一种变体，名为正交频分多路访问（OFDMA）。

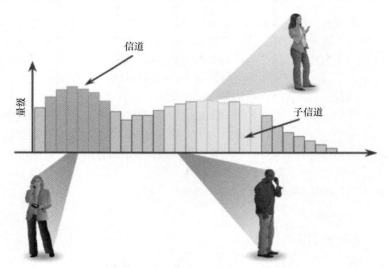

图 12-28　OFDM

12.5.2　信道选择

对于需要多个 AP 的 WLAN 环境而言，最佳做法就是使用无重叠信道。例如，802.11b/g/n 标准工作在 2.4GHz～2.5GHz 频段。2.4GHz 频带被划分为多条信道。每条信道均拥有 22MHz 的带宽，相邻信道彼此相距 5MHz。802.11b 为北美洲定义了 11 条信道，如图 12-29 所示（为欧洲定义了 13 条信道，为日本定义了 14 条信道）。

注 意　如需了解更多在其他国家/地区的相关信息，可以在互联网上搜索 2.4GHz 信道。

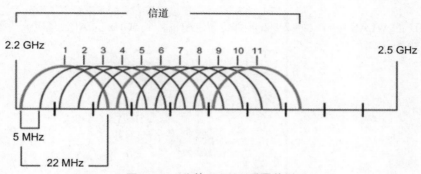

图 12-29　北美 2.4GHz 重叠信道

当一个信号和另一个信号的信道相重叠的时候，就会发生干扰，从而有可能导致信号失真。对需要多个 AP 的 2.4GHz WLAN 来说，最佳做法是使用无重叠信道，不过绝大部分新的 AP 都会自动执行这种操作。如果有 3 个彼此相邻的 AP，应该使用信道 1、6 和 11，如图 12-30 所示。

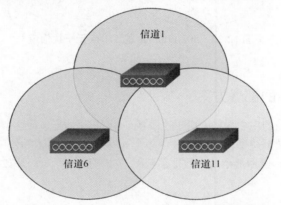

图 12-30　802.11 b/g/n 的 2.4GHz 无重叠信道

5GHz 标准的 802.11a/n/ac 有 24 条信道。5GHz 带宽被分为 3 个部分。每条信道均与相邻信道彼此相距 20MHz。图 12-31 所示为 5GHz 带宽第 1 部分的 8 条信道。虽然有轻微的重叠，但是这些信道并不会相互干扰。在设备量大且密集的无线网络中，5GHz 无线可以为无线客户端提供更快的数据传输速率，因为无重叠无线信道的数量有很多。

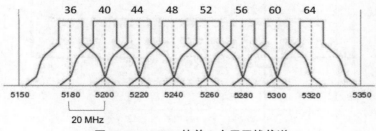

图 12-31　5GHz 的前 8 个无干扰信道

注　意　如需了解关于另外 16 条信道，以及其他国家/地区的相关信息，可以在互联网上搜索
5GHz 信道。

与 2.4GHz 的 WLAN 一样，如果要在相邻位置上配置多个 5GHz 的 AP，也应该选择无干扰的信道，如图 12-32 所示。

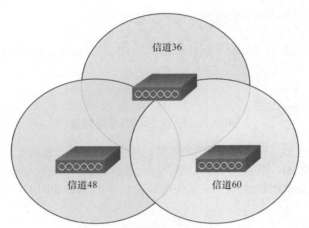

图 12-32　802.11a/n/ac 的 5GHz 无干扰信道

12.5.3　规划 WLAN 的部署方案

一个 WLAN 可以支持的用户数量取决于这个场地的物理布局（包括这个空间中可以容纳的人数和设备数量）、用户期待的数据速率、一个 ESS 中多个 AP 对无重叠信道的使用，以及发射功率的设置。

在规划 AP 的位置时，圆圈显示的大致覆盖范围是非常重要的，如图 12-33 所示。

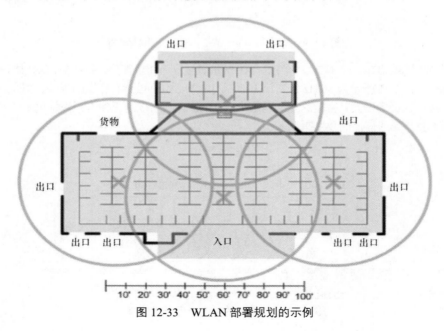

图 12-33　WLAN 部署规划的示例

然而，还有下面这些推荐做法。

- 如果也要使用现有的布线来安装 AP，或者如果某些位置无法安装 AP，应该在地图上把这些位置标记出来。
- 需要把那些有可能产生干扰的所有信号源都标记出来，包括微波炉、无线视频摄像头、荧光灯、运动检测器，以及所有其他使用 2.4GHz 频段的设备。
- 把 AP 安装在障碍物的上方。
- 只要条件允许，就应该尽可能地把 AP 垂直安装在覆盖区域中心的天花板上。
- 把 AP 安装在用户有可能出现的位置。比如，会议室通常比过道更适合安装 AP。
- 如果一个 IEEE 802.11 网络被配置混合模式，为了支持较旧的无线标准，无线客户端感受到的速率可能会比正常速率要慢。

在评估 AP 的预期覆盖范围时，应该意识到这个范围取决于 WLAN 的标准、部署的混合标准、部署这个 AP 的场所，以及给这个 AP 配置的发射功率。在规划覆盖范围的时候，一定要阅读 AP 的说明书。

12.6 WLAN 威胁

本节讨论 WLAN 面临的威胁。

12.6.1 无线安全概述

对于所有在 AP 覆盖范围内且拥有与之相关的凭证的人来说，WLAN 都是开放的。只要拥有无线网卡和破解技能，攻击者甚至不需要进入工作场所就可以接入 WLAN。

无论是外部人员还是心怀不满的员工，都可以发起攻击，甚至普通员工也有可能在无意中发起攻击。无线网络特别容易受到一些威胁的攻击，具体如下。

- **数据截取**：无线数据应该进行加密，以防止被窃听者读取。
- **无线入侵**：通过有效的验证方式，可以防止未经授权的用户试图获取网络资源。
- **拒绝服务（DoS）攻击**：人们可能会因为恶意或者无意行为，导致别人无法访问 WLAN 服务。根据 DoS 攻击的来源，存在各种不同的解决方案。
- **非法 AP**：使用管理软件可以检测到用户出于善意或恶意目的而安装的未经授权的 AP。

12.6.2 DoS 攻击

下列行为都有可能引发无线 DoS 攻击。

- **设备配置不当**：配置错误可能会导致 WLAN 被禁用。比如，管理员不小心修改了一项配置就有可能导致网络被禁用，或者拥有管理员权限的入侵者也有可能故意禁用 WLAN。
- **恶意用户故意干扰无线通信**：他们的目的就是彻底禁用无线网络，或者让合法设备都无法访问网络。
- **意外干扰**：WLAN 很容易受到来自其他无线设备的干扰，其中包括微波炉、无绳电话、婴儿监控设备等，如图 12-34 所示。2.4GHz 频段比 5GHz 频段更容易受到干扰。

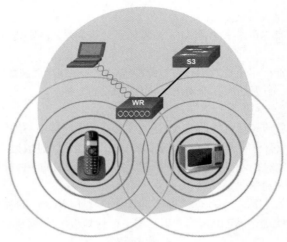

图 12-34　意外干扰示例

12.6.3　非法 AP

非法（rouge）AP 是指未经明确授权或者违反企业策略而连接到企业网络中的 AP 或者无线路由器。可以访问这个网络的每个人都可以在里面（恶意或非恶意）安装一个廉价的无线路由器，获取到访问安全网络资源的权限。

一旦连接到网络中，攻击者就可以使用非法 AP 来抓取 MAC 地址、数据包、访问网络资源或者发起中间人攻击。

个人网络热点也可以充当非法 AP。比如，具有安全网络访问权限的用户可以让自己授权的 Windows 主机成为一个 WiFi AP。这样就可以规避安全策略，让其他未授权的设备以共享设备的身份访问网络资源。

为了防止安装非法 AP，组织机构必须使用非法 AP 策略来配置 WLC（见图 12-35），并且使用监控软件主动监控未经授权的 AP 的射频频谱。

图 12-35　思科 WLC 上的非法策略配置页面

12.6.4 中间人攻击

在中间人（MITM）攻击中，黑客置身于两个合法实体之间，以便读取或修改双方之间传输的数据。发起 MITM 攻击的方式有很多。

有一种常见的无线 MITM 攻击被称为"邪恶双胞胎 AP"攻击，即攻击者安装一个非法的 AP，并且为其配置与合法 AP 相同的 SSID，如图 12-36 所示。那些提供免费 WiFi 的场所，包括机场、咖啡厅、餐厅等，都是发动这类攻击的理想场所，因为它们的验证是开放的。

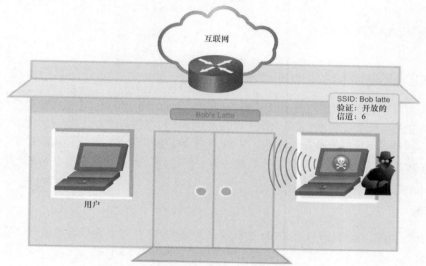

图 12-36　威胁发起者广播一个开放的网络

试图连接到 WLAN 的无线客户端会看到具有相同 SSID 的两个 AP 都在提供无线接入服务。离非法 AP 比较近的用户发现非法 AP 的信号比较强，所以很可能会关联这个 AP。于是，用户流量就会被发送给非法 AP，非法 AP 会捕获到这些流量然后再把流量转发给合法 AP，如图 12-37 所示。合法 AP 的返回流量会被发送到非法 AP，非法 AP 在捕获这些流量后把流量发送给一无所知的用户。攻击者可以窃取用户的密码、个人信息，可以访问这些用户的设备，然后入侵到系统中。

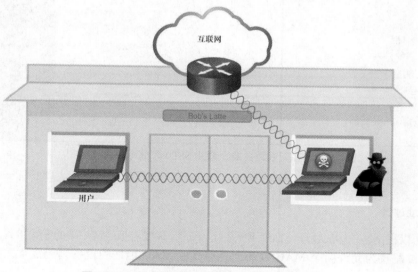

图 12-37　用户无意中连接到威胁发起者的 SSID

能否挫败 MITM 这类攻击取决于 WLAN 基础设施的复杂程度，以及监控网络活动的警惕性。首先，必须识别出 WLAN 中的合法设备。为此，必须对用户进行验证。在识别出所有的合法设备之后，就可以监测网络中的异常设备与流量了。

12.7　保护 WLAN

本节介绍 WLAN 安全机制。

12.7.1　SSID 隐藏和 MAC 地址过滤

无线信号可以穿透固体物质（比如天花板、地板、墙体）到达家庭住宅或办公环境之外。如果没有严格的安全措施，那么安装 WLAN 无异于将以太网端口放在任何地方，甚至是外面。

为了解决这种威胁，把无线入侵者拒之门外，并为数据提供保护，可以使用两种安全特性：SSID 隐藏和 MAC 地址过滤。这两种安全特性非常古老，但是目前大多数路由器和 AP 上仍然可以使用它们。

SSID 隐藏

AP 和有些无线路由器允许禁用 SSID 信标帧，如图 12-38 所示。无线客户端必须手动配置 SSID 才能连接到网络。这被称为主动模式，因为无线客户端必须知道 SSID 的名字。

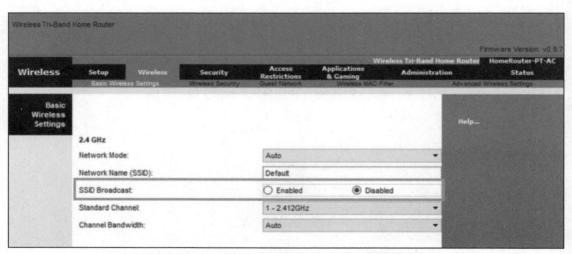

图 12-38　在无线路由器上禁用 SSID 广播（SSID 隐藏）

MAC 地址过滤

管理员可以根据客户端的物理 MAC 硬件地址手动允许或者拒绝客户端的无线接入。在图 12-39 中，路由器被配置为允许两个 MAC 地址。具有其他 MAC 地址的设备则无法加入这个 2.4GHz WLAN。

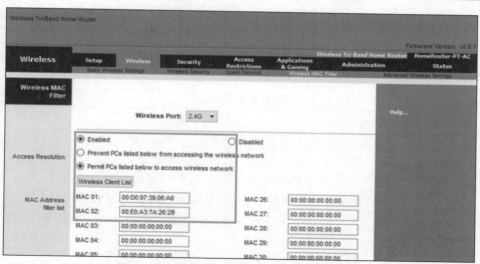

图 12-39　在无线路由器上配置 MAC 地址过滤

12.7.2　802.11 的原始验证方法

虽然 SSID 隐藏和 MAC 地址过滤这两个特性可以阻止大多数用户，但它们都无法防御真正狡猾的入侵者。即使 AP 不再广播 SSID，也可以轻松发现 SSID，同时 MAC 地址也可以被欺骗。保护无线网络的最佳方式是使用验证和加密系统。

最初的 802.11 标准中引入了两种类型的验证。

- **开放系统验证**：任何无线客户端都应该能够轻松连接，同时只应该在那种安全性无关紧要的场所中使用，比如提供免费互联网接入的场所（咖啡厅、酒店，以及偏远区域）。无线客户端负责提供安全性，比如使用 VPN 建立安全的连接。VPN 会提供验证和加密服务。VPN 技术超出了本节范围。

- **共享密钥验证**：提供 WEP、WPA、WPA2 和 WPA3 等机制在无线客户端和 AP 之间进行验证和加密数据。不过，连接的双方必须预先共享密码才能连接。

图 12-40 总结了这些身份验证方法。

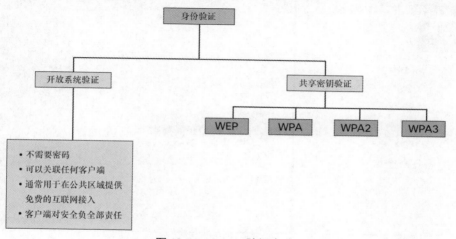

图 12-40　802.11 验证方法

12.7.3 共享密钥验证方法

有 4 种可用的共享密钥验证方法，如表 12-3 所示。在 WPA3 设备全面普及之前，无线网络应该使用 WPA2 标准。

表 12-3   共享密钥验证方法

验证方法	描述
有线等效保密（WEP）	■ 原始的 802.11 标准旨在使用带有静态密钥的 RC4（Rivest Cipher4）加密方法保护数据 ■ 不过，在交换数据包的过程中，密钥从不更改 ■ 这会给入侵创造便利。WEP 已不再推荐使用，而且也永远不该使用
WiFi 保护访问（WPA）	■ 一种使用 WEP 的 WiFi 联盟标准，但使用更强大的临时密钥完整性协议（TKIP）算法来保护数据 ■ TKIP 会更改每个数据包的密钥，从而增加了攻击难度
WPA2	■ WPA2 是目前用于保护无线网络的行业标准 ■ 它使用高级加密标准（AES）进行加密。AES 目前被看作最强的加密协议
WPA3	■ 下一代 WiFi 安全技术 ■ 所有支持 WPA3 的设备都会使用最新的安全方法，不允许使用过时的协议，同时要求使用受保护的管理帧（PMF） ■ 不过，支持 WPA3 的设备目前很少见

12.7.4 验证家庭用户

家用路由器通常可以选择两种验证方式：WPA 和 WPA2。两种方式相比，WPA2 更加强大。图 12-41 所示为从两种 WPA2 验证方式选择其一的选项。

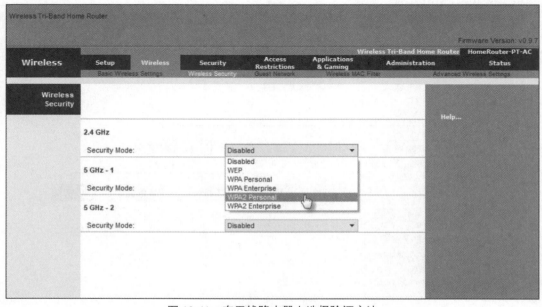

图 12-41 在无线路由器上选择验证方法

- **个人（Personal）**：适用于家庭或小型办公网络，用户使用预共享密钥（PSK）进行验证。无线客户端使用预共享密钥向无线路由器进行验证。不需要使用特别的验证服务器。
- **企业（Enterprise）**：适用于企业网络，但需要配备一台 RADIUS 验证服务器。虽然设置更加复杂，但可以提供额外的安全性。设备必须由 RADIUS 服务器进行验证，然后用户必须使用 802.1X 标准进行验证，而 802.1X 标准使用扩展验证协议（EAP）进行验证。

在图 12-41 中，管理员正在使用 2.4GHz 频段的 WPA2 Personal 验证配置无线路由器。

12.7.5 加密方法

加密的作用是保护数据。即使入侵者捕获到加密的数据，他们也无法在合理的时间范围内对数据进行解密。

WPA 和 WPA2 标准会使用下列加密协议。

- **临时密钥完整性协议（TKIP）**：TKIP 是 WPA 使用的加密方法。通过解决与 802.11WEP 加密方法相关的原始缺陷，TKIP 能够支持传统的 WLAN 设备。它使用了 WEP，但是会使用 TKIP 来加密第 2 层负载，并且在加密的数据包中携带一个消息完整性校验（Message Integrity Check，MIC）来确保消息没有被更改。
- **高级加密标准（AES）**：AES 是 WPA2 使用的加密方法。这是最值得采用的方法，因为它是一种非常强大的加密方式。它会使用带有密码块链消息验证码协议（CCMP）的计数器密码模式（Counter Cipher Mode），这种协议可以让目的主机判断出加密位和未加密位是否被更改。

在图 12-42 中，管理员正在使用 2.4GHz 频段的 WPA2 和 AES 加密来配置无线路由器。

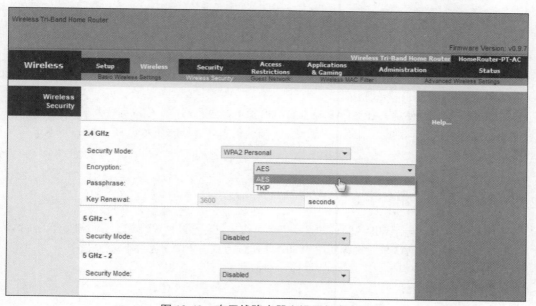

图 12-42　在无线路由器上设置加密方法

12.7.6 企业中的验证

在安全需求比较严格的网络中，需要使用另外的验证和登录步骤授予无线客户端访问权限。企业

（Enterprise）安全模式这个选项需要配置验证、授权和审计（AAA）RADIUS 服务器。

- **RADIUS 服务器 IP 地址**：这是 RADIUS 服务器的 IP 地址。
- **UDP 端口号**：正式分配的 UDP 端口号 1812 用于 RADIUS 验证，1813 用于 RADIUS 审计；也可以使用 UDP 端口号 1645 和 1646 来进行操作。
- **共享密钥**：用来让 RADIUS 服务器对 AP 进行验证。

在图 12-43 中，管理员正在使用 AES 加密为无线路由器配置 WPA2 Enterprise 验证。除了 RADIUS 服务器的 IPv4 地址之外，在无线路由器和 RADIUS 服务器之间也配置了一个很强健的密码。

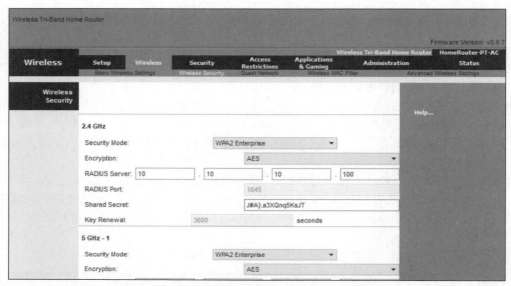

图 12-43　在无线路由器上配置 WPA2 Enterprise 验证

共享密钥并不是无线客户端上必须配置的参数。这个参数只是必须在 AP 上进行配置，以便向 RADIUS 服务器进行验证。用户验证和授权是通过 802.1X 标准进行处理的，802.1X 标准为用户提供了一种集中式的、基于服务器的验证。

802.1X 登录进程会使用 EAP 和 AP 与 RADIUS 服务器进行通信。EAP 是一种验证网络接入的框架。它可以提供一种安全的验证机制，并协商一个安全的私钥，然后在无线加密会话的 TKIP 或 AES 加密中使用这个私钥。

12.7.7　WPA3

在本书写作之时，支持 WPA3 验证的设备仍然难得一见。不过，WPA2 已经难言安全了。如果支持 WPA3 的话，那么 WPA3 就是推荐使用的 802.11 验证方式。WPA3 包含 4 大特性：

- WPA3 Personal；
- WPA3 Enterprise；
- 开放式网络；
- 物联网（IoT）上线。

WPA3 Personal

在 WPA2 Personal 中，攻击者可以监听无线客户端和 AP 之间的"握手"，并且使用暴力破解攻击来猜测 PSK。WPA3 Personal 则可以使用对等同时验证（Simultaneous Authentication of Equals，SAE）

来抵御这种攻击，SAE 是 IEEE 802.11-2016 中定义的一项特性。PSK 永远不会暴露，所以攻击者很难猜得出来。

WPA3 Enterprise

WPA3 Enterprise 仍然使用 802.1X/EAP 验证。不过，它需要使用 192 位的加密套件，并且不再混合使用之前 802.11 标准的安全协议。WPA3 Enterprise 遵守商用国家安全算法（CNSA）套件，该套件通常用于高安全性的 WiFi 网络。

开放式网络

使用 WPA2 的开放式网络以未经验证的明文方式发送用户流量。在 WPA3 中，开放或公共 WiFi 网络仍然不会采用任何验证。不过，它们会采用机会性无线加密（OWE）来加密所有无线流量。

IoT 上线

虽然 WPA2 中包含了 WPS（WiFi 保护设置），可以在不先配置设备的情况下就快速上线设备，但 WPS 很容易遭受各种类型的攻击，因此不推荐使用 WPS。此外，IoT 设备通常都是无头（headless）设备，也就是说它们没有用于配置的内置 GUI，也缺乏一种简单的方式来连接无线网络。设备配置协议（DPP，Device Provisioning Protocol）应运而生。每个无头设备都有一个硬编码的公钥。这个公钥一般会以 QR（快速响应）码的形式用标签贴在设备外壳或者外包装上。网络管理员可以扫描这个 QR 码来快速上线设备。虽然 DPP 严格来说并不算是 WPA3 标准的一部分，但是它未来会取代 WPS 的作用。

12.8　总结

无线网络简介

无线 LAN（WLAN）是一种常多用于家庭、办公室和园区环境中的无线网络。无线网络是根据 IEEE 标准建立的，这些网络可以大致分为 4 类：WPAN、WLAN、WMAN 和 WWAN。无线 LAN 技术使用免授权的射频频段收发数据。这种技术的示例有蓝牙、WiMAX、蜂窝宽带和卫星宽带。802.11 WLAN 标准定义了射频频率如何应用于无线链路。WLAN 网络工作在 2.4GHz 和 5GHz 频段。标准可以确保不同厂商生产的设备之间可以实现互操作。国际上，影响 WLAN 标准的三大机构为 ITU-R、IEEE 和 WiFi 联盟。

WLAN 的组件

要实现无线通信，大多数设备需要集成包含无线发射机和接收机的无线网卡。无线路由器可充当 AP、交换机和路由器。无线客户端使用自己的无线网卡来发现周边通告自己 SSID 的 AP。接下来，客户端就会关联 AP，并且进行验证。在通过验证之后，无线用户就可以访问网络资源了。AP 可以分为自主 AP 和基于控制器的 AP 两类。商业类 AP 需要使用 3 种类型的天线：全向天线、定向天线和 MIMO 天线。

WLAN 的工作方式

802.11 标准定义了两种主要的无线拓扑模式：点对点模式和基础设施模式。网络共享用来提供快速无线接入。基础设施模式定义了两种拓扑构建模块：基本服务集（BSS）和扩展服务集（ESS）。所有的 802.11 无线帧包含下述字段：帧控制、持续时间、地址 1、地址 2、地址 3、序列控制、地址 4、负载、FCS。WLAN 使用 CSMA/CA 的方式来判断何时、如何在网络中发送数据。802.11 过程的一个部分就是发现 WLAN 并继而连接到 WLAN。无线设备发现无线 AP，与 AP 进行验证，然后与 AP 进行关联。无线客户端使用扫描过程连接 AP，该过程可以是被动的，也可以是主动的。

CAPWAP 的工作方式

CAPWAP 是一个 IEEE 标准的协议，它可以让 WLC 管理多个 AP 和 WLAN。CAPWAP 分离式 MAC 的概念会执行原本由各个 AP 执行的所有功能，并且把功能分配给了两个功能组件：AP 的 MAC 功能和 WLC 的 MAC 功能。DTLS 是一种在 AP 和 WLC 之间提供安全性的协议。FlexConnect 是适用于分支机构和远程办公室的无线解决方案。可以让用户通过 WAN 链路从公司总部配置和控制分支机构中的 AP，而不需要在每个办公室中部署控制器。FlexConnect AP 具有两种操作模式：连接模式和单机模式。

信道管理

无线 LAN 设备把发射机和接收机调谐到某些特定的频率范围才能进行通信。一种常见的做法是把频率划分为多个范围。这些范围则会进一步划分为比较小的称为信道的范围：DSSS、FHSS、OFDM。802.11b/g/n 标准工作在 2.4GHz～2.5GHz 频段。2.4GHz 频带被划分为了多条信道。每条信道均拥有 22MHz 的带宽，相邻信道彼此相距 5MHz。在规划 AP 的位置时，圆圈显示的大致覆盖范围是非常重要的。

WLAN 威胁

无线网络特别容易收到一些威胁的攻击，包括数据截取、无线入侵、DoS 攻击、非法 AP。无线 DoS 攻击可能会因为设备配置不当、恶意用户故意干扰无线通信或意外干扰而发生。非法 AP 是指未经明确授权而连接到企业网络中的 AP 或者无线路由器。一旦连接到网络中，攻击者就可以使用非法 AP 来抓取 MAC 地址、数据包、访问网络资源或者发起中间人攻击。在中间人攻击中，黑客置身于两个合法实体之间，以便读取或修改双方之间传输的数据。有一种常见的无线 MITM 攻击被称为"邪恶双胞胎 AP"攻击，即攻击者安装一个非法的 AP，并且为其配置与合法 AP 相同的 SSID。为了防止安装非法 AP，组织机构必须使用非法 AP 策略来配置 WLC。

保护 WLAN

为了把无线入侵者拒之门外，并为数据提供保护，可以使用两种安全特性：SSID 隐藏和 MAC 地址过滤。有 4 种可用的共享密钥验证方式：WEP、WPA、WPA2 和 WPA3（支持 WPA3 的设备目前很少见）。家用路由器通常可以选择两种验证方式：WPA 和 WPA2。两种方式相比，WPA2 更加强大。加密的作用是保护数据。WPA 和 WPA2 标准使用 TKIP 和 AES 加密协议。在安全需求比较严格的网络中，需要使用另外的验证和登录步骤授予无线客户端访问权限。企业（Enterprise）安全模式选项需要配置验证、授权和审计（AAA）RADIUS 服务器。

复习题

完成这里列出的所有复习题，可以测试您对本章内容的理解。附录列出了答案。

1. AP 定期广播哪种类型的管理帧？
    A. 身份验证
    B. 信标
    C. 探测请求
    D. 探测响应

2. 哪种类型的无线天线最适合为大型开放空间（如走廊或大型会议室）提供覆盖？

    A. 定向天线
                B. 全向天线

    C. 抛物面碟面天线
           D. 八木天线

3. 哪种无线安全方法要求客户端手动识别 SSID 以连接到 WLAN？

    A. MAC 地址过滤
           B. IP 地址过滤

    C. SSID 隐藏
               D. SSID 泄露

4. 无线客户端可以使用哪两种方法来发现 AP？（选择两项）

    A. 传送广播帧
            B. 发起三方握手

    C. 接收广播信标帧探测响应
      D. 发送 ARP 请求

    E. 传输探测请求

5. 在大中型组织机构中会使用什么类型的无线网络拓扑？

    A. 点对点
                 B. 热点

    C. 基础设施
               D. 混合模式

    E. 网络共享

6. 哪两个 IEEE 802.11 无线标准仅在 2.4GHz 范围内运行？（选择两项）

    A. 802.11a
           B. 802.11b

    C. 802.11g
           D. 802.11n

    E. 802.11ac
         F. 802.11ad

7. 哪种 IEEE 无线标准向后兼容较旧的无线协议并支持高达 1.3Gbit/s 的数据速率？

    A. 802.11
             B. 802.11a

    C. 802.11ac
         D. 802.11g

    E. 802.11n

8. 802.11n 无线 AP 的哪项功能允许它以比之前版本的 802.11 WiFi 标准更快的速率传输数据？

    A. MIMO
            B. NEMO

    C. SPS
              D. WPS

9. 在 2.4GHz 无线网络中，应使用哪 3 个信道避免来自附近无线设备的干扰？（选择 3 项）

    A. 0
                  B. 1

    C. 3
                 D. 6

    E. 9
                F. 11

    G. 14

10. 哪种身份验证方法更安全，但需要 RADIUS 服务器的服务？

    A. WEP 企业
          B. WPA 个人

    C. WPA 企业
         D. WPA2 个人

11. 下面哪项正确地描述了 AP 通过定期发送包含 SSID、支持的标准和安全设置的广播信标帧来公开通告其服务的时间？

    A. 主动模式
          B. 混合模式

    C. 开放验证模式
      D. 被动模式

第 13 章

WLAN 的配置

学习目标

通过完成本章的学习，您将能够回答下列问题：

- 如何配置 WLAN 以支持远程站点；
- 如何配置 WLC WLAN 以使用管理接口和 WPA2 PSK 身份验证；
- 如何配置 WLC WLAN 以使用 VLAN 接口、DHCP 服务器和 WPA2 企业验证；
- 如何解决常见的无线配置问题。

也许有人还能回忆起那个拨号上网的年代。拨号上网需要使用我们的固定电话。在上网时，那部固定电话就无法再接打电话了。而且，拨号上网的速度非常慢。对于大多数人来说，使用固定电话上网基本上意味着计算机也是固定的：要么在家里，要么在学校。

后来，我们可以不通过固定电话来上网了。但计算机还是要通过电缆连接到上网设备。如今，我们可以通过无线设备来上网了，同时我们也可以随身携带自己的手机、笔记本电脑和平板电脑走遍天涯海角。可以移动上网的感觉真好，但是这需要通过专门的终端设备和中间设备来实现，并且需要很好地掌握各类无线协议。如果您想了解更多内容，那么本章就是专门给您准备的！

13.1 远程站点 WLAN 配置

在本节中，您将学习如何配置 WLAN 以支持远程站点。

13.1.1 无线路由器

远程办公人员、小型分支办公室与家庭网络通常使用小型办公室和家用路由器。这类路由器一般称为集成路由器，因为它们通常包含一台连接有线客户端的交换机、一个连接互联网的端口（上面贴有"WAN"标签），以及连接无线客户端的无线组件，如图 13-1 所示。在本章后文中，我们会把小型办公室和家用路由器称为无线路由器。

图 13-2 中的拓扑图所示为笔记本电脑与无线路由器的有线物理连接，然后无线路由器连接到电缆或 DSL 调制解调器以进行互联网连接。

这些无线路由器一般会提供 WLAN 安全、DHCP 服务、集成的 NAT、服务质量（QoS），以及大量其他的特性。不同路由器的特性集大异其趣，具体特性集取决于路由器的型号。

图 13-1　思科 Meraki MX64W 无线路由器

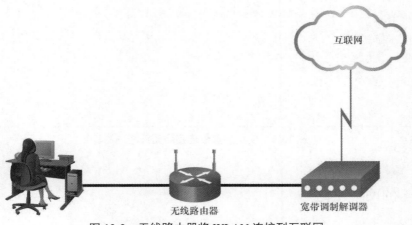

图 13-2　无线路由器将 WLAN 连接到互联网

注　意　电缆或 DSL 调制解调器的配置通常由服务提供商的工作人员在现场或通过电话中的逐步解说以远程方式协助您完成。如果您购买的是调制解调器，它将附带如何将其连接到服务提供商的文档，该文档很可能包含"联系您的服务提供商以便获取更多信息"等内容。

13.1.2　登录无线路由器

大多数无线路由器开箱即用。它们预先配置为连接到网络并提供服务。例如，无线路由器使用 DHCP 自动向所连接的设备提供编址信息。但是，无线路由器的默认 IP 地址、用户名和密码在互联网上很容易找到。直接输入搜索词"无线路由器的默认 IP 地址"或"无线路由器的默认密码"，即可看到提供此信息的许多网站列表。比如在图 13-3 中，无线路由器的用户名和密码为 admin。因此，出于安全原因，您的首要事项就是更改这些默认值。

要访问无线路由器的配置 GUI，请打开一个 Web 浏览器。在地址栏中，输入无线路由器的默认 IP 地址。在无线路由器附带的文档中可以找到默认 IP 地址，或者可以在互联网上搜索。图 13-3 中显示 IPv4 地址 192.168.0.1，这是许多制造商的常见默认值。安全窗口将提示您输入用户名和密码，之后才能访问路由器 GUI。单词 admin 通常用作默认用户名和密码。要获得用户名和密码，可查看您的无线路由器文档或在互联网上搜索。

图 13-3　使用浏览器连接到无线路由器

13.1.3　基本的网络设置

基本的网络设置包括下列步骤。

步骤 1. 从 Web 浏览器登录到路由器。登录后，系统会打开 GUI，如图 13-4 所示。GUI 上的选项卡或菜单将帮助您访问各项路由器配置任务。通常在进入另外一个窗口之前，需要先保存在当前窗口中更改的设置。此时，最好的做法是对默认设置进行更改。

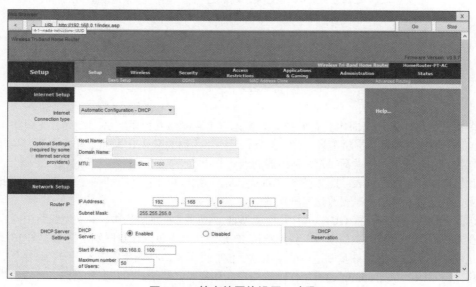

图 13-4　基本的网络设置：步骤 1

步骤 2. 更改默认的管理密码。要更改默认的登录密码，在路由器的 GUI 中找到 Administration 部分。在图 13-5 中，已选中 Administration 选项卡，这是可以更改路由器密码的位置。在某些设备（例如图 13-5 中的设备）上，只能更改密码。用户名仍为 admin 或您正在配置的路由器的默认用户名。

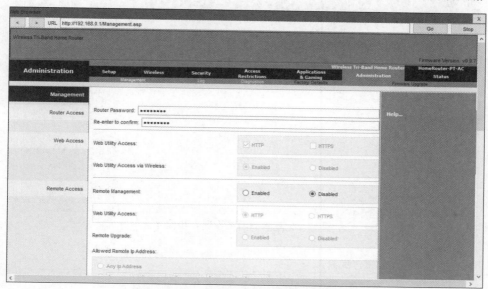

图 13-5　基本的网络设置：步骤 2

步骤 3. 使用新的管理密码登录。保存新密码后，无线路由器会再次请求授权。输入用户名和新密码，如图 13-6 所示。

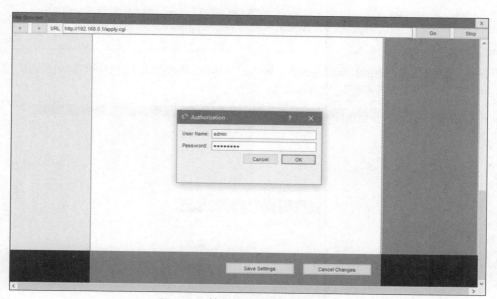

图 13-6　基本的网络设置：步骤 3

步骤 4. 更改默认的 DHCP IPv4 地址。更改默认的路由器 IPv4 地址。最佳做法是在网络内使用私有 IPv4 地址。图 13-7 中使用的 IPv4 地址为 10.10.10.1，但它可以是您选择的任何私有 IPv4 地址。

步骤 5. 更新 IP 地址。单击 Save 按钮时，将会临时断开对无线路由器的访问。打开命令窗口并使用 **ipconfig /renew** 命令更新您的 IP 地址，如例 13-1 所示。

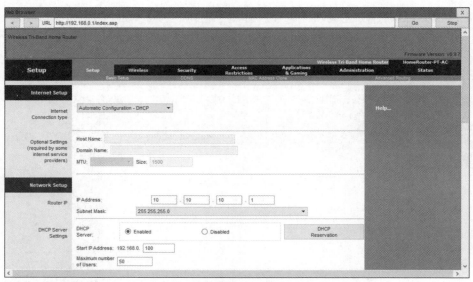

图 13-7　基本的网络设置：步骤 4

例 13-1　基本的网络设置：步骤 5

```
Packet Tracer PC Command Line 1.0
C:\> ipconfig /renew

    IP Address........................: 10.10.10.100
    Subnet Mask.......................: 255.255.255.0
    Default Gateway...................: 10.10.10.1
    DNS Server........................: 0.0.0.0
C:\>
```

步骤 6. 使用新的 IP 地址登录到路由器。输入路由器的新 IP 地址以重新访问路由器的配置 GUI，如图 13-8 所示。现在可以继续配置路由器以进行无线访问。

图 13-8　基本的网络设置：步骤 6

13.1.4 基本的无线设置

基本的无线设置包括下列步骤。

步骤 1. 查看 WLAN 默认设置。开箱即用的无线路由器使用默认的无线网络名称和密码提供对设备的无线访问。该网络名称被称为服务集标识符（SSID）。找到路由器的基本无线设置以更改这些默认设置，如图 13-9 所示。

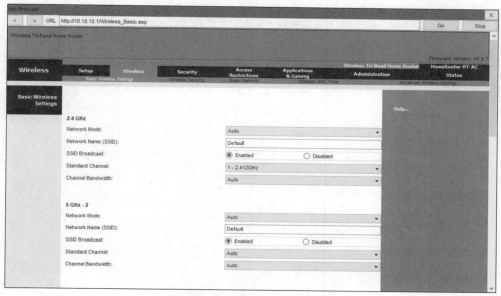

图 13-9　基本的无线设置：步骤 1

步骤 2. 更改网络模式。有些无线路由器允许用户选择要实施的 802.11 标准。图 13-10 所示为已经选择 Legacy（传统）。这意味着连接无线路由器的无线设备可以安装各种无线网卡。当前配置为传统模式或混合模式的无线路由器最有可能支持 802.11a、802.11n 和 802.11ac 网卡。

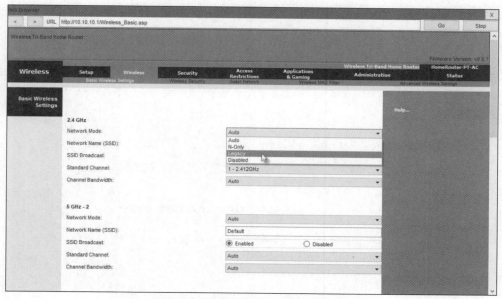

图 13-10　基本的无线设置：步骤 2

步骤 3. 配置 SSID。给 WLAN 分配一个 SSID。在图 13-11 中，所有 3 个 WLAN 使用的都是 OfficeNet（第 3 个 WLAN 没有显示出来）。无线路由器通过发送通告其 SSID 的广播来宣告它的存在。这将允许无线主机自动发现无线网络的名称。如果禁用了 SSID 广播，则必须在连接到 WLAN 的每个无线设备上手动输入 SSID。

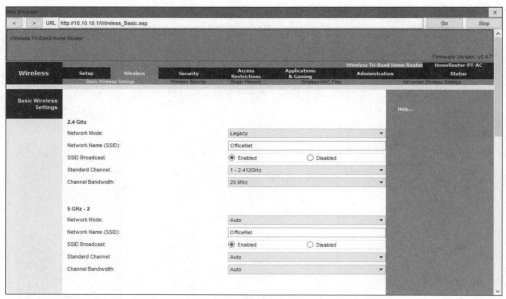

图 13-11　基本的无线设置：步骤 3

步骤 4. 配置信道。在 2.4GHz 频段内配置有相同信道的设备可能会重叠并导致失真，从而降低无线性能并可能中断网络连接。避免干扰的解决方案是在无线路由器和彼此靠近的 AP 上配置非重叠信道。具体而言，信道 1、6 和 11 不重叠。在图 13-12 中，无线路由器被配置为使用信道 6。

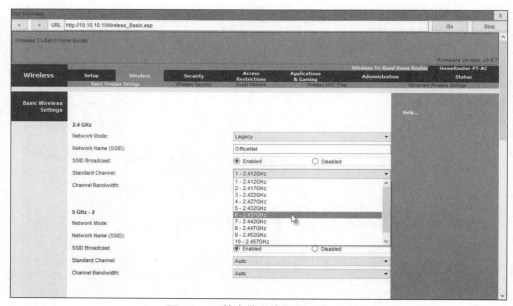

图 13-12　基本的无线设置：步骤 4

步骤 5. 配置安全模式。开箱即用的无线路由器可能没有配置 WLAN 安全。在图 13-13 中，已经给 3 个 WLAN 选择了 WPA2 Personal。使用高级加密标准（AES）加密的 WPA2 目前是最强大的安全模式。

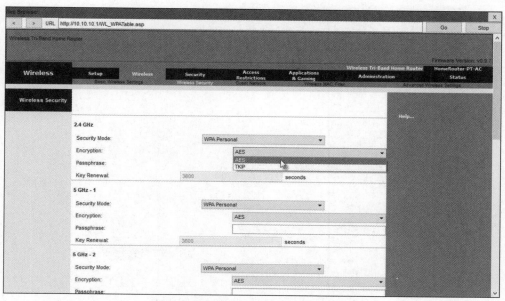

图 13-13　基本的无线设置：步骤 5

步骤 6. 配置密码短语。WPA2 Personal 使用密码短语（passphrase）对无线客户端进行验证，如图 13-14 所示。WPA2 Personal 更容易在小型办公室或家庭环境中使用，因为它不需要身份验证服务器。大型组织机构实施的是 WPA2 Enterprise，并要求无线客户端使用用户名和密码进行验证。

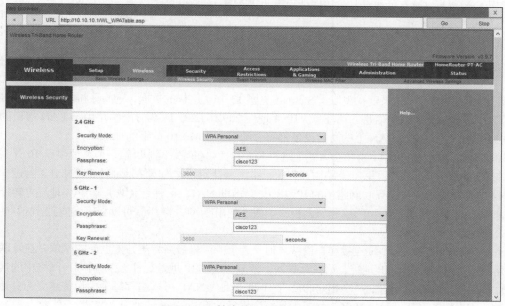

图 13-14　基本的无线设置：步骤 6

13.1.5　配置无线互连网络

　　在小型办公室或家庭网络中，一台无线路由器可能足以为所有客户端提供无线访问。但是，如果要将覆盖范围扩展到室内 45m 和室外 90m，则可以添加无线 AP。如图 13-15 中的无线互连网络所示，两个无线 AP 配置了与前一示例相同的 WLAN 设置。注意，所选信道为 1 和 11，因此无线 AP 不会干扰先前在无线路由器上配置的信道 6。

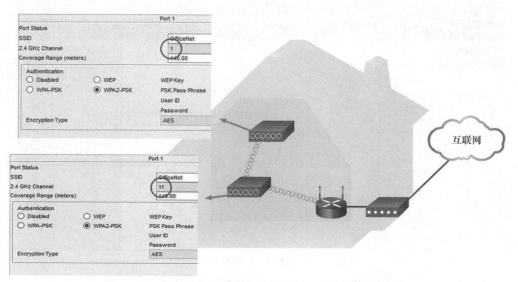

图 13-15　带有一个无线路由器和两个 AP 的无线互连网络

　　在小型办公室或家庭网络中扩展 WLAN 变得越来越容易。制造商已通过智能手机应用简化了无线互连网络（Wireless Mesh Network，WMN）的创建。您可以购买 AP，将无线 AP 分散在各处，然后插入 AP 并下载应用，最后再通过几个步骤即可配置 WMN。在互联网上搜索"最佳 WiFi 互连网络系统"可查找相关产品的评论。

13.1.6　IPv4 的 NAT

　　在无线路由器上，如果查找类似于 Status（见图 13-16）这样的页面，您将获得路由器用于将数据发送到互联网的 IPv4 编址信息。请注意，IPv4 地址 209.165.201.11 与分配给路由器 LAN 接口的地址 10.10.10.1 不同。路由器 LAN 上的所有设备都将分配带有 10.10.10 前缀的地址。

　　IPv4 地址 209.165.201.11 可在互联网上进行公开路由。在互联网中，第一个八位组以 10 开头的任何私有 IPv4 地址都无法在互联网上路由。因此，路由器会使用称为网络地址转换（NAT）的过程把私有 IPv4 地址转换为可通过互联网路由的 IPv4 地址。借助 NAT，私有（本地）源 IPv4 地址可转换为公有（全局）地址。接收数据包的过程与之相反。通过使用 NAT，路由器可以将许多内部 IPv4 地址转换为公有地址。

　　有一些 ISP 使用私有地址连接客户设备。但是，您的流量最终将离开提供商的网络并在互联网上进行路由。要查看设备的 IP 地址，请在互联网上搜索"我的 IP 地址是什么"。对同一网络中的其他设备执行该操作，您将看到它们共享相同的公有 IPv4 地址。NAT 可以追踪每个由设备建立的会话的源端口号。如果您的 ISP 已启用 IPv6，您将看到每个设备的唯一 IPv6 地址。

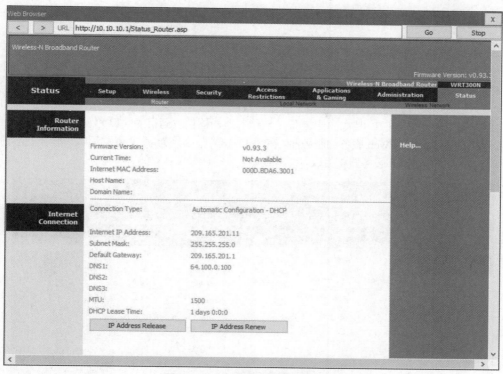

图 13-16　验证无线路由器的状态

13.1.7　服务质量

许多无线路由器都带有配置服务质量（QoS）的选项。通过配置 QoS，可以确保某些类型的流量（如语音和视频）优先于对时间不敏感的流量（例如邮件和 Web 浏览）。在某些无线路由器上，还可以在特定端口上对流量进行优先处理。

图 13-17 所示为基于 Netgear GUI 的 QoS 界面的简化模型。通常可以在 Advanced 菜单中找到 QoS 设置。如果有可用的无线路由器，可检查 QoS 设置。有时，这些设置可能会列在 Bandwidth Control（带宽控制）或类似选项下。

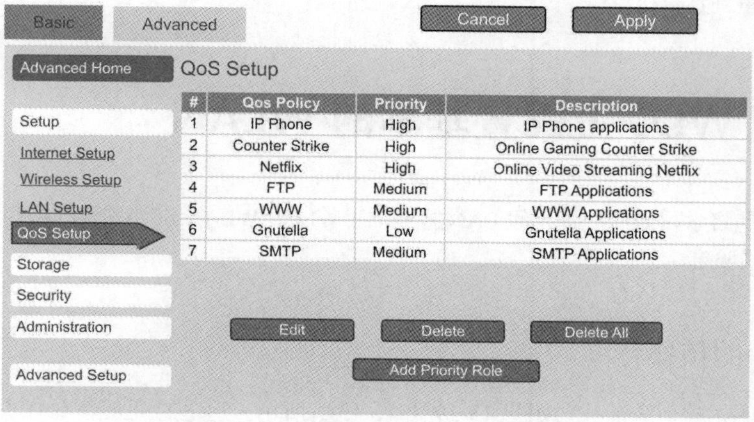

图 13-17　无线路由器上的 QoS 设置

13.1.8 端口转发

无线路由器通常可以阻塞 TCP 和 UDP 端口，以防止对 LAN 进行未经授权的访问。然而，在有些情况下必须打开特定端口，以便某些程序和应用可以与不同网络中的设备通信。端口转发是一种基于规则的方法，用于在独立网络上的设备之间引导流量。

流量到达路由器时，路由器根据流量中的端口号确定是否应该将流量转发到特定设备。例如，可将路由器配置为转发与 HTTP 相关的端口 80 的流量。路由器接收到目的端口为 80 的数据包时，会将该流量转发到网络中提供 Web 服务的服务器。在图 13-18 中，已经为端口 80 启用端口转发，并与 IPv4 地址为 10.10.10.50 的 Web 服务器相关联。

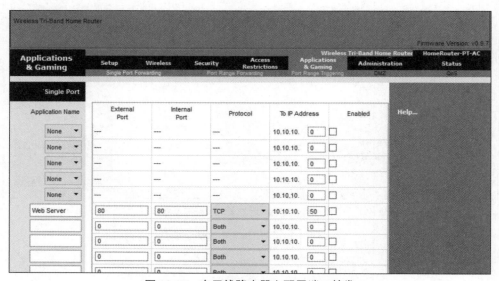

图 13-18　在无线路由器上配置端口转发

端口触发允许路由器通过入向端口将数据临时转发到特定的设备。只有指定的端口范围用于执行出向请求时，才能使用端口触发将数据转发到计算机。例如，一个电子游戏可能使用端口 27000～27100 连接其他玩家。这些是触发端口。聊天客户端可能使用端口 56 连接相同的玩家，以便与他们互动。在这种情况下，如果触发端口范围内的出向端口上有游戏流量，端口 56 上的入向聊天流量将被转发到人们正在玩电子游戏和与朋友聊天的计算机上。游戏结束且不再使用触发端口时，将不再允许端口 56 发送任何类型流量到计算机。

13.2　在 WLC 上配置基本的 WLAN

在本节中，您将学习如何配置无线 LAN 控制器（WLC）WLAN 以使用管理接口和 WPA2 预共享密钥（PSK）身份验证。

13.2.1 WLC 的拓扑

本节所使用的拓扑与编址计划如图 13-19 和表 13-1 所示。这里的接入点（AP）是基于控制器的 AP，而不是自主 AP。前文提到，基于控制器的 AP 不需要进行初始配置，一般称为轻量级 AP（LAP）。

LAP 会使用轻量级接入点协议（LWAPP）与 WLAN 控制器进行通信。在需要大量 AP 的网络环境中，更适合部署基于控制器的 AP。随着 AP 数量的增加，每个 AP 都可以由 WLC 自动进行配置和管理。

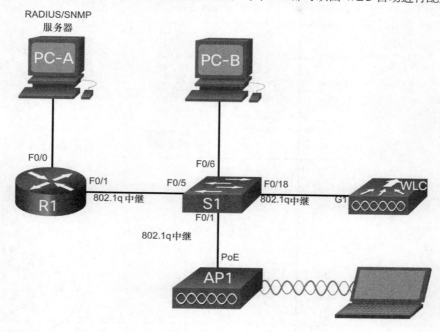

AP通过以太网供电，这意味着它通过连接交换机的以太网电缆供电

图 13-19　WLC 参考拓扑

表 13-1　　　　　　　　　　　　　　　地址分配表

设备	接口	IP 地址	子网掩码
R1	F0/0	172.16.1.1	255.255.255.0
R1	F0/1.1	192.168.200.1	255.255.255.0
S1	VLAN 1	DHCP	
WLC	管理	192.168.200.254	255.255.255.0
AP1	Wired 0	192.168.200.3	255.255.255.0
PC-A	NIC	172.16.1.254	255.255.255.0
PC-B	NIC	DHCP	
无线笔记本电脑	NIC	DHCP	

13.2.2　登录 WLC

配置无线 LAN 控制器（WLC）与配置无线路由器相差不大。最大的区别在于 WLC 负责控制 AP，并且会提供更多服务和管理功能，其中很多功能超出了本章的范围。

> **注　意**　本节以及下一节的图所示为思科 3504 无线控制器的 GUI 和菜单。不过，其他型号的
> WLC 的菜单功能也与之类似。

图 13-20 所示为用户使用凭据登录到了 WLC 上，这个凭据是在初始化设置阶段配置的。

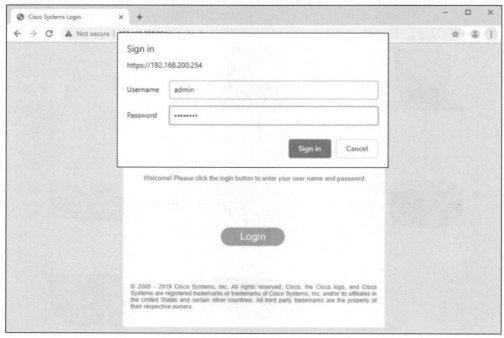

图 13-20　登录 WLC

NETWORK SUMMARY 页面可以让用户快速看到配置的无线网络、关联的 AP 和活动客户端的数量。还可以看到非法 AP 和客户端的数量，如图 13-21 所示。

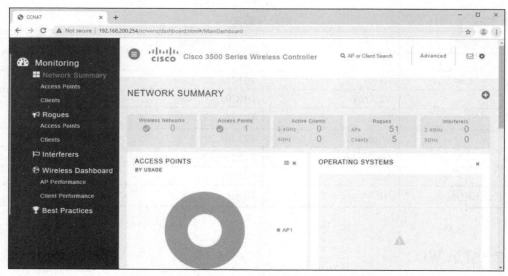

图 13-21　WLC 的 NETWORK SUMMARY 页面

13.2.3　查看 AP 信息

在左侧菜单中单击 Access Points 可以查看 AP 系统信息和性能的总体情况，如图 13-22 所示。这台 AP 正在使用的 IP 地址为 192.168.200.3。因为 CDP（思科发现协议）在网络中是活动状态，所以 WLC 知道这台 AP 连接到交换机的 Fa0/1 端口。

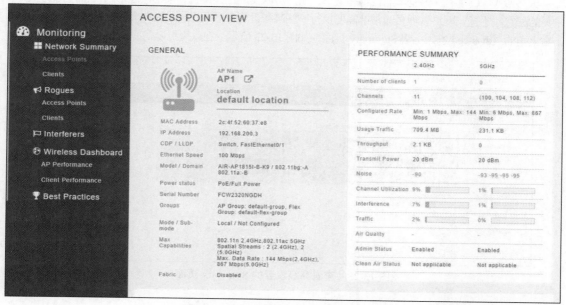

图 13-22　ACCESS POINT VIEW 页面

拓扑中的这台 AP 是一台思科 Aironet 1815i，管理员可以使用命令行以及一部分与 IOS 命令集类似的命令来对它进行管理。在例 13-2 中，网络管理员对默认网关、WLC 发起了 ping 测试，并且验证了有线接口。

例 13-2　验证 AP 是否具有连接性

```
AP1# ping 192.168.200.1
Sending 5, 100-byte ICMP Echos to 192.168.200.1, timeout is 2 seconds
!!!!!
Success rate is 100 percent (5/5), round-trip min/avg/max = 1069812.242/
  1071814.785/1073817.215 ms
AP1#
AP1# ping 192.168.200.254
Sending 5, 100-byte ICMP Echos to 192.168.200.254, timeout is 2 seconds
!!!!!
Success rate is 100 percent (5/5), round-trip min/avg/max = 1055820.953/
  1057820.738/1059819.928 ms
AP1#
AP1# show interface wired 0
wired0    Link encap:Ethernet HWaddr 2C:4F:52:60:37:E8
          inet addr:192.168.200.3 Bcast:192.168.200.255 Mask:255.255.255.255
          UP BROADCAST RUNNING PROMISC MULTICAST MTU:1500 Metric:1
          RX packets:2478 errors:0 dropped:3 overruns:0 frame:0
          TX packets:1494 errors:0 dropped:0 overruns:0 carrier:0
          collisions:0 txqueuelen:80
          RX bytes:207632 (202.7 KiB) TX bytes:300872 (293.8 KiB)
AP1#
```

13.2.4 高级设置

大多数 WLC 都有一些基本的设置和菜单，用户可以使用这些设置和菜单快速访问设备，完成一系列常见的配置。不过，网络管理员通常都需要执行一些高级设置。对于思科 3504 无线控制器来说，需要单击右上角的 Advanced 进入高级 Summary 页面，如图 13-23 所示。在这里可以访问 WLC 的所有特性。

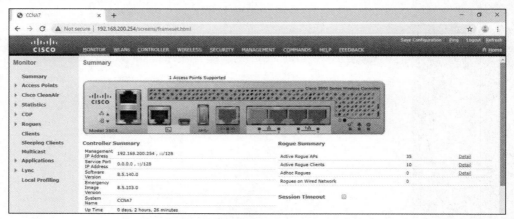

图 13-23　查看高级设置的 Summary 页面

13.2.5 配置 WLAN

无线 LAN 控制器拥有端口（port）和接口（interface）。端口（port）是用来物理连接到有线网络的插口。它们类似于交换机的端口。接口（interface）则是虚拟的，是在软件中创建出来的，非常类似于 VLAN 接口。事实上，每个需要承载 WLAN 流量的接口都会在 WLAN 上配置为一个不同的 VLAN。

思科 3504 WLC 可以支持 150 个 AP 和 4096 个 VLAN，不过它只有 5 个物理端口，如图 13-24 所示。这表示每个物理端口都可以支持多个 AP 和 WLAN。WLC 上的端口实际上就是中继端口（trunk port），它们可以承载多个 VLAN 发送到交换机的流量，并且把它们分发给多个 AP。每个 AP 都可以支持多个 WLAN。

图 13-24　思科 3504 WLC 的背板

WLC 上的基本 WLAN 配置包含下面几个步骤。

步骤 1. 创建 WLAN。在图 13-25 中，管理员正在创建一个新的 WLAN，这个 WLAN 会以 Wireless_LAN 作为自己的名称和 SSID（服务集标识符）。ID 是一个任意值，其作用是在 WLC 的输出信息中标识这个 WLAN。

步骤 2. 应用并启用 WLAN。在单击 Apply 之后，管理员必须先启用 WLAN，然后用户才能接入这个 WLAN，如图 13-26 所示。Enable 复选框可以让管理员给各个 WLAN 配置大量特性，然后再向无线客户端开放 WLAN 的接入。在这里，管理员可以配置 WLAN 的大量设置，包括安全性、服务质量、策略以及其他高级设置。

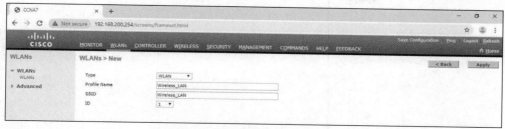

图 13-25 配置 WLAN：步骤 1

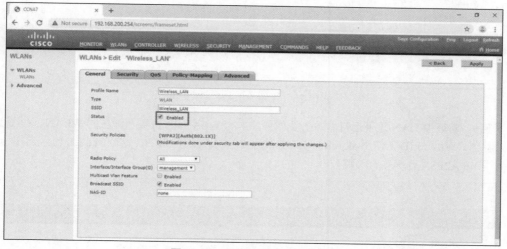

图 13-26 配置 WLAN：步骤 2

步骤 3. 选择接口。在创建 WLAN 时，必须选择要承载 WLAN 流量的接口。在图 13-27 中可以看到，管理员选择了 WLC 上已经创建的一个接口。

图 13-27 配置 WLAN：步骤 3

步骤 4. 保护 WLAN。单击 Security 选项卡可以访问所有与保护这个 LAN 有关的可选项。管理员希望使用 WPA2-PSK 来保护第 2 层网络。WPA2 和 802.1X 是默认设置的。在 Layer 2 Security 下拉列表中，验证 WPA+WPA2 是否已经选中（未显示）。单击 PSK 并输入预共享密钥，如图 13-28 所示。然后单击 Apply。这就会启用这个 WLAN，并且通过 WPA2-PSK 执行认证。知道这个共享密钥的无线客户端现在可以进行关联，并且向 AP 进行认证。

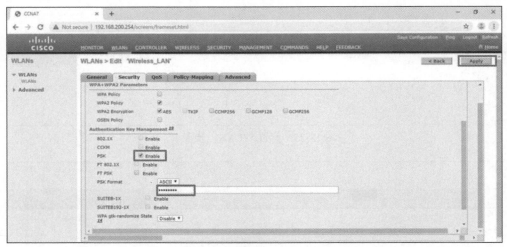

图 13-28   配置 WLAN：步骤 4

步骤 5. 验证 WLAN 是否运行。 单击左侧菜单中的 WLANs 来查看新配置的 WLAN。在图 13-29 中可以看到，WLAN ID 1 使用 Wireless_LAN 作为自己的名称和 SSID，这个 WLAN 已经启用，而且正在使用 WPA2PSK 作为安全策略。

图 13-29   配置 WLAN：步骤 5

步骤 6. 监控 WLAN。 单击顶部的 MONITOR 选项卡可再次访问 Summary 页面。在这里，可以看到 Wireless_LAN 目前有一个客户端在使用它提供的服务，如图 13-30 所示。

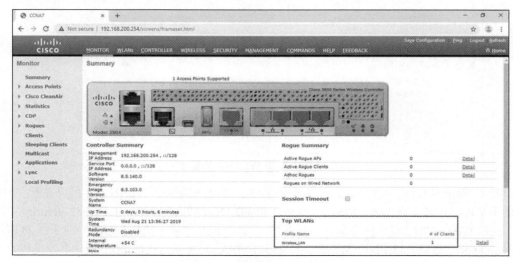

图 13-30   配置 WLAN：步骤 6

步骤 7.　查看无线客户端的详情。单击左侧菜单中的 Clients 来查看这个 WLAN 中各个客户端的更多信息，如图 13-31 所示。一个客户端通过 AP1 关联到 Wireless_LAN 并获得了 IP 地址 192.168.5.2。在这个拓扑中，DHCP 服务是由路由器来提供的。

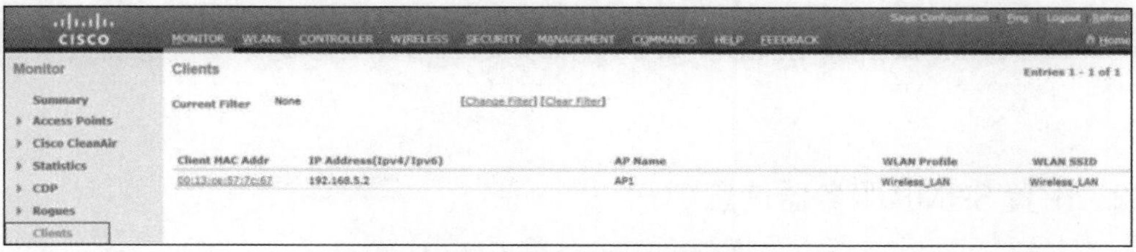

图 13-31　查看无线客户端的详情

13.3　在 WLC 上配置 WPA2 企业 WLAN

在本节中，您将学习如何配置 WLC WLAN 以使用 VLAN 接口、DHCP 服务器和 WPA2 企业身份验证。

13.3.1　SNMP 和 RADIUS

在图 13-32 中，PC-A 正在运行 SNMP 和 RADIUS 服务器软件。SNMP 用来监控网络。网络管理员希望 WLC 把所有 SNMP 日志消息（称为 trap）发送给 SNMP 服务器。

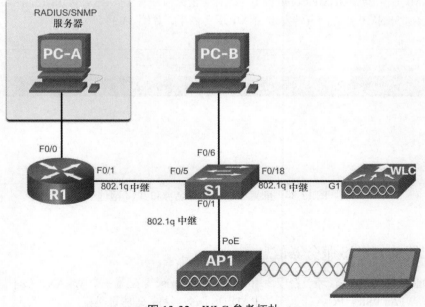

图 13-32　WLC 参考拓扑

另外，针对 WLAN 用户验证这一方面，管理员希望使用 RADIUS 服务器来执行 AAA（验证、授权和审计）服务。在这里，用户并不是要像 WPA2-PSK 那样需要输入公共的预共享密钥进行验证，而是应该输入自己的用户名和密码凭据。用户输入的密码凭据会由 RADIUS 服务器进行验证。这样一来，只要需要，就可以跟踪和审计每个用户的访问权限，并且可以在中心位置添加或者修改用户账户。使用 WPA2 企业验证的 WLAN 需要配备 RADIUS 服务器。

> **注　意**　SNMP 服务器和 RAIDUS 服务器的配置超出了本章的范围。

13.3.2　配置 SNMP 服务器信息

单击 MANAGEMENT 选项卡可访问各种管理特性。SNMP 会显示在左侧菜单的顶部。单击 SNMP，展开子菜单，然后单击 Trap Receivers。单击 New，配置新的 SNMP trap 接收器，如图 13-33 所示。

图 13-33　创建新的 SNMP trap 接收器

输入 SNMP 服务器的 SNMP Community（团体）名称和 IP 地址（IPv4 或 IPv6），然后单击 Apply。WLC 现在就会把 SNMP 日志消息转发给 SNMP 服务器了，如图 13-34 所示。

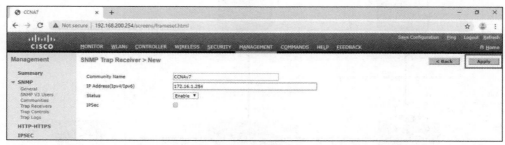

图 13-34　配置 SNMP 团体名称和 IPv4 地址

13.3.3　配置 RADIUS 服务器信息

在我们的配置示例中，管理员希望使用 WPA2 Enterprise 来配置一个 WLAN，而不是使用 WPA2 Personal 或者 WPA2 PSK。PC-A 上运行的 RADIUS 服务器将处理验证过程。

要为 WLC 配置 RADIUS 服务器信息，看要单击 SECURITY 选项卡，然后再单击左侧菜单中的 RADIUS，展开子菜单，然后单击 Authentication。当前并没有配置 RADIUS 服务器。单击 New，把 PC-A 添加为 RADIUS 服务器，如图 13-35 所示。

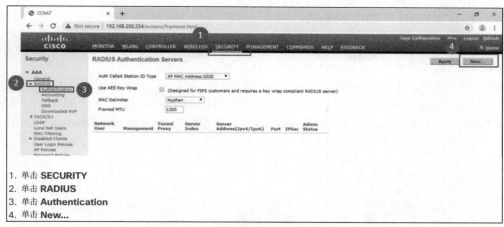

1. 单击 **SECURITY**
2. 单击 **RADIUS**
3. 单击 **Authentication**
4. 单击 **New...**

图 13-35　创建新的 RADIUS 服务器

　　输入 **PC-A1** 的 IPv4 地址和共享密钥。这个共享密钥在 WLC 和 RADIUS 服务器之间使用的密码，它不是供用户使用的。单击 **Apply**，如图 13-36 所示。

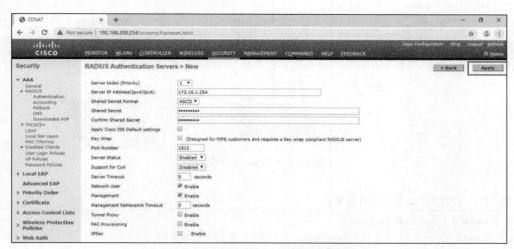

图 13-36　配置 RADIUS 服务器信息

　　在单击 **Apply** 之后，配置的 RADIUS Authentication Servers 列表就会刷新为新的服务器列表，如图 13-37 所示。

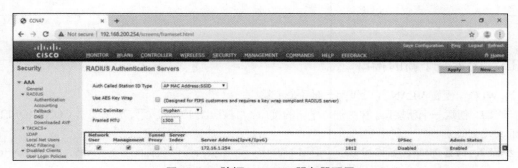

图 13-37　验证 RADIUS 服务器配置

13.3.4　具有 VLAN 5 编址的拓扑

WLC 上配置的每个 WLAN 都需要自己的虚拟接口。WLC 有 5 个物理端口用于传输数据流量。每个物理端口都可以通过配置来支持多个 WLAN，每个 WLAN 都有自己的虚拟接口。物理端口也可以进行聚合，从而创建出高带宽的链路。

管理员决定让新的 WLAN 使用 VLAN 5 这个接口以及 192.168.5.0/24 这个网络。R1 上已经配置了一个子接口，并且用于 VLAN 5，如图 13-38 和例 13-3 中命令 **show ip interface brief** 的输出信息所示。

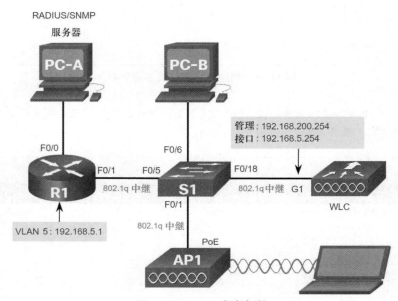

图 13-38　WLC 参考拓扑

例 13-3　验证 R1 上的 VLAN 5 接口

```
R1# show ip interface brief
Interface              IP-Address       OK? Method Status          Protocol
FastEthernet0/0        172.16.1.1       YES manual up              up
FastEthernet0/1        unassigned       YES unset  up              up
FastEthernet0/1.1      192.168.200.1    YES manual up              up
FastEthernet0/1.5      192.168.5.254    YES manual up              up
(output omitted)
R1#
```

13.3.5　配置一个新的接口

在 WLC 上配置 VLAN 接口包含下面几个步骤。

步骤 1. 创建一个新接口。要添加一个新的接口，可按照图 13-39 所示，先后单击 CONTROLLER、Interfaces、New。

步骤 2. 配置 VLAN 名称和 ID。在图 13-40 中，管理员将接口名称配置为 vlan5，将 VLAN Id 配置为 5。单击 Apply 就会创建出新的接口。

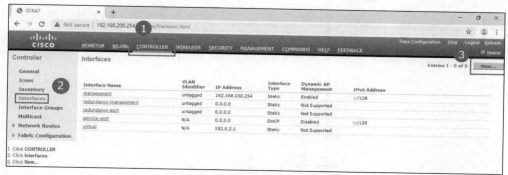

图 13-39 配置新接口：步骤 1

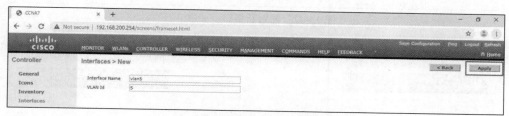

图 13-40 配置新接口：步骤 2

步骤 3. 配置端口和接口地址。在接口的 Edit 页面下配置物理端口号。拓扑中的 G1 是 WLC 上的端口号（Port Number）1。接下来配置 VLAN 5 的接口地址。在图 13-41 中，管理员为 VLAN 5 分配的 IPv4 地址为 192.168.5.254/24。R1 是默认网关，其 IPv4 地址为 192.168.5.1。

![图 13-41 配置新接口：步骤 3 的界面截图，展示 Interfaces > Edit 页面，包含 General Information（Interface Name: vlan5, MAC Address: 70:18:a7:c8:cc:f1）、Configuration、Physical Information（Port Number: 1, Backup Port: 0, Active Port: 1）以及 Interface Address（VLAN Identifier: 5, IP Address: 192.168.5.254, Netmask: 255.255.255.0, Gateway: 192.168.5.1）等设置。](attachment)

图 13-41 配置新接口：步骤 3

步骤 4. 配置 DHCP 服务器的地址。在比较大的企业中，管理员会把 WLC 配置为将 DHCP 消息转发给一台专门的 DHCP 服务器。向下滚动页面，把主用 DHCP 服务器的 IPv4 地址配置为 192.168.5.1，如图 13-42 所示。这是默认网关路由器的地址。路由器上也给 WLAN 网络配置了一个 DHCP 地址池。当主机加入 VLAN 5 接口所关联的 WLAN 时，就会从这个地址池中接收到地址信息。

步骤 5. 应用并确认。滚动到页面顶部并单击 Apply，如图 13-43 所示。在警告信息出现时单击 OK。

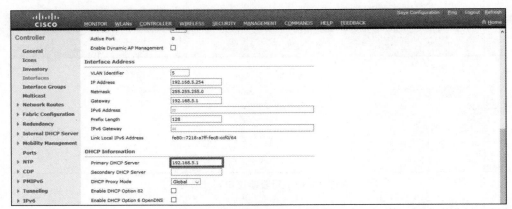

图 13-42　配置新接口：步骤 4

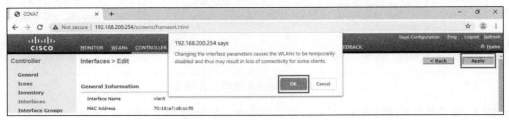

图 13-43　配置新接口：步骤 5

步骤 6. 验证接口。单击 Interfaces。新的 vlan5 接口及其 IPv4 地址现在显示在接口列表中，如图 13-44 所示。

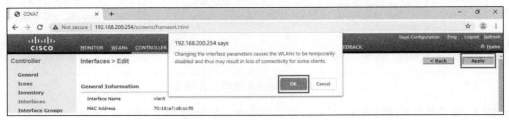

图 13-44　配置新接口：步骤 6

13.3.6　配置 DHCP 作用域

DHCP 作用域的配置包含下面几个步骤。

步骤 1. 创建一个新的 DHCP 作用域。DHCP 作用域与路由器上的 DHCP 地址池非常类似。DHCP 作用域可以包含大量信息，其中包括分配给 DHCP 客户端的地址池、DNS 服务器信息、租期等。要配置一个新的 DHCP 作用域，需要按照图 13-45 所示，先后单击 Internal DHCP Server、DHCP Scope、New。

步骤 2. 对这个 DHCP 作用域进行命名。在下一个页面上对作用域进行命名，如图 13-46 所示。因为该作用域会应用于无线管理网络，所以管理员需要使用 Wireless_Management 作为作用域的名称，并单击 Apply。

步骤 3. 验证这个 DHCP 作用域。返回 DHCP Scopes 页面，可以验证这个作用域是否已经准备好进行配置，如图 13-47 所示。单击新的作用域名称，以配置 DHCP 作用域。

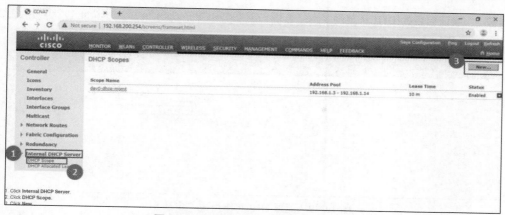

图 13-45 配置 DHCP 作用域：步骤 1

图 13-46 配置 DHCP 作用域：步骤 2

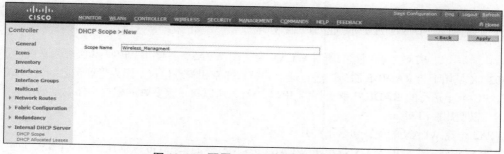

图 13-47 配置 DHCP 作用域：步骤 3

步骤 4. 配置并启用这个新的 DHCP 作用域。在 Wireless_Management 作用域的 Edit 页面中，为 192.168.200.0/24 网络配置一个地址池，地址池的起点是.240，终点是.249。配置网络地址和子网掩码。配置默认路由器的 IPv4 地址，即 R1 的子接口地址 192.168.200.1。在图 13-48 所示的示例中，作用域的其他参数全部保持不变。管理员从 Status 下拉菜单中选择 Enabled 然后单击 Apply。

图 13-48 配置 DHCP 作用域：步骤 4

步骤 5. 验证启用的 DHCP 范围。网络管理员返回 DHCP Scopes 页面，并验证这个作用域已经分配给一个新的 WLAN，如图 13-49 所示。

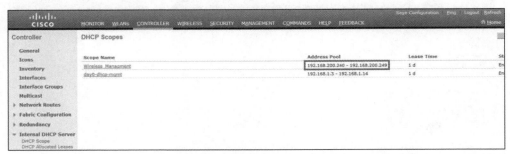

图 13-49　配置 DHCP 作用域：步骤 5

13.3.7　配置一个 WPA2 企业 WLAN

默认情况下，WLC 上新创建的所有 WLAN 会使用 WPA2，并使用 AES（高级加密系统）进行加密。802.1X 是用于与 RADIUS 服务器进行通信的默认的密钥管理协议。因为管理员已经在 WLC 上配置了在 PC-A 上运行的 RADIUS 服务器的 IPv4 地址，所以接下来要做的配置工作就是创建一个新的 WLAN，以使用接口 vlan5。

WPA2 企业 WLAN 的配置包含下面几个步骤。

步骤 1. 创建一个新的 WLAN。单击 WLANs 选项卡，然后单击 Go 以创建新的 WLAN，如图 13-50 所示。

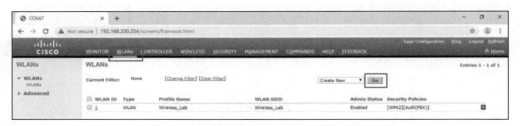

图 13-50　配置 WPA2 企业 WLAN：步骤 1

步骤 2. 配置 WLAN 名称和 SSID。填写配置文件名和 SSID。为了为之前配置的 VLAN 保持一致，在这里选择 ID 为 5。当然，也可以使用可用的其他值。单击 Apply 创建新的 WLAN，如图 13-51 所示。

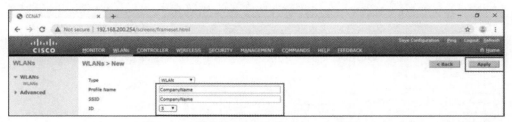

图 13-51　配置 WPA2 企业 WLAN：步骤 2

步骤 3. 为 VLAN 5 启用这个 WLAN。WLAN 已经创建出来，但是还需要进行启用，并且关联正确的 VLAN 接口。把状态修改为 Enabled 并且从 Interface/Interface Group(G) 下拉菜单中选择 vlan5。单击 Apply 并单击 OK，接受弹出的消息，如图 13-52 所示。

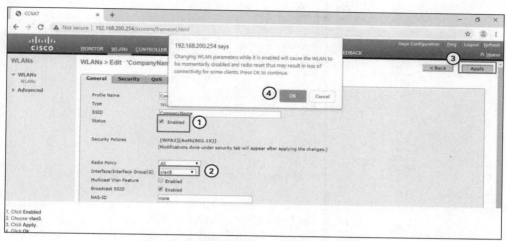

图 13-52　配置 WPA2 企业 WLAN：步骤 3

步骤 4. 验证 AES 和 802.1X 的默认设置。单击 Security 选项卡，查看新 WLAN 的默认安全配置，如图 13-53 所示。这个 WLAN 会使用 WPA2 安全特性，并采用 AES 进行加密。认证流量将由 WLC 和 RADIUS 服务器之间的 802.1X 进行处理。

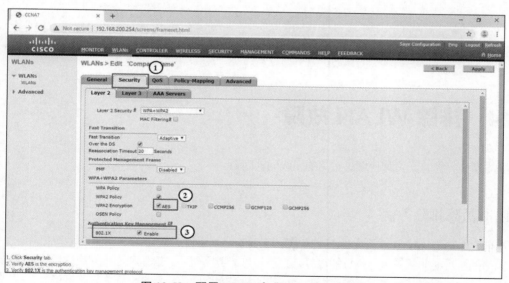

图 13-53　配置 WPA2 企业 WLAN：步骤 4

步骤 5. 配置 RADIUS 服务器。现在，需要选择用哪个 RADIUS 服务器来对这个 WLAN 的用户执行验证。单击 AAA Servers 选项卡。在下拉菜单中选择之前在 WLC 上配置的那个 RADIUS 服务器。然后应用所做的更改，如图 13-54 所示。

步骤 6. 验证新的 WLAN 是否可用。要想验证新的 WLAN 是否已经进入列表并且已经启用，可单击 Back 或者左边的 WLANs 子菜单。名为 Wireless_LAN 和 CompanyName 的 WLAN 都已经出现在列表中。在图 13-55 中，可以注意到这两个 WLAN 都已启用。Wireless_LAN 使用的是 WPA2 和 PSK 验证。CompanyName 则使用 WPA2 和 802.1X 验证。

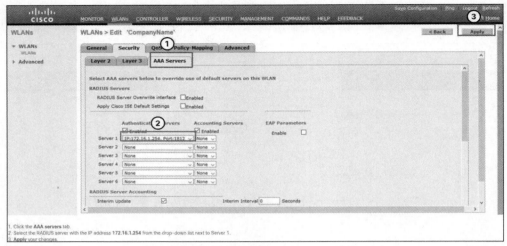

图 13-54 配置 WPA2 企业 WLAN：步骤 5

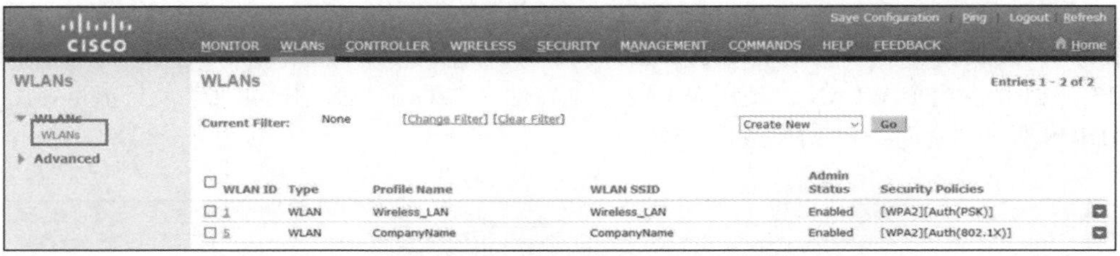

图 13-55 配置 WPA2 企业 WLAN：步骤 6

13.4 排除 WLAN 故障

在本节中，您将学习如何解决常见的无线配置问题。

13.4.1 故障排除方法

在前文中，您已经学习了 WLAN 的配置。下面看一下如何对 WLAN 问题进行故障排除。

网络问题可能非常简单，也可能很复杂，而且可能会因硬件、软件和连接问题综合导致。技术人员必须能够分析问题并确定错误的原因，之后才能解决网络问题。该过程称为故障排除。

在对任何网络问题进行故障排除时，都应该遵循一套系统的方法。常用且有效的故障排除方法以科学方法为基础，可分为表 13-2 中的 6 个主要步骤。

表 13-2 　　　　　　　　　　故障排除过程的 6 个主要步骤

步骤	标题	描述
1	确定问题	这是故障排除过程的第一步。虽然这一步可以使用工具，但是与用户沟通往往非常有用
2	推测潜在原因	问题确定后，尝试推测一个潜在的原因。这一步通常会得出问题的多种潜在原因

续表

步骤	标题	描述
3	验证推测以确定原因	根据可能的原因，验证自己的理论，推断出哪个才是导致问题的真正原因。技术人员通常会应用一个快速的程序来测试潜在原因，看其是否能解决问题。如果这个程序没有解决这个问题，可能需要进一步研究这个问题并且判断出准确的原因
4	制定解决方案并实施方案	在已经明确了导致问题的原因之后，设计一个方案来解决问题并实施解决方案
5	检验解决方案并实施预防措施	在修复问题之后，要验证完整的功能。如果需要的话，还要实施一些防御措施
6	对调查结果、采取的措施和结果进行记录	在故障排除过程的最后一步，对调查结果、采取的措施和结果进行记录。这对于未来参考非常重要

为了对问题进行评估，请先确定网络中有多少台设备存在问题。如果网络中的一台设备存在问题，则在该设备上开始进行故障排除。如果网络中的所有设备都有问题，请在连接所有其他设备的设备上开始实施故障排除过程。您应该开发出一种合理且一致的方法，通过一次排除一个问题来诊断网络问题。

13.4.2 无线客户端无连接

在对 WLAN 进行故障排除时，建议采用排除过程。

在图 13-56 中，有一台无线客户端无法连接到 WLAN。

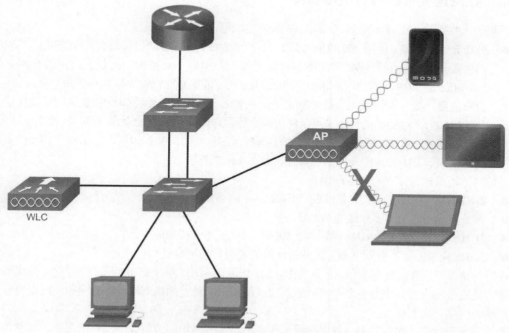

图 13-56 存在客户端连接问题的 WLC 参考拓扑

如果没有连接，应该检查如下事项。

- 在 PC 上使用 **ipconfig** 命令来确认网络配置。查看这台 PC 是否通过 DHCP 接收到了 IP 地址，或者是否是配置了静态 IP 地址。
- 确认这台设备可以连接到有线网络。把这台设备连接到有线网络，并且对一个已知的 IP 地址发起 ping 测试。
- 如有必要，可以视客户端的需求重启驱动程序。可能需要尝试不同的无线网卡。
- 如果客户端的无线网卡不工作，检查一下客户端的安全模式和加密设置。如果安全设置不匹配，客户端就无法连接到 WLAN。

如果 PC 工作正常，但无线连接的性能很差，应该检查如下事项。

- 这台 PC 和 AP 之间的距离有多远？PC 是不是超出了规划的覆盖范围？
- 检查无线客户端上的信道设置。只要 SSID 无误，客户端软件应该检测到正确的信道。
- 检查该区域内是不是有其他设备可能会对 2.4GHz 频段形成干扰。这些设备包括无绳电话、婴儿监控器、微波炉、无线安全系统，甚至包括非法 AP。这些设备发送的数据可能会在 WLAN 中造成干扰，让无线客户端和 AP 之间的连接时断时续。

接下来，要确保所有设备都已就位。考虑是否存在物理安全的问题。这些设备是否已都经接电，它们都开机了么？

最后，检查有线设备之间的链路，看看是否存在连接器接触不良的情况，或电缆是否已经损坏或丢失。如果物理设备都已就位，可通过向设备（包括 AP）发送 ping 测试来测试有线 LAN。如果连接在这一步仍然失败，那么有可能 AP 或其配置有问题。

如果确认用户 PC 不是问题的根源，且对设备的物理状态进行了确认，下面应该查看 AP 的性能。检查 AP 的电源状态。

13.4.3 在网速变慢时进行故障排除

要想优化并提升 802.11 双频路由器和 AP 的带宽，可以进行如下操作。

- **升级无线客户端**：使用 802.11b、802.11g，甚至 802.11n 标准的设备都有可能降低整个 WLAN 的性能。为了达到最理想的性能，所有无线设备都应该支持相同的最高可接受标准。虽然 802.11ax 是 2019 年推出的标准，但 802.11ac 很可能是企业目前可以执行的最高标准。
- **分离流量**：提升无线性能的最佳方式就是在 802.11n 2.4GHz 和 5GHz 带宽之间分离流量。因此，802.11n（或更高的标准）可以使用两个频段作为两个独立的无线网络，以便于管理流量。例如，使用 2.4GHz 网络来执行基本的互联网任务，比如 Web 浏览、电子邮件和文件下载。同时使用 5GHz 的频段来传输流媒体，如图 13-57 所示。

采取分离流量这种方式有很多理由：

- 2.4GHz 频段可能适用于对时间不敏感的基本网络流量；
- 带宽可能还要与周围其他的 WLAN 进行共享；
- 5GHz 频段远没有 2.4GHz 频段那么拥挤，因此很适合传输流媒体；
- 5GHz 频带的信道数量更多，因此选择的信道很可能不会受到干扰。

在默认情况下，双频路由器和 AP 会为 2.4GHz 频段和 5GHz 频段使用相同的网络名。分离流量的最简单方法就是重命名其中的一个无线网络。通过使用一个独立的具有描述性的名称，可以更容易连接到正确的网络。

要提升无线网络的覆盖范围，就要确保无线路由器或者 AP 的位置周围没有障碍物，包括各类家具、固定装置和较高的电器。它们都会阻隔信号，让 WLAN 的覆盖范围变小。如果这样也没有解决问题，那么可能需要安装 WiFi 范围扩展器或者部署电力线无线技术。

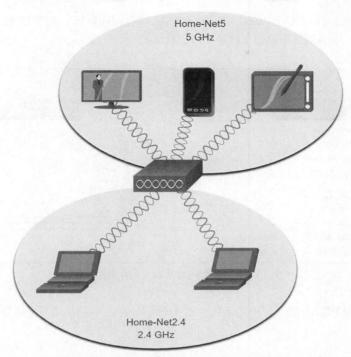

图 13-57 流量在 2.4GHz 和 5GHz 频段之间分配的 AP

13.4.4 更新固件

大多数无线路由器都提供了可升级的固件。新发布的固件可能包含针对客户报告的常见问题以及安全漏洞的修复内容。您应该定期检查路由器或 AP 是否有更新的固件。在图 13-58 中，管理员正在验证思科 Meraki AP 上的固件是否最新。

图 13-58 验证思科 Meraki AP 上的固件

在 WLC 上，通常可以对这台 WLC 控制的所有 AP 执行固件更新。在图 13-59 中，管理员正在下载固件的镜像文件，准备用这个镜像文件来升级所有 AP。

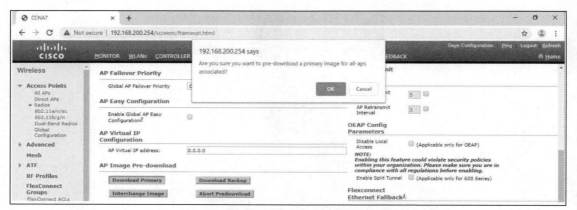

图 13-59　思科 3504 WLC 上的固件下载

用户会与断开与 WLAN 和互联网的连接，直到升级完成。无线路由器可能需要多次重启才能恢复网络的正常运行。

13.5　总结

远程站点 WLAN 配置

远程办公人员、小型分支办公室与家庭网络通常使用小型办公室和家用路由器。这类路由器通常包含一台连接有线客户端的交换机、一个连接互联网的端口（上面贴有"WAN"标签），以及连接无线客户端的无线组件。大多数无线路由器预先配置为连接到网络并提供服务。无线路由器使用 DHCP 自动向所连接的设备提供编址信息。您的首要事项就是更改无线路由器的用户名和密码。使用路由器的界面可完成基本的网络和无线设置。如果要将覆盖范围扩展到室内 45m 和室外 90m，则可以添加无线 AP。路由器会使用称为网络地址转换（NAT）的过程把私有 IPv4 地址转换为可通过互联网路由的 IPv4 地址。通过配置 QoS，可以确保某些类型的流量（如语音和视频）优先于对时间不敏感的流量（例如邮件和 Web 浏览）。

在 WLC 上配置基本的 WLAN

轻量级 AP（LAP）会使用轻量级接入点协议（LWAPP）与 WLAN 控制器进行通信。配置无线 LAN 控制器（WLC）与配置无线路由器相差不大。最大的区别在于 WLC 负责控制 AP，并且会提供更多服务和管理功能。使用 WLC 的界面可以查看 AP 系统信息和性能的总体情况、访问高级设置，以及配置 WLAN。

在 WLC 上配置 WPA2 企业 WLAN

SNMP 用来监控网络。WLC 可以设置为把所有 SNMP 日志消息（称为 trap）发送给 SNMP 服务器。针对 WLAN 用户验证这一方面，管理员希望使用 RADIUS 服务器来执行 AAA（验证、授权和审计）服务。可以跟踪和审计每个用户的访问权限。使用 WLC 界面可配置 SNMP 服务器和 RADIUS 服务器信息、VLAN 接口、DHCP 作用域、WPA2 企业 WLAN。

排除 WLAN 故障

故障排除过程有 6 个主要步骤。在对 WLAN 进行故障排除时，建议采用排除过程。常见的 WLAN 问题有：PC 工作正常，但没有无线连接或无线连接的性能很差。要想优化并提升 802.11 双频路由器和 AP 的带宽，可以升级无线客户端或分离流量。新发布的固件可能包含针对客户报告的常见问题以及安全漏洞的修复内容。您应该定期检查路由器或 AP 是否有更新的固件。

复习题

完成这里列出的所有复习题，可以测试您对本章内容的理解。附录列出了答案。

1. 在小型网络中连接无线路由器时，应该应用的第一个安全设置是什么？
   A. 更改默认的管理用户名和密码
   B. 在无线路由器上启用加密
   C. 禁用无线网络 SSID 广播信标
   D. 在无线路由器上启用 MAC 地址过滤

2. 在 802.11n 无线路由器上，可使用下面哪个选项来提升网络性能？
   A. 将 2.4GHz 频段的 WiFi 范围扩展器连接到 5GHz 频段的无线路由器
   B. 要求所有无线设备使用 802.11g 标准
   C. 为 2.4GHz 和 5GHz 频段使用不同的 SSID 名称
   D. 对所有无线频段使用相同的 SSID 名称

3. 思科 3504 WLC 中的哪个菜单选项用来概述配置的无线网络、相关 AP 和活动客户端的数量？
   A. Access Points
   B. Advanced
   C. Network Summary
   D. Rogues

4. 哪个协议用于监控网络？
   A. LWAPP
   B. RADIUS
   C. SNMP
   D. WLC

5. 无线路由器上的哪个服务使具有内部专用 IPv4 地址的主机能够使用公有 IPv4 地址访问外部网络？
   A. DHCP
   B. DNS
   C. LWAPP
   D. NAT

6. 在某些无线路由器上，哪个服务可以用来优先处理电子邮件而不是 Web 数据流量？
   A. DHCP
   B. DNS
   C. NAT
   D. QoS

7. 在思科 3500 系列 WLC 上创建新的 WLAN 之前必须做什么？
   A. 建立或拥有一个可用的 RADIUS 服务器
   B. 建立或拥有一个可用的 SNMP 服务器
   C. 创建新的 SSID
   D. 创建一个新的 VLAN 接口

8. 具有时间敏感应用程序的用户应连接到哪个频段 SSID 名称？
   A. 2.4GHz 频段，因为它没有 5GHz 频段那么拥挤

    B.　2.4GHz 频段，因为它比 5GHz 频段有更多的信道

    C.　2.4GHz 频段，因为它的信道可能是无干扰的

    D.　5GHz 频段，因为它比 2.4GHz 频段有更多的信道

9.　思科 3500 系列 WLC 配置为访问 RADIUS 服务器。该配置需要共享的秘密密码（secret password）。共享秘密密码的用途是什么？

    A.　允许用户验证和访问 WLAN

    B.　RADIUS 服务器使用它对 WLAN 用户进行验证

    C.　用于对 WLAN 上的用户数据进行验证和加密

    D.　用于加密 WLC 和服务器之间的消息

10.　哪种类型的 WLAN 通过使用智能手机应用控制的几个 AP 来扩展无线覆盖范围？

    A.　轻量级接入点（LWAP）

    B.　WiFi 扩展器

    C.　无线 LAN 控制器（WLC）

    D.　无线互连网络（WMN）

第 14 章

路由的概念

学习目标

通过完成本章的学习，您将能够回答下列问题：

- 路由器如何确定最佳路径；
- 路由器如何把数据包转发到目的地；
- 如何在路由器上配置基本设置；
- 路由表的结构是什么；
- 静态路由和动态路由概念的区别是什么。

无论您如何高效地设置网络，总有一些地方会工作异常，甚至完全停止工作。这是关于网络的一个简单事实。所以，即使您已经对路由有相当多的了解，您仍然需要知道路由器是如何工作的。如果您希望能够对网络进行故障排除，这些知识就至关重要。本章将详细介绍路由器的工作方式。我们开始吧！

14.1 路径确定

路由器在做出最佳路径决策时会引用其路由表。在本节中，我们将介绍路由器的路径确定功能。

14.1.1 路由器的功能

在路由器将数据包转发到其他地方之前，路由器必须确定发送数据包的最佳路径。本节会介绍路由器是如何做出这种决定的。

以太网交换机的作用是把终端设备和其他中间设备（比如其他的以太网交换机）连接到同一个网络中。一台路由器可以连接多个网络，也就是说，它具有多个接口，而每个接口属于不同的 IP 网络。

当路由器从某个接口收到 IP 数据包时，它会确定使用哪个接口来将该数据包转发到目的地。这称为路由转发。路由器用于转发数据包的接口可能是最终目的地，也可能是与用于到达目的网络的另一路由器相连的网络。路由器所连接的每个网络通常都需要一个独立的接口，不过情况并非总是如此。

路由器的主要功能是根据路由表中的信息，来判断转发数据包的最佳路径，并将数据包转发到其目的地。

14.1.2 路由器功能示例

路由器使用它的 IP 路由表来决定使用哪条路径（路由）来转发数据包。在图 14-1 中，R1 正在将数据包从源 PC 路由到目的 PC。R1 和 R2 都使用各自的 IP 路由表首先确定最佳路径，然后再转发数据包。

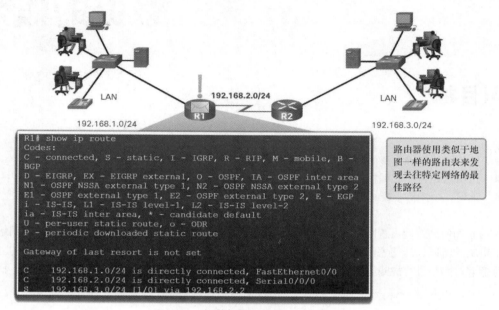

图 14-1 将数据包从源路由到目的地

14.1.3 最佳路径等于最长匹配

路由器必须在路由表中判断最佳路径，这一点意味着什么？路由表中的最佳路径也称为最长匹配。最长匹配是路由器在数据包的目的 IP 地址和路由表中的路由条目之间，查询匹配的过程。

路由表包含了由前缀（即网络地址）和前缀长度组成的路由条目。要让数据包的目的 IP 地址和路由表中的路由形成匹配，两者之间必须从最左侧开始满足最少匹配的位数。这个最少匹配位数由路由表中路由的前缀长度决定。切记，IP 数据包只包含目的 IP 地址，但不包含前缀长度。

最长匹配是指在路由表中与数据包目的 IPv4 地址从最左侧开始存在最多匹配位数的那条路由。最左侧包含最多匹配位数（最长匹配）的路由永远会成为首选路由。

> **注　意**　前缀长度这个术语用来表示 IPv4 和 IPv6 地址中的网络部分。

14.1.4 地址最长匹配示例

在表 14-1 中，IPv4 数据包的目的 IPv4 地址是 172.16.0.10。在路由器的 IPv4 路由表中，有 3 个路由条目与这个数据包相匹配，即 172.16.0.0/12、172.16.0.0/18 和 172.16.0.0/26。在这 3 条路由中，172.16.0.0/26 匹配的位数最长，因此路由器会选择这条路由来转发数据包。请记住，这几条路由必须达到其子网掩码所指定的最少匹配位数，才会被视为匹配路由。

表 14-1　　　　　　　　　　　　　　IPv4 地址最长匹配

目的 IPv4 地址		二进制地址
172.16.0.10		10101100.00010000.00000000.00001010
路由条目	前缀/前缀长度	二进制地址
1	172.16.0.0/12	10101100.00010000.00000000.00001010
2	172.16.0.0/18	10101100.00010000.00000000.00001010
3	172.16.0.0/26	10101100.00010000.00000000.00001010

14.1.5　IPv6 地址最长匹配示例

在表 14-2 中，IPv6 数据包的目的 IPv6 地址为 2001:db8:c000::99。该示例显示了 3 个路由条目，但其中只有两个条目是有效的匹配项，其中一个是最长匹配项。前两个路由条目包含了前缀长度，前缀长度指定了必须匹配的位数。前缀长度为/40 的第一个路由条目与 IPv6 地址中最左边的 40 位匹配。第二个路由条目的前缀长度为/48，所有 48 位都与目的 IPv6 地址匹配，是最长的匹配项。第三个路由条目不匹配，因为它的/64 前缀长度需要匹配 64 位。要让前缀 2001:db8:c000:5555::/64 构成匹配，那么前 64 位必须是数据包的目的 IPv6 地址。由于只有前 48 位匹配，因此这个路由条目不会被视为是匹配项。

表 14-2　　　　　　　　　　　　　　IPv6 地址最长匹配

路由条目	前缀/前缀长度	是否匹配？
1	2001:db8:c000::/40	匹配 40 位
2	2001:db8:c000::/48	匹配 48 位（最长匹配）
3	2001:db8:c000:5555::/64	不匹配 64 位

14.1.6　构建路由表

路由表由前缀及其前缀长度组成。但路由器是如何学习到这些网络的呢？图 14-2 中的 R1 是如何填充自己路由表的？

直连网络

直连网络是在路由器活动接口上配置的网络。当管理员给一个直连接口配置了 IP 地址和子网掩码（前缀长度），且该接口成为活动接口（up/up）时，路由表中就会添加一个直连网络。

远程网络

远程网络是指没有直接连接到路由器的网络。路由器可通过下面两种方式学习远程网络。

- **静态路由**：手动配置路由条目时添加到路由表中。
- **动态路由协议**：在路由协议动态学习远程网络时添加到路由表中。动态路由协议包括增强型内部网关路由协议（EIGRP）、开放最短路径优先（OSPF）等协议。

默认路由

当路由表中不包含可以匹配目的 IP 地址的某个具体路由时，默认路由指定了要使用的下一跳路由器。默认路由既可以是手动输入的静态路由，也可以是通过路由协议自动学习动态到的路由。

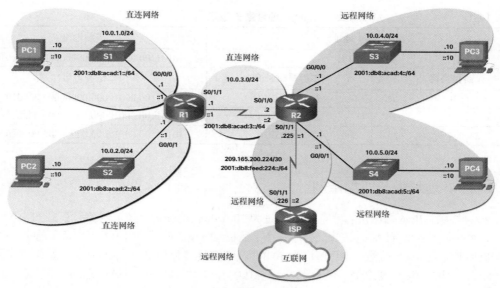

图 14-2 路由参考拓扑

默认路由的 IPv4 路由条目为 0.0.0.0，而默认路由的 IPv6 路由条目则为::/0。/0 这个前缀长度表示，在使用这个路由条目时，目的 IP 地址只需要匹配零位，或者说，不需要匹配任何一位。如果没有更长匹配（也就是超过 0 位）的路由，则使用默认路由来转发数据包。默认路由有时称为最后求助的网关。

14.2 数据包转发

在本节中，您将了解路由器如何做出数据包转发决策。

14.2.1 数据包转发决策过程

在路由器根据最长匹配确定了数据包的最佳路径后，它必须确定如何封装数据包，并且把数据包从正确的出口接口转发出去。

图 14-3 所示为路由器如何首先确定最佳路径，然后转发数据包的过程。

以下步骤描述了图 14-3 中显示的数据包转发过程。

步骤 1. 具有封装 IP 数据包的数据链路帧到达入向接口。

步骤 2. 路由器检查数据报头中的目的 IP 地址并查阅其 IP 路由表。

步骤 3. 路由器在路由表中查找最长的匹配前缀。

步骤 4. 路由器将数据包封装在数据链路帧中，然后从出向接口转发出去。目的地可能是连接到网络的设备或下一跳路由器。

步骤 5. 如果没有匹配的路由条目，则丢弃数据包。

将数据包转发到直连网络中的设备

如果路由条目显示出站接口是一个直连网络，这就表示这个数据包的目的 IP 地址属于直连网络上的设备。因此，这个数据包可以直接转发给目的设备。目的设备通常是以太网 LAN 上的终端设备，这表示这个数据包必须封装到一个以太网帧中。

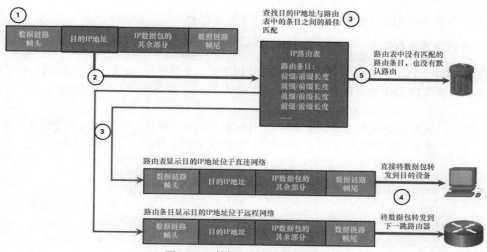

图 14-3 数据包转发决策过程

要把数据包封装到以太网帧中，路由器需要确定与数据包的目的 IP 地址对应的目的 MAC 地址。这个过程因数据包是 IPv4 还是 IPv6 数据包而异。

■ **IPv4 数据包**：路由器会检查自己 ARP 表中的目的 IPv4 地址和对应的以太网 MAC 地址。如果没有匹配，路由器就会发送 ARP 请求。目的设备则会把自己的 MAC 地址通过 ARP 应答消息返回给路由器。然后路由器就可以用相应的目的 MAC 地址在以太网帧中转发 IPv4 数据包了。

■ **IPv6 数据包**：路由器会在自己的邻居缓存中查找目的 IPv6 地址和对应的以太网 MAC 地址。如果没有匹配，路由器就会发送 ICMPv6 邻居请求（NS）消息。目的设备则会把自己的 MAC 地址通过 ICMPv6 邻居通告（NA）消息返回给路由器。然后路由器就可以用相应的目的 MAC 地址在以太网帧中转发 IPv6 数据包了。

将数据包转发到下一跳路由器

如果路由条目显示目的 IP 地址位于远程网络，这就表示这个数据包的目的 IP 地址属于非直连网络中的设备。因此，这个数据包必须被转发给另一台路由器，也就是下一跳路由器。下一跳地址可以在路由条目中找到。

如果转发路由器和下一跳路由器都连接在一个以太网络中，那么就会通过前面所述的类似的过程（ARP 和 ICMPv6 邻居发现）来确定数据包的目的 MAC 地址。区别在于，路由器会在自己的 ARP 表或邻居缓存中搜索下一跳路由器的 IP 地址，而不是数据包的目的 IP 地址。

> **注　意**　该过程将因其他类型的第 2 层网络而异。

丢弃数据包——路由表中没有匹配

如果目的 IP 地址与路由表中的前缀不匹配，同时也没有默认路由，这个数据包就会被丢弃。

14.2.2 端到端的数据包转发

数据包转发功能主要负责把数据包封装成适合出向接口进行转发的正确的数据链路层帧类型。例如，串行链路的数据链路层帧格式可以是点对点（PPP）协议、高级数据链路控制（HDLC）协议或其他第 2 层协议。

图 14-4～图 14-7 描述了路由器将数据包从 PC1 转发到 PC2 的转发过程。

PC1 向 PC2 发送数据包

在图 14-4 中，PC1 向 PC2 发送数据包。由于 PC2 位于不同的网络，PC1 会将数据包转发到其默认网关。PC1 将在其 ARP 缓存中查找默认网关的 MAC 地址，并添加指定的帧信息。

注　意	如果 ARP 表中没有默认网关 192.168.1.1 的 ARP 条目，那么 PC1 就会发送一个 ARP 请求。路由器 R1 此时就会用自己的 MAC 地址来返回一个 ARP 应答。

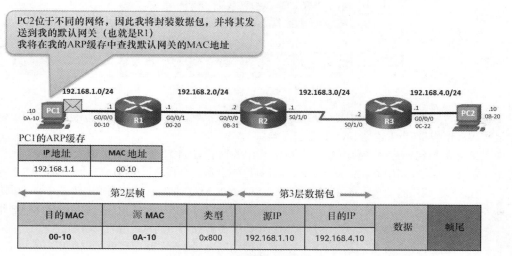

图 14-4　PC1 将数据包发送到 PC2

R1 将数据包转发到 PC2

R1 现在将数据包转发到 PC2。由于出向接口连接的是以太网络，因此 R1 必须使用自己的 ARP 表把下一跳 IPv4 地址解析为一个目的 MAC 地址，如图 14-5 所示。如果 ARP 表中没有下一跳接口 192.168.2.2 的 ARP 条目，那么 R1 就会发送一条 ARP 请求。R2 则会返回一个 ARP 应答。

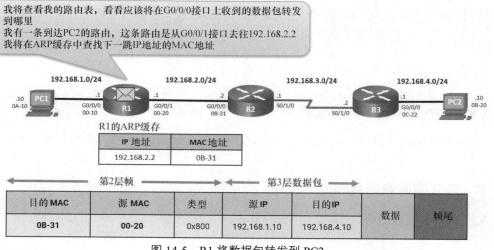

图 14-5　R1 将数据包转发到 PC2

R2 将数据包转发到 R3

R2 现在将数据包转发到 R3。由于出向接口连接的不是以太网络，因此 R2 无须将下一跳 IPv4 地址解析为目的 MAC 地址。当接口为点对点（P2P）串行连接时，路由器将 IPv4 数据包封装成适合出向接口使用的数据链路帧格式（HDLC、PPP 等）。由于串行接口上没有 MAC 地址，因此 R2 将数据链路目的地址设置为相当于广播的地址，如图 14-6 所示。

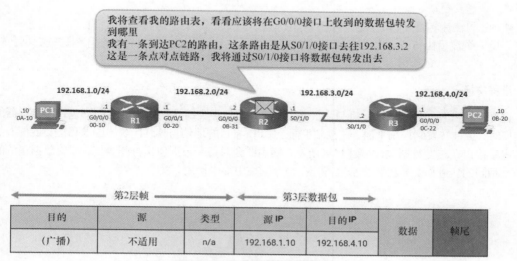

目的	源	类型	源 IP	目的 IP	数据	帧尾
（广播）	不适用	n/a	192.168.1.10	192.168.4.10		

图 14-6 R2 将数据包转发到 R3

R3 将数据包转发到 PC2

R3 现在将数据包转发到 PC2。因为目的 IPv4 地址位于直连的以太网络中，所以 R3 必须将数据包的目的 IPv4 地址解析为其对应的 MAC 地址，如图 14-7 所示。如果 ARP 表中找不到对应的条目，那么 R3 就会从 F0/0 接口发出一个 ARP 请求。PC2 此时就会用自己的 MAC 地址返回一个 ARP 应答。

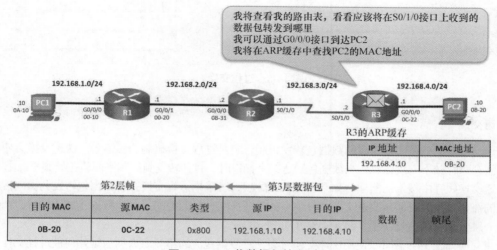

目的 MAC	源 MAC	类型	源 IP	目的 IP	数据	帧尾
0B-20	0C-22	0x800	192.168.1.10	192.168.4.10		

图 14-7 R3 将数据包转发到 PC2

14.2.3 数据包转发机制

如前所述,数据包转发功能主要负责把数据包封装成适合出站接口进行转发的正确的数据链路帧类型。路由器执行这项任务的效率越高,路由器转发数据包的速度也就越快。路由器支持下面 3 种数据包转发机制:

- 进程交换;
- 快速交换;
- 思科快速转发(CEF)。

假设一个流量由 5 个数据包组成。它们都要去同一个目的地。下面将详细介绍这些数据包转发机制。

进程交换

这是一种古老的数据包转发机制,目前思科路由器仍然支持这种机制。当数据包到达路由器的某个接口时,会被转发到控制平面,在控制平面上 CPU 将目的地址与其路由表中的条目进行匹配,然后确定出站接口并转发数据包,如图 14-8 所示。路由器会对每个数据包执行此操作,即使数据包流的目的地是相同的。进程交换机制非常缓慢,在当今网络中很少使用。

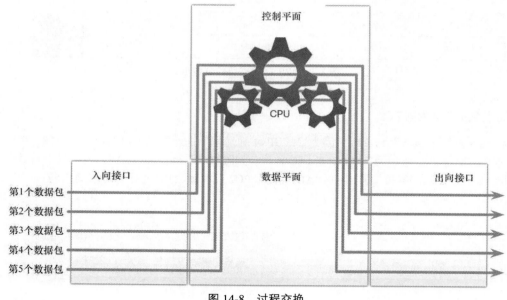

图 14-8 过程交换

快速交换

快速交换是另一种比较古老的数据包转发机制,它是进程交换机制的后继者。快速交换会使用快速交换缓存来存储下一跳信息。当数据包到达某个接口时,将其转发到控制平面,在控制平面上 CPU 将在快速交换缓存中搜索匹配项。如果不存在匹配项,将采用进程交换并将数据包转发到出向接口。数据包的流信息也会存储到快速交换缓存中。如果通往同一目的地的另一个数据包到达接口,则缓存中的下一跳信息可以重复使用,而无须 CPU 的干预。

快速交换如图 14-9 所示。使用快速交换时要注意数据包流的第一个数据包是如何被进程交换并添加到快速交换缓存中的。之后的 4 个数据包根据快速交换缓存中的信息进行快速处理。

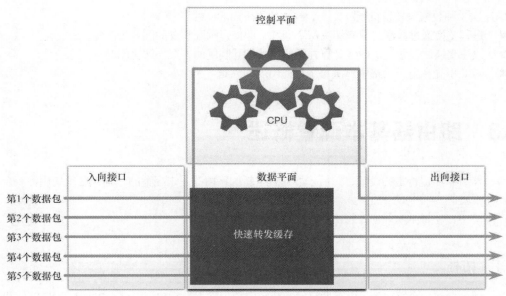

图 14-9 快速交换

思科快速转发

思科快速转（CEF）是最新的默认的思科 IOS 数据包转发机制。与快速交换相似，CEF 将构建转发信息库（FIB）和邻接表。但是，表中的条目并不像快速交换那样由数据包触发，而是由更改触发，比如网络拓扑发生更改时。因此，当网络收敛之后，FIB 和邻接表中就会包含路由器在转发数据包时必须考虑的所有信息，如图 14-10 所示。CEF 是思科路由器和多层交换机上最快的转发机制，同时也是默认的转发机制。

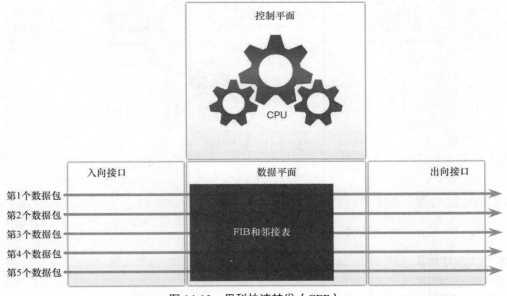

图 14-10 思科快速转发（CEF）

在网络收敛后，CEF 会构建 FIB 和邻接表。所有的 5 个数据包都将在数据平面中进行快速处理。

描述这 3 种数据包转发机制时，人们经常使用下面的比喻：

- 进程交换通过数学计算来解决每个问题，即使是刚刚解决的同一个问题；
- 快速交换通过做一次数学计算并记住后续相同问题的答案来解决问题；
- CEF 事先在电子表格中解决每个可能出现的问题。

14.3　路由器基本配置概述

路由器必须配置特定的设置，然后才能部署。新的路由器是未配置的，它们必须使用控制台端口进行初始配置。

在本节中，您将学习如何在路由器上配置基本设置。

14.3.1　拓扑

路由器会创建一个路由表，以帮助自己判断该向哪里转发数据包。不过，在深入介绍 IP 路由表的具体信息之前，本节会回顾一下路由器的基本配置和验证任务。

这里的配置和验证例会使用图 14-11 中的拓扑。下一节在讨论 IP 路由表时，也会使用该拓扑。

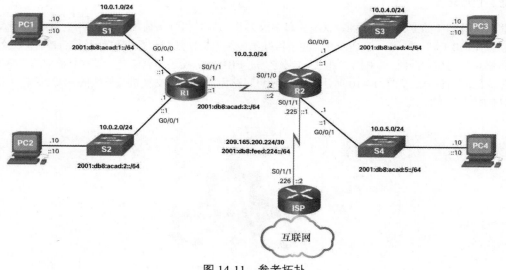

图 14-11　参考拓扑

14.3.2　配置命令

例 14-1 显示了 R1 的完整配置。

例 14-1　R1 配置

```
Router> enable
Router# configure terminal
Enter configuration commands, one per line. End with CNTL/Z.
Router(config)# hostname R1
```

```
R1(config)# enable secret class
R1(config)# line console 0
R1(config-line)# logging synchronous
R1(config-line)# password cisco
R1(config-line)# login
R1(config-line)# exit
R1(config)#
R1(config)# line vty 0 4
R1(config-line)# password cisco
R1(config-line)# login
R1(config-line)# transport input ssh telnet
R1(config-line)# exit
R1(config)#
R1(config)# service password-encryption
R1(config)# banner motd #
Enter TEXT message. End with a new line and the #
***************************************************
WARNING: Unauthorized access is prohibited!
***************************************************
#
R1(config)# ipv6 unicast-routing
R1(config)#
R1(config)# interface gigabitethernet 0/0/0
R1(config-if)# description Link to LAN 1
R1(config-if)# ip address 10.0.1.1 255.255.255.0
R1(config-if)# ipv6 address 2001:db8:acad:1::1/64
R1(config-if)# ipv6 address fe80::1:a link-local
R1(config-if)# no shutdown
R1(config-if)# exit
R1(config)#
R1(config)# interface gigabitethernet 0/0/1
R1(config-if)# description Link to LAN 2
R1(config-if)# ip address 10.0.2.1 255.255.255.0
R1(config-if)# ipv6 address 2001:db8:acad:2::1/64
R1(config-if)# ipv6 address fe80::1:b link-local
R1(config-if)# no shutdown
R1(config-if)# exit
R1(config)#
R1(config)# interface serial 0/1/1
R1(config-if)# description Link to R2
R1(config-if)# ip address 10.0.3.1 255.255.255.0
R1(config-if)# ipv6 address 2001:db8:acad:3::1/64
R1(config-if)# ipv6 address fe80::1:c link-local
R1(config-if)# no shutdown
R1(config-if)# exit
R1#
R1# copy running-config startup-config
Destination filename [startup-config]?
Building configuration...
[OK]
R1#
```

14.3.3　验证命令

常用的验证命令如下所示。

- **show ip interface brief**
- **show running-config interface** *interface-type number*
- **show interfaces**
- **show ip interface**
- **show ip route**
- **ping**

在每种情况下，将 **ip** 替换为 **ipv6** 就是命令的 IPv6 版本。有关例 14-2～例 14-10 中用于命令输出的拓扑，请参考图 14-11。

例 14-2　show ip interface brief 命令

```
R1# show ip interface brief
Interface              IP-Address       OK? Method Status                  Protocol
GigabitEthernet0/0/0   10.0.1.1         YES manual up                      up
GigabitEthernet0/0/1   10.0.2.1         YES manual up                      up
Serial0/1/0            unassigned       YES unset  administratively down   down
Serial0/1/1            10.0.3.1         YES manual up                      up
GigabitEthernet0       unassigned       YES unset  down                    down
R1#
```

例 14-3　show ipv6 interface brief 命令

```
R1# show ipv6 interface brief
GigabitEthernet0/0/0    [up/up]
    FE80::1:A
    2001:DB8:ACAD:1::1
GigabitEthernet0/0/1    [up/up]
    FE80::1:B
    2001:DB8:ACAD:2::1
Serial0/1/0             [administratively down/down]
    unassigned
Serial0/1/1             [up/up]
    FE80::1:C
    2001:DB8:ACAD:3::1
GigabitEthernet0        [down/down]
    unassigned
R1#
```

例 14-4　show running-config interface 命令

```
R1# show running-config interface gigabitethernet 0/0/0
Building configuration...
Current configuration : 189 bytes
!
interface GigabitEthernet0/0/0
 description Link to LAN 1
 ip address 10.0.1.1 255.255.255.0
 negotiation auto
```

```
 ipv6 address FE80::1:A link-local
 ipv6 address 2001:DB8:ACAD:1::1/64
end
R1#
```

例 14-5 show interfaces 命令

```
R1# show interfaces gigabitEthernet 0/0/0
GigabitEthernet0/0/0 is up, line protocol is up
  Hardware is ISR4321-2x1GE, address is a0e0.af0d.e140 (bia a0e0.af0d.e140)
  Internet address is 10.0.1.1/24
  MTU 1500 bytes, BW 100000 Kbit/sec, DLY 100 usec,
     reliability 255/255, txload 1/255, rxload 1/255
  Encapsulation ARPA, loopback not set
  Keepalive not supported
  Full Duplex, 100Mbps, link type is auto, media type is RJ45
  output flow-control is off, input flow-control is off
  ARP type: ARPA, ARP Timeout 04:00:00
  Last input 00:00:00, output 00:00:06, output hang never
  Last clearing of "show interface" counters never
  Input queue: 0/375/0/0 (size/max/drops/flushes); Total output drops: 0
  Queueing strategy: fifo
  Output queue: 0/40 (size/max)
  5 minute input rate 2000 bits/sec, 1 packets/sec
  5 minute output rate 0 bits/sec, 0 packets/sec
     57793 packets input, 10528767 bytes, 0 no buffer
     Received 19711 broadcasts (0 IP multicasts)
     0 runts, 0 giants, 0 throttles
     0 input errors, 0 CRC, 0 frame, 0 overrun, 0 ignored
     0 watchdog, 36766 multicast, 0 pause input
     10350 packets output, 1280030 bytes, 0 underruns
     0 output errors, 0 collisions, 1 interface resets
     0 unknown protocol drops
     0 babbles, 0 late collision, 0 deferred
     0 lost carrier, 0 no carrier, 0 pause output
     0 output buffer failures, 0 output buffers swapped out
R1#
```

例 14-6 show ip interface 命令

```
R1# show ip interface gigabitethernet 0/0/0
GigabitEthernet0/0/0 is up, line protocol is up
  Internet address is 10.0.1.1/24
  Broadcast address is 255.255.255.255
  Address determined by setup command
  MTU is 1500 bytes
  Helper address is not set
  Directed broadcast forwarding is disabled
  Multicast reserved groups joined: 224.0.0.5 224.0.0.6
  Outgoing Common access list is not set
  Outgoing access list is not set
  Inbound Common access list is not set
```

```
     Inbound access list is not set
     Proxy ARP is enabled
     Local Proxy ARP is disabled
     Security level is default
     Split horizon is enabled
     ICMP redirects are always sent
     ICMP unreachables are always sent
     ICMP mask replies are never sent
     IP fast switching is enabled
     IP Flow switching is disabled
     IP CEF switching is enabled
     IP CEF switching turbo vector
     IP Null turbo vector
     Associated unicast routing topologies:
           Topology "base", operation state is UP
     IP multicast fast switching is enabled
     IP multicast distributed fast switching is disabled
     IP route-cache flags are Fast, CEF
     Router Discovery is disabled
     IP output packet accounting is disabled
     IP access violation accounting is disabled
     TCP/IP header compression is disabled
     RTP/IP header compression is disabled
     Probe proxy name replies are disabled
     Policy routing is disabled
     Network address translation is disabled
     BGP Policy Mapping is disabled
     Input features: MCI Check
     IPv4 WCCP Redirect outbound is disabled
     IPv4 WCCP Redirect inbound is disabled
     IPv4 WCCP Redirect exclude is disabled
  R1#
```

例 14-7 　show ipv6 interface 命令

```
R1# show ipv6 interface gigabitethernet 0/0/0
GigabitEthernet0/0/0 is up, line protocol is up
  IPv6 is enabled, link-local address is FE80::1:A
  No Virtual link-local address(es):
  Global unicast address(es):
    2001:DB8:ACAD:1::1, subnet is 2001:DB8:ACAD:1::/64
  Joined group address(es):
    FF02::1
    FF02::2
    FF02::5
    FF02::6
    FF02::1:FF00:1
    FF02::1:FF01:A
  MTU is 1500 bytes
  ICMP error messages limited to one every 100 milliseconds
  ICMP redirects are enabled
  ICMP unreachables are sent
```

```
      ND DAD is enabled, number of DAD attempts: 1
      ND reachable time is 30000 milliseconds (using 30000)
      ND advertised reachable time is 0 (unspecified)
      ND advertised retransmit interval is 0 (unspecified)
      ND router advertisements are sent every 200 seconds
      ND router advertisements live for 1800 seconds
      ND advertised default router preference is Medium
      Hosts use stateless autoconfig for addresses.
     R1#
```

例 14-8　show ip route 命令

```
R1# show ip route | begin Gateway
Gateway of last resort is not set
      10.0.0.0/8 is variably subnetted, 6 subnets, 2 masks
C        10.0.1.0/24 is directly connected, GigabitEthernet0/0/0
L        10.0.1.1/32 is directly connected, GigabitEthernet0/0/0
C        10.0.2.0/24 is directly connected, GigabitEthernet0/0/1
L        10.0.2.1/32 is directly connected, GigabitEthernet0/0/1
C        10.0.3.0/24 is directly connected, Serial0/1/1
L        10.0.3.1/32 is directly connected, Serial0/1/1
R1#
```

例 14-9　show ipv6 route 命令

```
R1# show ipv6 route
 (Output omitted)
C    2001:DB8:ACAD:1::/64 [0/0]
      via GigabitEthernet0/0/0, directly connected
L    2001:DB8:ACAD:1::1/128 [0/0]
      via GigabitEthernet0/0/0, receive
C    2001:DB8:ACAD:2::/64 [0/0]
      via GigabitEthernet0/0/1, directly connected
L    2001:DB8:ACAD:2::1/128 [0/0]
      via GigabitEthernet0/0/1, receive
C    2001:DB8:ACAD:3::/64 [0/0]
      via Serial0/1/1, directly connected
L    2001:DB8:ACAD:3::1/128 [0/0]
      via Serial0/1/1, receive
L    FF00::/8 [0/0]
      via Null0, receive
R1#
```

例 14-10　ping 命令

```
R1# ping 10.0.3.2
Type escape sequence to abort.
Sending 5, 100-byte ICMP Echos to 10.0.3.2, timeout is 2 seconds:
!!!!!
Success rate is 100 percent (5/5), round-trip min/avg/max = 2/2/2 ms
R1# ping 2001:db8:acad:3::2
Type escape sequence to abort.
```

```
Sending 5, 100-byte ICMP Echos to 2001:DB8:ACAD:3::2, timeout is 2 seconds:
!!!!!
Success rate is 100 percent (5/5), round-trip min/avg/max = 2/2/2 ms
R1#
```

14.3.4 过滤命令的输出信息

在命令行界面（CLI）中可提升用户体验的另外一个有用的特性是对 **show** 命令的输出进行过滤。过滤命令可用于显示输出的特定部分。要启用过滤命令，需要在 **show** 命令后面输入管道符（**|**），然后输入一个过滤参数和一个过滤表达式。

在管道符后面可以配置的过滤参数如下所示。

- **section**：显示以这个过滤表达式开头的整个部分。
- **include**：显示与这个过滤表达式匹配的所有输出行。
- **exclude**：排除与这个过滤表达式匹配的所有输出行。
- **begin**：从匹配过滤表达式的那一行开始，显示从此处开始的所有输出行。

注　意　所有 **show** 命令可以和输出过滤关键字结合使用。

例 14-11 所示为过滤参数的一些常见用途。

例 14-11　过滤输出示例

```
R1# show running-config | section line vty
line vty 0 4
 password 7 121A0C0411044C
 login
 transport input telnet ssh
R1#
R1# show ipv6 interface brief | include up
GigabitEthernet0/0/0    [up/up]
GigabitEthernet0/0/1    [up/up]
Serial0/1/1 [up/up]
R1#
R1# show ip interface brief | exclude unassigned
Interface             IP-Address      OK? Method Status          Protocol
GigabitEthernet0/0/0  192.168.10.1    YES manual up              up
GigabitEthernet0/0/1  192.168.11.1    YES manual up              up
Serial0/1/1           209.165.200.225 YES manual up              up
R1#
R1# show ip route | begin Gateway
Gateway of last resort is not set
      192.168.10.0/24 is variably subnetted, 2 subnets, 2 masks
C        192.168.10.0/24 is directly connected, GigabitEthernet0/0/0
L        192.168.10.1/32 is directly connected, GigabitEthernet0/0/0
      192.168.11.0/24 is variably subnetted, 2 subnets, 2 masks
C        192.168.11.0/24 is directly connected, GigabitEthernet0/0/1
L        192.168.11.1/32 is directly connected, GigabitEthernet0/0/1
      209.165.200.0/24 is variably subnetted, 2 subnets, 2 masks
```

```
C        209.165.200.224/30 is directly connected, Serial0/1/1
L        209.165.200.225/32 is directly connected, Serial0/1/1
R1#
```

14.4 IP 路由表

路由表跟踪路由器可以将数据转发到的所有可用网络。在本节中，您将了解如何使用路由表做出转发决策。

14.4.1 路由源

路由器是怎么知道它可以向哪里发送数据包的？它会根据自己所在的网络来创建一个路由表。路由表中包含去往已知网络的路由条目列表（前缀和前缀长度）。这些信息的来源如下：

- 直连网络；
- 静态路由；
- 动态路由协议。

在图 14-11 中，R1 和 R2 正在使用动态路由协议 OSPF 共享路由信息。此外，R2 也配置了一条去往 ISP 的默认静态路由。

例 14-12 和例 14-13 中显示了在配置直连网络、静态路由和动态路由后每个路由器的完整路由表。本节的其余部分将介绍如何填充这些表。

例 14-12　R1 路由表

```
R1# show ip route | begin Gateway
Gateway of last resort is 10.0.3.2 to network 0.0.0.0
O*E2  0.0.0.0/0 [110/1] via 10.0.3.2, 00:51:34, Serial0/1/1
      10.0.0.0/8 is variably subnetted, 8 subnets, 2 masks
C        10.0.1.0/24 is directly connected, GigabitEthernet0/0/0
L        10.0.1.1/32 is directly connected, GigabitEthernet0/0/0
C        10.0.2.0/24 is directly connected, GigabitEthernet0/0/1
L        10.0.2.1/32 is directly connected, GigabitEthernet0/0/1
C        10.0.3.0/24 is directly connected, Serial0/1/1
L        10.0.3.1/32 is directly connected, Serial0/1/1
O        10.0.4.0/24 [110/50] via 10.0.3.2, 00:24:22, Serial0/1/1
O        10.0.5.0/24 [110/50] via 10.0.3.2, 00:24:15, Serial0/1/1
R1#
```

例 14-13　R2 路由表

```
R2# show ip route | begin Gateway
Gateway of last resort is 209.165.200.226 to network 0.0.0.0
S*    0.0.0.0/0 [1/0] via 209.165.200.226
      10.0.0.0/8 is variably subnetted, 8 subnets, 2 masks
O        10.0.1.0/24 [110/65] via 10.0.3.1, 00:31:38, Serial0/1/0
O        10.0.2.0/24 [110/65] via 10.0.3.1, 00:31:38, Serial0/1/0
C        10.0.3.0/24 is directly connected, Serial0/1/0
```

```
L        10.0.3.2/32 is directly connected, Serial0/1/0
C        10.0.4.0/24 is directly connected, GigabitEthernet0/0/0
L        10.0.4.1/32 is directly connected, GigabitEthernet0/0/0
C        10.0.5.0/24 is directly connected, GigabitEthernet0/0/1
L        10.0.5.1/32 is directly connected, GigabitEthernet0/0/1
         209.165.200.0/24 is variably subnetted, 2 subnets, 2 masks
C        209.165.200.224/30 is directly connected, Serial0/1/1
L        209.165.200.225/32 is directly connected, Serial0/1/1
R2#
```

在 R1 和 R2 的路由表中，可以看到每条路由的源都用了一个代码来标记。代码标记的是获取路由的方式。例如，常用的代码如下所示。

- **L**：用于标记分配给一个路由器接口的地址。这使路由器能够有效确定何时接收去往该接口的数据包，而不是要转发的数据包。
- **C**：用于标记一个直连网络。
- **S**：用于标记为了到达某个特定网络而创建出来的静态路由。
- **O**：用于标记使用 OSPF 路由协议从另一台路由器动态学习到的网络。
- *****：这条路由是默认路由的候选路由。

14.4.2 路由表的原则

如表 14-3 所示，有 3 种路由表原则。通过在源和目的设备之间的所有路由器上正确地配置动态路由协议或者静态路由，可以解决这些问题。

表 14-3　　　　　　　　　　　　　　　　　　　　**路由表原则**

路由表的原则	示例
每台路由器会独立做出决策，决策的依据是保存在自己的路由表中的信息	■ R1 只能使用自己的路由表转发数包 ■ R1 不知道其他路由器（例如 R2）的路由表中有哪些路由
一台路由器路由表中的信息，并不一定匹配另一台路由器的路由表	■ 即使 R1 在其路由表中有路由可以通过 R2 访问互联网，这也不意味着 R2 知道同一个网络
从一条路径的路由信息中并不能得出返回的路由信息	■ R1 接收到了一个目的 IP 地址为 PC1 的数据包，而这个数据包的源 IP 地址为 PC3 ■ 即使 R1 知道把数据包从自己的 G0/0/0 接口转发出去，这也不意味着它就知道如何把 PC1 发来的数据包转发回 PC3 所在的远程网络

14.4.3 路由表条目

作为网络管理员，必须知道如何解释 IPv4 和 IPv6 路由表的内容。图 14-12 中显示了 R1 上到远程网络 10.0.4.0/24 和 2001:db8:acad:4::/64 的路由条目（分别为 IPv4 和 IPv6 路由）。这两条路由都是通过 OSPF 路由协议动态学习到的。

在图中，数字标记以下信息。

1. **路由源**：标记路由是如何学到的。
2. **目的网络（前缀和前缀长度）**：标记远程网络的地址。

3. **管理距离（AD）**：标记路由源的可信度。较低的值表示首选路由。
4. **度量**：标记分配给到达远程网络的值。较低的值表示首选路由。
5. **下一跳 IP 地址**：标记数据包将转发到的下一台路由器的 IP 地址。
6. **路由时间戳**：标记自学习到路由以来经过的时间。
7. **退出（exit）接口**：标记传出数据包用于到达其最终目的的出向接口。

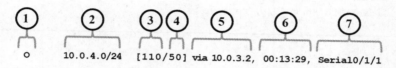

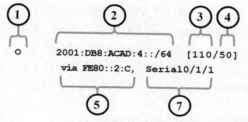

图 14-12 IPv4 和 IPv6 路由表条目

注　意　目的网络的前缀长度指定了要使用该路由，必须在数据包的 IP 地址和目的网络（前缀）之间匹配的最少位数（从最左边算起）。

14.4.4 直连网络

在路由器可以学习到任何远程网络之前，它必须至少有一个活动接口配置了 IP 地址和子网掩码（前缀长度）。这称为直连网络或直连路由。当接口配置了 IP 地址并激活时，路由器就会把直连路由添加到自己的路由表中。

直连网络在路由表中是通过状态代码 C 进行标记的。路由中包含了一个网络前缀和前缀长度。

路由表中也包含了每个直连网络的本地路由接口，用状态代码 L 进行标记。这是分配给直连网络的接口的 IP 地址。对于 IPv4 本地路由，前缀长度为 /32，对于 IPv6 本地路由，前缀长度为 /128。这表示数据包的目的 IP 地址必须与本地路由中的所有位匹配，才能匹配这条路由。本地路由的目的是有效确定何时接收发往该接口的数据包，而不是接收需要转发的数据包。

直连网络和本地路由如例 14-14 所示。

例 14-14　R1 上的直接连接 IPv4 和 IPv6 网络

```
R1# show ip route
Codes: L - local, C - connected, S - static, R - RIP, M - mobile, B - BGP
(Output omitted)
C        10.0.1.0/24 is directly connected, GigabitEthernet0/0/0
L        10.0.1.1/32 is directly connected, GigabitEthernet0/0/0
R1#
```

```
R1# show ipv6 route
IPv6 Routing Table - default - 10 entries
Codes: C - Connected, L - Local, S - Static, U - Per-user Static route
(Output omitted)

C    2001:DB8:ACAD:1::/64 [0/0]
      via GigabitEthernet0/0/0, directly connected
L    2001:DB8:ACAD:1::1/128 [0/0]
      via GigabitEthernet0/0/0, receive
R1#
```

14.4.5 静态路由

在配置了直连接口并将其添加到路由表中后，就可以实施静态或动态路由去访问远程网络了。

静态路由是手动配置的，用于定义两个网络设备之间的明确路径。与动态路由协议不同，静态路由不会自动更新，并且当网络拓扑发生变化时，必须手动重新配置静态路由。使用静态路由的优点是提高了安全性和资源的利用率。静态路由比动态路由协议使用更少的带宽，且不需要使用 CPU 周期来计算和交换路由信息。使用静态路由的主要缺点就是在网络拓扑发生变化时不能自动重新配置。

静态路由主要有下面 3 个用途。

■ 在预计不会显著增长的小型网络中，它提供了易于维护的路由表。

■ 它使用一条默认路由来表示去往任意网络的路径。如果某个网络在路由表中找不到更精确匹配的路由条目，则可以使用默认路由作为去往该网络的路径。默认路由用于将去往任意目的地的流量发送至下一台（除上游路由器外的）路由器。

■ 它可以路由往返于末端网络的流量。末端网络是只能通过单条路由访问的网络，因此路由器只有一个邻居。

图 14-13 所示一个末端网络的示例。可以看到，连接到 R1 的任何网络都只能通过一条路径到达其他目的，无论其目的网络是否与 R2 直连。这表示网络 10.0.1.0/24 和 10.0.2.0/24 都是末端网络，而 R1 是一台末端路由器。

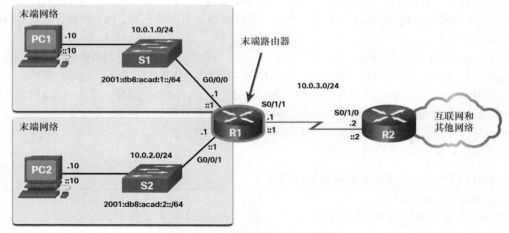

图 14-13　连接到 R1 的末端网络

在该例中，可以在 R2 上配置静态路由以到达 R1 网络。此外，由于 R1 只有一种方法可以发送非本地的流量，因此可以在 R1 上配置一条指向 R2 的默认静态路由，作为所有其他网络的下一跳路由。

14.4.6 IP 路由表中的静态路由

为了演示静态路由，图 14-14 中的拓扑被简化为只显示每台路由器所连接的一个 LAN。该图显示了 R1 上配置的 IPv4 和 IPv6 静态路由，这两条路由可以到达 R2 上的 10.0.4.0/24 和 2001:db8:acad:4::/64 网络。配置命令仅用于演示，后文会详细讲解。

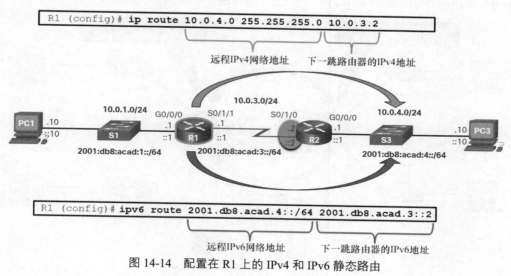

图 14-14 配置在 R1 上的 IPv4 和 IPv6 静态路由

例 14-15 中的输出显示了 R1 上的 IPv4 和 IPv6 静态路由条目，这些路由可以到达 R2 上的 10.0.4.0/24 和 2001:db8:acad:4::/64 网络。注意，这两个路由条目使用的状态代码都是 S，表示这两条路由都是从静态路由学习到的。这两个条目还包括下一跳路由器的 IP 地址（via *ip-address*）。命令末尾的 **static** 参数仅显示静态路由。

例 14-15 R1 上的静态 IPv4 和 IPv6 路由

```
R1# show ip route static
Codes: L - local, C - connected, S - static, R - RIP, M - mobile, B - BGP
(output omitted)


      10.0.0.0/8 is variably subnetted, 8 subnets, 2 masks
S        10.0.4.0/24 [1/0] via 10.0.3.2
R1# show ipv6 route static
IPv6 Routing Table - default - 8 entries
Codes: C - Connected, L - Local, S - Static, U - Per-user Static route
(output omitted)

S   2001:DB8:ACAD:4::/64 [1/0]
     via 2001:DB8:ACAD:3::2
```

14.4.7 动态路由协议

路由器会使用动态路由协议来自动分享关于远程网络可达性和状态的信息。动态路由协议将执行多种活动，包括网络发现和路由表维护。

动态路由协议的重要优点是能够选择最佳路径，并能够在拓扑发生变化时自动发现新的最佳路径。

网络发现是路由协议的一项功能，通过该功能路由器能够与使用相同路由协议的其他路由器共享网络信息。动态路由协议使路由器能够自动地从其他路由器获知远程网络，这样便无须依赖在每台路由器上手动配置的去往远程网络的静态路由。这些网络以及通往每个网络的最佳路径都会添加到路由器的路由表中，并标记为由特定动态路由协议获知的网络。

图 14-15 所示为路由器 R1 和 R2 使用一个通用路由协议来共享网络信息。

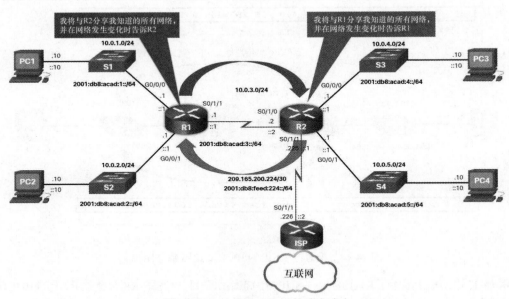

图 14-15   R1 和 R2 之间的动态路由

14.4.8 IP 路由表中的动态路由

前面的示例使用静态路由去往 10.0.4.0/24 和 2001:db8:acad:4::/64 网络。现在不再配置这些静态路由，而是使用 OSPF 动态了解连接到 R1 和 R2 的所有网络。例 14-16 所示为 R1 上的 IPv4 和 IPv6 OSPF 路由条目，这些条目可以到达 R2 的这些网络。

例 14-16   R1 上的动态 IPv4 和 IPv6 路由

```
R1# show ip route
Codes: L - local, C - connected, S - static, R - RIP, M - mobile, B - BGP
       D - EIGRP, EX - EIGRP external, O - OSPF, IA - OSPF inter area
(output omitted for brevity)
O       10.0.4.0/24 [110/50] via 10.0.3.2, 00:24:22, Serial0/1/1
O       10.0.5.0/24 [110/50] via 10.0.3.2, 00:24:15, Serial0/1/1
R1#
R1# show ipv6 route
IPv6 Routing Table - default - 10 entries
(Output omitted)
       NDr - Redirect, RL - RPL, O - OSPF Intra, OI - OSPF Inter
O   2001:DB8:ACAD:4::/64 [110/50]
    via FE80::2:C, Serial0/1/1
O   2001:DB8:ACAD:5::/64 [110/50]
    via FE80::2:C, Serial0/1/1
```

请注意，两个路由条目都使用状态代码 O 来表示路由是通过 OSPF 路由协议得知的。这两个条目还包括下一跳路由器的 IP 地址（via *ip-address*）。

注　意　IPv6 路由协议会使用下一跳路由器的链路本地地址。

注　意　IPv4 和 IPv6 的 OSPF 路由配置超出了本书的范围。

14.4.9　默认路由

默认静态路由类似于主机上的默认网关。默认路由标记了当路由表中不包含可以匹配目的 IP 的具体路由时，要使用的下一跳路由器。

默认路由可以是静态路由，也可以是从动态路由协议中自动学习到的路由。默认路由的 IPv4 路由条目为 0.0.0.0/0，IPv6 路由条目为::/0。这意味着目的 IP 地址和默认路由之间需要匹配 0 位，也就是没有匹配的位。

大多数企业路由器的路由表中都有默认路由，这是为了减少路由表中的路由条目数量。

路由器，如只有一个 LAN 的家庭或小型办公室的路由器，可以通过默认路由到达所有的远程网络。当路由器只有直连网络和一个出站点连接到服务提供商路由器时，默认路由器就很有用了。

在图 14-16 中，路由器 R1 和 R2 正在使用 OSPF 来分享有关它们自己网络的路由信息（10.0.x.x/24 和 2001:db8:acad:x::/64 网络）。R2 有一条通往 ISP 路由器的默认路由。R2 会把任何目的 IP 地址不能匹配路由表中网络的数据包，全都转发给 ISP 路由器。这包括所有发往互联网的数据包。

R2 已经使用 OSPF 与 R1 分享了自己的默认路由。R1 在其路由表中有了一条默认路由，这是通过 OSPF 动态学习到的路由。R1 也会把任何目的 IP 地址不能匹配路由表中网络的数据包全都转发给 R2。

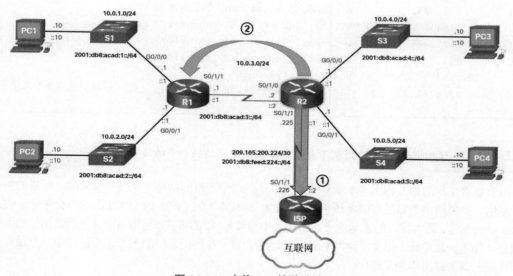

图 14-16　去往 ISP 的默认路由

例 14-17 所示为在 R2 上配置的静态默认路由的 IPv4 和 IPv6 路由表条目。

例 14-17 R1 上的默认 IPv4 和 IPv6 路由

```
R2# show ip route static
S*    0.0.0.0/0 [1/0] via 209.165.200.226
R2#
R2# show ipv6 route static
S    ::/0 [1/0]
     via 2001:DB8:FEED:224::2
R2#
```

14.4.10 IPv4 路由表的结构

IPv4 在 20 世纪 80 年代初成为标准，使用的是现在已经过时的有类编址结构。IPv4 路由表也是使用同一个有类结构进行组织的。在例 14-18 所示的 **show ip route** 的输出信息中，可以看到有些路径条目向左对齐，而其他条目则进行了缩进。这取决于路由进程如何在 IPv4 路由表中搜索最长匹配。这一切都是因为有类编址这种机制。虽然路由查找进程已经不使用类的概念，但 IPv4 路由表的结构还是沿用了这种格式。

例 14-18 具有有类编地址结构的过时的路由表

```
Router# show ip route
(Output omitted)
     192.168.1.0/24 is variably subnetted, 2 subnets, 2 masks
C       192.168.1.0/24 is directly connected, GigabitEthernet0/0
L       192.168.1.1/32 is directly connected, GigabitEthernet0/0
O    192.168.2.0/24 [110/65] via 192.168.12.2, 00:32:33, Serial0/0/0
O    192.168.3.0/24 [110/65] via 192.168.13.2, 00:31:48, Serial0/0/1
     192.168.12.0/24 is variably subnetted, 2 subnets, 2 masks
C       192.168.12.0/30 is directly connected, Serial0/0/0
L       192.168.12.1/32 is directly connected, Serial0/0/0
     192.168.13.0/24 is variably subnetted, 2 subnets, 2 masks
C       192.168.13.0/30 is directly connected, Serial0/0/1
L       192.168.13.1/32 is directly connected, Serial0/0/1
     192.168.23.0/30 is subnetted, 1 subnets
O       192.168.23.0/30 [110/128] via 192.168.12.2, 00:31:38, Serial0/0/0
Router#
```

注 意   该例中的 IPv4 路由表不是来自于本章使用的拓扑中的任何路由器。

虽然这种结构的细节超出了本章的范围，但认识这个表格的结构还是很有帮助的。缩进的条目称为子路由。如果路由条目是有类地址（A、B 或 C 类网络）的子网，这个路由条目就会缩进。直连网络永远都会缩进，因为接口的本地地址在路由表中始终是/32 的形式。子路由中会包括路由源和所有转发信息，如下一跳地址。这个子网的有类网络地址会显示在路由条目的上方，缩进较少，且没有路由源的代码。这条路由称为父路由。

注 意   这里只是对 IPv4 路由表的结构进行简要介绍，不包括这种结构的细节。

例 14-19 所示为拓扑中 R1 的 IPv4 路由表。请注意，拓扑中的所有网络都是 A 类网络和父路由 10.0.0.0/8 的子网，它们都是子路由。

例 14-19　R1 路由表中的子路由

```
R1# show ip route
(output omitted for brevity)
O*E2  0.0.0.0/0 [110/1] via 10.0.3.2, 00:51:34, Serial0/1/1
        10.0.0.0/8 is variably subnetted, 8 subnets, 2 masks
C         10.0.1.0/24 is directly connected, GigabitEthernet0/0/0
L         10.0.1.1/32 is directly connected, GigabitEthernet0/0/0
C         10.0.2.0/24 is directly connected, GigabitEthernet0/0/1
L         10.0.2.1/32 is directly connected, GigabitEthernet0/0/1
C         10.0.3.0/24 is directly connected, Serial0/1/1
L         10.0.3.1/32 is directly connected, Serial0/1/1
O         10.0.4.0/24 [110/50] via 10.0.3.2, 00:24:22, Serial0/1/1
O         10.0.5.0/24 [110/50] via 10.0.3.2, 00:24:15, Serial0/1/1
R1#
```

14.4.11　IPv6 路由表的结构

IPv6 中从来就没有有类地址的概念，因此 IPv6 路由表的结构非常简单，如例 14-20 所示。每个 IPv6 路由条目的格式和对齐方式都是相同的。

例 14-20　IPv6 路由表的结构

```
R1# show ipv6 route
(output omitted for brevity)
OE2  ::/0 [110/1], tag 2
     via FE80::2:C, Serial0/0/1
C    2001:DB8:ACAD:1::/64 [0/0]
     via GigabitEthernet0/0/0, directly connected
L    2001:DB8:ACAD:1::1/128 [0/0]
     via GigabitEthernet0/0/0, receive
C    2001:DB8:ACAD:2::/64 [0/0]
     via GigabitEthernet0/0/1, directly connected
L    2001:DB8:ACAD:2::1/128 [0/0]
     via GigabitEthernet0/0/1, receive
C    2001:DB8:ACAD:3::/64 [0/0]
     via Serial0/1/1, directly connected
L    2001:DB8:ACAD:3::1/128 [0/0]
     via Serial0/1/1, receive
O    2001:DB8:ACAD:4::/64 [110/50]
     via FE80::2:C, Serial0/1/1
O    2001:DB8:ACAD:5::/64 [110/50]
     via FE80::2:C, Serial0/1/1
L    FF00::/8 [0/0]
     via Null0, receive
R1#
```

14.4.12　管理距离

一个特定网络地址的路由条目（前缀和前缀长度）只能在路由表中显示一次。但是，路由表可能会从多个路由源学习到同一个网络地址。

除了非常特殊的情况，一台路由器上只应该使用一个动态路由协议。不过，在一台路由器上同时配置 OSPF 和 EIGRP 是很有可能的，而且这两个路由协议还可能都学习到相同的目的网络。每个路由协议会根据各自路由协议的度量来选择达目的的不同路径。

这就引发了一些问题，如下所示。

- 路由器如何知道要使用哪个路由源？
- 路由器应该把哪条路由安装到路由表中？是从 OSPF 学到的路由，还是从 EIGRP 学到的路由？

思科 IOS 使用称为管理距离（AD）的概念来确定要安装到 IP 路由表的路由。AD 代表路由的"可信度"。AD 越小，这个路由源的可信度就越高。因为 EIGRP 的 AD 为 90，而 OSPF 的 AD 为 110，因此 EIGRP 路由条目会被安装到路由表中。

> **注　意**　AD 不一定代表哪种动态路由协议是最佳的。

一个比较常见的例子是，路由器从静态路由和动态路由协议（如 OSPF）中学习到了同一个网络地址。静态路由的 AD 为 1，而 OSPF 发现的路由的 AD 为 110。如果这两条路由去往的是同一个目的，那么路由器会选择 AD 较低的路由。如果有静态路由和 OSPF 路由供路由器选择，则路由器会优先选择静态路由。

> **注　意**　直连网络的 AD 值最低，其值为 0。只有直连网络的 AD 可以为 0。

表 14-4 列出了各种路由协议及其对应的 AD。

表 14-4　　　　　　　　　　　　　　管理距离值

路由源	管理距离
直接连接	0
静态路由	1
EIGRP 汇总路由	5
外部 BGP	20
内部 EIGRP	90
OSPF	110
IS-IS	115
RIP	120
外部 EIGRP	170
内部 BGP	200

14.5　静态路由和动态路由

在本节中，您将了解静态路由和动态路由协议之间的区别。

14.5.1 静态还是动态

前文探讨了路由器创建路由表的方式。所以，您现在知道了路由（IP 编址）可以是静态的，也可以是动态的。您应该使用静态路由还是动态路由呢？答案是两者互不排斥。静态和动态路由并不互斥。相反，大多数网络结合使用动态路由协议和静态路由。

静态路由

静态路由通常用于以下场景：

- 作为默认路由将数据包转发到服务提供商；
- 用于路由域之外且未被动态路由协议学习到的路由；
- 当网络管理员想要显式定义去往某个网络的路径时；
- 用于在末端网络之间进行路由。

静态路由对只有一条路径通往外部网络的小型网络非常有用。它们还可在大型网络中为某些类型的流量，或需要更多控制的其他网络链路提供安全性。

动态路由协议

动态路由协议可帮助网络管理员管理耗时又费力的静态路由配置和维护工作。动态路由协议可以在任何类型的网络中实施，只要这个网络由多台路由器组成。动态路由协议具有可扩展性，而且如果拓扑发生变化，这些协议会自动判断出比较好的路由。

动态路由通常用于以下场景：

- 在有多台路由器组成的网络中；
- 当网络拓扑发生变更，需要网络自动确定其他路径时；
- 当网络需要可扩展性时，随着网络的增长，动态路由协议能自动学习任何新的网络；

表 14-5 对动态路由和静态路由之间的一些区别进行了比较。

表 14-5　　　　　　　　　　　动态路由和静态路由的比较

功能	动态路由	静态路由
配置复杂性	与网络规模无关	随着网络规模的增大而日趋复杂
拓扑变更	自动使用拓扑的变更	需要管理员介入
可扩展性	适用于从简单到复杂的各类网络拓扑	适用于简单的网络拓扑
安全性	必须配置安全性	安全是固有的
资源使用率	使用 CPU、内存和链路带宽	无须额外资源
路径可预测性	取决于使用的拓扑和路由协议	由管理员显式定义

14.5.2　动态路由协议的发展历程

动态路由协议自 20 世纪 80 年代后期开始应用于网络。最早的一种路由协议是路由信息协议（RIP）。RIPv1 发布于 1988 年，但是该协议中的一些基本算法早在 1969 年就用于高级研究计划署网络（ARPANET）。

随着网络的不断演进，网络变得更加复杂，新的路由协议则应运而生。RIP 协议更新为 RIPv2 以适应网络环境的发展。但是，RIPv2 仍无法扩展到当今的大型网络中。为了满足大型网络的需求，两种高级路由协议应运而生：OSPF 和中间系统到中间系统协议（IS-IS）。思科也推出了面向大型网络实施环境的内部网关路由协议（IGRP），这种协议后来被增强型 IGRP（EIGRP）协议所取代。

此外，有时人们需要连接不同组织机构的不同路由域，并且在这些路由域之间提供路由。目前，继承自外部网关协议（EGP）的边界网关协议（BGP）多用于互联网服务提供商（ISP）之间。BGP 也用来在 ISP 和一些私有组织机构之间交换路由信息。

图 14-17 所示为各个协议问世的时间线。

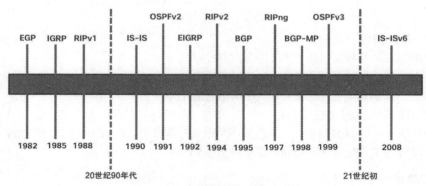

图 14-17 路由协议的问世时间线

为了支持 IPv6 通信，一批新版本的 IP 路由协议相继问世，如表 14-6 中的 IPv6 一行所示。

表 14-6 　　　　　　　　　　　　　动态路由协议的分类

	内部网关协议				外部网关协议
	距离向量		链路状态		路径向量
IPv4	RIPv2	EIGRP	OSPFv2	IS-IS	BGP-4
IPv6	RIPng	IPv6 EIGRP	OSPFv3	IPv6 IS-IS	BGP-MP

表 14-6 对当前的路由协议进行了分类。内部网关协议（IGP）是用于在由一个组织机构管理的路由域内交换路由信息的路由协议。只有一种 EGP，那就是 BGP。BGP 用于在不同的组织之间交换路由信息，这些组织称为自治系统（AS）。ISP 使用 BGP 在互联网上路由数据包。距离向量路由协议、链路状态路由协议和路径向量路由协议是用于确定最佳路径的路由算法类型。

14.5.3 动态路由协议的概念

路由协议由一组进程、算法和消息组成，用来交换路由信息，并将其选择出来的最佳路径添加到路由表中。动态路由协议的用途如下所示：

- 发现远程网络；
- 维护最新的路由信息；
- 选择通往目的网络的最佳路径；
- 当前路径无法使用时能够找出新的最佳路径。

动态路由协议的主要组件如下所示。

- **数据结构**：路由协议通常使用路由表或数据库来完成路由过程。这类信息保存在内存中。
- **路由协议消息**：路由协议使用各种类型的消息发现邻居路由器、交换路由信息，并通过其他一些任务来获取和维护准确的网络信息。
- **算法**：算法是指用来完成某个任务的一定数量的步骤。路由协议会使用算法来简化路由信息并确定最佳路径。

路由协议允许路由器动态共享有关远程网络的信息，并自动向自己的路由表提供该信息。在图 14-18 中，R1 正在向 R2 和 R3 发送路由更新。

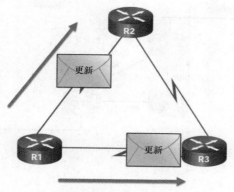

图 14-18 动态路由

路由协议确定每个网络的最佳路径或路由，然后将该路由提供给路由表。如果没有 AD 较小的另一路由源，那么这条路由就会被装入路由表中。动态路由协议的主要优点是，当拓扑结构发生变化时，路由器会交换路由信息。通过这种信息交换，路由器不仅能够自动学习到新的网络，还可以在当前网络连接失败时找出替代路径。

14.5.4 最佳路径

在向路由表中提供去往远程网络的路径之前，动态路由协议必须确定去往那个网络的最佳路径。要确定最佳路径，就需要对去往同一个目的网络的多条路径进行评估，从中选出到达该网络的最优或最短路径。当存在通向相同网络的多条路径时，每条路径会使用路由器上的不同接口到达该网络。

路由协议根据价值或度量来选择最佳路径，它用这个来衡量去往远程网络的距离。度量是用于衡量给定网络距离的量化值。在去往网络的路径中，具有最低度量的路径即为最佳路径。

动态路由协议通常使用自己的规则和度量来建立与更新路由表。路由算法会为网络中的每条路径生成价值或度量。度量可以基于路径的单个特征或多项特征。一些路由协议能够将多个度量组合为单个度量，并根据该度量来进行路由选择。

表 14-7 列出了常见的动态协议以及它们的度量。

表 14-7 常见动态路由协议及其度量

路由协议	度量
路由信息协议（RIP）	■ 度量为跳数 ■ 路径中的每台路由器都会向跳数计数中增加一跳 ■ 最多允许 15 跳
开放最短路径优先 （OSPF）	■ 度量为开销，这是从源网络到目的网络的累积带宽 ■ 速率较高的链路的开销低于速率较低的链路（开销较高）
增强型内部网关路由协议 （EIGRP）	■ 它会根据最慢的带宽和延迟值计算出一个度量值 ■ 在计算度量时还可以包括负载和可靠性

图 14-19 突出显示了路径如何因所用的度量而不同。如果最佳路径失败，动态路由协议将自动选择一条新的最佳路径（如果存在）。

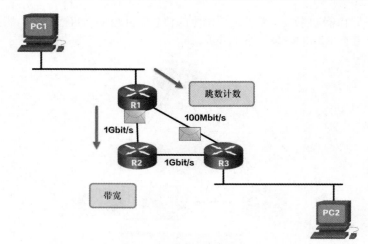

图 14-19　具有不同变量的路由协议

14.5.5　负载均衡

　　如果路由表中通往同一个目的网络的两条或多条路径的度量相同，会发生什么情况？

　　当路由器有两条或多条路径通往目的地的开销度量都相等时，路由器会同时使用两条路径转发数据包。这称为等开销负载均衡。对于同一个目的网络，路由表将提供多个出向接口，每个出口对应一条等开销路径。路由器将通过路由表中列出的这些出向接口转发数据包。

　　如果配置正确，负载均衡能够提高网络的效率和性能。

　　等开销负载均衡可由动态路由协议自动实现。当多条去往同一个网络的静态路由分别使用了不同的下一跳路由器时，路由器就会对这些静态路由执行等开销负载均衡。

注　意　　只有 EIGRP 支持非等开销负载均衡。

　　图 14-20 提供了等开销负载均衡的示例。

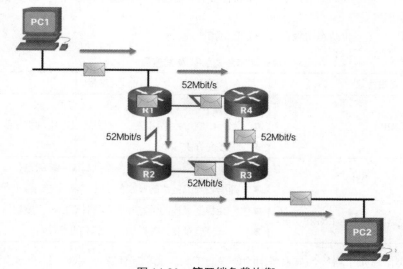

图 14-20　等开销负载均衡

14.6 总结

路径确定

路由器的主要功能是根据路由表中的信息，来判断转发数据包的最佳路径，并将数据包转发到其目的地。路由表中的最佳路径也称为最长匹配。最长匹配是指在路由表中与数据包目的 IP 地址从最左侧开始存在最多匹配位数的那条路由。直连网络是在路由器活动接口上配置的网络。当管理员给一个接口配置了 IP 地址和子网掩码（前缀长度），且该接口成为活动接口（up/up）时，路由表中就会添加一个直连网络。路由器通过两种方式学习远程网络：手动配置路由条目时添加到路由表中的静态路由，以及动态路由协议。通过使用 EIGRP 和 OSPF 等动态路由协议，当路由协议动态学习到远程网络时，会将路由添加到路由表中。

数据包转发

在路由器确定了正确的路径后，可以在直连网络上转发数据包，也可以将数据包转发到下一跳路由器，或者丢弃数据包。数据包转发功能主要负责把数据包封装成适合出站接口进行转发的正确数据链路层帧类型。路由器支持 3 种数据包转发机制：进程交换、快速交换、CEF。下述步骤描述了数据包转发的过程。

步骤 1. 具有封装 IP 数据包的数据链路帧到达入向接口。

步骤 2. 路由器检查数据报头中的目的 IP 地址并查阅其 IP 路由表。

步骤 3. 路由器在路由表中查找最长的匹配前缀。

步骤 4. 路由器将数据包封装在数据链路帧中，然后从出向接口转发出去。目的地可能是连接到网络的设备或下一跳路由器。

步骤 5. 如果没有匹配的路由条目，则丢弃数据包。

路由器基本配置概述

有多个命令可用于配置和验证路由器，包括 **show ip route**、**show ip interface**、**show ip interface brief** 和 **show running-config**。要减少命令输出的量，可使用过滤器。过滤命令可用于显示输出的特定部分。要启用过滤命令，需要在 **show** 命令后面输入管道符（|），然后输入一个过滤参数和一个过滤表达式。在管道符后面可以配置的过滤参数如下所示。

- **section**：显示以这个过滤表达式开头的整个部分。
- **include**：显示与这个过滤表达式匹配的所有输出行。
- **exclude**：排除与这个过滤表达式匹配的所有输出行。
- **begin**：从匹配过滤表达式的那一行开始，显示从此处开始的所有输出行。

IP 路由表

路由表中包含去往已知网络的路由条目列表（前缀和前缀长度）。这些信息的来源有直连网络、静态路由和动态路由协议。常用的路由表代码如下所示。

- **L**：用于标记分配给一个路由器接口的地址。这使路由器能够有效确定何时接收去往该接口的数据包，而不是要转发的数据包。
- **C**：用于标记一个直连网络。

■ **S**：用于标记为了到达某个特定网络而创建出来的静态路由。

■ **O**：用于标记使用 OSPF 路由协议从另一台路由器动态学习到的网络。

■ *****：这条路由是默认路由的候选路由。

每台路由器会独立做出决策，决策的依据是保存在自己的路由表中的信息。一台路由器路由表中的信息，并不一定匹配另一台路由器的路由表。从一条路径的路由信息中并不能得出返回的路由信息。路由表条目包括路由源、目的网络、AD、度量、下一跳、路由时间戳和退出接口。要学习远程网络，路由器必须至少有一个活动接口配置了 IP 地址和子网掩码（前缀长度），这称为直连网络。静态路由是手动配置的，用于定义两个网络设备之间的明确路径。动态路由可以发现网络、维护路由表、选择最佳路径，以及在拓扑更改时自动发现新的最佳路径。默认路由标记了当路由表中不包含可以匹配目的 IP 的具体路由时，要使用的下一跳路由器。默认路由可以是静态路由，也可以是从动态路由协议中自动学习到的路由。默认路由的 IPv4 路由条目为 0.0.0.0/0，IPv6 路由条目为::/0。IPv4 路由表仍然在使用一个基有类编址的结构，该结构通过缩进来表示。IPv6 路由表不使用 IPv4 路由表的结构。思科 IOS 使用称为管理距离（AD）的概念来确定要安装到 IP 路由表的路由。AD 代表路由的"可信度"。AD 越小，这个路由源的可信度就越高。

静态路由和动态路由

静态路由通常用于以下场景：

■ 作为默认路由将数据包转发到服务提供商；

■ 用于路由域之外且未被动态路由协议学习到的路由；

■ 当网络管理员想要显式定义去往某个网络的路径时；

■ 用于在末端网络之间进行路由。

动态路由通常用于以下场景：

■ 在有多台路由器组成的网络中；

■ 当网络拓扑发生变更，需要网络自动确定其他路径时；

■ 当网络需要可扩展性时，随着网络的增长，动态路由协议能自动学习任何新的网络。

当前的路由协议包括 IGP 和 EGP。IGP 是用于在由一个组织机构管理的路由域内交换路由信息的路由协议。只有一种 EGP，那就是 BGP。BGP 用来在不同的组织之间交换路由信息。ISP 使用 BGP 在互联网上路由数据包。距离向量路由协议、链路状态路由协议和路径向量路由协议是用于确定最佳路径的路由算法类型。动态路由协议的主要组件有数据结构式、路由协议消息和算法。路由协议根据价值或度量来选择最佳路径，它用这个来衡量去往远程网络的距离。度量是用于衡量给定网络距离的量化值。去往网络的路径中，具有最低度量的路径即为最佳路径。当路由器有两条或多条路径通往目的地的开销度量都相等时，路由器会同时使用两条路径转发数据包。这称为等开销负载均衡。

复习题

完成这里列出的所有复习题，可以测试您对本章内容的理解。附录列出了答案。

1. 相较于动态路由，静态路由的两个优势是什么？（选择两项）

   A. 静态路由更安全，因为它不会通告路由到其他路由器

   B. 对于大型网络，静态路由相对容易配置

   C. 只需要很少的网络知识就可以正确实施静态路由

   D. 静态路由随网络的扩展而扩展

E. 静态路由使用的路由器资源比动态路由少

2. 哪种类型的路由允许路由器转发数据包，即使其路由表不包含去往目的网络的特定路由？
    A. 默认路由
        B. 目的路由
    C. 动态路由
        D. 通用路由

3. 网络管理员使用 **ip route 172.16.1.0 255.255.255.0 172.16.2.2** 命令配置路由器。该路由如何显示在路由表中？
    A. C 172.16.1.0 [1/0] via 172.16.2.2
    B. C 172.16.1.0   is directly connected, Serial0/0
    C. S 172.16.1.0   [1/0]   via 172.16.2.2
    D. S 172.16.1.0   is directly connected, Serial0/0

4. R1 配置有 **ip route10.1.0.0 255.255.0.0 g0/0/0** 命令。如果 G0/0/0 接口关闭，会发生什么？
    A. 手动配置的路由保留在路由表中
    B. 路由器轮询邻居以寻找替换路由
    C. 路由器将静态路由重定向到备份接口
    D. 静态路由将从路由表中删除

5. 在路由器在还没有学到路由的情况下，会将所有的数据包发到一个网关 IP 地址。哪个静态路由可以标识这样一个网关地址呢？
    A. 默认静态路由
        B. 浮动静态路由
    C. 通用静态路由
        D. 汇总静态路由

6. 哪种类型的网络会实施动态路由协议？
    A. 在具有无线客户端的家用网络路由器上
    B. 在拓扑经常变更的网络上
    C. 在具有两台路由器的小型网络上
    D. 在连接到提供商的末端网络上

7. 路由表中的哪个值用于比较从路由协议接收的路由？
    A. 管理距离
        B. 度量
    C. 传出接口
        D. 路由协议

8. 每当路由器接口配置有 IP 地址并出于活动状态时，在路由表中将自动创建哪两个路由源代码？（选择两项）
    A. C
        B. D
    C. L
        D. O
    E. S

9. 网络管理员在 G0/0/0 接口上配置了 **ip address 10.1.1.0 255.255.255.0** 命令。但是，当管理员执行 **show ip route** 命令时，路由表中并没有显示直连网络。问题的可能原因是什么？
    A. 目的网络为 172.16.1.0 的数据包尚未发送到 R1
    B. 需要先保存配置
    C. G0/0/0 接口尚未激活
    D. IPv4 地址的子网掩码不正确

第 15 章

IP 静态路由

学习目标

通过完成本章的学习，您将能够回答下列问题：

- 静态路由的命令语法是什么；
- 如何配置 IPv4 和 IPv6 静态路由；
- 如何配置 IPv4 和 IPv6 默认静态路由；

- 如何配置浮动静态路由，以提供备用连接；
- 如何配置 IPv4 和 IPv6 静态主机路由，以将流量转发给特定的主机。

　　既然有很多不同的方法都可以动态路由数据包，您可能想知道为什么还有人会花时间来手动配置静态路由。这有点像当我们已经有了一台非常好用的洗衣机时，却还要手洗所有的衣物。但是我们也都知道，有些衣服确实不能放到洗衣机里面洗涤，而有些衣服比较适合手洗。在网络中也是这样的情况。事实证明，在很多情况下，手动配置静态路由才是最佳的选择。

　　静态路由有很多不同的类型，每种静态路由都适合解决（或避免）某些特定类型的网络问题。很多网络都会同时使用动态和静态路由，因此网络管理员需要了解如何配置、验证静态路由并对静态路由进行故障排除。您学习本书的目的是希望成为网络管理员，或者希望提高自己的网络管理技能。那么您一定不会后悔学习本章的内容，因为这里面的技术都很常用！

15.1　静态路由

　　在本节中，您将了解不同类型的静态路由以及 IPv4 和 IPv6 静态路由的命令语法。

15.1.1　静态路由的类型

　　网络中常常需要实施静态路由。即使配置了动态路由协议，也是如此。例如，组织机构可以配置一条默认静态路由指向服务提供商，并使用动态路由协议把这条路由通告给公司中的其他路由器。

　　可以配置 IPv4 和 IPv6 静态路由。两种协议都支持以下类型的静态路由：

- 标准静态路由；
- 默认静态路由；
- 浮动静态路由；
- 汇总静态路由。

使用全局配置命令 **ip route** 和 **ipv6 route** 可以配置静态路由。

15.1.2 下一跳选项

在配置一条静态路由时，可以使用 IP 地址、出向接口，或者这两者来指定下一跳。根据指定目的的方式，可以把静态路由分为以下 3 种类型。

- **下一跳静态路由**：仅指定下一跳 IP 地址。
- **直连静态路由**：仅指定路由器出向接口。
- **完全指定的静态路由**：同时指定下一跳 IP 地址和出向接口。

15.1.3 IPv4 静态路由命令

IPv4 静态路由需要使用下面这条全局配置命令进行配置。

```
Router(config)# ip route network-address subnet-mask { ip-address | exit-intf
    [ip-address]} [distance]
```

注　意　在配置时，必须配置 *ip-address* 和/或 *exit-intf* 参数。

表 15-1 描述了命令 **ip route** 的参数。

表 15-1 **IPv4 静态路由参数**

参数	描述
network-address	■ 标识远程网络的目的 IPv4 网络地址，它将被添加到路由表中
subnet-mask	■ 标识远程网络的子网掩码 ■ 子网掩码可以进行修改，从而汇总为一组网络，并且创建一个汇总静态路由
ip-address	■ 标识下一跳路由器的 IPv4 地址 ■ 通常与广播网络（即以太网）一起使用 ■ 可以创建一个递归查找静态路由，路由器可在其中执行额外的查询以找到出向接口
exit-intf	■ 标识转发数据包的出向接口 ■ 创建一条直连的静态路由 ■ 通常用于点对点配置
exit-intf ip-address	■ 创建一条完全指定的静态路由，因为它指定了出向接口和下一跳 IPv4 地址
distance	■ 可选的命令，可以用来设置其值为 1～255 之间的管理距离 ■ 通常用于配置浮动静态路由，方法是把管理距离设置得高于动态学习到的路由

15.1.4 IPv6 静态路由命令

IPv6 静态路由需要使用下面的全局配置命令进行配置。

```
Router(config)# ipv6 route ipv6-prefix/prefix-length {ipv6-address | exit-intf
    [ipv6-address]} [distance]
```

大多数参数与 IPv4 版本的命令相同。

表 15-2 显示了各种 **ipv6 route** 命令参数和它们的描述信息。

表 15-2 IPv6 静态路由参数

参数	描述
ipv6-prefix	■ 标识远程网络的目的 IPv6 网络地址，它将被添加到路由表中
/prefix-length	■ 标识远程网络的前缀长度
ipv6-address	■ 标识下一跳路由器的 IPv6 地址 ■ 通常与广播网络（即以太网）一起使用 ■ 可以创建一个递归查找静态路由，路由器可在其中执行额外的查询以找到出向接口
exit-intf	■ 标识转发数据包的出向接口 ■ 创建一条直连的静态路由 ■ 通常用于点对点配置
exit-intf ipv6-address	■ 创建一条完全指定的静态路由，因为它指定了出向接口和下一跳 IPv6 地址
distance	■ 可选的命令，可以用来设置其值为 1～255 之间的管理距离 ■ 通常用于配置浮动静态路由，方法是把管理距离设置得高于动态学习到的路由

注　意　必须配置全局配置命令 **ipv6 unicast-routing**，这样才能让路由器转发 IPv6 数据包。

15.1.5　双栈拓扑

图 15-1 所示为一个本章使用的双栈网络拓扑。目前，设备上没有配置 IPv4 或 IPv6 静态路由。

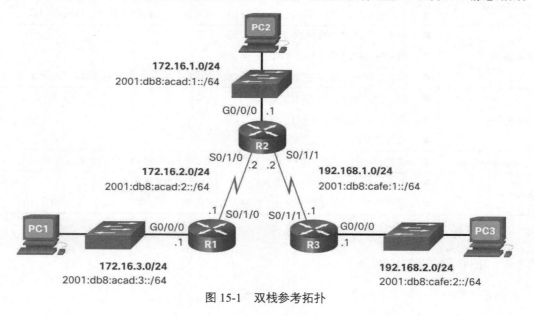

图 15-1　双栈参考拓扑

15.1.6　IPv4 起始路由表

例 15-1～例 15-3 所示为每台路由器的 IPv4 路由表。注意，每台路由器仅包含直连网络和关联的本地地址的条目。

例 15-1   R1 的 IPv4 路由表

```
R1# show ip route | begin Gateway
Gateway of last resort is not set
        172.16.0.0/16 is variably subnetted, 4 subnets, 2 masks
C          172.16.2.0/24 is directly connected, Serial0/1/0
L          172.16.2.1/32 is directly connected, Serial0/1/0
C          172.16.3.0/24 is directly connected, GigabitEthernet0/0/0
L          172.16.3.1/32 is directly connected, GigabitEthernet0/0/0
R1#
```

例 15-2   R2 的 IPv4 路由表

```
R2# show ip route | begin Gateway
Gateway of last resort is not set
        172.16.0.0/16 is variably subnetted, 4 subnets, 2 masks
C          172.16.1.0/24 is directly connected, GigabitEthernet0/0/0
L          172.16.1.1/32 is directly connected, GigabitEthernet0/0/0
C          172.16.2.0/24 is directly connected, Serial0/1/0
L          172.16.2.2/32 is directly connected, Serial0/1/0
        192.168.1.0/24 is variably subnetted, 2 subnets, 2 masks
C          192.168.1.0/24 is directly connected, Serial0/1/1
L          192.168.1.2/32 is directly connected, Serial0/1/1
R2#
```

例 15-3   R3 的 IPv4 路由表

```
R3# show ip route | begin Gateway
Gateway of last resort is not set
        192.168.1.0/24 is variably subnetted, 2 subnets, 2 masks
C          192.168.1.0/24 is directly connected, Serial0/1/1
L          192.168.1.1/32 is directly connected, Serial0/1/1
        192.168.2.0/24 is variably subnetted, 2 subnets, 2 masks
C          192.168.2.0/24 is directly connected, GigabitEthernet0/0/0
L          192.168.2.1/32 is directly connected, GigabitEthernet0/0/0
R3#
```

除了直连接口之外，没有一台路由器知道任何网络。这意味着每台路由器只能到达直连网络，如 ping 测试所示。

在例 15-4 中，从 R1 到 R2 S0/1/0 接口的 ping 应该可以成功，因为它是一个直连网络。

例 15-4   R1 可以 ping 通 R2

```
R1# ping 172.16.2.2
Type escape sequence to abort.
Sending 5, 100-byte ICMP Echos to 172.16.2.2, timeout is 2 seconds:
!!!!!
```

但是，从 R1 到 R3 LAN 的 ping 应该会失败，因为 R1 的路由表中没有 R3 LAN 网络的条目，如例 15-5 所示。

例 15-5 R1 无法 ping 通 R3 LAN

```
R1# ping 192.168.2.1
Type escape sequence to abort.
Sending 5, 100-byte ICMP Echos to 192.168.2.1, timeout is 2 seconds:
.....
Success rate is 0 percent (0/5)
```

15.1.7 IPv6 起始路由表

例 15-6～例 15-8 所示为每台路由器的 IPv6 路由表。注意，每台路由器仅包含直连网络和关联的本地地址的条目。

例 15-6 R1 的 IPv6 路由表

```
R1# show ipv6 route | begin C
C    2001:DB8:ACAD:2::/64 [0/0]
       via Serial0/1/0, directly connected
L    2001:DB8:ACAD:2::1/128 [0/0]
       via Serial0/1/0, receive
C    2001:DB8:ACAD:3::/64 [0/0]
       via GigabitEthernet0/0/0, directly connected
L    2001:DB8:ACAD:3::1/128 [0/0]
       via GigabitEthernet0/0/0, receive
L    FF00::/8 [0/0]
       via Null0, receive
R1#
```

例 15-7 R2 的 IPv6 路由表

```
R2# show ipv6 route | begin C
C    2001:DB8:ACAD:1::/64 [0/0]
       via GigabitEthernet0/0/0, directly connected
L    2001:DB8:ACAD:1::1/128 [0/0]
       via GigabitEthernet0/0/0, receive
C    2001:DB8:ACAD:2::/64 [0/0]
       via Serial0/1/0, directly connected
L    2001:DB8:ACAD:2::2/128 [0/0]
       via Serial0/1/0, receive
C    2001:DB8:CAFE:1::/64 [0/0]
       via Serial0/1/1, directly connected
L    2001:DB8:CAFE:1::2/128 [0/0]
       via Serial0/1/1, receive
L    FF00::/8 [0/0]
       via Null0, receive
R2#
```

例 15-8 R3 的 IPv6 路由表

```
R3# show ipv6 route | begin C
C    2001:DB8:CAFE:1::/64 [0/0]
```

```
         via Serial0/1/1, directly connected
L   2001:DB8:CAFE:1::1/128 [0/0]
         via Serial0/1/1, receive
C   2001:DB8:CAFE:2::/64 [0/0]
         via GigabitEthernet0/0/0, directly connected
L   2001:DB8:CAFE:2::1/128 [0/0]
         via GigabitEthernet0/0/0, receive
L   FF00::/8 [0/0]
         via Null0, receive
R3#
```

除了直连接口之外，没有一台路由器知道任何网络。

如例 15-9 所示，从 R1 到 R2 S0/1/0 接口的 ping 应该可以成功。

例 15-9　R1 可 ping 通 R2

```
R1# ping 2001:db8:acad:2::2
Type escape sequence to abort.
Sending 5, 100-byte ICMP Echos to 2001:DB8:ACAD:2::2, timeout is 2 seconds:
!!!!!
Success rate is 100 percent (5/5), round-trip min/avg/max = 2/2/3 ms
R1#
```

但是，对 R3 LAN 的 ping 不成功，如例 15-10 所示。这是因为 R1 的路由表中没有该网络的条目。

例 15-10　R1 无法 ping 通 R3 LAN

```
R1# ping 2001:DB8:cafe:2::1
Type escape sequence to abort.
Sending 5, 100-byte ICMP Echos to 2001:DB8:CAFE:2::1, timeout is 2 seconds:
% No valid route for destination
Success rate is 0 percent (0/1)
R1#
```

15.2　配置 IP 静态路由

静态路由可手动输入，因此，在配置它们时必须多加注意。

在本节中，您将学习如何配置 IPv4 和 IPv6 静态路由，以在中小型企业网络中启用远程网络连接。

15.2.1　IPv4 下一跳静态路由

为 IPv4 和 IPv6 这两种协议配置标准静态路由的命令会略有不同。本节会介绍如何为 IPv4 和 IPv6 配置标准的下一跳静态路由、直连静态路由和完全指定的静态路由。

在下一跳静态路由中，仅指定下一跳 IP 地址。出向接口是从下一跳获得的。例如，在 R1 上使用下一跳（R2）的 IP 地址配置 3 条 IPv4 静态路由。

使用 IPv4 静态路由配置 R1 到 3 个远程网络的命令如例 15-11 所示。

例 15-11 R1 上的 IPv4 下一跳静态路由配置

```
R1(config)# ip route 172.16.1.0 255.255.255.0 172.16.2.2
R1(config)# ip route 192.168.1.0 255.255.255.0 172.16.2.2
R1(config)# ip route 192.168.2.0 255.255.255.0 172.16.2.2
R1(config)#
```

R1 的路由表中现在具有到 3 个远程 IPv4 网络的路由，如例 15-12 所示。

例 15-12 R1 的 IPv4 路由表

```
R1# show ip route | begin Gateway
Gateway of last resort is not set
        172.16.0.0/16 is variably subnetted, 5 subnets, 2 masks
S          172.16.1.0/24 [1/0] via 172.16.2.2
C          172.16.2.0/24 is directly connected, Serial0/1/0
L          172.16.2.1/32 is directly connected, Serial0/1/0
C          172.16.3.0/24 is directly connected, GigabitEthernet0/0/0
L          172.16.3.1/32 is directly connected, GigabitEthernet0/0/0
S       192.168.1.0/24 [1/0] via 172.16.2.2
S       192.168.2.0/24 [1/0] via 172.16.2.2
R1#
```

15.2.2 IPv6 下一跳静态路由

使用 IPv6 静态路由配置 R1 到 3 个远程网络的命令如例 15-13 所示。

例 15-13 R1 上的 IPv6 下一跳静态路由配置

```
R1(config)# ipv6 unicast-routing
R1(config)# ipv6 route 2001:db8:acad:1::/64 2001:db8:acad:2::2
R1(config)# ipv6 route 2001:db8:cafe:1::/64 2001:db8:acad:2::2
R1(config)# ipv6 route 2001:db8:cafe:2::/64 2001:db8:acad:2::2
R1(config)#
```

R1 的路由表中现在具有到 3 个远程 IPv6 网络的路由，如例 15-14 所示。

例 15-14 R1 的 IPv6 路由表

```
R1# show ipv6 route
IPv6 Routing Table - default - 8 entries
Codes: C - Connected, L - Local, S - Static, U - Per-user Static route
       B - BGP, R - RIP, H - NHRP, I1 - ISIS L1
       I2 - ISIS L2, IA - ISIS interarea, IS - ISIS summary, D - EIGRP
       EX - EIGRP external, ND - ND Default, NDp - ND Prefix, DCE - Destination
       NDr - Redirect, RL - RPL, O - OSPF Intra, OI - OSPF Inter
       OE1 - OSPF ext 1, OE2 - OSPF ext 2, ON1 - OSPF NSSA ext 1
       ON2 - OSPF NSSA ext 2, la - LISP alt, lr - LISP site-registrations
       ld - LISP dyn-eid, lA - LISP away, le - LISP extranet-policy
       a - Application
S   2001:DB8:ACAD:1::/64 [1/0]
       via 2001:DB8:ACAD:2::2
C   2001:DB8:ACAD:2::/64 [0/0]
```

```
           via Serial0/1/0, directly connected
L    2001:DB8:ACAD:2::1/128 [0/0]
           via Serial0/1/0, receive
C    2001:DB8:ACAD:3::/64 [0/0]
           via GigabitEthernet0/0/0, directly connected
L    2001:DB8:ACAD:3::1/128 [0/0]
           via GigabitEthernet0/0/0, receive
S    2001:DB8:CAFE:1::/64 [1/0]
           via 2001:DB8:ACAD:2::2
S    2001:DB8:CAFE:2::/64 [1/0]
           via 2001:DB8:ACAD:2::2
L    FF00::/8 [0/0]
           via Null0, receive
R1#
```

15.2.3 IPv4 直连静态路由

在配置静态路由时，另一个选项是使用出向接口指定下一跳地址。在 R1 上使用出向接口配置 3 个直连的 IPv4 静态路由，如例 15-15 所示。

例 15-15　R1 上直连的 IPv4 静态路由配置

```
R1(config)# ip route 172.16.1.0 255.255.255.0 s0/1/0
R1(config)# ip route 192.168.1.0 255.255.255.0 s0/1/0
R1(config)# ip route 192.168.2.0 255.255.255.0 s0/1/0
```

在例 15-16 中，R1 的 IPv4 路由表显示，当数据包被发送到 192.168.2.0/24 网络时，R1 在路由表中查找匹配项，并发现可以将数据包从其 S0/1/0 接口转发出去。

注　意　通常建议使用下一跳地址。直连的静态路由应仅与点对点（P2P）串行接口一起使用，如例 15-16 所示。

例 15-16　R1 的 IPv4 路由表

```
R1# show ip route | begin Gateway
Gateway of last resort is not set
        172.16.0.0/16 is variably subnetted, 5 subnets, 2 masks
S          172.16.1.0/24 is directly connected, Serial0/1/0
C          172.16.2.0/24 is directly connected, Serial0/1/0
L          172.16.2.1/32 is directly connected, Serial0/1/0
C          172.16.3.0/24 is directly connected, GigabitEthernet0/0/0
L          172.16.3.1/32 is directly connected, GigabitEthernet0/0/0
S       192.168.1.0/24 is directly connected, Serial0/1/0
S       192.168.2.0/24 is directly connected, Serial0/1/0
R1#
```

15.2.4 IPv6 直连静态路由

在 R1 上使用出站接口配置 3 个直连的 IPv6 静态路由，如例 15-17 所示。

例 15-17　R1 上直连的 IPv6 静态路由配置

```
R1(config)# ipv6 route 2001:db8:acad:1::/64 s0/1/0
R1(config)# ipv6 route 2001:db8:cafe:1::/64 s0/1/0
R1(config)# ipv6 route 2001:db8:cafe:2::/64 s0/1/0
R1(config)#
```

通过例 15-18 中 R1 的 IPv6 路由表可知，当数据包被发送到 2001:db8:cafe:2::/64 网络时，R1 在路由表中查找匹配项，并发现可以将数据包从其 S0/1/0 接口转发出去。

> **注　意**　通常建议使用下一跳地址。直连的静态路由应仅与点对点（P2P）串行接口一起使用，如例 15-18 所示。

例 15-18　R1 的 IPv6 路由表

```
R1# show ipv6 route
IPv6 Routing Table - default - 8 entries
Codes: C - Connected, L - Local, S - Static, U - Per-user Static route
       B - BGP, R - RIP, H - NHRP, I1 - ISIS L1
       I2 - ISIS L2, IA - ISIS interarea, IS - ISIS summary, D - EIGRP
       EX - EIGRP external, ND - ND Default, NDp - ND Prefix, DCE - Destination
       NDr - Redirect, RL - RPL, O - OSPF Intra, OI - OSPF Inter
       OE1 - OSPF ext 1, OE2 - OSPF ext 2, ON1 - OSPF NSSA ext 1
       ON2 - OSPF NSSA ext 2, la - LISP alt, lr - LISP site-registrations
       ld - LISP dyn-eid, lA - LISP away, le - LISP extranet-policy
       a - Application
S   2001:DB8:ACAD:1::/64 [1/0]
       via Serial0/1/0, directly connected
C   2001:DB8:ACAD:2::/64 [0/0]
       via Serial0/1/0, directly connected
L   2001:DB8:ACAD:2::1/128 [0/0]
       via Serial0/1/0, receive
C   2001:DB8:ACAD:3::/64 [0/0]
       via GigabitEthernet0/0/0, directly connected
L   2001:DB8:ACAD:3::1/128 [0/0]
       via GigabitEthernet0/0/0, receive
S   2001:DB8:CAFE:1::/64 [1/0]
       via Serial0/1/0, directly connected
S   2001:DB8:CAFE:2::/64 [1/0]
       via Serial0/1/0, directly connected
L   FF00::/8 [0/0]
       via Null0, receiveIPv6 Routing Table - default - 8 entries
R1#
```

15.2.5　完全指定的 IPv4 静态路由

在完全指定的静态路由中，同时指定出向接口和下一跳 IP 地址。当出向接口是一个多路访问接口，而且有必要显式标记下一跳时，则使用这种形式的静态路由。下一跳必须直连到指定的出向接口。是否使用出向接口是可选的，但必须使用下一跳地址。

假设 R1 和 R2 之间的网络链路为以太网链路，并且 R1 的 G0/0/1 接口连接到该网络，如图 15-2 所示。

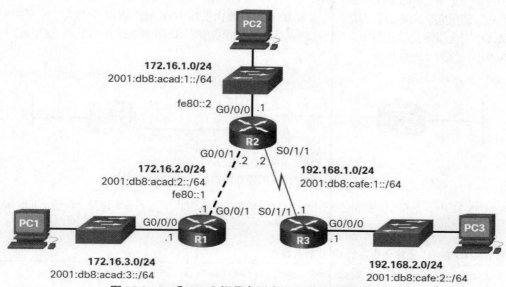

图 15-2　R1 和 R2 之间具有以太网链路的双栈参考拓扑

以太网多路访问网络和点对点串行网络之间的区别在于，点对点串行网络中只有另外一台设备，即链路另一端的路由器。而对于以太网络，可能会有许多不同的设备共享同一个多路访问网络，包括主机甚至多台路由器。

当出向接口是以太网络时，通常建议静态路由中包含下一跳地址。也可以使用完全指定的静态路由，同时指定出向接口和下一跳地址，如例 15-19 所示。

例 15-19　在 R1 上完全指定的 IPv4 静态路由配置

```
R1(config)# ip route 172.16.1.0 255.255.255.0 GigabitEthernet 0/0/1 172.16.2.2
R1(config)# ip route 192.168.1.0 255.255.255.0 GigabitEthernet 0/0/1 172.16.2.2
R1(config)# ip route 192.168.2.0 255.255.255.0 GigabitEthernet 0/0/1 172.16.2.2
R1(config)#
```

在将数据包转发到 R2 时，出站接口是 G0/0/1，下一跳 IPv4 地址是 172.16.2.2，如例 15-20 所示。

例 15-20　R1 的 IPv4 路由表

```
R1# show ip route | begin Gateway
Gateway of last resort is not set
      172.16.0.0/16 is variably subnetted, 5 subnets, 2 masks
S        172.16.1.0/24 [1/0] via 172.16.2.2, GigabitEthernet0/0/1
C        172.16.2.0/24 is directly connected, GigabitEthernet0/0/1
L        172.16.2.1/32 is directly connected, GigabitEthernet0/0/1
C        172.16.3.0/24 is directly connected, GigabitEthernet0/0/0
L        172.16.3.1/32 is directly connected, GigabitEthernet0/0/0
S     192.168.1.0/24 [1/0] via 172.16.2.2, GigabitEthernet0/0/1
S     192.168.2.0/24 [1/0] via 172.16.2.2, GigabitEthernet0/0/1
R1#
```

15.2.6 完全指定的 IPv6 静态路由

在一条完全指定的 IPv6 静态路由中，会同时指定出向接口和下一跳 IPv6 地址。在 IPv6 中，有一种情况必须使用完全指定的静态路由。如果 IPv6 静态路由使用 IPv6 链路本地地址作为下一跳地址，则必须使用完全指定的静态路由。图 15-3 所示为一个完全指定的 IPv6 静态路由的示例，这里使用 IPv6 链路本地地址作为下一跳地址。

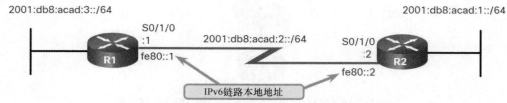

图 15-3　用于完全指定的静态路由配置的 IPv6 拓扑

在例 15-21 中，完全指定的静态路由使用 R2 的链路本地地址作为下一跳地址。注意，IOS 要求指定出向接口。

例 15-21　在 R1 上完全指定的 IPv6 静态路由

```
R1(config)# ipv6 route 2001:db8:acad:1::/64 fe80::2
%Interface has to be specified for a link-local nexthop
R1(config)# ipv6 route 2001:db8:acad:1::/64 s0/1/0 fe80::2
R1(config)#
```

必须使用完全指定的静态路由的原因在于，IPv6 路由表中不包含 IPv6 链路本地地址。链路本地地址仅在既定的链路或网络上是唯一的。下一跳链路本地地址可以是连接到路由器的多个网络上的有效地址。因此，有必要包含出向接口。

例 15-22 所示为这条路由的 IPv6 路由表条目。注意，这里包含了下一跳链路本地地址和出向接口。

例 15-22　R1 的 IPv6 路由表

```
R1# show ipv6 route static | begin 2001:db8:acad:1::/64
S   2001:DB8:ACAD:1::/64 [1/0]
    via FE80::2, Seria0/1/0
R1#
```

15.2.7 验证静态路由

除了 **show ip route**、**show ipv6 route**、**ping** 和 **traceroute** 命令之外，可以用来验证静态路由的命令还包括下面几条。

- **show ip route static**
- **show ip route** *network*
- **show running-config** | **section ip route**

将命令中的 **ip** 替换为 **ipv6** 就是 IPv6 版本的命令。图 15-4 所示为用于以下命令示例的双栈参考拓扑。

只显示 IPv4 静态路由

例 15-23 的输出仅显示路由表中的 IPv4 静态路由。还要注意过滤器从哪里开始输出（不包含所有代码）。

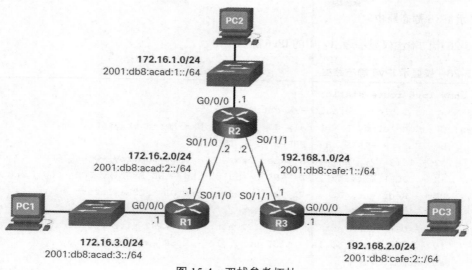

图 15-4 双栈参考拓扑

例 15-23 只显示 IPv4 静态路由

```
R1# show ip route static | begin Gateway
Gateway of last resort is not set
        172.16.0.0/16 is variably subnetted, 5 subnets, 2 masks
        S 172.16.1.0/24 [1/0] via 172.16.2.2
S       192.168.1.0/24 [1/0] via 172.16.2.2
S       192.168.2.0/24 [1/0] via 172.16.2.2
R1#
```

显示指定的 IPv4 网络

例 15-24 仅显示路由表中指定网络的输出。

例 15-24 显示指定的 IPv4 网络

```
R1# show ip route 192.168.2.1
Routing entry for 192.168.2.0/24
  Known via "static", distance 1, metric 0
  Routing Descriptor Blocks:
  * 172.16.2.2
     Route metric is 0, traffic share count is 1
R1#
```

显示 IPv4 静态路由配置

例 15-25 中的命令仅显示 IPv4 静态路由的运行配置。

例 15-25 显示 IPv4 静态路由配置

```
R1# show running-config | section ip route
ip route 172.16.1.0 255.255.255.0 172.16.2.2
ip route 192.168.1.0 255.255.255.0 172.16.2.2
ip route 192.168.2.0 255.255.255.0 172.16.2.2
R1#
```

仅显示 IPv6 静态路由

例 15-26 中的输出仅显示路由表中的 IPv6 静态路由。

例 15-26 仅显示 IPv6 静态路由

```
R1# show ipv6 route static
IPv6 Routing Table - default - 8 entries
Codes: C - Connected, L - Local, S - Static, U - Per-user Static route
       B - BGP, R - RIP, H - NHRP, I1 - ISIS L1
       I2 - ISIS L2, IA - ISIS interarea, IS - ISIS summary, D - EIGRP
       EX - EIGRP external, ND - ND Default, NDp - ND Prefix, DCE - Destination
       NDr - Redirect, RL - RPL, O - OSPF Intra, OI - OSPF Inter
       OE1 - OSPF ext 1, OE2 - OSPF ext 2, ON1 - OSPF NSSA ext 1
       ON2 - OSPF NSSA ext 2, la - LISP alt, lr - LISP site-registrations
       ld - LISP dyn-eid, lA - LISP away, le - LISP extranet-policy
       a - Application
S   2001:DB8:ACAD:1::/64 [1/0]
     via 2001:DB8:ACAD:2::2
S   2001:DB8:CAFE:1::/64 [1/0]
     via 2001:DB8:ACAD:2::2
S   2001:DB8:CAFE:2::/64 [1/0]
     via 2001:DB8:ACAD:2::2
R1#
```

显示指定的 IPv6 网络

例 15-27 中的命令仅显示路由表中指定网络的输出。

例 15-27 显示指定的 IPv6 网络

```
R1# show ipv6 route 2001:db8:cafe:2::
Routing entry for 2001:DB8:CAFE:2::/64
  Known via "static", distance 1, metric 0
  Route count is 1/1, share count 0
  Routing paths:
    2001:DB8:ACAD:2::2
      Last updated 00:23:55 ago
R1#
```

显示 IPv6 静态路由配置

例 15-28 中的命令仅显示 IPv6 静态路由的运行配置。

例 15-28 显示 IPv6 静态路由配置

```
R1# show running-config | section ipv6 route
ipv6 route 2001:DB8:ACAD:1::/64 2001:DB8:ACAD:2::2
ipv6 route 2001:DB8:CAFE:1::/64 2001:DB8:ACAD:2::2
ipv6 route 2001:DB8:CAFE:2::/64 2001:DB8:ACAD:2::2
R1#
```

15.3 配置 IP 默认静态路由

在本节中，您将学习如何配置 IPv4 和 IPv6 默认静态路由。

15.3.1 默认静态路由

本节将介绍如何为 IPv4 和 IPv6 配置默认路由。本节也会介绍在哪些情况下默认路由是不错的选择。默认路由是与所有数据包都匹配的静态路由。所以，路由器不需要保存通往互联网中所有网络的路由，而是可以保存一条默认路由来代表不在路由表中的所有网络。

路由器通常使用本地配置的默认路由，或者通过动态路由协议从其他路由器学习到的默认路由。默认静态路由不需要与目的 IPv4 地址进行最左位的匹配。当路由表中没有其他路由匹配数据包的目的 IP 地址时，则使用默认路由。换句话说，如果不存在更加精确的匹配，则默认路由用作最后求助网关。

在把一台边缘路由器连接到服务提供商网络或连接一台末端路由器（即只有一台上游邻居路由器的路由器）时，通常会使用默认静态路由。

图 15-5 所示为典型的默认静态路由场景。

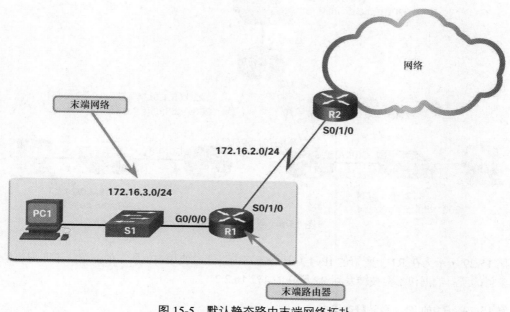

图 15-5 默认静态路由末端网络拓扑

IPv4 默认静态路由

IPv4 默认静态路由的命令语法与任何其他 IPv4 静态路由类似，但网络地址为 0.0.0.0，且子网掩码为 0.0.0.0。路由中的 0.0.0.0 0.0.0.0 将匹配任何网络地址。

注　意　IPv4 默认静态路由通常称为四零路由。

IPv4 默认静态路由的基本命令语法如下所示：

```
Router(config)# ip route 0.0.0.0 0.0.0.0 {ip-address | exit-intf}
```

IPv6 默认静态路由

IPv6 默认静态路由的命令语法与任何其他 IPv6 静态路由类似，只不过 IPv6 的前缀/前缀长度为::/0，它将匹配所有路由。

IPv6 默认静态路由的基本命令语法如下所示：

```
Router(config)# ipv6 route ::/0 {ip-address | exit-intf}
```

15.3.2 配置默认静态路由

在图 15-6 中，R1 可以配置 3 条静态路由，每条静态路由通向示例拓扑中的一个远程网络。然而，R1 是末端路由器，因为它仅连接到 R2。因此，只配置一条默认静态路由的做法效率更高。

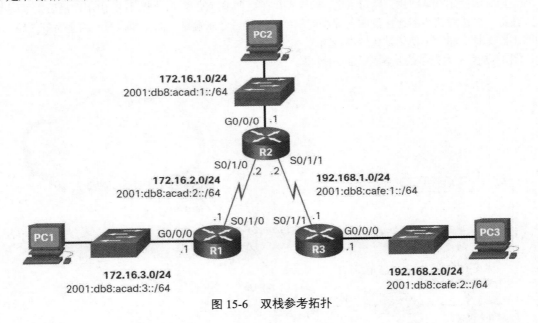

图 15-6 双栈参考拓扑

例 15-29 所示为在 R1 上配置的 IPv4 默认静态路由。通过使用本例所示的配置，不匹配更精确的路由条目的所有数据包都会被转发到 R2 所在的 172.16.2.2。

例 15-29　R1 的 IPv4 默认静态路由

```
R1(config)# ip route 0.0.0.0 0.0.0.0 172.16.2.2
```

IPv6 默认静态路由的配置与此类似，如例 15-30 所示。通过该配置，任何不匹配更具体 IPv6 路由条目的数据包都会被转发到 R2 所在的 2001:db8:acad:2::2。

例 15-30　R1 的 IPv6 默认静态路由

```
R1(config)# ipv6 route ::/0 2001:db8:acad:2::2
```

15.3.3 验证默认静态路由

在例15-31中，在R1上执行 **show ip route static** 命令后，会显示路由表中静态路由的内容。请注意带有代码S的路由旁边的星号（ * ）。如 **show ip route** 命令输出中的代码表所示，星号表示该静态路由是候选的默认路由，这就是它被选为最后求助网关的原因。

例15-31　R1路由表中的IPv4默认路由

```
R1# show ip route static
Codes: L - local, C - connected, S - static, R - RIP, M - mobile, B - BGP
D - EIGRP, EX - EIGRP external, O - OSPF, IA - OSPF inter area
N1 - OSPF NSSA external type 1, N2 - OSPF NSSA external type 2
E1 - OSPF external type 1, E2 - OSPF external type 2
i - IS-IS, su - IS-IS summary, L1 - IS-IS level-1, L2 - IS-IS level-2
ia - IS-IS inter area, * - candidate default, U - per-user static route
o - ODR, P - periodic downloaded static route, H - NHRP, l - LISP
+ - replicated route, % - next hop override

Gateway of last resort is 172.16.2.2 to network 0.0.0.0

S* 0.0.0.0/0 [1/0] via 172.16.2.2

R1#
```

例15-32所示为 **show ipv6 route static** 命令输出的内容，其中显示了路由表的内容。

例15-32　R1路由表中的IPv6默认路由

```
R1# show ipv6 route static
IPv6 Routing Table - default - 8 entries
Codes: C - Connected, L - Local, S - Static, U - Per-user Static route
       B - BGP, R - RIP, H - NHRP, I1 - ISIS L1
       I2 - ISIS L2, IA - ISIS interarea, IS - ISIS summary, D - EIGRP
       EX - EIGRP external, ND - ND Default, NDp - ND Prefix, DCE - Destination
       NDr - Redirect, RL - RPL, O - OSPF Intra, OI - OSPF Inter
       OE1 - OSPF ext 1, OE2 - OSPF ext 2, ON1 - OSPF NSSA ext 1
       ON2 - OSPF NSSA ext 2, la - LISP alt, lr - LISP site-registrations
       ld - LISP dyn-eid, lA - LISP away, le - LISP extranet-policy
       a - Application
S   ::/0 [1/0]
    via 2001:DB8:ACAD:2::2
R1#
```

请注意，静态默认路由配置为IPv4默认路由使用/0掩码，为IPv6默认路由使用::/0前缀。请记住，路由表中的IPv4子网掩码和IPv6前缀长度确定数据包的目的IP地址与路由表中的路由之间必须匹配多少位。/0或::/0前缀表示不需要匹配任何位。只要不存在更具体的匹配，默认静态路由就匹配所有数据包。

15.4　配置浮动静态路由

在本节中，您将学习如何配置IPv4和IPv6浮动静态路由以提供备用连接。

15.4.1 浮动静态路由

与本章中的其他内容一样，您将在这里学习如何配置 IPv4 和 IPv6 浮动静态路由，以及何时使用这些路由。

另一种静态路由是浮动静态路由。当链路发生故障时，浮动静态路由用于为首选的静态路由或动态路由提供备份路径。浮动静态路由仅在首选路由不可用时使用。

为了实现这一点，浮动静态路由被配置为比主路由更高的管理距离。管理距离代表一条路由的可信度。如果存在到目的地的多条路径，路由器将选择管理距离最低的路径。

例如，假设管理员想创建浮动静态路由，将其作为通过 EIGRP 学习到的路由的备用路径。浮动静态路由必须配置一个比 EIGRP 更大的管理距离。EIGRP 的管理距离为 90。如果浮动静态路由的管理距离配置为 95，则通过 EIGRP 学习到的动态路由将优先于浮动静态路由。如果 EIGRP 学到的路由丢失，浮动静态路由就会取代它的位置。

在图 15-7 中，分支机构路由器通常会通过专用的 WAN 链路来把所有流量转发给总部（HQ）路由器。在本例中，路由器使用 EIGRP 交换路由信息。管理距离为 91 或更大值的浮动静态路由可以配置为备用路由。如果专用 WAN 链路发生故障，并且 EIGRP 路由从路由表中消失，则路由器会选择浮动静态路由作为到达总部 LAN 的最佳路径。

- 首选通过动态路由学习的路由。
- 如果丢失动态路由，将使用浮动静态路由。

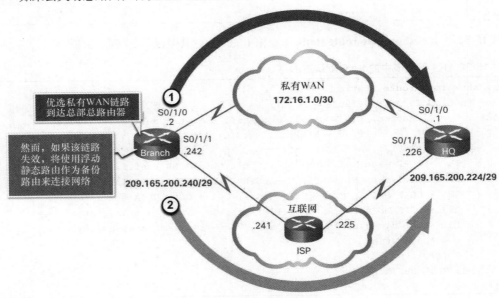

图 15-7 浮动静态路由拓扑

默认情况下，静态路由的管理距离为 1，因此它们优先于通过动态路由协议学到的路由。一些常见的内部网关动态路由协议的管理距离如下：

- EIGRP = 90
- OSPF = 110
- IS-IS = 115

可以增加静态路由的管理距离，以使另一个静态路由或通过动态路由协议获取的路由优先于该路由。这样，静态路由将会"浮动"，当具有更好管理距离的路由处于活动状态时，则不使用该路由。但是，如果首选路由丢失，浮动静态路由就可以接管，流量可以通过该替代路由发送。

15.4.2 配置 IPv4 和 IPv6 浮动静态路由

在配置 IP 浮动静态路由时，可以使用 **distance** 参数来指定管理距离。如果没有配置管理距离，将使用默认值 1。

请参考图 15-8 中的拓扑。在该场景中，R1 的首选默认路由是到 R2。到 R3 的连接应该仅作为备用。

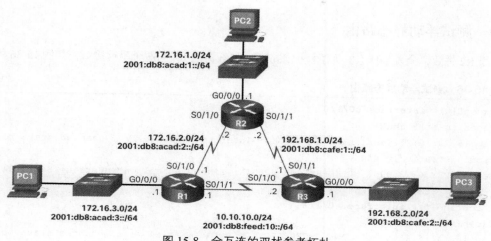

图 15-8　全互连的双栈参考拓扑

在例 15-33 中，R1 中配置了指向 R2 的 IPv4 和 IPv6 默认静态路由。由于未配置管理距离，因此这些静态路由使用默认值 1。R1 中还配置了 IPv4 和 IPv6 浮动静态默认路由，这些路由指向 R3，管理距离为 5。该值大于默认值 1，因此除非首选路由失败，否则该路由将浮动且不存在于路由表中。

例 15-33　R1 上的 IPv4 和 IPv6 浮动静态路由配置

```
R1(config)# ip route 0.0.0.0 0.0.0.0 172.16.2.2
R1(config)# ip route 0.0.0.0 0.0.0.0 10.10.10.2 5
R1(config)# ipv6 route ::/0 2001:db8:acad:2::2
R1(config)# ipv6 route ::/0 2001:db8:feed:10::2 5
R1(config)#
```

例 15-34 中的 **show ip route static** 和 **show ipv6 route** 静态输出可验证路由表中是否安装了到 R2 的默认路由。注意，路由表中不存在去往 R3 的 IPv4 浮动静态路由。

例 15-34　R1 的 IPv4 和 IPv6 路由表

```
R1# show ip route static | begin Gateway
Gateway of last resort is 172.16.2.2 to network 0.0.0.0

S*    0.0.0.0/0 [1/0] via 172.16.2.2
R1#
R1# show ipv6 route static | begin S :
S   ::/0 [1/0]
    via 2001:DB8:ACAD:2::2
R1#
```

使用 **show run** 命令可验证浮动静态路由是否在配置中。例 15-35 中的命令输出信息可以验证两条 IPv6 静态默认路由是否都已经出现在运行配置中。

例 15-35 验证 IPv6 浮动静态路由是否位于配置中

```
R1# show run | include ipv6 route
ipv6 route ::/0 2001:db8:feed:10::2 5
ipv6 route ::/0 2001:db8:acad:2::2
R1#
```

15.4.3 测试浮动静态路由

如果 R2 失效，会发生什么？为了模拟该故障，现在关闭 R2 的两个串行接口，如例 15-36 所示。

例 15-36 测试浮动静态路由

```
R2(config)# interface s0/1/0
R2(config-if)# shut
*Sep 18 23:36:27.000: %LINK-5-CHANGED: Interface Serial0/1/0, changed state to
  administratively down
*Sep 18 23:36:28.000: %LINEPROTO-5-UPDOWN: Line protocol on Interface Serial0/1/0,
  changed state to down
R2(config-if)# interface s0/1/1
R2(config-if)# shut
*Sep 18 23:36:41.598: %LINK-5-CHANGED: Interface Serial0/1/1, changed state to
  administratively down
*Sep 18 23:36:42.598: %LINEPROTO-5-UPDOWN: Line protocol on Interface Serial0/1/1,
  changed state to down
R1(config-if)# end
R1#
```

请注意，R1 自动生成消息，指示 R2 的串行接口已关闭，如例 15-37 所示。

例 15-37 R1 上的日志消息

```
R1#
*Sep 18 23:35:48.810: %LINK-3-UPDOWN: Interface Serial0/1/0, changed state to down
R1#
*Sep 18 23:35:49.811: %LINEPROTO-5-UPDOWN: Line protocol on Interface Serial0/1/0,
  changed state to down
R1#
```

通过查看 R1 的 IP 路由表，可验证浮动静态默认路由现在是否作为默认路由安装，并指向作为下一跳路由器的 R3，如例 15-38 所示。

例 15-38 验证浮动静态路由现在是否是安装在 R1 上

```
R1# show ip route static | begin Gateway
Gateway of last resort is 10.10.10.2 to network 0.0.0.0
S*    0.0.0.0/0 [5/0] via 10.10.10.2
R1#
R1# show ipv6 route static | begin ::
S   ::/0 [5/0]
     via 2001:DB8:FEED:10::2
R1#
```

15.5　配置静态主机路由

在本节中，您将学习如何配置 IPv4 和 IPv6 静态主机路由，以将流量转发给特定的主机。

15.5.1　主机路由

本节将介绍如何配置 IPv4 和 IPv6 静态主机路由，以及何时使用这种路由。

主机路由是一个具有 32 位掩码的 IPv4 地址或具有 128 位掩码的 IPv6 地址。下面 3 种方法可以把主机路由添加到路由表中：

- 在路由器配置 IP 地址时自动安装；
- 配置为静态主机路由；
- 通过其他方法自动获取主机路由。

15.5.2　自动安装主机路由

当在路由器上配置接口地址时，思科 IOS 会自动安装主机路由（也称为本地主机路由）。主机路由允许更有效地处理去往路由器本身的数据包，而不是进行数据包转发。这是对直连路由的补充，直连路由在路由表中会用一个 C 来标记这个接口的网络地址。

在为路由器上的一个活动接口配置 IP 地址时，本地主机路由会自动添加到路由表中。在路由表中的输出信息中，本地路由会标记为 L。

例如，请参阅图 15-9 中的拓扑。

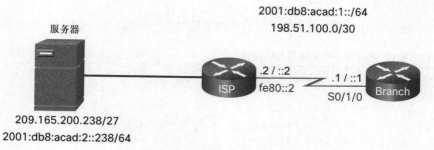

图 15-9　主机路由参考拓扑

分配给 Branch 路由器 S0/1/0 接口的 IP 地址是 198.51.100.1/30 和 2001:db8:acad:1::1/64。这个接口的本地路由已被 IOS 装入 IPv4 和 IPv6 路由表中，如例 15-39 所示。

例 15-39　本地 IPv4 和 IPv6 路由

```
Branch# show ip route | begin Gateway
Gateway of last resort is not set
      198.51.100.0/24 is variably subnetted, 2 subnets, 2 masks
C        198.51.100.0/30 is directly connected, Serial0/1/0
L        198.51.100.1/32 is directly connected, Serial0/1/0
Branch# show ipv6 route | begin ::
```

```
C    2001:DB8:ACAD:1::/64 [0/0]
      via Serial0/1/0, directly connected
L    2001:DB8:ACAD:1::1/128 [0/0]
      via Serial0/1/0, receive
L    FF00::/8 [0/0]
      via Null0, receive
Branch#
```

15.5.3 静态主机路由

主机路由可以是手动配置的静态路由，用于将流量引导到特定的目的设备，如图 15-9 中的服务器。静态路由对 IPv4 主机路由使用目的 IP 地址和 255.255.255.255（/32）掩码，对 IPv6 主机路由使用/128 前缀长度。

15.5.4 配置静态主机路由

例 15-40 所示为在 Branch 路由器上配置的用来访问服务器的 IPv4 和 IPv6 静态主机路由。

例 15-40　IPv4 和 IPv6 静态主机路由配置

```
Branch(config)# ip route 209.165.200.238 255.255.255.255 198.51.100.2
Branch(config)# ipv6 route 2001:db8:acad:2::238/128 2001:db8:acad:1::2
Branch(config)# exit
Branch#
```

15.5.5 验证静态主机路由

通过查看 IPv4 和 IPv6 路由表可以验证这些路由是否处于活动状态，如例 15-41 所示。

例 15-41　验证 IPv4 和 IPv6 静态主机路由

```
Branch# show ip route | begin Gateway
Gateway of last resort is not set
      198.51.100.0/24 is variably subnetted, 2 subnets, 2 masks
C        198.51.100.0/30 is directly connected, Serial0/1/0
L        198.51.100.1/32 is directly connected, Serial0/1/0
      209.165.200.0/32 is subnetted, 1 subnets
S        209.165.200.238 [1/0] via 198.51.100.2
Branch#
Branch# show ipv6 route
(Output omitted)
C    2001:DB8:ACAD:1::/64 [0/0]
     via Serial0/1/0, directly connected
L    2001:DB8:ACAD:1::1/128 [0/0]
     via Serial0/1/0, receive
S    2001:DB8:ACAD:2::238/128 [1/0]
     via 2001:DB8:ACAD:1::2
Branch#
```

15.5.6 使用下一跳链路本地地址来配置 IPv6 静态主机路由

对于 IPv6 静态路由，下一跳地址可以是相邻路由器的链路本地地址。但是，在使用链路本地地址作为下一跳时，必须指定接口类型和接口号，如例 15-42 所示。首先，需要删除原始的 IPv6 静态主机路由，然后使用服务器的 IPv6 地址和 ISP 路由器的 IPv6 链路本地地址配置完全指定的路由。

例 15-42 使用下一跳链路本地地址来配置 IPv6 静态主机路由并进行验证

```
Branch(config)# no ipv6 route 2001:db8:acad:2::238/128 2001:db8:acad:1::2
Branch(config)# ipv6 route 2001:db8:acad:2::238/128 serial 0/1/0 fe80::2
Branch#
Branch# show ipv6 route | begin ::
C   2001:DB8:ACAD:1::/64 [0/0]
     via Serial0/1/0, directly connected
L   2001:DB8:ACAD:1::1/128 [0/0]
     via Serial0/1/0, receive
S   2001:DB8:ACAD:2::238/128 [1/0]
     via FE80::2, Serial0/1/0
Branch#
```

15.6 总结

静态路由

可以配置 IPv4 和 IPv6 静态路由。两种协议都支持以下类型的静态路由：标准静态路由、默认静态路由、浮动静态路由、汇总静态路由。使用全局配置命令 **ip route** 和 **ipv6 route** 可以配置静态路由。在配置一条静态路由时，可以使用 IP 地址、出向接口，或者这两者来指定下一跳。根据指定目的的方式，可以把静态路由分为 3 种类型：下一跳静态路由、直连静态路由、完全指定的静态路由。IPv4 静态路由需要使用下面这条全局配置命令进行配置：**ip route** *network-address subnet-mask* { *ip-address* | *exit-intf* [*ip-address*]} [**distance**]。IPv6 静态路由需要使用下面的全局配置命令进行配置：**ipv6 route** *ipv6-prefix/prefix-length* {*ipv6-address* | *exit-intf* [*ipv6-address*]} [**distance**]。显示 IPv4 路由表的命令是 **show ip route**，显示 IPv6 路由表的命令是 **show ipv6 route**。

配置 IP 静态路由

在下一跳静态路由中，仅指定下一跳 IP 地址。出向接口是从下一跳获得的。在配置静态路由时，另一个选项是使用出向接口指定下一跳地址。直连的静态路由应仅与点对点串行接口一起使用。在完全指定的静态路由中，同时指定出向接口和下一跳 IP 地址。当出向接口是一个多路访问接口，而且有必要显式标记下一跳时，则使用这种形式的静态路由。下一跳必须直连到指定的出向接口。在一条完全指定的 IPv6 静态路由中，会同时指定出向接口和下一跳 IPv6 地址。除了 **show ip route**、**show ipv6 route**、**ping** 和 **traceroute** 命令之外，可以用来验证静态路由的命令还包括 **show ip route static**、**show ip route** *network*、**show running-config** | **section ip route**。将命令中的 **ip** 替换为 **ipv6** 就是 IPv6 版本的命令。

配置 IP 默认静态路由

默认路由是与所有数据包都匹配的静态路由。默认静态路由不需要与目的 IP 地址进行最左位的匹配。在把一台边缘路由器连接到服务提供商网络或连接一台末端路由器时，通常会使用默认静态路由。IPv4 默认静态路由的命令语法与任何其他 IPv4 静态路由类似，但网络地址为 0.0.0.0，且子网掩码为 0.0.0.0。路由中的 0.0.0.0 0.0.0.0 将匹配任何网络地址。IPv6 默认静态路由的命令语法与任何其他 IPv6 静态路由类似，只不过 IPv6 的前缀/前缀长度为::/0，它将匹配所有路由。要验证 IPv6 默认静态路由，可使用 **show ip route static** 命令。对于 IPv6 来说，则是使用 **show ipv6 route static** 命令。

配置浮动静态路由

当链路发生故障时，浮动静态路由用于为首选的静态路由或动态路由提供备份路径。浮动静态路由被配置为比主路由更高的管理距离。默认情况下，静态路由的管理距离为 1，因此它们优先于通过动态路由协议学到的路由。一些常见的内部网关动态路由协议的管理距离如下：EIGRP = 90；OSPF = 110；IS-IS = 115。在配置 IP 浮动静态路由时，可以使用 **distance** 参数来指定管理距离。如果没有配置管理距离，将使用默认值 1。**show ip route static** 和 **show ipv6 route** 输出可验证路由表中是否安装了去往路由器的默认路由。

配置静态主机路由

主机路由是一个具有 32 位掩码的 IPv4 地址或具有 128 位掩码的 IPv6 地址。下面 3 种方法可以把主机路由添加到路由表中：在路由器配置 IP 地址时自动安装；配置为静态主机路由；通过其他方法自动获取主机路由。当在路由器上配置接口地址时，思科 IOS 会自动安装主机路由（也称为本地主机路由）。主机路由允许更有效地处理去往路由器本身的数据包，而不是进行数据包转发。主机路由可以是手动配置的静态路由，用于将流量引导到特定的目的设备。对于 IPv6 静态路由，下一跳地址可以是相邻路由器的链路本地地址。但是，在使用链路本地地址作为下一跳时，必须指定接口类型和接口号。为此，需要删除原始的 IPv6 静态主机路由，然后使用服务器的 IPv6 地址和 ISP 路由器的 IPv6 链路本地地址配置完全指定的路由。

复习题

完成这里列出的所有复习题，可以测试您对本章内容的理解。附录列出了答案。

1. 假设管理员已执行了 **ip route 192.168.10.0 255.255.255.0 10.10.10.2 5** 命令。管理员如何测试该配置？

   A. 删除路由器上的默认网关路由

   B. 手动关闭用作主路由的路由器接口

   C. ping 192.168.10.0/24 网络上的任何有效地址

   D. 在 192.168.10.0 网络上 ping 10.10.10.2 地址

2. 哪个路由的管理距离最大？

   A. 直连网络   B. 通过 EIGRP 路由协议学习的路由

   C. 通过 OSPF 路由协议学习的路由   D. 静态路由

3. 哪个路由将用于转发源 IP 地址为 10.10.10.1、目的 IP 地址为 172.16.1.1 的数据包？

   A. C 10.10.10.0/30 is directly connected, GigabitEthernet 0/1

   B. O 172.16.1.0/24 [110/65] via 10.10.200.2, 00:01:20, Serial 0/1/

   C. S* 0.0.0.0/0 [1/0] via 172.16.1.1

   D. S 172.16.0.0/16 is directly connected, GigabitEthernet 0/0

4. 路由器上配置的哪种类型的静态路由仅使用出向接口？

A. 默认静态路由
B. 直连静态路由
C. 完全指定的静态路由
D. 递归静态路由

5. 哪个静态路由是完全指定的静态路由？

A. **ip route 10.1.1.0 255.255.0.0 G0/0/1 172.16.2.2**
B. **ip route 10.1.1.0 255.255.0.0　172.16.2.2**
C. **ip route 10.1.1.0 255.255.0.0 172.16.2.2 5**
D. **ip route 10.1.1.0 255.255.0.0 G0/0/1**

6. 哪种类型的路由可以配置为动态路由协议的备份路由？

A. 备份静态路由
B. 浮动静态路由
C. 通用静态路由
D. 汇总静态路由

7. 浮动静态路由的正确语法是什么？

A. **ip route 0.0.0.0 0.0.0.0 Serial 0/0/0**
B. **ip route 172.16.0.0 255.248.0.0 10.0.0.1**
C. **ip route 209.165.200.228 255.255.255.248 Serial 0/0/0**
D. **ip route 209.165.200.228 255.255.255.248 10.0.0.1 120**

8. 可以在哪个路由器上配置默认静态路由？

A. 向客户端提供 DHCP 服务的路由器
B. 连接到多个提供商的路由器
C. 连接到服务提供商的末端路由器
D. 在网络中的所有路由器上

9. 可使用哪个网络前缀和前缀长度的组合来创建与任何 IPv6 目的匹配的默认静态路由？

A. **ipv6 route ::/0 2001:db8:acad:2::2**
B. **ipv6 route ::/128　2001:db8:acad:2::2**
C. **ipv6 route ::1/64 2001:db8:acad:2::2**
D. **ipv6 route ffff::/128 2001:db8:acad:2::2**

10. 如何测试浮动静态路由？

A. 删除路由器上的默认网关路由
B. 手动关闭用作主路由的路由器接口
C. ping 192.168.10.0/24 网络上的任何有效地址
D. 在 192.168.10.0 网络上 ping 10.10.10.2 地址

第 16 章

排除静态路由和默认路由故障

学习目标

通过完成本章的学习，您将能够回答下列问题：

■ 在配置静态路由时，路由器如何处理数据包；

■ 如何对常见的静态路由和默认路由配置问题进行故障排除。

做得好！您已经学习到本书的最后一章。本书为您提供了在不断增长的网络中设置交换机和路由器（包括无线设备）所需的深入知识与技能。您已经很擅长网络管理了！

但是，是什么可以让一位优秀的网络管理员成长为一位伟大的网络管理员呢？高效排除故障的能力。掌握故障排除技能的方法也很简单：多进行故障排除。在本章中，您需要对静态路由和默认路由进行故障排除。让我们开始吧！

16.1 使用静态路由处理数据包

在本节中，您将了解在配置静态路由时路由器如何处理数据包。

16.1.1 静态路由和数据包转发

在深入本章的内容之前，本节将简要介绍如何在静态路由中转发数据包。在图 16-1 中，PC1 向 PC3 发送数据包。

下面描述了使用静态路由来转发数据包的过程。

1. 数据包到达 R1 的 G0/0/0 接口。

2. R1 没有到目的网络 192.168.2.0/24 的具体路由。因此，R1 使用默认静态路由。

3. R1 将数据包封装在新帧中。由于指向 R2 的链路是点对点链路，因此 R1 为第 2 层目的地址添加了一个全 1 的地址。

4. 帧从 S0/1/0 接口转发出去。数据包到达 R2 的 S0/1/0 接口。

5. R2 对帧进行解封装并寻找去往目的地的路由。R2 具有从 S0/1/1 接口到 192.168.2.0/24 的静态路由。

6. R2 将数据包封装在新帧中。由于指向 R3 的链路是点对点链路，因此 R2 为第 2 层目的地址添加了一个全 1 的地址。

7. 帧从 S0/1/1 接口转发出去。数据包到达 R3 的 S0/1/1 接口。

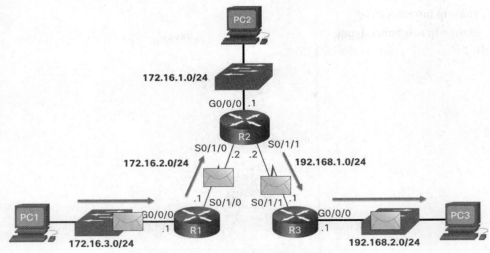

图 16-1　PC1 向 PC3 发送数据包

8. R3 对帧进行解封装并寻找去往目的地的路由。R3 具有从 G0/0/0 接口到 192.168.2.0/24 的路由。

9. R3 查找 192.168.2.10 的 ARP 表条目，以找到 PC3 的第 2 层介质访问控制（MAC）地址。如果条目不存在，R3 会从 G0/0/0 接口向外发送地址解析协议（ARP）请求，然后 PC3 使用 ARP 应答进行响应，其中包括 PC3 的 MAC 地址。

10. R3 将数据包封装在新帧中，将 G0/0/0 接口的 MAC 地址作为源第 2 层地址，将 PC3 的 MAC 地址封装为目的 MAC 地址。

11. 帧从 G0/0/0 接口转发出去。数据包到达 PC3 的网卡接口。

16.2　对 IPv4 静态和默认路由配置进行故障排除

在本节中，通过解决常见的静态和默认路由配置问题，您可以获得故障排除技能。

16.2.1　网络的变更

无论您的网络设置得多么好，您都得准备好解决一些问题。网络经常受到可能导致其状态改变的事件的影响。例如，接口可能会失败，服务提供商会断开连接，链路可能会过度饱和，管理员可能会输入错误的配置。

当网络发生更改时，连接可能会丢失。网络管理员负责查明并解决问题。要查找并解决这些问题，网络管理员必须熟悉有助于快速隔离路由问题的工具。

16.2.2　常见的故障排除命令

常用的 IOS 故障排除命令如下所示。

- **ping**
- **traceroute**
- **show ip route**

- **show ip interface brief**
- **show cdp neighbors detail**

图 16-2 所示为用于演示这些命令的拓扑。

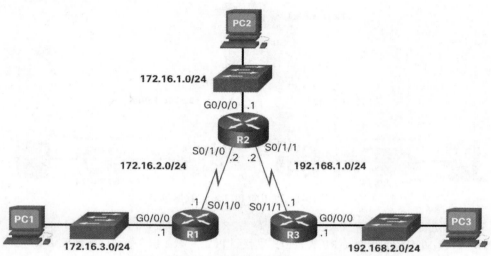

图 16-2 用于对静态路由和默认路由进行故障排除的参考拓扑

例 16-1 所示为从 R1 的源接口对 R3 的 LAN 接口执行扩展 **ping** 测试的结果。扩展 ping 是 ping 实用程序的增强版本。使用扩展 ping 能够指定 ping 数据包的源 IP 地址。

例 16-1 扩展 ping 命令

```
R1# ping 192.168.2.1 source 172.16.3.1
Type escape sequence to abort.
Sending 5, 100-byte ICMP Echos to 192.168.2.1, timeout is 2 seconds:
Packet sent with a source address of 172.16.3.1
!!!!!
Success rate is 100 percent (5/5), round-trip min/avg/max = 3/3/5 ms
R1#
```

例 16-2 所示为 R1 对 R3 的 LAN 接口执行 **traceroute** 测试的结果。注意，每一跳路由都会返回一个 ICMP 应答消息。

例 16-2 traceroute 命令

```
R1# traceroute 192.168.2.1
Type escape sequence to abort.
Tracing the route to 192.168.2.1
VRF info: (vrf in name/id, vrf out name/id)
  1 172.16.2.2 1 msec 2 msec 1 msec
  2 192.168.1.1 2 msec 3 msec *
R1#
```

例 16-3 中的 **show ip route** 命令显示了 R1 的路由表。

例 16-3 show ip route 命令

```
R1# show ip route | begin Gateway
Gateway of last resort is not set
```

```
         172.16.0.0/16 is variably subnetted, 5 subnets, 2 masks
S          172.16.1.0/24 [1/0] via 172.16.2.2
C          172.16.2.0/24 is directly connected, Serial0/1/0
L          172.16.2.1/32 is directly connected, Serial0/1/0
C          172.16.3.0/24 is directly connected, GigabitEthernet0/0/0
L          172.16.3.1/32 is directly connected, GigabitEthernet0/0/0
S        192.168.1.0/24 [1/0] via 172.16.2.2
S        192.168.2.0/24 [1/0] via 172.16.2.2
R1#
```

使用例 16-4 中的 **show ip interface brief** 命令可以显示路由器上所有接口的状态。

例 16-4　**show ip interface brief** 命令

```
R1# show ip interface brief
Interface            IP-Address      OK? Method Status                Protocol
GigabitEthernet0/0/0 172.16.3.1      YES manual up                    up
GigabitEthernet0/0/1 unassigned      YES unset  up                    up
Serial0/1/0          172.16.2.1      YES manual up                    up
Serial0/1/1          unassigned      YES unset  up                    up
R1#
```

show cdp neighbors 命令提供了直连思科设备的列表，如例 16-5 所示。该命令可验证第 2 层（和第 1 层）的连接。例如，如果命令的输出中列出了一台邻居设备，但无法 ping 通该设备，则应该检查第 3 层编址。

例 16-5　**show cdp neighbors** 命令

```
R1# show cdp neighbors
Capability Codes: R - Router, T - Trans Bridge, B - Source Route Bridge
                  S - Switch, H - Host, I - IGMP, r - Repeater, P - Phone,
                  D - Remote, C - CVTA, M - Two-port Mac Relay

Device ID        Local Intrfce     Holdtme    Capability   Platform  Port ID
Switch           Gig 0/0/1         129            S I      WS-C3560- Fas 0/5
R2               Ser 0/1/0         156            R S I    ISR4221/K Ser 0/1/0
R3               Ser 0/1/1         124            R S I    ISR4221/K Ser 0/1/0
Total cdp entries displayed : 3
R1#
```

16.2.3　解决连接性问题

如果以有条理的方式使用正确的工具，那么找出丢失（或误配）的路由就会相对简单一些。

例如，在图 16-2 中，PC1 的用户报告说自己无法访问 R3 LAN 上的资源。这可以通过使用 R1 的 LAN 接口作为源，对 R3 的 LAN 接口执行 ping 操作来确认。

以下故障排除命令可用于解决连接性问题。

ping 远程 LAN

网络管理员可以从 R1（而不是 PC1）上测试两个 LAN 之间的连接。这可以通过从 R1 上的 G0/0/0 接口 ping R3 上的 G0/0/0 接口来实现，如例 16-6 所示。

例 16-6　ping 远程 LAN

```
R1# ping 192.168.2.1 source g0/0/0
Type escape sequence to abort.
Sending 5, 100-byte ICMP Echos to 192.168.2.1, timeout is 2 seconds:
Packet sent with a source address of 172.16.3.1
.....
Success rate is 0 percent (0/5)
R1#
```

ping 测试结果显示，这两个 LAN 之间没有连接。

ping 下一跳路由器

接下来，向 R2 的 S0/1/0 接口发起 ping 测试，结果成功，如例 16-7 所示。

例 16-7　ping 下一跳路由器

```
R1# ping 172.16.2.2
Type escape sequence to abort.
Sending 5, 100-byte ICMP Echos to 172.16.2.1, timeout is 2 seconds:
!!!!!
Success rate is 100 percent (5/5), round-trip min/avg/max = 3/3/4 ms
R1#
```

这个 ping 测试是从 R1 的 S0/1/0 接口发出的。因此，这个问题不是由于 R1 和 R2 之间的连接丢失造成的。

从 S0/1/0 ping R3 的 LAN

从 R1 向 R3 接口 192.168.2.1 发起的 ping 也是成功的，如例 16-8 所示。

例 16-8　从 S0/1/0 ping R3 的 LAN

```
R1# ping 192.168.2.1
Type escape sequence to abort.
Sending 5, 100-byte ICMP Echos to 192.168.2.1, timeout is 2 seconds:
!!!!!
Success rate is 100 percent (5/5), round-trip min/avg/max = 3/3/4 ms
R1#
```

这个 ping 测试是从 R1 的 S0/1/0 接口发出的。R3 有一条路由返回到 R1 和 R2 之间的网络 172.16.2.0/24。这证明 R1 可以访问 R3 上的远程 LAN。但是，从 R1 的 LAN 发出的数据包却不行。这说明 R2 或 R3 中去往 R1 的 LAN 的路由可能存在漏配或者配置不正确的情况。

验证 R2 的路由表

下一步是调查 R2 和 R3 的路由表。例 16-9 所示为 R2 的路由表。可以看到，172.16.3.0/24 网络配置不正确。去往 172.16.3.0/24 网络的静态路由被配置为下一跳地址 192.168.1.1。因此，去往 172.16.3.0/24 网络的数据包会被发回给 R3 而不是 R1。

例 16-9　验证 R2 的路由表

```
R2# show ip route | begin Gateway
Gateway of last resort is not set
      172.16.0.0/16 is variably subnetted, 5 subnets, 2 masks
```

```
C           172.16.1.0/24 is directly connected, GigabitEthernet0/0/0
L           172.16.1.1/32 is directly connected, GigabitEthernet0/0/0
C           172.16.2.0/24 is directly connected, Serial0/1/0
L           172.16.2.2/32 is directly connected, Serial0/1/0
S           172.16.3.0/24 [1/0] via 192.168.1.1
        192.168.1.0/24 is variably subnetted, 2 subnets, 2 masks
C           192.168.1.0/24 is directly connected, Serial0/1/1
L           192.168.1.2/32 is directly connected, Serial0/1/1
S        192.168.2.0/24 [1/0] via 192.168.1.1
R2#
```

更正 R2 的静态路由配置

接下来，运行配置揭示了错误的 **ip route** 语句。在例 16-10 中，删除错误的路由，然后输入正确的路由。

例 16-10　更正 R2 的静态路由配置

```
R2# show running-config | include ip route
ip route 172.16.3.0 255.255.255.0 192.168.1.1
ip route 192.168.2.0 255.255.255.0 192.168.1.1
R2#
R2# configure terminal
Enter configuration commands, one per line. End with CNTL/Z.
R2(config)# no ip route 172.16.3.0 255.255.255.0 192.168.1.1
R2(config)# ip route 172.16.3.0 255.255.255.0 172.16.2.1
R2(config)#
```

验证新的静态路由是否已安装

再次检查 R2 上的路由表，以确认去往 R1 的 LAN 172.16.3.0 的路由配置正确，而且指向 R1，如例 16-11 所示。

例 16-11　验证新的静态路由是否已安装

```
R2(config)# exit
R2#
*Sep 20 02:21:51.812: %SYS-5-CONFIG_I: Configured from console by console
R2# show ip route | begin Gateway
Gateway of last resort is not set
        172.16.0.0/16 is variably subnetted, 5 subnets, 2 masks
C           172.16.1.0/24 is directly connected, GigabitEthernet0/0/0
L           172.16.1.1/32 is directly connected, GigabitEthernet0/0/0
C           172.16.2.0/24 is directly connected, Serial0/1/0
L           172.16.2.2/32 is directly connected, Serial0/1/0
S           172.16.3.0/24 [1/0] via 172.16.2.1
        192.168.1.0/24 is variably subnetted, 2 subnets, 2 masks
C           192.168.1.0/24 is directly connected, Serial0/1/1
L           192.168.1.2/32 is directly connected, Serial0/1/1
S        192.168.2.0/24 [1/0] via 192.168.1.1
R2#
```

再次 ping 远程 LAN

接下来，从 R1 的 G0/0/0 发起 ping 测试，验证 R1 现在是否可以访问 R3 的 LAN 接口，如例 16-12 所示。作为最后一个确认步骤，PC1 上的用户还应测试与 192.168.2.0/24 LAN 的连接。

例 16-12　再次 ping 远程 LAN

```
R1# ping 192.168.2.1 source g0/0/0
Type escape sequence to abort.
Sending 5, 100-byte ICMP Echos to 192.168.2.1, timeout is 2 seconds:
Packet sent with a source address of 172.16.3.1
!!!!!
Success rate is 100 percent (5/5), round-trip min/avg/max = 4/4/4 ms
R1#
```

16.3　总结

使用静态路由处理数据包

1. 数据包到达 R1 的接口。
2. R1 没有到目的网络的具体路由。因此，R1 使用默认静态路由。
3. R1 将数据包封装在新帧中。由于指向 R2 的链路是点对点链路，因此 R1 为第 2 层目的地址添加了一个全 1 的地址。
4. 帧从 S0/1/0 接口转发出去。数据包到达 R2 的接口。
5. R2 对帧进行解封装并寻找去往目的地的路由。R2 具有从一个接口到目的网络的静态路由。
6. R2 将数据包封装在新帧中。由于指向 R3 的链路是点对点链路，因此 R2 为第 2 层目的地址添加了一个全 1 的地址。
7. 帧从适当的接口转发出去。数据包到达 R3 的接口。
8. R3 对帧进行解封装并寻找去往目的地的路由。R3 具有从一个接口到目的网络的路由。
9. R3 查找目的网络的 ARP 表条目，以找到 PC3 的第 2 层 MAC 地址。如果条目不存在，R3 会从接口向外发送 ARP 请求，然后 PC3 使用 ARP 应答进行响应，其中包括 PC3 的 MAC 地址。
10. R3 将数据包封装在新帧中，将适当接口的 MAC 地址作为源第 2 层地址，将 PC3 的 MAC 地址封装为目的 MAC 地址。
11. 帧从适当的接口转发出去。数据包到达 PC3 的网卡接口。

对 IPv4 静态和默认路由配置进行故障排除

网络经常受到可能导致其状态改变的事件的影响。例如，接口可能会失败，服务提供商会断开连接，链路可能会过度饱和，管理员可能会输入错误的配置。常用的 IOS 故障排除命令如下所示。

- **ping**
- **traceroute**
- **show ip route**
- **show ip interface brief**
- **show cdp neighbors detail**

复习题

完成这里列出的所有复习题，可以测试您对本章内容的理解。附录列出了答案。

1. 哪 3 个 IOS 故障排除命令有助于判断静态路由的问题？（选择 3 项）

   A. **ping**

   B. **show arp**

   C. **show ip interface brief**

   D. **show ip route**

   E. **show version**

   F. **tracert**

2. 当与路由关联的转发接口进入关闭状态时，路由表中的静态路由条目会发生什么？

   A. 路由器自动将静态路由重定向到另一个接口

   B. 路由器轮询邻居以寻找替代路由

   C. 静态路由将从路由表中删除

   D. 静态路由保留在表中，因为它被定义为静态路由

3. 如果路由器在 ARP 表中没有可以解析目的 MAC 地址的条目，则路由器将采取什么操作来转发帧？

   A. 发送 DNS 请求

   B. 丢弃帧

   C. 发送 ARP 请求

   D. 将帧发送到默认网关

4. 您无法 ping 直接连接的主机。可以使用哪个 IOS 命令来验证第 1 层和第 2 层的连接？

   A. **ping**

   B. **show cdp neighbors detail**

   C. **show ip interface brief**

   D. **show ip route**

   E. **traceroute**

5. 网络管理员已经输入了一条去往以太网 LAN 的静态路由，该以太网 LAN 连接到一台相邻的路由器。但是，路由未显示在路由表中。管理员应该使用哪个命令来验证出向接口是否运行正常（up）？

   A. **ping**

   B. **show cdp neighbors detail**

   C. **show ip interface brief**

   D. **show ip route**

   E. **traceroute**

第 1 章

1. C。
解析：接口 VLAN 1 是默认的管理 SVI。

2. A 和 B。
解析：交换机提示符通常发生在交换机正常启动后，但是没有或未能成功载入启动配置文件。

3. A 和 E。
解析：在全双工操作中，网卡无法更快地处理帧，数据流是双向的，没有冲突。

4. C。
解析：端口速率 LED 表示所选的端口速率模式。当选择后，端口 LED 将显示具有不同含义的颜色。如果 LED 不亮，表示端口工作在 10Mbit/s。如果 LED 为绿色，表示端口工作在 100Mbit/s。如果 LED 为闪烁的绿色，表示接口工作在 1000Mbit/s。

5. B。
解析：当交换机无法定位到一个有效的操作系统时，就会出现交换机启动加载程序环境。启动加载程序环境提供了一些基本的命令，可允许网络管理员重新加载操作系统或提供操作系统的另外一个位置。

6. C。
解析：**show interfaces** 命令用于检测介质错误，查看是否发送和接收数据包，并确定是否有任何残帧、小巨人帧、CRC、接口重置或其他错误发生。远程网络的可达性问题可能是由错误配置的默认网关或其他路由问题引起的，而不是交换机问题。**show mac address-table** 命令用来查看直连设备的 MAC 地址。

7. B。
解析：SSH 为网络设备的远程管理连接提供安全性。SSH 通过对会话身份验证（用户名和密码）以及数据传输进行加密来实现这一点。Telnet 以明文方式发送用户名和密码，可以通过数据捕获有针对性地获取用户名和密码。Telnet 和 SSH 都使用 TCP，支持身份验证，并在 CLI 中连接主机。

8. A。
解析：环回接口是路由器内部的一个逻辑接口，只要路由器正常工作，它就会自动处于 up 状态。它没有被分配到一个物理端口，因此永远不能连接到任何其他设备。在一台路由器上可以启用多个环回接口。

9. A 和 B。
解析：使用 **show ip interface brief** 命令可以查看各接口的 IPv4 地址，以及第 1 层和第 2 层接口的运行状态。要查看接口描述、速率和双工设置，可使用 **show running-config interface** 命令。使用 **show ip route** 命令可以查看下一跳地址，使用 **show interfaces** 命令可以查看接口的 MAC 地址。

10. D。

解析： 当不使用 auto-MDIX 特性来连接交换机时，必须使用直通电缆来连接设备，例如服务器、工作站或路由器。交叉电缆必须用于连接其他交换机或中继器。

11. A。

解析： 环回接口在测试和管理思科 IOS 设备时很有用，因为它确保至少有一个接口总是可用的。例如，它可以用于测试目的，比如通过模拟路由器后面的网络来测试内部路由进程。

12. D。

解析： 使用 **login local** 命令验证 SSH 用户时，需要创建用户名和密码对，并添加到本地数据库中。否则，身份验证将永远不会成功。

第 2 章

1. A。

解析： 交换机通过检查入向帧中的源 MAC 地址来建立一个 MAC 地址表，该表包含 MAC 地址和相关的以太网交换机端口号。为了向前转发帧，交换机根据第 2 层信息做出转发决定；因此，交换机检查目的 MAC 地址，在 MAC 地址中查找与该目的 MAC 地址相关联的端口号，并将帧发送到特定的端口。如果目的 MAC 地址不在该表中，交换机将该帧通过所有端口进行转发（该帧的入向端口除外）。

2. B。

解析： 思科 LAN 交换机使用 MAC 地址表来做出流量转发决策。决策是基于帧的入向端口和目的 MAC 地址。入向端口信息很重要，因为它携带端口所属的 VLAN。

3. D。

解析： 当交换机接收到一个源 MAC 地址不在 MAC 地址表中的帧时，交换机将把这个 MAC 地址添加到 MAC 地址表中，并将这个 MAC 地址映射到特定的端口上。交换机不使用 MAC 地址表中的 IP 地址。

4. D 和 F。

解析： 交换机能够在直连的发送设备和接收设备之间建立临时的点对点连接。两台设备在传输过程中具有全带宽、全双工连接。分段通过增加冲突域来减少冲突。

5. D。

解析： 如果目的 MAC 地址在表中，它将把帧转发出指定的端口。

6. C。

解析： 如果目的 MAC 地址不在表中，交换机将把帧转发出除入向端口外的所有端口。这被称为未知单播。

7. C。

解析： 如果目的 MAC 地址是广播或组播，帧也会被泛洪到除入向端口外的所有端口。

8. D。

解析： 在存储转发交换中，交换机将数据报最后一个字段中的帧检查序列（FCS）值与它自己的 FCS 计算值进行比较。如果帧没有错误，交换机转发帧。否则，帧将被删除。

9. B。

解析： 直通交换具有进行快速帧交换的能力，这意味着交换机只要在其 MAC 地址表中查找到帧的目的 MAC 地址就可以做出转发决策。

10. B。

解析： 全双工通信允许两端同时发送和接收，因此在两个方向上提供了 100% 的效率，潜在的带宽使用率相当于 200%。半双工通信是单向的，即每次只有一个方向。吉比特以太网和 10 吉比特网卡需要全双工操作，不支持半双工。

第 3 章

1. B、C 和 D。

解析： 管理 VLAN 是用来管理交换机特性的 VLAN。默认情况下，所有端口都属于默认 VLAN。802.1Q 中继端口支持打标的流量和不打标的流量。

2. C。

解析： 本征 VLAN 是没有在 IEEE 802.1Q 帧头中接收 VLAN 标记的 VLAN。思科最佳做法建议尽可能使用未使用的 VLAN（而不是数据 VLAN、VLAN 1 或管理 VLAN）作为本征 VLAN。

3. B 和 C。

解析： 使用 VLAN 的好处包括成本降低和 IT 人员效率提高，以及更高的性能、广播风暴缓解和更简单的项目和应用程序管理。最终用户通常不知道 VLAN，而 VLAN 确实需要配置。由于 VLAN 被分配给接入端口，所以不会减少中继链路的数量。VLAN 通过对流量进行分段来提高安全性。

4. A。

解析：show interfaces switchport 命令显示给定端口的以下信息：交换机端口、管理模式、运行模式、管理中继封装、运行中继封装、中继协商、接入模式 VLAN、中继本征模式 VLAN、管理本征 VLAN 标记、语音 VLAN。

5. C。

解析： 在 F0/1 上输入 **switchport access vlan 3** 接口配置命令，将当前的端口 VLAN 分配从 VLAN 2 替换为 VLAN 3。

6. B。

解析： 要将 Catalyst 交换机恢复出厂默认状态，需要拔掉除控制台端口和电源线外的所有电缆。然后输入 **erase startup-config** 特权 EXEC 模式命令和 **delete vlan.dat** 命令，并重新启动交换机。

7. C 和 D。

解析： 扩展范围的 VLAN 默认保存在运行配置文件中，且配置完成后需要保存。扩展 VLAN 的 VLAN ID 范围为 1006～4094。

8. D。

解析： 在删除 VLAN 后，未移动到活跃 VLAN 的端口不能与其他主机通信。它们必须被分配到一个活跃的 VLAN 中或为其创建的 VLAN 中。

9. D 和 E。

解析： 要在思科交换机和不支持 DTP 的设备之间启用中继，可使用 **switchport mode trunk** 和 **switchport nonegotiate** 接口配置模式命令。这会使接口变成中继，但不会生成 DTP 帧。

第 4 章

1. B。

解析： 使用传统的 VLAN 间路由来连接 4 个 VLAN 将需要 4 个单独的物理接口。因此，最好的基于路由器的解决方案是配置一个单臂路由器。

2. C。

解析：单臂路由器需要为每个 VLAN 配置一个接口作为子接口。

3. A。

解析：子接口必须使用 **encapsulation dot1q 10** 命令加入 VLAN 10。**encapsulation vlan 10** 选项是一个无效的命令，**switchport mode** 选项是交换机配置命令。

4. A。

解析：主机必须配置一个默认网关。VLAN 中的主机必须在路由器子接口上配置默认网关，以提供 VLAN 间路由服务。

5. D。

解析：交换机端口必须配置为中继，且交换机上的 VLAN 必须有用户连接。

6. A 和 B。

解析：传统的 VLAN 间路由将需要更多的端口，而且配置可能比单臂路由器解决方案更复杂。

7. D。

解析：**encapsulation dot1q** *vlan_id* [**native**]命令用来配置子接口，以响应来自指定 *vlan-id* 的 802.1Q 封装流量。**native** 关键字选项仅用于将本征 VLAN 设置为 VLAN 1 以外的其他值。

8. A 和 B。

解析：单臂路由器需要一个物理以太网路由器接口来在网络上的多个 VLAN 之间路由流量。路由器接口使用基于软件的虚拟子接口来配置，以识别可路由的 VLAN。现代的企业网络很少使用单臂路由器，因为它不容易通过扩展来满足需求，而且多个子接口可能会影响流量速度。在这些非常大的网络中，网络管理员使用第 3 层交换机来配置 VLAN 间路由。

9. A 和 B。

解析：使用 **no switchport interface** 配置命令将第 2 层端口上的 switchport 特性关闭，在第 3 层交换机上创建路由端口。然后，使用 IPv4 来配置该接口，以连接路由器或其他第 3 层交换机。只有第 2 层端口可以被分配给 VLAN 或支持中继。

10. A 和 B。

解析：现代的企业网络很少使用单臂路由器方法来实现 VLAN 间的路由。相反，它们使用更快的第 3 层交换机，因为这些交换机使用基于硬件的交换来实现比路由器更高的数据包处理速率。第 3 层交换机使用了一种可扩展性更好的方法来提供 VLAN 间路由。

第 5 章

1. A、C 和 E。

解析：组成网桥 ID 的 3 个组件是网桥优先级、扩展系统 ID 和 MAC 地址。

2. D。

解析：根端口是到达根网桥开销最低的端口。每个非根交换机必须有一个根端口。

3. C。

解析：默认情况下，运行 IOS 15.0 或更高版本的思科交换机运行 PVST+。思科 Catalyst 交换机支持 PVST+、快速 PVST+和 MSTP。但是，任何时候只能有一个版本处于活动状态。

4. B。

解析：PVST+可实现最佳的负载均衡。然而，这是通过手动配置交换机来实现的，这些交换机被选为网络上不同 VLAN 的根网桥。根网桥不是自动选择的。此外，为每个 VLAN 提供生成树实例实际上会消耗更多的带宽，而且它增加了网络中所有交换机的 CPU 周期。

5. C 和 D。

解析：交换机在学习和转发状态下学习 MAC 地址，在阻塞、侦听、学习和转发状态下接收和处理 BPDU。

6. C 和 D。

解析：在设计具有多个互连的第 2 层交换机的网络或使用冗余链路消除第 2 层交换机之间的单点故障时，需要生成树协议（STP）来确保正确的网络操作。路由是第 3 层功能，与 STP 无关。VLAN 确实减少了广播域的数量，但与第 3 层子网有关，而不是与 STP 有关。

7. E。

解析：当所有交换机都配置了相同的默认网桥优先级（即 32768）时，最低的 MAC 地址成为选举根网桥的决定因素。

8. A。

解析：如果使用 PortFast 将交换机的接入端口配置为边缘端口，则永远不应该在这些端口上接收 BPDU。思科交换机支持名为 BPDU 防护的功能。启用后，如果端口接收到 BPDU，BPDU 防护将使边缘端口处于错误禁用状态。这将防止发生第 2 层环路。

9. D。

解析：STP 通过禁用可能创建环路的端口，允许在第 2 层设备之间存在冗余物理连接，而且不会创建第 2 层环路。

10. A 和 E。

解析：支持 PortFast 的端口立即从阻塞状态转换为转发状态。应仅在连接了终端设备的接入端口上启用 PortFast。不应通过配置了 PortFast 的端口接收 BPDU。

第 6 章

1. B。

解析：提高链路速度并不能很好地扩展。添加更多 VLAN 不会减少通过链路的流量。在交换机之间插入路由器不会改善拥塞。

2. E 和 F。

解析：源 MAC 和目的 MAC 负载均衡与源 IP 和目的 IP 负载均衡是以太通道技术中使用的两种实现方法。

3. B。

解析：PAgP 用于自动将多个端口聚合到一个以太通道中，但它只能在思科设备之间工作。LACP 可在思科设备和非思科设备之间实现相同的用途。PAgP 两端必须具有相同的双工模式，并且可以使用两个或更多端口。端口的数量取决于交换机平台或模块。生成树算法将以太通道聚合链路视为一个端口。

4. A 和 C。

解析：可用于形成以太网通道的两个协议是 PAgP（思科专有）和 LACP，也称为 IEEE 802.3ad。STP（生成树协议）或 RSTP（快速生成树协议）用于在第 2 层网络中避免环路。以太通道是一个术语，用于描述两个或多个链路的捆绑，这些链路被视为生成树和配置的单个链路。

5. C。

解析：如果双方都设置为 desirable，则交换机 1 和交换机 2 将建立一个以太通道，因为双方都将协商链路。如果两端都设置为 on，或者一端设置为 auto，另一端设置为 desirable，则也可以建立通道。如果将一台交换机设置为 on，则将阻止该交换机通过协商形成以太通道。

6. A。

解析：**channel-group mode active** 命令无条件启用 LACP，**channle-group mode passive** 命令仅在端口从另一台设备接收到 LACP 数据包时启用 LACP。**channel group mode dessired** 命令无条件启用 PAgP，并且只有当端口从另一台设备接收到 PAgP 数据包时，**channel group mode auto** 命令才启用 PAgP。

7. B。

解析：**channel-group mode active** 命令无条件启用 LACP，**channle-group mode passive** 命令仅在端口从另一台设备接收到 LACP 数据包时启用 LACP。**channel group mode dessired** 命令无条件启用 PAgP，并且只有当端口从另一台设备接收到 PAgP 数据包时，**channel group mode auto** 命令才启用 PAgP。

8. D。

解析：以太通道由多个（相同类型的）以太物理链路组合而成，因此它们被视为一个逻辑链路并配置为一个逻辑链路。它在两台交换机之间提供聚合链路。目前，每个以太通道最多可由 8 个兼容配置的以太网端口组成。

9. A 和 B。

解析：LACP 是 IEEE 规范（802.3ad）的一部分，该规范允许自动捆绑多个物理端口以形成单个以太通道逻辑通道。LACP 允许交换机通过向对端发送 LACP 数据包来协商自动绑定。它执行的功能与思科 EtherChannel 的 PAgP 类似，但可用于多供应商环境中的以太通道。思科设备同时支持 PAgP 和 LACP 配置。

10. A、C 和 F。

解析：速率和双工设置必须与以太通道中的所有接口相匹配。如果端口未配置为中继，则以太通道中的所有接口必须位于同一 VLAN 中。任何端口都可以用来建立以太通道。SNMP 团体字符串和端口安全设置与以太通道无关。

第 7 章

1. B。

解析：当 DHCP 客户端接收到 DHCPOFFER 消息时，它将发送一个广播 DHCPREQUEST 消息，用于两个目的。首先，它向提供服务的 DHCP 服务器指示它要接受提供的服务并绑定 IPv4 地址。其次，它通知任何响应的 DHCP 服务器其提供的服务已被拒绝。

2. C。

解析：DHCPREQUEST 消息是广播消息，用于通知其他 DHCP 服务器 IPv4 地址已被租用。

3. B。

解析：当 DHCPv4 客户端没有 IPv4 地址时，DHCPv4 服务器将用广播 DHCPOFFER 消息或单播 DHCPOFFER 消息回复 DHCPv4 客户端的 MAC 地址。

4. D。

解析：当 DHCP 客户端的租约即将到期时，客户端将向最初提供 IPv4 地址的 DHCPv4 服务器发送 DHCPREQUEST 消息。这将允许客户请求延长租约。

5. B。

解析：默认情况下，**ip helper-address** 命令转发以下 8 个 UDP 服务。

端口 37：时间。

端口 49：TACACS。

端口 53：DNS。

端口 67：DHCP/BOOTP 客户端。

端口 68：DHCP/BOOTP 服务器。

端口 69：TFTP。

端口 137：NetBIOS 名称服务。

端口 138：NetBIOS 数据报服务。

6. C。

解析：**ip address dhcp** 命令激活给定接口上的 DHCPv4 客户端。通过这样做，路由器将从 DHCPv4 服务器获得 IPv4 参数。

7. B 和 D。

解析：ISP 经常要求将 SOHO 路由器配置为 DHCPv4 客户端，以便连接到服务商。

8. C。

解析：DHCP 服务器与主机不在同一网络上，因此需要 DHCP 转发代理。这是通过在包含 DHCPv4 客户端的路由器接口上执行 **ip helper-address** 命令来实现的，以便将 DHCP 消息定向到 DHCPv4 服务器的 IPv4 地址。

9. B。

解析：充当 DHCPv4 服务器的路由器会分配 DHCPv4 地址池中的所有 IPv4 地址，但 **ip dhcp exclude-address** *low-address* [*high-address*] 全局配置命令指定的地址除外。

10. D。

解析：Windows 命令 **ipconfig /release** 释放当前主机的 IPv4 配置，Windows 命令 **ipconfig /renew** 尝试用 DHCPv4 服务器续订 IPv4 地址。

11. A。

解析：**show ip dhcp binding** 命令将显示租约，包括 IPv4 地址、MAC 地址、租约到期时间、租约类型、客户端 ID 和用户名。

12. D。

解析：客户端广播 DHCPDISCOVER 消息以识别网络上任何可用的 DHCP 服务器。DHCP 服务器用 DHCPOFFER 消息进行应答。该消息向客户端提供租约，其中包含诸如要分配的 IPv4 地址和子网掩码、DNS 服务器的 IPv4 地址和默认网关的 IPv4 地址等信息。在客户端收到租约后，必须在租约到期之前通过另一条 DHCPREQUEST 消息续订收到的信息。

第 8 章

1. C。

解析：当 PC 配置为使用 SLAAC 方法配置 IPv6 地址时，它将使用 RA 消息中包含的前缀和前缀长度信息，并结合 64 位的接口 ID（通过使用 EUI-64 过程或使用客户端操作系统生成的随机数来获取）以形成 IPv6 地址。它使用连接到 LAN 网段的路由器接口的链路本地地址作为其 IPv6 默认网关地址。

2. C。

解析：ICMPv6 RA 消息包含标记，用于指示工作站应使用 SLAAC、DHCPv6 服务器还是两者的组合来配置其 IPv6 地址。A 标记表示是否使用 SLAAC。O 标记表示是否使用无状态 DHCPv6 服务器。M 标志表示是否使用有状态的 DHCPv6。M 和 O 标记独立于 SLAAC。

3. B。

解析：在无状态 DHCPv6 配置中，客户端使用 RA 消息中的前缀和前缀长度以及自生成的接口 ID 来配置其 IPv6 地址。然后，它通过 INFORMATION-REQUEST 消息与 DHCPv6 服务器联系以获得其他配置信息。客户端使用 DHCPv6 SOLICIT 消息来查找 DHCPv6 服务器。DHCPv6 服务器使用 DHCPv6 ADVERTISE 消息来指示器 DHCPv6 服务的可用性。客户端使用 DHCPv6 REQUEST 消息，在有状态的 DHCPv6 配置中从 DHCPv6 服务器请求所有配置信息。

4. D。

解析：SLAAC 和无状态 DHCPv6 使客户端能够使用 ICMPv6 路由器通告（RA）消息自动将 IPv6 地址分配给自己，并允许这些客户端联系无状态 DHCPv6 服务器以获取其他信息，例如 DNS 服务器的域名和地址。由于 M 标记默认为 0，因此不会使用有状态 DHCPv6。RA 消息用于自动创建接口 IPv6 地址。

5. D。

解析：SLAAC 是一种无状态分配方法，不使用 DHCP 服务器来管理 IPv6 地址。当主机生成 IPv6 地址时，它必须验证该地址是否是唯一的。主机将发送 ICMPv6 邻居请求消息，并发送其自己的 IPv6 地址作为目的地址。只要没有其他设备响应邻居广告消息，地址就是唯一的。

6. D。

解析：EUI-64 过程使用以太网接口的 MAC 地址来构造接口 ID。由于 MAC 地址的长度只有 48 位，因此必须向 MAC 地址添加 16 个附加位（FF:FE）以创建完整的 64 位接口 ID。第 7 个位被翻转，从而修改了接口 ID 的第二个十六进制数。

7. A。

解析：在有状态 DHCPv6 配置下（通过使用 **ipv6 nd managed-config-flag** 接口命令将 M 标记设置为 1 来指示），动态 IPv6 地址分配由 DHCPv6 服务器管理。客户端必须从 DHCPv6 服务器获取所有配置信息。A 标记确定了是否使用 SLAAC。

8. B。

解析：路由器要想发送 RA 消息，必须使用 **ipv6 unicast-routing** 全局配置命令将其启用为 IPv6 路由器。

9. C。

解析：当 A 标记设置为 1（默认）时，客户端将使用 SLAAC 配置其 GUA 地址。当 M 标记设置为 0 且 O 标记设置为 1 时，客户端将从无状态 DHCPv6 服务器查找其他配置参数（如 DNS 服务器地址）。

10. B。

解析：除非设备已使用默认网关地址进行了静态配置，否则设备只能从 RA 动态获取其默认网关。设备将使用路由器接口的链路本地地址（即连接到 LAN 网段的 RA 的源 IPv6 地址）作为其 IPv6 默认网关地址。

第 9 章

1. B。

解析：主机将流量发送到其默认的网关，即虚拟 IP 地址和虚拟 MAC 地址。虚拟 IP 地址由管理员分配，而虚拟 MAC 地址由 HSRP 自动创建。虚拟 IPv4 和 MAC 地址为终端设备提供一致的默认网关编址。只有 HSRP 主用路由器响应虚拟 IP 和虚拟 MAC 地址。

2. A。

解析：VRRP 选择主（master）路由器和一个或多个其他路由器作为备用（backup）路由器。VRRP

备份路由器对 VRRP 主路由器进行监控。

3．A。

解析：HSRP 和 GLBP 是思科专有的协议，VRRP 是 IEEE 开放标准协议。

4．D。

解析：HSRP 是提供第 3 层默认网关冗余的 FHRP。

5．C。

解析：在学习状态中，路由器尚未确定虚拟 IP 地址，并且尚未看到来自活动路由器的 Hello 消息。在该状态下，路由器等待来自活动路由器的消息。

6．D。

解析：VRRP 是一种非专有的选举协议，它动态地将一台或多台虚拟路由器的责任分配给 IPv4 LAN 上的 VRRP 路由器。

7．D。

解析：当帧从 HSRP 主机设备发送到默认网关时，帧的目的 MAC 地址是虚拟路由器 MAC 地址。

8．D。

解析：当主用路由器发生故障时，备用路由器将停止查看 Hello 消息，并承担转发路由器的角色，并且主机不会感觉到服务中断。

9．A。

解析：GLBP 是思科专有的 FHRP 协议，可在一组冗余路由器之间提供冗余和负载均衡平衡（也称为负载共享）。

10．C。

解析：在具有更高优先级的路由器上线时，要强制进行新的 HSRP 选举过程，必须使用 **standby preempt** 接口命令启用抢占。

第 10 章

1．B。

解析：勒索软件加密主机上的数据，并锁定对主机的访问，直到收到赎金。

2．A。

解析：ESA 是一种网络安全设备，专门用于监控和保护 SMTP 流量。

3．D。

解析：授权用于确定用户可以访问哪些资源以及允许用户执行哪些操作。

4．A。

解析：本地 AAA 在思科路由器中存储用户名和密码，用户可在本地数据库中进行身份验证。本地 AAA 是小型网络的理想选择。

5．A。

解析：交换机或无线 AP 是客户端和身份验证服务器之间的 802.1X 身份验证器。身份验证器从客户端请求识别信息，向身份验证服务器验证该信息，并将响应转发给客户端。

6．D。

解析：请求方是请求网络访问的客户端。

7．C。

解析：端口安全可防止多种类型的攻击，包括 MAC 地址表溢出。

8. A。

解析：动态 ARP 检测（DAI）可防止 ARP 欺骗攻击和 ARP 中毒攻击。

9. D。

解析：IP 源保护（IPSG）可防止 MAC 和 IP 地址欺骗。

10. C。

解析：MAC 地址表攻击将填充 MAC 地址表。当 MAC 地址表填满后，交换机会将帧视为一个未知的单播帧，并开始向本地 LAN 内的所有端口泛洪流量。

11. A。

解析：MAC 地址表攻击是为了让交换机不堪重负，从而忽略 MAC 地址表条目，并将到来的流量从所有端口转发出去。然后，连接到 LAN 的威胁发起者可以使用协议分析器（如 Wireshark）捕获流量。

12. D。

解析：当威胁发起者请求并接收到子网的所有可用 IP 地址时，会发生 DHCP 耗竭攻击。

13. E。

解析：发送优先级为 0 的 BPDU 消息的威胁发起者正试图成为 STP 拓扑中的根网桥。

14. A。

解析：当威胁发起者更改其设备的 MAC 和/或 IP 地址以伪装成另一台合法设备（如默认网关）时，会发生地址欺骗攻击。

15. F。

解析：威胁发起者可以发送免费的 ARP 回复，从而导致所有设备都相信威胁发起者的设备是合法设备，例如默认网关。

16. C。

解析：威胁发起者可以使用数据包嗅探软件（如 Wireshark）查看 CDP 消息的内容，这些消息是未加密的，其中包括各种设备信息，比如 IOS 版本和 IP 地址。不应该在边缘设备上启用 CDP 和 LLDP，而且如果没有必要，应全局禁用这两个功能或基于接口禁用。

第 11 章

1. A。

解析：可以在交换机上配置端口安全，以防止 MAC 地址表被无效的 MAC 地址淹没。ACL 不会帮助交换机过滤广播流量，增加 CAM 表的大小或交换机端口的速率并不能解决该问题。

2. B。

解析：当使用 shutdown 违规行为在交换机端口上配置了端口安全时，如果该端口上发生了违规，该端口将进入错误禁用状态。可以通过关闭接口，然后执行 **no shutdown** 命令来恢复。

3. B 和 C。

解析：在交换机重启时，动态获悉的安全 MAC 地址将丢失。黏滞 MAC 地址将被学习并添加到运行配置中。如果配置在保存后重新启动交换机，这些地址可以保留。MAC 地址也可以静态配置（即手动配置）。如果静态配置的 MAC 地址少于端口自的最大数量，则动态学习的地址将添加到 CAM 中，直到达到最大数量。

4. B。

解析：在端口安全实现中，可以将接口配置为 3 种违规模式：protect——端口安全违规致接口丢弃具有未知源地址的数据包，并且不会发送发生安全违规的通知；restrict——端口安全违规导致接口丢弃具有未知源地址的数据包，并发送发生安全违规的通知；**shutdown**——端口安全违规导致接口立即进入错误禁用状态用并关闭端口 LED，而且不发送发生安全违规的通知。

5. A。

解析：BPDU 防护立即将接收 BPDU 的端口置入错误禁用状态。这样可以防止将非法交换机添加到网络中。BPDU 防护应仅应用在所有的最终用户端口上。

6. D。

解析：在使用粘滞安全 MAC 编址时，MAC 地址可以动态学习或手动配置，然后存储在地址表中，并添加到运行配置文件中。相比之下，动态安全 MAC 编址提供仅存储在地址表中动态学习到的 MAC 地址。

7. D。

解析：可以使用 **spanning-tree portfast dpduguard default** 全局配置命令在所有支持 PortFast 的端口上启用 BPDU 防护。此外，可以使用 **spanning-tree bpduguard enable** 接口配置命令在支持 PortFast 的端口上启用 BPDU 防护。

8. D。

解析：DAI 可配置为检查目的或源 MAC 和 IPv4 地址。目的 MAC 根据 ARP 正文中的目的 MAC 地址检查以太网报头中的目的 MAC 地址。源 MAC 根据 ARP 正文中的发送方 MAC 地址检查以太网报头中的源 MAC 地址。IP 地址检查 ARP 正文中是否有无效和意外的 IP 地址，包括地址 0.0.0.0、255.255.255.255 和所有 IP 多播地址。

9. A。

解析：当配置了 DHCP 监听后，不可信端口每秒可以接收的 DHCP 发现消息的数量应该通过使用 **ip dhcp snooping limit rate** 接口配置命令进行限制。当端口接收的消息超过速率允许的消息时，将丢弃额外的消息。

10. D。

解析：如果在交换机端口上启用端口安全性时未指定违规模式，则安全违规模式默认为 shutdown。

11. A、D 和 E。

解析：可以通过禁用动态中继协议 （DTP）、手动将端口设置为中继模式，以及将中继链路的本征 VLAN 设置为未使用的 VLAN 来缓解 VLAN 攻击。

12. D。

解析：端口状态 Secure-down 表示没有连接主机。Secure-up 表示至少有一个主机连接到该端口。Secure-shutdown 意味着端口处于错误禁用状态。

第 12 章

1. B。

解析：信标是 AP 可以定期广播的唯一管理帧。探测帧、身份验证帧和关联帧仅在关联（或重新关联）过程中使用。

2. B。

解析：全向天线在天线周围以 360° 方向发送无线电信号。这为位于 AP 周围的任何设备提供了覆盖范围。碟形天线、定向天线和八木天线将无线电信号集中在一个方向上，这使得它们不太适合覆盖大片开阔区域。

3. C。

解析：SSID 隐藏是由 AP 和一些无线路由器通过允许禁用 SSID 信标帧来执行的一种弱安全功能。

尽管客户端必须手动识别要连接到网络的 SSID，但是 SSID 依然很容易被发现。

4. C 和 E。

解析：无线设备可以使用两种方法来发现和注册 AP：被动模式和主动模式。在被动模式下，AP 发送包含 SSID 和其他无线设置的广播信标帧。在主动模式下，必须手动为无线设备配置 SSID，然后设备广播探测请求。

5. C。

解析：Ad hoc 模式（IBSS）用于点对点无线网络，例如在使用蓝牙时。当具有蜂窝数据访问功能的智能手机或平板电脑能够创建个人无线热点时，就会出现一种特殊的 Ad hoc 拓扑。混合模式允许较旧的无线网卡连接到可以使用较新无线标准的 AP。

6. B 和 C。

解析：802.11a 和 802.11ac 标准仅在 5GHz 范围内工作。802.11b 和 802.11g 标准仅在 2.4GHz 范围内工作。802.11n 标准在 2.4GHz 和 5GHz 范围内均可工作。802.11ad 标准在 2.4GHz、5GHz 和 60GHz 范围内均可工作。

7. C。

解析：802.11ac 提供高达 1.3Gbit/s 的数据速率，而且可以向后兼容 802.11a/b/g/n 设备。802.11g 和 802.11n 是较旧的标准，其数据速率不能超过 1Gbit/s。

8. A。

解析：MIMO 使用多个天线来增加 IEEE 802.11n/ac/ax 无线网络的可用带宽。最多可以使用 8 个发射和接收天线来增加吞吐量。

9. B、D 和 F。

解析：当一个信号和另一个信号的信道相重叠的时候，就会发生干扰，从而有可能导致信号失真。对于需要多个 AP 的 2.4GHz WLAN 来说，最佳做法是使用无重叠的信道 1、信道 6 和信道 11。之所以选择这些信道，是因为它们相隔 5 个通道，因此对相邻信道的干扰降至最低。

10. B。

解析：WPA 和 WPA2 Personal 适用于家庭或小型办公网络，其中用户使用预共享密钥（PSK）进行身份验证。WPA 和 WPA2 Enterprise 适用于企业网络，但需要 RADIUS 身份验证服务器来提供额外的安全性。WEP Enterprise 不是有效选项。

11. D。

解析：当 AP 配置为被动模式时，将广播 SSID，以便无线网络的名称出现在客户端的可用网络列表中。主动模式是一种用于配置 AP 的模式，这样一来，客户端必须知道 SSID 才能连接 AP。AP 和无线路由器可以在混合模式下运行，这意味着可支持多种无线标准。开放验证模式是 AP 使用的一种身份验证模式，它对客户端可用无线网络的列表没有影响。

第 13 章

1. A。

解析：应该采取的第一步是对无线路由器的管理访问进行保护。第二步通常是配置加密。然后，在最初的一组无线主机连接到网络后，将启用 MAC 地址过滤并禁用 SSID 广播。这可以防止未经授权的新主机找到并连接无线网络。

2. C。

解析：默认情况下，双频路由器和 AP 在 2.4GHz 频段与 5 GHz 频段上使用相同的网络名称。分离流量的最简单的方法是重命名其中一个无线网络。

3. C。

解析：当用户登录到 WLC 时，将显示思科 3504 WLC 仪表板。它提供了一些基本的设置和菜单，用户可以快速访问这些设置和菜单来实现各种常见配置。Network Summary 页面是一个仪表板，可通过它快速了解配置的无线网络、相关联的 AP 和活动客户端的数量。还可以看到非法 AP 和客户端的数量。Advanced 按钮将显示高级 Summary 页面，通过该页面可访问 WLC 的所有功能。

4. C。

解析：简单网络管理协议（SNMP）用于监控网络。

5. D。

解析：任何私有 IPv4 地址无法在互联网上路由。无线路由器将使用一种称为网络地址转换（NAT）的服务将私有地址 IPv4 地址转换为可在互联网上路由的 IPv4 地址，以供无线设备访问互联网。

6. D。

解析：许多无线路由器都有配置服务质量（QoS）的选项。在配置 QoS 时，某些对时间敏感的流量类型（如语音和视频）的优先级要比对时间不敏感的流量（如电子邮件和 Web 浏览）高。

7. D。

解析：在思科 3500 系列 WLC 上配置的每个新 WLAN 都需要自己的 VLAN 接口。因此，需要先创建一个新的 VLAN 接口，然后才能创建新的 WLAN。

8. D。

解析：2.4GHz 频段适用于对时间不敏感的基本互联网流量。5GHz 频段没有 2.4GHz 频段那么拥挤，因此是流媒体的理想选择。5GHz 频段的信道更多，因此所选的信道可能没有干扰。

9.

解析：RADIUS 协议使用安全特性来保护 RADIUS 服务器和客户端之间的通信。共享密钥是 WLC 和 RADIUS 服务器之间使用的密码，而不是供最终用户使用的。

10. D。

解析：在小型办公室或家庭网络中扩展 WLAN 变得越来越容易。制造商已通过智能手机应用简化了无线互连网络（WMN）的创建。您可以购买 AP，将无线 AP 分散在各处，然后插入 AP 并下载应用，最后再通过几个步骤即可配置 WMN。

第 14 章

1. A 和 E。

解析：静态路由需要全面了解整个网络，以便正确实施。它很容易出错，并且不能很好地扩展到大型网络。静态路由使用较少的路由器资源，因为更新路由时不需要计算。静态路由也可以更安全，因为它不通过网络通告。

2. A。

解析：静态默认路由是针对所有不匹配网络的捕获路由。

3. C。

解析：路由将显示在路由中，代码为 S（静态）。

4. D。

解析：当与静态路由关联的接口关闭时，路由器将删除路由，因为它不再有效。

5. A。

解析：默认静态路由是匹配所有数据包的路由。默认静态路由可标识网关的 IP 地址，使得在路由器在还没有学到路由或没有静态路由的情况下，将所有数据包发到一个这个 IP 地址。默认静态路由只是一个静态路由，它以 0.0.0.0/0 作为目的 IPv4 地址，以::/0 作为目的 IPv6 地址。配置默认静态路由将创建一个最后求助的网关。

6. B。

解析：动态路由协议消耗更多的路由器资源，适用于较大的网络工作，并且在不断增长和变更的网络中更有用。

7. B。

解析：路由协议使用度量来比较从路由协议接收的路由。出向接口是用于向目的网络方向发送数据包的接口。路由协议用于在两台或多台相邻路由器之间交换路由更新。管理距离表示特定路由的可信度。管理距离越小，所学到的路由的可信度就越高。当路由器学习到多个去往同一目的的路由时，将使用管理距离值来确定要放入路由表中的路由。

8. A 和 C。

解析：该代码标识路由是如何学到的。例如，L 标识分配给路由器接口的地址。这使路由器能够有效确定何时接收去往该接口的数据包，而不是要转发的数据包。C 标识直连网络。S 标识为到达特定网络而创建的静态路由。O 标识使用 OSPF 路由协议从另一台路由器动态学习到的网络。

9. C。

解析：在满足这 3 个条件时，直连网络将添加到路由表中：接口配置了有效的 IP 地址；使用 **no shutdown** 命令进行了激活；从连接到接口的另一台设备接收到载波信号。不正确的 IPv4 地址的子网掩码不会阻止其出现在路由表中，但是该错误可能会导致通信中断。

第 15 章

1. B。

解析：浮动静态路由是仅在主路由使用的接口关闭时才显示在路由表中的备份路由。要测试浮动静态路由，则它必须出现在路由表中。因此，关闭用作主路由的接口将允许浮动静态路由出现在路由表中。

2. C。

解析：最可信的路由或管理距离最低的路由是直接连接到路由器的路由。按可信度排序，依次为 A（AD = 0）、D（静态路由 AD = 1）、B（EIGRP AD = 90）和 C（OSPF AD = 110）。因此，OSPF 路由被认为是最不可信的。

3. D。

解释：即使 OSPF 具有较高的管理距离值（可信度不高），最佳匹配也是路由表中最左侧匹配位最多的路由。

4. B。

解析：当仅使用出向接口时，路由是直接连接的静态路由。在使用下一跳 IP 地址时，路由是递归静态路由。当同时使用这两个路由时，它是完全指定的静态路由。

5. A。

解析：完全指定的静态路由可用于避免路由器递归查找路由表。完全指定的静态路由包含下一跳路由器的 IP 地址和出向接口的 ID。

6. B。

解析： 默认情况下，动态路由协议的管理距离大于静态路由。如果使用较大的管理距离（比动态路由的管理距离大）来配置静态路由，将导致使用动态路由而不是静态路由。但是，如果动态学习路由失败，则静态路由将用作备份。

7. D。

解析： 浮动静态路由用作备份路由，通常是从动态路由协议中学习的路由。要成为浮动静态路由，配置的路由的管理距离必须大于主路由。例如，如果主路由是通过 OSPF 学习到的，则用作 OSPF 路由备份的浮动静态路由的管理距离必须大于 110。在该示例中，管理距离 120 被放在静态路由的最后：
ip route 209.165.200.228 255.255.255.248 10.0.0.1 120。

8. C。

解析： 连接到 ISP 的末端路由器或边缘路由器只有一个其他路由器作为连接。默认静态路由在这些情况下工作，因为所有流量都将发送到同一个目的地。目的路由器是最后求助的网关。默认路由未在网关上配置，而是配置在向网关发送流量的路由器上。

9. A。

解析： 为 IPv6 配置的默认静态路由是一个全 0 的网络前缀和全 0 的前缀掩码，表示为::/0。

10. B。

解析： 浮动静态路由是仅在主路由使用的接口关闭时才显示在路由表中的备份路由。要测试浮动静态路由，则它必须出现在路由表中。因此，关闭用作主路由的接口将允许浮动静态路由出现在路由表中。

第 16 章

1. A、C 和 D。

解析： **ping**、**show ip route** 和 **show ip interface brief** 命令提供的信息有助于排除静态路由故障。**show version** 命令不提供任何路由信息。**tracert** 命令在 Windows 命令提示符下使用，它不是一个 IOS 命令。**show arp** 命令显示 ARP 表中包含的已学到的 IP 地址到 MAC 地址的映射。

2. C。

解析： 当与静态路由关联的接口关闭时，路由器将删除路由，因为它不再有效。

3. C。

解析： 路由器查找目的 IP 地址的 ARP 表条目，以找到主机的第 2 层介质访问控制（MAC）地址。如果条目不存在，路由器会从网络接口发送地址解析协议（ARP）请求，并且主机以 ARP 应答进行响应，其中包括其 MAC 地址。

4. B。

解析： **show cdp neighbors** 命令提供直连思科设备的列表。该命令验证第 2 层（以及第 1 层）连接。例如，如果命令输出中列出了邻居设备，但无法 ping 通，则应调查第 3 层编址。

5. C。

解析： **show ip interface brief** 命令提供路由器上所有接口的快速状态。